上海海事大学 2010—2012 年三年规划教材

基础工程

史旦达　刘文白　蒋建平　邓益兵　编著

上海浦江教育出版社

内 容 简 介

本书依据中华人民共和国交通运输部最新颁布的《港口工程地基规范》(JTS 147—1—2010)、《港口岩土工程勘察规范》(JTS 133—1—2010)等行业规范，针对港口航道与海岸工程本科专业的特点，除了系统讲授基础工程的基本知识外，重点介绍了港口、近海与海洋基础工程的相关理论知识与设计方法，主要内容包括绪论、地基勘察、软土地基设计、软弱地基处理技术、天然地基上浅基础的设计、桩基础与深基础、港口与海洋工程基础、基坑工程、特殊土地基上的基础工程、地基基础抗震。

本书系高等院校港口航道与海岸工程、船舶与海洋工程等本科专业的教学用书，也可供水利、土木、交通等相关专业从事教学、科研、设计和施工方面的人员参考。

图书在版编目(CIP)数据

基础工程 / 史旦达等编著. — 上海：上海浦江教育出版社有限公司，2013. 1
ISBN 978-7-81121-250-1

Ⅰ. ①基… Ⅱ. ①史… Ⅲ. ①地基—基础(工程) Ⅳ. ①TU47

中国版本图书馆 CIP 数据核字(2012)第 304120 号

上海浦江教育出版社出版

社址：上海海港大道 1550 号上海海事大学校内　邮政编码：201306
电话：(021)38284910(12)(发行)　38284923(总编室)　38284916(传真)
E-mail：cbs@shmtu. edu. cn　URL：http://www. pujiangpress. cn
上海图宇印刷有限公司印装　上海浦江教育出版社发行
幅面尺寸：185 mm×260 mm　印张：15. 75　字数：380 千字
2013 年 1 月第 1 版　2013 年 1 月第 1 次印刷
责任编辑：谢　尘　封面设计：赵宏义
定价：45. 00 元

前 言

对于不同的工程行业，基础工程研究的对象有所不同。针对港口航道与海岸工程专业，除了讲授基础工程的基本理论知识外，应该着重突出港口、近海与海洋基础工程的特点。人民交通出版社曾于2001年出版过一本专门针对港口航道与海岸工程专业的《基础工程》教材（天津大学杨进良主编），但由于发行量等原因，最近几年已不再发行。

2010年9月1日，交通运输部最新的《港口工程地基规范》（JTS 147—1—2010）和《港口岩土工程勘察规范》（JTS 133—1—2010）正式颁布实施，新规范汲取了我国在港口工程地基设计与施工方面的最新成果，介绍了一些新技术与新方法。在码头设计与施工方面，重力式码头、板桩码头和高桩码头均颁布实施了新的设计与施工规范。同时，由于港航专业近几年的学生就业率一直较好，国内高校中开设港口航道与海岸工程专业的学校也越来越多，仅2012年，就有浙江工业大学、扬州大学、鲁东大学等高校新增了港口航道与海岸工程本科专业。

鉴于上述情况，编写一本能够体现新规范精神、满足新教学需求、反映港口航道与海岸工程行业特色的《基础工程》新教材已十分必要。在上海海事大学2010—2012年三年规划教材项目专项经费的资助下，上海海事大学海洋环境与工程学院港口航道与海岸工程教研室组织专业教师编写了本教材，以满足本校及其他兄弟院校港航专业基础工程教学的需求。

本教材共分十章，主要内容有：绪论、地基勘察、软土地基设计、软弱地基处理技术、天然地基上浅基础的设计、桩基础与深基础、港口与海洋工程基础、基坑工程、特殊土地基上的基础工程、地基基础抗震。本教材在基本概念的讲解上尽量做到简要明晰，对设计方法的讲解力求体现新规范要求，并且配有必要的例题和习题，供教师课堂讲授和学生课后练习使用。

本书的出版得到了上海市第四期本科教育高地建设项目（B210008G），上海市级教学团队“土力学课程”教学团队（2009），上海海事大学三年规划教材项目（2010—2012），上海海事大学港口、海岸及近海工程重点学科（第二期）建设项目（A2120016001X）的资助。书中还引用了许多科研、高校、工程单位及其他研究人员的研究成果，在此一并表示感谢。硕士研究生赵玉同、刘春林、吕晖、贾海青等为本教材绘制了部分插图，感谢他们的辛勤劳动。

由于编者水平有限，书中难免会有疏漏和错误之处，敬请广大读者不吝批评指正。

编著者

2013年1月于上海海事大学

目　录

第一章　绪论

第一节　概述

一、地基、基础与基础工程

与陆上的工业和民用建筑物一样，港口与海洋工程建筑物无一不是支撑于承受该建筑物压力的地基之上的。因此，港口与海洋工程建筑物的设计与施工过程中，在分析港口与海洋工程建筑物的沉降和稳定性时，必然也会遇到各种各样的地基与基础问题。

图 1-1 绘出了港口工程中常用的重力式码头和高桩码头的地基与基础示意图。在码头的设计与施工过程中，地基的沉降、桩基的承载力、码头岸坡的稳定性等，这些都是需要考虑的地基基础问题。

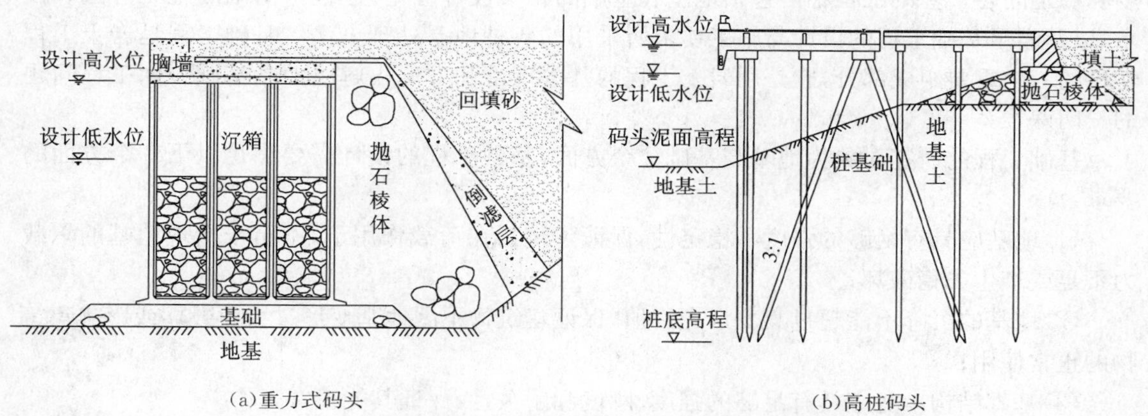

图 1-1　重力式码头和高桩码头的地基与基础示意图

在进行地基与基础设计时，首先需要分清什么是地基？什么是基础？地基与基础有何区别与联系？下面就来回答这些问题。

如图 1-2 所示，基础是指建筑物最底部的构件或部分结构，其功能是将上部结构所承担的荷载传递到支承它们的地基上。地基是指承受上部结构的全部荷载并受其影响的地层，在工程实用意义上，通常指的是基础周围数倍于基础宽度、一定深度范围内，直接承受上部结构荷载并相应产生大部分变形的地层。当地基由不同土性的分层土组成时，一般把直接与基础底面接触的那一层土层称为持力层，持力层以下的土层称为下卧层。

在平原地区，由于岩石埋藏较深，地表覆盖土层较厚，建筑物经常建造在由土层所构成的地基上，这种地基称为土质地基。在山区和丘陵地区，基岩埋藏浅，甚至裸露于地表，因此建筑物直接建造于基岩上，这种地基称为岩石地基。按照是否经过人工处理或加固，地基又可分为天然地基和人工地基，当上部结构的荷载不是很大或地基承载能力很强时，建筑物的地基一般可直接设置于天然地层上，这种地基称为天然地基。如果天然地层性质差，必须经过人工方法处理和加固后才能在其上修筑基础，这种地基称为人工地基。

基础工程的研究内容是各类建(构)筑物(如房屋建筑、桥梁结构、水工结构、近海工程、地

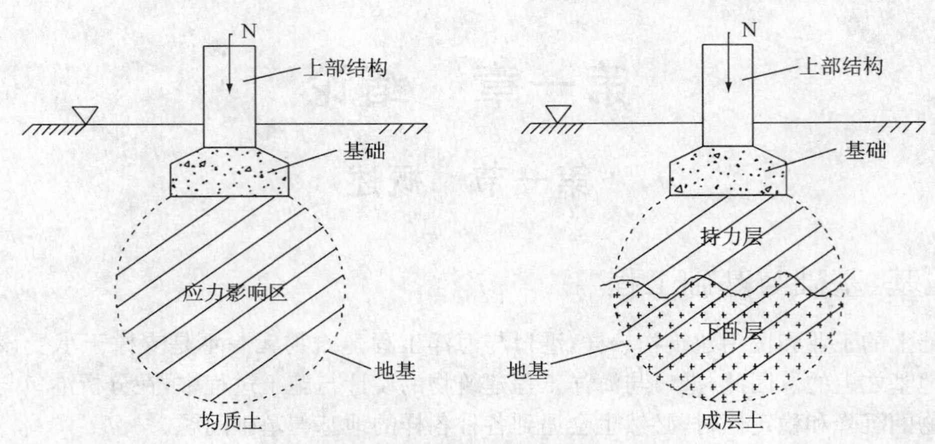

图 1-2　地基与基础

下工程、支挡结构等)的基础与岩土地基相互作用而共同承担上部结构荷载所引起的变形、强度和稳定问题。基础工程不但包括地基和基础的相关设计理论,还包括基础的施工方法和技术,以及满足基础工程的设计与施工要求所采用的各种地基处理方法。基础工程是岩土工程学科的一个重要组成部分,它是用岩土工程的基本理论和方法去解决地基基础方面工程问题的一门课程。

基础工程的研究对象为地基与基础 2 个方面,基础工程的设计需要满足以下 3 个方面的要求:

(1)地基应具有足够的强度和稳定性,保证建筑物在荷载作用下,不至于出现地基的承载力不足或产生失稳破坏;

(2)地基的沉降不能超过其变形允许值,保证建筑物不因地基变形过大而毁坏或影响建筑物的正常使用;

(3)基础结构本身应具有足够的强度、刚度和耐久性,保证其能正常工作。

二、地基、基础与上部结构共同作用

地基、基础与上部结构是一个共同工作的整体。从建筑结构本身看,上部结构通过墙、柱与基础相连接,基础底面直接与地基相接触,三者相互衔接、相互依存,保持建筑物的完整性。从力(或应力)的传递看,建筑物及其上部荷载通过基础传给地基,引起地基变形;反之,如果地基受到外部荷载(如地震荷载)作用,造成地基变形,也会反过来传力给基础和上部结构,导致上部结构破坏。三者之间既相互传递荷载,又相互约束和相互作用。所以,地基、基础与上部结构是一个共同工作的结构体系和受力体系。

然而,由于问题的复杂性,三者共同作用的问题在原则上都可以求解,但在实用上则尚没有一种完善的方法能够对地基、基础与上部结构相互作用问题给出精确解答。在满足实用设计的条件下,目前仍是把地基、基础与上部结构分离开来独立进行设计计算。在进行上部结构内力计算时,把上部结构与基础分开,求支座反力后计算上部结构内力;当进行基础受力计算时,把上部结构的压力作为作用于基础上的荷载,求基底反力;而计算地基的承载力和沉降时,又把基底压力作为作用于地基表面上的荷载进行承载力验算和地基沉降计算。

第二节　港口与海洋基础工程的环境荷载

港口与海洋工程建筑物由于处于复杂海洋环境之中，导致其与陆上工业和民用建筑有着显著不同的环境荷载。环境荷载系指由自然环境引起的荷载，在海洋环境下，主要包括风荷载、波浪荷载、水流力、冰荷载、地震荷载等。下面简要分析各种海洋环境荷载的性质及其作用特点。

一、风荷载

风力对海上建筑物的影响较为突出。风导致建筑物毁坏和带来巨大灾难的例子屡见不鲜。例如，1975 年 10 月 5 日，台风经过日本时，风速达到了 67.8 m/s，致使东京市 43%的电线杆倾倒或折损，八丈岛 60%的房屋被毁坏，设计风速为 69 m/s 的铁塔也因此倒塌。1965 年 11 月 1 日在英国约克郡费尔桥，有 3 个高达百米的冷却塔在大风中倒塌，经分析，倒塌的原因是设计风压的取值较英国风荷载规范规定低 24%。风荷载还会引起桥梁的共振破坏，1940 年 11 月 7 日，位于美国华盛顿州的塔科马(Tacoma)大桥在 60～70 km/h 的风速下突然倒塌(见图 1-3)，引起了人们对风荷载和建筑物风致灾害研究的重视。

图 1-3　风荷载引起塔科马(Tacoma)大桥共振破坏

作用于建筑物上的风荷载，对建筑物产生一定的风压，基础设计时必须考虑风压在内的水平推移力和对建筑物固端产生的倾覆力矩。建于海面上的油罐，力矩虽小，但受风面积较大，必须考虑水平推移力；而对于高耸的钻井平台，则水平推移力和倾覆力矩都不容忽视。因此，设计风压的大小将直接影响工程的经济、适用和安全性。

风压是港口与海洋基础工程设计中需要考虑的环境荷载之一，风压的大小与设计风速有关，我国交通运输部《港口工程荷载规范》(JTS 144—1—2010)推荐采用港口附近空旷地面处，离地 10 m 高，重现期 50 年 10 min 平均最大风速作为基本风压的计算标准。

根据荷载性质，风压又可分为稳定风压和脉动风压。稳定风压是指在一定时间间隔内，将风的速度和方向都看作不随时间而改变时作用于建筑物上的压力，它的大小与风速、建筑物的体型、尺度、距海面的高度等因素有关。脉动风压又称风振，它由风的脉动产生，且具有强烈的紊动性和随机性。有关稳定风压和脉动风压的计算可参见《建筑结构荷载规范》(GB 50009—2012)。

二、波浪荷载

任何形式的港口与海洋工程建筑物，均无一例外地、长期地受到波浪荷载的巨大影响。据有关资料称，在大风暴中，巨浪曾将质量为1 370 t的混凝土块推移十几米，将万吨油船掀上岸折成两段。作用于水深数十米处的固定平台上的风压力和波压力有时可达一万多吨，而作用在相同条件下钢筋混凝土平台上的波压力竟达三万多吨。因此，为了保证建筑物的安全，必须了解海浪的形成、发展规律，研究其推算方法，为港口与海洋工程建筑物的规划、设计、施工和管理提供合理可靠的依据。

正确确定作用于建筑物上的波浪力，对于海岸及海上建筑物设计至关重要。实质上，建筑物所承受的波浪力是建筑物与波浪力之间相互作用的结果。所以，就波浪力的计算而言，必须考虑3个因素，即来波的特性、建筑物的特性及波浪与建筑物的相互作用。

(1)来波的特性。从来波的特性看，波浪可以是涌浪，也可以是在建筑物所在海域形成的风浪。一般讲，涌浪周期很长，可达13～14 s以上，对建筑物的破坏作用更大，而风浪的周期则较短。从波浪破碎的情况来看，可以是不破碎波，也可以是远破波或近破波。从对波浪的描述方法来分析，可以是规则波或不规则波。事实上，自然界的波浪往往是不规则波，该波具有随机性质，可以用海浪谱(也称频率谱、能量谱)来描述，但在工程计算中常以某一累积频率的特征波来描述波系列对建筑物的作用(即以特征波对建筑物的持续作用来表达不规则波系列对建筑物的作用)。此外，波峰和波谷的不同传播，作用于建筑物上的波浪力也不同。

(2)建筑物的特性。作用于建筑物上的波浪力与建筑物形式有直接关系。海上建筑物可分为固定式和浮式2类，但以固定式建筑物更为常见，主要有以下几种形式：桩柱式建筑物，如高桩及墩式码头、采油平台等；直立式建筑物，如重力式码头、板桩码头、直立式防波堤等；斜坡式建筑物，如斜坡式防波堤、护岸等。浮式建筑物分为刚性和弹性2类，如浮码头、浮式防波堤、浮式采油平台以及大型浮式人工岛等。

(3)波浪与建筑物的相互作用。建筑物的结构形式、几何形状、尺度及材料性能等都对波浪与建筑物的相互作用产生影响。例如，对于直立式防波堤，堤前有足够的水深，且入射波与堤轴线有较大夹角时，则形成立波；如果堤前水深足够，但基床上的水深不足时，则波浪会在墙前破碎，并以冲击力和破碎波浪压力直接作用在直立式防波堤上。

波浪荷载作用造成港口水工建筑物的破坏主要有2种情况：①波浪力作为直接的环境荷载作用在建筑物上，造成建筑物自身毁损或失稳破坏(水平滑动、倾覆破坏等)；②长期的波浪荷载作用于建筑物的地基上，在地基土体中引起超静孔隙水压力的累积，引发软土地基的刚度和强度弱化或者砂土地基的液化现象，造成地基变形或者失稳破坏，从而进一步导致其上部建筑物的沉陷、水平位移或倾覆破坏。例如，2002年12月，长江口深水航道治理工程二期北岛堤已安装的16个半圆形沉箱在寒潮大浪作用下，发生了严重沉陷和滑移，沉箱沉入土中1～5 m，或者偏移初始位置20 m，如图1-4所示。事后的调查结果表明，沉箱结构的破坏与强风暴引起的波浪荷载作用下软黏土地基的强度弱化有关。

三、水流力

流系指由于潮的作用、风的拖曳等原因引起的比较稳定的水流运动。水流同风和波浪要素一样，也直接作用于建筑物上，并影响建筑物的强度和稳定。

(a)岛堤破坏照片

(b)半圆形沉箱结构示意图

图 1-4　波浪荷载作用下软土地基弱化引发上部结构破坏

水流力是内河墩式码头及其他透空式码头需要考虑的设计荷载，一些外海建筑物当水流速度较大时，也需要考虑水流力的作用。水流力的大小与水流的流速、构件的形状、淹没深度、遮流作用等有关，《港口工程荷载规范》(JTS 144—1—2010)推荐采用以下公式计算作用于港口工程结构物上的水流力大小：

$$F_w = C_w \frac{\rho}{2} V^2 A \tag{1-1}$$

式中：F_w 为水流力标准值，kN；V 为设计流速，m/s；C_w 为水流阻力系数，按《港口工程荷载规范》(JTS 144—1—2010)表 13.0.3-1 选用；ρ 为水密度，t/m^3，淡水取 1.0，海水取 1.025；A 为计算构件在与流向垂直平面上的投影面积，m^2。

四、冰荷载

对于寒冷地区冰情严重的内河及外海透空式高桩码头或支墩式码头，冰荷载是一项重要的设计荷载。作用于港口工程结构物上的冰荷载包括下列内容：①冰排运动中被结构物连续挤碎或滞留在结构前产生的挤压力；②孤立流冰块产生的撞击力；③冰排在斜面结构物和锥体上因弯曲破坏和碎冰块堆积所产生的冰力；④与结构冻结在一起的冰因水位升降产生的竖向力；⑤冻结在结构内、外的冰因温度变化对结构产生的温度膨胀力。冰荷载应根据当地冰凌实际情况及港口工程的结构型式确定，对重要工程或难以计算确定的冰荷载应通过冰力物理模型试验确定。图 1-5 为我国渤海湾沿海冰灾照片。

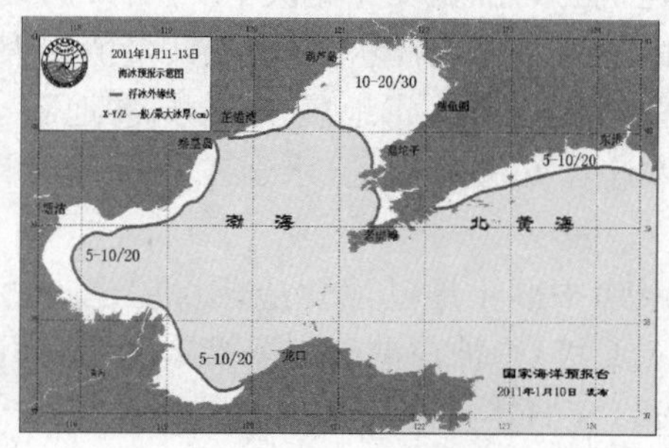

图 1-5　我国渤海湾沿海大面积冰灾

《港口工程荷载规范》(JTS 144—1—2010)推荐，冰排在直立桩、直立墩前连续挤碎时，产生的极限挤压冰力标准值宜按下式计算：

$$F_{\mathrm{I}} = ImkBH\sigma_c \tag{1-2}$$

式中：F_{I} 为极限挤压冰力标准值，kN；I 为冰的局部挤压系数，可按《港口工程荷载规范》(JTS 144—1—2010)中表 12.0.4 选用；m 为桩、墩迎冰面形状系数，按《港口工程荷载规范》(JTS 144—1—2010)中表 12.0.3 选用；k 为冰和桩、墩之间的接触条件系数，可取 0.32；B 为桩、墩迎冰面投影宽度，m；H 为单层平整冰计算厚度，m，宜根据当地多年统计实测资料按不同重现期取值，无当地实测资料时，对海冰可按《港口工程荷载规范》(JTS 144—1—2010)附录 K 中表K.0.1采用；σ_c 为冰的单轴抗压强度标准值，kPa。

五、地震荷载

地震是地球上的一种自然现象，当地下某处岩层发生某种变动而产生振动并传播到地面，引起颠簸和摇摆，就称为发生了地震。据统计，地球每年要发生以百万次计的地震，其中绝大多数是轻微的振动，只有仪器才能观测到。若人们能感觉到的，称为有感地震，每年约有数万次。其中对人们生命财产和工程建筑造成巨大损害的，则称为破坏型地震，它同洪水、干旱、台风一样，是一种自然灾害。

关于地震的原理、地震荷载的性质、地基基础的抗震设计等问题，将在本教材第十章中进行详细的介绍。下面简单介绍一下地震给港口水工建筑物带来的危害。

地震造成的破坏主要来自 3 个方面，即地表破坏、工程建筑的破坏和地震引发的次生灾害。地表破坏主要是指地震引起的地裂缝、喷砂冒水和滑坡塌方等现象。工程建筑的破坏是由于建筑物结构构件的强度不足或者地基失效等原因导致建筑物破坏或倾倒。地震引发的次生灾害包括山体滑坡、泥石流、火灾、水灾、爆炸、毒气泄漏、海啸、放射性物质扩散等，这种地震间接引起的次生灾害，有时比地震直接造成的损失更大。

关于地震造成港口水工建筑物的震害，除因结构本身抗震能力不足造成的以外，还包括由于地基失效、岸坡失稳造成的建筑物破坏。码头建筑物处于海上和海、河岸坡地段，其受力情况是比较复杂的，地震时除遭受由结构自重力产生的地震惯性力外，还会受到地震土压力、地震动水压力的作用。我国现有港口大都处于原地震区划的基本烈度 6 度以下地区，过去的设计中均未考虑地震设防，1976 年唐山大地震时，天津地区港口码头水工建筑物都遭到了不同程度的破坏，从而引起了对港口水工建筑物抗震设计的重视。2012 年，新的《水运工程抗震设计规范》(JTS 146—2012)颁布实施，为水运工程建筑物的抗震设计提供了统一标准。

地震作用属于偶然作用，是指在设计基准期内不一定出现，但一旦出现其量值很大且持续时间很短的作用。施加在港口水工结构上的地震作用主要有：①地震惯性力；②地震土压力；③地震动水压力。关于这 3 种地震作用力的具体计算方法可详见《水运工程抗震设计规范》(JTS 146—2012)。

图 1-6(a)为 1964 年日本新潟地震(震级 7.5 级)中砂土地基液化造成房屋建筑物破坏的照片，图 1-6(b)为 1995 年日本阪神大地震(震级 7.2 级)中神户港码头前沿集卡路面坍塌的照片。地震造成港口码头破坏的实例还有很多。1923 年日本关东地震时，横滨港 2 000 m 的方块码头岸壁中，有 1 570 m 长的岸壁整个倒塌，在码头下部只留下 2～3 层的方块，余下的 420 m 墙身发生严重变形，全部岸壁由于码头断面的抗倾稳定性不足或分层抗滑稳定性不足而发生向港池方向整体转动破坏或部分砌体滑移破坏。日本新潟港多数属于板桩码头，在 1969 年的新潟大地震中，凡未按抗震要求进行设计的大多数岸壁码头均发生了由于锚碇结构

位移过大或拉杆拉断引发的码头板桩墙显著前倾的破坏。1968 年日本十胜冲大地震中，八户港小中野 1 号板桩码头也因锚碇结构位移使墙身前倾最大达 60 cm，函馆港北滨的斜拉桩码头因板桩与斜拉桩的固定点破断而墙身前倾最大达 59 cm。1989 年美国加利福尼亚 Loma-Prieta 地震造成沿旧金山湾的奥克兰第七街的集装箱码头遭受严重破坏，其原因是因水力冲填形成的填方发生液化，并伴随着喷砂现象，液化引发的地面沉降和侧向位移使高桩码头的叉桩顶部严重损坏，并损坏了路面，吊车无法行驶，许多设施在一段时间内不能运行。

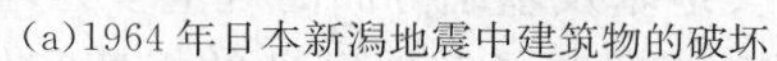

(a)1964 年日本新潟地震中建筑物的破坏

(b)1995 年日本阪神地震中神户港的破坏

图 1-6　地震引起陆上建筑物和港口码头的破坏

关于港口水工建筑物的抗震设计，除需对结构的薄弱环节进行抗震验算并采取有效抗震措施外，还应特别重视地震力引起的地基失效和倾斜岸坡的失稳问题，对于液化地基应该采取相应的抗液化加固措施。

第三节　港口与海洋基础工程的特点

港口与海洋基础工程由于所处的地理位置特殊，建筑物所处环境条件复杂。与陆上建筑的基础工程相比，港口与海洋基础工程的设计与施工具有以下特点：

(1)环境条件复杂多变。风、波浪、潮汐、水流、冰荷载等都具有一定的周期性，与静态的荷载不同，周期荷载的往复作用会使港口与海洋工程建筑物的基础受力更为复杂，且周期荷载会引起地基土体超静孔压和塑性变形的循环累积，造成软黏土地基的强度弱化和砂土地基的液化现象。

(2)港口与海洋工程建筑物多受到较大水平力的作用(波浪力、水流力、船舶力等)，应特别注意水平力作用下基础的稳定性和受力性状分析。

(3)港口与海洋工程建筑物所在地区地基多数属于软土地基。软土具有含水量高、压缩性大、抗剪强度低、渗透性差等不良性质，一般情况下，天然地基很难满足建筑物的承载和变形要求，必须采取相适应的基础形式并对软土地基进行加固处理。

(4)港口与海洋工程建筑物长期处于海洋环境之中，海水氯离子腐蚀等不良效应长期存在，应特别重视结构构件的耐久性设计。

(5)除桩基础外，重力式建筑物基础多具有较大的断面(如沉箱、大直径混凝土圆筒结构)，因此，自身的重力大，给施工带来了不便。

(6)港口与海洋基础工程的施工属于水下隐蔽工程，施工难度大，施工一旦出现问题，很难补救。

第四节 本课程的学习要求

基础工程涉及的学科很广，有工程地质、土力学、结构设计和施工等知识。由于地基土的成分、成因和构造不同，其性质比较复杂，加之土的性质随含水量及外力的变化而变化，使得不同建筑场地的地基性质相差很大，这就要求设计者以土力学基本理论为基础，以工程勘察结果为依据，灵活采用合适的基础型式和选用最佳的处理方案去解决基础工程问题。同样，在本课程的学习中，也应善于从基础设计和地基处理的方法中找出有关材料力学、结构力学和土力学的理论依据，加强计算能力的训练，学好这门实践性很强的课程。

学习基础工程课程时，要求应用已学习过的基本知识，结合有关结构知识及施工技术知识合理分析和解决地基基础问题，注重理论联系实际，培养分析和解决地基基础工程问题的能力。学习时要注意基础工程课程具有不同性及经验性。不同性体现在本学科中因为没有完全相同的地基，所以几乎找不到完全相同的工程实例。在处理基础工程问题时，注意有一定程度的经验性。因此，本课程有较多的经验公式，而且有关地基及基础方面的规范多为理论与经验的总结。学习时，除了学习全国性地基基础设计规范外，还要了解地区性的规范和规程，并注意世界各国的规范各有不同。讲究学习方法，要仔细分析各种理论及公式的基本假定及使用条件，对于公式的推导可只作了解，要把注意力放在理解、应用公式上，并结合当地的基础工程实践经验加以应用，避免千篇一律地不分地区而机械套用理论公式和规范。

习题一

1. 什么是“地基”？什么是“基础”？两者之间有哪些区别与联系？
2. 地基、基础与上部结构共同作用的概念是什么？
3. 地基、基础、上部结构独立设计时，分别采用怎么样的设计思路和方法？
4. 基础工程设计需要满足哪几方面的要求？
5. 港口与海洋基础工程需要考虑哪些环境荷载？这些环境荷载都有哪些特点？
6. 港口水工建筑物设计时，如何考虑波浪荷载对建筑物的影响？
7. 港口与海洋基础工程的特点有哪些？

第二章　地基勘察

第一节　概述

岩土工程勘察在工程地质课中称为“工程地质与水文地质勘察”。港口工程建设在设计和施工之前，必须按基本建设程序进行岩土工程勘察。岩土工程勘察的主要任务是查明建筑物场地及其附近的工程地质与水文地质条件，为建筑物场地选择、建筑平面布置、地基与基础的设计和施工提供必要的资料。场地是指工程建筑所处的和直接使用的土地，而地基则是指场地范围内直接承托建筑物基础的岩土体。

港口岩土工程勘察宜按收集资料、现场踏勘、编写勘察大纲、工程地质调查和测绘、勘探和原位测试、室内试验、资料分析整理和岩土工程勘察报告编制等程序进行。岩土工程勘察通常分阶段进行，港口岩土工程勘察阶段宜分为可行性研究阶段勘察、初步设计阶段勘察和施工图设计阶段勘察（也称详细阶段勘察）。对于岩土工程条件复杂或有特殊要求的工程，尚应进行施工期勘察。反之，对于场地较小且无特殊要求的工程，可以合并勘察阶段。当工程方案已确定，且场地已有岩土工程勘察资料时，可根据实际情况直接进行施工图设计阶段勘察。

第二节　地基勘察的任务和勘探点布置

一、可行性研究阶段勘察

该勘察阶段的主要任务是对场地的稳定性和建筑的适宜性作出基本评价，满足主体工程的初步设计需要。其目的在于从总体上判定该拟建场地的工程地质和水文地质条件是否适宜进行该工程的建设。

可行性研究阶段勘察应包括下列内容：①初步划分地貌单元；②调查研究地质构造、地震活动和不良地质作用的成因、分布、发育等；③调查研究岩土分布、成因、时代和主要岩土层的物理力学性质；④调查地下水类型、含水层性质、地下水与地表水位的动态变化，分析对岸坡与边坡稳定的影响；⑤分析评价场地稳定性和建筑的适宜性；⑥根据需要对陆域形成、地基处理的适宜性进行岩土工程评价。

可行性研究阶段时，勘探点的布置应符合下列规定：①河港宜垂直于岸向布置勘探线，线距不宜大于 200 m，线上勘探点间距不宜大于 150 m；②海港可按网格状布置勘探测试点，点的间距宜为 200～500 m，取样间距宜为 1.5～2.0 m；③勘探测试点的深度应进入持力层内适当深度；④对地貌单元较多的场地和基岩埋藏较浅而岩性、构造复杂，岩面起伏较大的场地，勘探测试点宜局部加深加密。

二、初步设计阶段勘察

该勘察阶段的主要任务是初步查明建筑场地工程地质条件，提供地基基础初步设计所需的岩土工程参数，对建筑地基作出岩土工程评价，满足确定总平面布置、建筑物结构和基础型式、施工方法和场地不良地质作用防治的需要。

初步设计阶段勘察工作应根据工程建设的技术要求，并结合场地地质条件完成下列工作内容：①划分地貌单元；②初步查明岩土层的性质、分布规律、形成时代、成因类型、基岩的风化程度及埋藏条件；③查明与工程建设有关的地质构造，收集地震资料；④查明不良地质作用的分布范围、发育程度和形成原因；⑤初步查明地下水类型、含水层性质、调查水位变化幅度、补给与排泄条件；⑥分析场地各区段工程地质条件，分析评价岸坡与边坡稳定性和地基稳定性，推荐适宜建设地段，提出基础型式、地基持力层、陆域形成和地基处理的建议；⑦对抗震设防烈度大于等于 6 度的场地进行场地和地基的地震效应勘察。

勘探线和勘探点宜布置在比例尺 1∶1 000 或 1∶2 000 的地形图上；勘探线宜垂直岸线或平行于水工建筑物长轴方向布置；勘探线和勘探点的间距，应根据工程要求、地貌特征、岩土分布、不良地质作用发育情况等确定；在岸坡地段和岩石与土层组合地段宜适当加密。勘探点中控制性勘探点数量不得少于勘探点总数的 1/4，原状土取土孔数不得少于勘探点总数的 1/3，其余勘探点为原位测试孔。

初步设计阶段勘察的勘探线、勘探点的布置可按表2-1确定。勘探点的深度应根据工程

表 2-1 初步设计阶段勘察的勘探线、勘探点布置表

工程类别		地质条件	勘探线间距	勘探点间距/m
河港	水工建筑物区	山区	70～100 m	≤30
	陆域建筑物区			50～70
	水工建筑物区	丘陵	70～150 m	≤50
	陆域建筑物区			50～100
	水工建筑物区	平原	100～200 m	≤70
	陆域建筑物区			70～150
海港	水工建筑物区	岩基	≤50 m	≤50
		岩土基	50～75 m	50～100
		土基	50～100 m	75～200
	港池及锚地区	岩基	50～100 m	50～100
		土基	200～500 m	200～500
	航道区	岩基	50～100 m	50～100
		土基	1～3 条	200～500
	防波堤区	各类地基	1～3 条	100～300
	陆域建筑区、陆域形成区	岩土基	50～150 m	75～150
		土基	100～200 m	100～200

注：①应根据具体勘探要求、场地微地貌、地层岩土性质和层面起伏变化、有无不良地质作用及对场地工程条件的研究程度等参照本表综合确定间距数值。②岩基——在工程影响深度内基岩上覆盖层薄或无覆盖层；岩土基——在工程影响深度内基岩上覆盖有一定厚度的土层；土基——在工程影响深度内全为土层。

规模设计要求和岩土条件综合确定，勘探点的具体深度可参照《港口岩土工程勘察规范》(JTS 133—1—2010)执行。

三、施工图设计阶段勘察

该勘察阶段的主要任务是查明建筑场地岩土工程条件，提供相应阶段地基基础设计、施工所需的岩土参数，对建筑地基作出岩土工程评价，并提出地基类型、基础型式、陆域形成、地基处理、基坑支护、工程降水和不良地质作用的防治等设计、施工中应注意的问题和建议。

施工图设计阶段勘察应包括下列内容：①收集附有坐标和地形的建筑总平面图，场区的地面整平标高，建筑物类型、规模、荷载、结构特点、基础型式、埋置深度和地基容许变形等资料；②查明影响场地的不良地质作用的类型、成因、分布范围、发展趋势和危害程度，提出整治方案的建议；③查明各个建筑物影响范围内的岩土分布及其物理力学性质；④分析和评价地基的稳定性、均匀性和承载力；⑤评价岩土疏浚的难易程度及土的特性；⑥当需进行沉降计算时，提供地基变形计算参数；⑦查明地下水的类型、埋藏条件，提供地下水位及其变化幅度；⑧判定水和土对建筑材料的腐蚀性；⑨在季节性冻土地区，提供场地的标准冻结深度。

勘探线和勘探点宜布置在比例尺不小于 1∶1 000 的地形图上，勘探点的位置、数量和深度应根据工程类型、建筑物特点、基础类型、荷载情况和岩土性质，结合所需查明的问题综合确定。原状土取土孔的数量应占勘探点总数的 1/3～1/2，控制性勘探点的数量应为勘探点总数的 1/6～1/3。

施工图设计阶段勘察的勘探线、勘探点的布置和勘探点的深度具体可参考《港口岩土工程勘察规范》(JTS 133—1—2010)。

第三节　地基勘察方法

地基勘察多是通过勘探手段来实现的，地基勘探一般可以分为掘探、钻探、触探、物探(地球物理勘探)等几种方法。

一、掘探

掘探是一种通过开挖来直接探明地质情况的方法，这种勘探方法可以取出高质量的原状土进行试验分析，但一般仅用于需要了解的土层埋藏不深，且地下水位较低的情况。掘探按开挖的形式不同又可分为槽探、井探和坑探。

槽探一般用锹镐挖掘，挖掘深度一般较浅，多在覆盖层小于 3 m 时使用。槽探的长度应根据所了解的地质条件和需要而定，宽度和深度则取决于覆盖层的性质和厚度。当覆盖层厚度较大且土质较软时，挖掘宽度应适当加大；反之，宽度可适当减小。

井探能直接观察地质情况，可取出接近实际的原状结构土样。井探的开口形状可为圆形、椭圆形、方形和长方形等。探井的平面面积不宜太大，规格一般采用 1.0 m×1.5 m 的矩形或直径为 1.0～1.5 m 的圆形，以便于操作取样。为保证井壁不至于坍塌，应考虑设井壁支护。

坑探中探坑深度一般不超过 4 m，但当地下水位较深、土质较好时，有时探坑也可挖 4 m 以上。

图 2-1 为槽探、井探和坑探示意图。

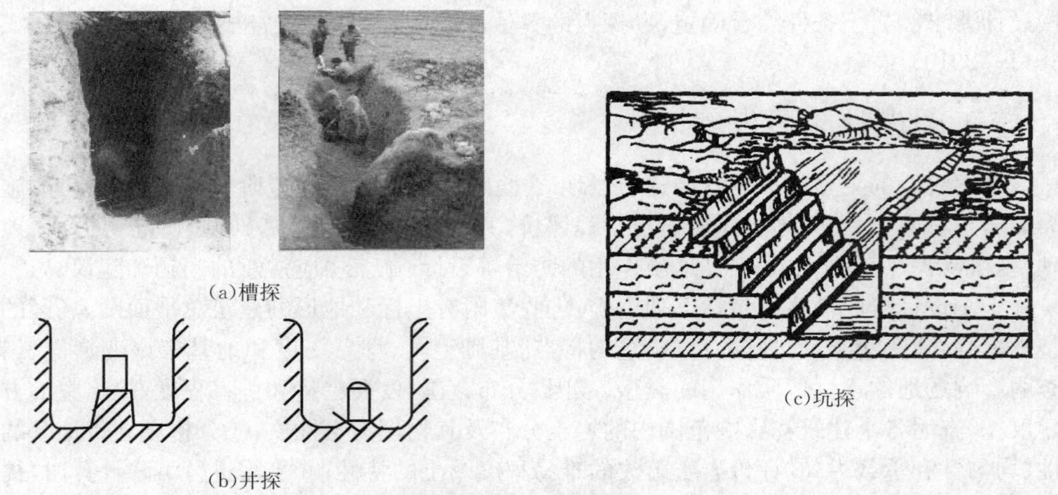
(a)槽探

(b)井探

(c)坑探

图 2-1 槽探、井探和坑探示意图

二、钻探

钻探就是用钻机向地下钻孔以进行地质勘探，是目前应用最广的勘探方法。通过钻探可以达到以下目的：①划分地层，确定土层的分界面高程，鉴别和描述土的表观特征；②取原状土样或扰动土样供试验分析；③确定地下水位埋深，了解地下水的类型；④在钻孔内进行原位试验，如触探试验、旁压试验等。

土基钻探所用的工具有机钻和人力钻 2 种。机钻的种类很多，常用的是回转式机钻，钻孔直径为 110～200 mm，钻探深度一般为几十米，有时可达百米以上。可以在钻进过程中连续取出土样，从而能比较准确地确定地下土层随深度的变化以及地下水的情况。人力钻常用麻花钻、勺形钻、洛阳铲为钻具，借人力打孔，设备简单，使用方便，但只能取出结构被破坏的土样，用以查明地基土层的分层情况，其钻孔深度一般不超过 6 m。图 2-2 为现场钻探照片和回转式钻机钻进示意图。

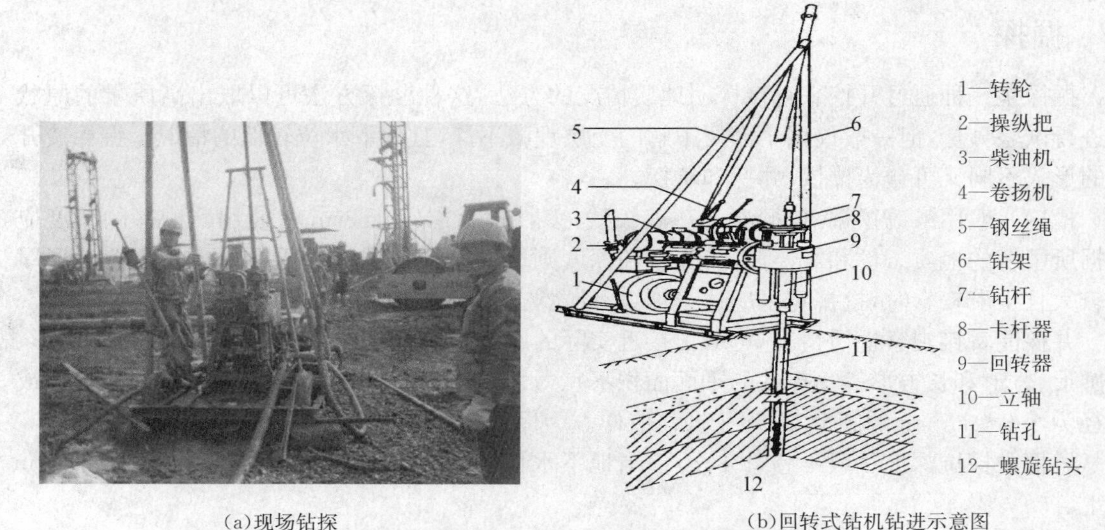

(a)现场钻探

(b)回转式钻机钻进示意图

图 2-2 现场钻探和回转式钻机钻进示意图

港口与海洋工程中常采用水上钻探。水上钻探操作较陆上困难，一般有钻船和钻探平台2种类型。钻船是较为普遍采用的形式，钻船的船型、吃水、吨位大小取决于江、河、湖、海水域的水文条件(水深、流速、风、浪、潮等)。钻探平台是由钢板制造的方形空腹体，可漂浮于水面上，由4根钢管制造的腿插入水下泥土层中，平台沿4根管上下升降，钻探时平台上升脱离水面。钻探平台的优点是在海上工作与在陆上一样，受风、浪、流的影响相对较小，无船体摇晃现象。但移位还得靠船只拖带，整体钻探效率不如钻船高。

钻探的目的是为了获取具有代表性的土样，进行室内土工试验，为设计提供可靠的土层参数。从钻孔中取原状土样时，需用原状土取样器。原状土取样器为壁厚1.25～2.0 mm的薄壁取样器，分敞口式和活塞式2种。敞口式薄壁取样器构造简单，取样操作方便，但在上提过程中筒中土样容易脱落。活塞式薄壁取样器在取土管内另装一套活塞装置，活塞上有管杆直通地表。取样前，活塞与取土管的管口齐平，以防止孔中泥浆或其他杂物进入管内。取土时，先固定活塞杆，再将取土管压入土中；切取土样后，固定内杆(活塞杆)与外杆(取土器管杆)的相对位置，再拔断土样，取出土样。由于活塞上移产生的真空压力托住土样，提升过程中，土样不容易脱落。

三、触探

触探是通过探杆用静力或动力将金属探头贯入土层，并量测各层土对触探头的贯入阻力大小的指标，从而间接地判断土层及其性质的一种方法。按触探头入土的方式不同，触探法可分为动力触探和静力触探2大类。

触探既是一种勘探方法，同时也是一种现场测试方法。但是测试结果所提供的指标并不是概念明确的土的物理量，通常需要将它与土的某种物理力学参数建立统计关系才能使用，而且这种统计关系因土而异，并具有很强的地区性。

触探法有很多优点，它不但能较准确地划分土层，而且能在现场快速、经济、连续测定土的某种性质，以确定地基的承载力、桩的侧摩阻力与桩端阻力、地基土的抗液化能力等。因此，近数十年来，无论是在试验机具、传感技术、数据采集技术方面，还是在数据处理、机理分析与理论应用方面，都取得了较大进展。与此同时，静力触探试验的标准化程度也在不断提高，成为地基勘探的一种重要手段。

图2-3给出了手摇式静力触探设备和某工程项目实测静力触探试验曲线。关于触探方法的具体介绍与应用详见本章第五节中原位试验介绍。

四、物探(地球物理勘探)

物探(地球物理勘探)是用物理的方法勘测地层分布、地质构造和地下水埋藏深度等的一种勘探方法。不同的岩土层具有不同的物理性质，例如导电性、密度、波速和放射性等，所以，可以用专门的仪器测量地基内不同部位物理性质的差别，从而判断、解释地下的地质情况，并测定某些参数。物探是一种简便而迅速的间接勘探方法，如果运用得当，可以减少直接勘探(如掘探和钻探)的工作量，降低勘探成本，加快勘探进度。

物探的方法很多，如地震勘探(包括各类测定波速的方法)、电法勘探、磁法勘探、放射性勘探、声波勘探、雷达勘探、重力勘探等，其中最常用的是地震勘探。在《建筑抗震设计规范》(GB

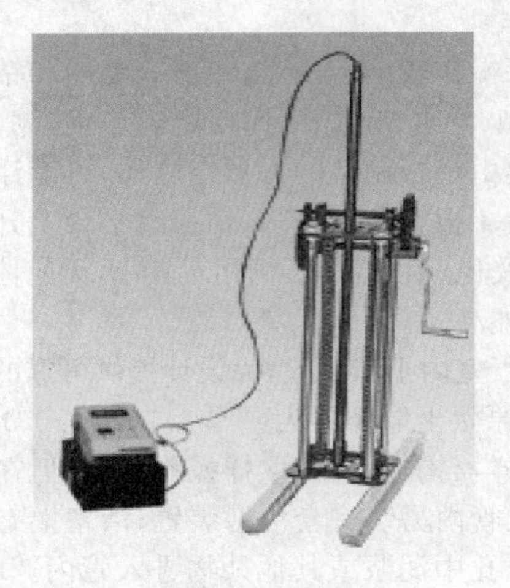

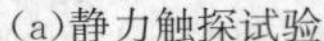
(a)静力触探试验

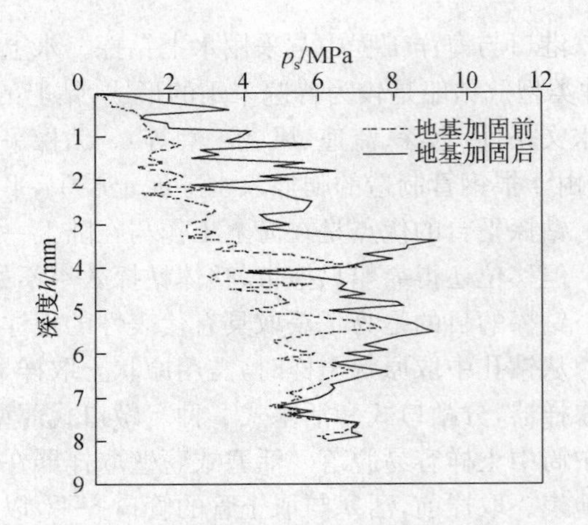

(b)比贯入阻力 p_s 随深度的变化关系

图 2-3 静力触探试验与试验曲线

50011—2010)中，要求按剪切波速 v_s 的大小进行场地的岩土类型划分，这时就必须进行现场地震勘探以确定岩土中波的传播速度。有关这类方法的原理、设备和测试内容可参阅相关专门资料。

第四节 地基岩土分类

依照《港口岩土工程勘察规范》(JTS 133—1—2010)中土的分类法，按土的沉积时代划分，第四纪晚更新世(Q_3)及其以前沉积的土，一般具有较高的强度和较低的压缩性，称为老沉积土；第四纪全新世(Q_4)文化期以前沉积的土，一般为正常固结的土，称为一般沉积土；第四纪全新世(Q_4)文化期以来沉积的土，其中黏性土一般为欠固结的土，具有强度较低和压缩性较高的特征，称为新近沉积土。按地质成因划分，土又可分为残积土、坡积土、洪积土、冲积土、湖积土、海积土、风积土、人工填土和复合成因的土等。按土中有机质含量 W_u 划分，$W_u<5\%$的土为无机土，$5\%\leqslant W_u\leqslant 10\%$的土为有机质土，$10\%<W_u\leqslant 60\%$的土为泥炭质土，$W_u>60\%$的土为泥炭。而在《建筑地基基础设计规范》(GB 50007—2011)中，按组成将地基岩土分为岩石、碎石土、砂土、粉土、黏性土和人工填土 6 类。

岩石是一种由多种造岩矿物以一定结合规律组成的地质体，是组成岩体的物质，具有非均匀性、各向异性和裂隙性等特征。对于岩石，除了应区分岩石的地质名称(如花岗岩、砂岩、片麻岩等)外，还要划分岩石的坚硬程度和完整程度。按饱和单轴抗压强度 f_r，岩石可分为坚硬岩、软硬岩、较软岩、软岩和极软岩 5 类，划分标准见表 2-2。

表 2-2 岩石坚硬程度分类

f_r/MPa	$f_r\leqslant 5$	$5<f_r\leqslant 15$	$15<f_r\leqslant 30$	$30<f_r\leqslant 60$	$f_r>60$
坚硬程度	极软岩	软岩	较软岩	较硬岩	坚硬岩

岩体中由于存在着节理和裂隙，波的传播速度较岩块为低，以岩体纵波的波速与岩块纵波波速之比的平方定义为岩体完整系数 K_v，则完整指数 K_v 愈高，完整程度愈好。按完整指数，岩体的完整程度可分为完整、较完整、较破碎、破碎和极破碎 5 类，见表 2-3。

表 2-3　岩体完整程度分类

K_v	$K_v \leqslant 0.15$	$0.15 < K_v \leqslant 0.35$	$0.35 < K_v \leqslant 0.55$	$0.55 < K_v \leqslant 0.75$	$K_v > 0.75$
完整程度	极破碎	破碎	较破碎	较完整	完整
注:完整性指数为岩体压缩波波速与岩块压缩波波速之比的平方,选定岩体和岩块测定波速时要具有代表性。					

碎石土指粒径大于 2 mm 颗粒含量超过总土重 50%的土。根据粒组含量及颗粒形状,再细分为漂石、块石、卵石、碎石、圆砾、角砾 6 类,如表 2-4 所示。

表 2-4　碎石土分类

土的名称	颗粒形状	颗粒级配
漂石	圆形、亚圆形为主	粒径大于 200 mm 的颗粒质量超过总质量 50%
块石	棱角形为主	
卵石	圆形、亚圆形为主	粒径大于 20 mm 的颗粒质量超过总质量 50%
碎石	棱角形为主	
圆砾	圆形、亚圆形为主	粒径大于 2 mm 的颗粒质量超过总质量 50%
角砾	棱角形为主	
注:定名时应根据颗粒级配由大到小以最先符合者确定。		

砂土指粒径大于 2 mm 的颗粒质量不超过总质量 50%,而粒径大于 0.075 mm 的颗粒质量超过总质量 50%的土。砂土根据粒组含量不同又细分为砾砂、粗砂、中砂、细砂和粉砂 5 类,如表 2-5 所示。

表 2-5　砂土分类

土的分类	颗粒级配
砾砂	粒径大于 2 mm 的颗粒质量占总质量 25%~50%
粗砂	粒径大于 0.5 mm 的颗粒质量超过总质量 50%
中砂	粒径大于 0.25 mm 的颗粒质量超过总质量 50%
细砂	粒径大于 0.075 mm 的颗粒质量超过总质量 85%
粉砂	粒径大于 0.075 mm 的颗粒质量超过总质量 50%
注:定名时根据颗粒级配由大到小以最先符合者确定。	

粉土指粒径大于 0.075 mm 的颗粒质量不超过总质量的 50%,且塑性指数 $I_p \leqslant 10$ 的土。这类土按以前的分类法属于黏性土,称为轻亚黏土或少黏性土。它既不具有砂土的透水性大、容易排水固结、抗剪强度较高的优点,又不具有黏性土的防渗、抗水性能好、不宜被水流所冲蚀流失、具有较高黏聚力的优点。在许多工程问题中,粉土常表现出较差的性质,如受振动作用容易液化、冻胀性大等。因此将其单列一类,以利于工程中重视和进一步研究。影响粉土工程性质很重要的物理指标是密实度,常用孔隙比 e 表示,如表 2-6 所示。

表 2-6 粉土密实度按孔隙比分类

e	$e<0.75$	$0.75\leqslant e\leqslant 0.90$	$e>0.90$
密实度	密实	中密	稍密

黏性土指塑性指数 $I_p>10$ 的土。其中，$10<I_p\leqslant 17$ 的土称为粉质黏土，$I_p>17$ 的土称为黏土。影响黏性土工程性质的重要物理指标为液性指数 I_L。按液性指数 I_L 的大小，黏性土可分为 5 种状态，见表 2-7。

表 2-7 根据液性指数确定黏性土的状态

I_L	$I_L>1$	$1\geqslant I_L>0.75$	$0.75\geqslant I_L>0.25$	$0.25\geqslant I_L>0$	$I_L\leqslant 0$
状态	流塑	软塑	可塑	硬塑	坚硬

人工填土根据其组分和成分，可分为素填土、压实填土、杂填土和冲填土。素填土是由碎石土、砂土、粉土、黏性土等成分所组成的填土。若经过压实或夯实的素填土则称为压实填土。杂填土则是含有建筑垃圾、工业废料、生活垃圾等杂物的填土。冲填土为水力冲填泥砂所形成的填土。人工填土由于成分复杂，堆填的时间短，除了压实填土外，往往没有经过很好压实。对于含水量高的饱和或接近饱和的冲填土，固结过程往往尚未完成，一般都是压缩性大且不均匀，作为建筑物地基应该慎重对待、认真研究。

此外自然界还分布有许多由特有的工程地质和气候条件形成的具有特殊性质的土，如：干旱或半干旱地区形成的湿陷性土；碳酸岩系在湿热条件下形成的红土；严寒地区常年（2 年以上）冻结而不融化的多年冻土；含大量亲水矿物，湿度变化时伴以较大体积变化的膨胀性岩土；蒙特石含量高且孔隙水中含大量钠离子，造成黏土矿物结构不稳定，遇水即引起颗粒分离、土体崩解的分散性土；含有较多易溶性盐（石膏盐和芒硝盐含量在 0.3%以上），具有溶陷、盐胀和腐蚀特性的盐渍土以及现代由于污染源侵入而造成的污染土等。它们的分类标准都各有专门的规范或规程确定。读者在学习和实际工作中，遇到具体的工程问题时，可选择相应的规范查用。

第五节 土工试验

土工试验是地基勘察的重要组成部分，通过试验，测定地基岩土的各项物理力学特性，提供相应的土性指标，作为地基计算分析和工程处理的依据。按照试验的环境和方法不同，土工试验可以分为 2 大类：室内试验和原位试验。

一、室内试验

通常所说的室内试验是指在实验室内对从现场取回的土样或土料进行物理力学性质试验。室内试验的优点是简便、试验条件明确（如试样的边界条件、排水条件等）、试验中的一些因素能够预先控制，所以得到普遍采用。缺点是试样的体积小，且在取样、运输、保存和制样的过程中难免受到不同程度的扰动，因此，有时不完全能代表土样的原位宏观特性。

地基勘察必须包括的室内试验项目视地基计算的要求而定，可以参阅表 2-8 所列的内容。应该指出，天然生成的土，即使划分属于同一土层，性质也不完全一致，因此用体积很小的一块土样所测得的指标难以代表整个土层的性质。为了使试验结果有较好的代表性，每项试验都必须从同一土层的不同部位取样，做若干个或若干组试验，并对结果进行统计分析，然后提出比较有代表性的指标。显然，平行试验的个数或组数愈多，试验结果的代表性就愈强。通常要求同一项试验的个数不少于 6 个或 6 组。

表 2-8　基础工程要求的室内土工试验项目

目的	应用指标	试验项目
定名和状态	1. 土的分类 黏性土和粉土：I_p（塑性指数） 粉土、砂土和碎石土：d（颗粒组成） 2. 土的状态 黏性土：e（孔隙比），I_L（液性指数） 粉土：e（孔隙比），ω（含水量） 砂土：e（孔隙比），D_r（相对密度）	液限试验（ω_L），塑限试验（ω_p），颗粒分析试验（筛分法或比重计法），比重试验（G_s），* 含水量试验（ω），* 密度试验（ρ）
地基变形量和沉降随时间发展关系计算	a 或 E_s，E'_s（压缩系数或压缩模量、回弹再压缩模量），p_c（先期固结压力），C_v（固结系数）	* 侧限压缩试验（或称固结试验）
用公式确定地基承载力，基坑边坡稳定分析和土压力计算	c（黏聚力） φ（内摩擦角）	* 三轴剪切试验或直剪试验
基坑降水或排水	k（渗透系数）	* 渗透试验
填土质量控制	ω_{op}（最优含水量），ρ_{max}（最大干密度）	击实试验

注：* 为应该用原状土样的试验项目。

根据试验的结果，一般应提供岩土参数的平均值、标准值、变异系数、数据分布范围和数据的数量。

统计分析中，岩土参数的平均值为

$$\phi_m = \frac{\sum_{i=1}^{n} \phi_i}{n} \tag{2-1}$$

标准差为

$$\sigma_\phi = \sqrt{\frac{1}{n-1}\left[\sum_{i=1}^{n} \phi_i^2 - \frac{\left(\sum_{i=1}^{n} \phi_i\right)^2}{n}\right]} \tag{2-2}$$

变异系数为

$$\delta_\phi = \frac{\sigma_\phi}{\phi_m} \tag{2-3}$$

式中：ϕ_i 为试验参数的第 i 个试验值；n 为试验值的个数。

在地基计算中，压缩性指标取平均值为代表值，抗剪强度指标则取标准值为代表值。按统计理论，标准值等于平均值乘以统计修正系数，表示为

$$\phi_k = \Psi \phi_m \tag{2-4}$$

$$\Psi = 1 \pm \left\{ \frac{1.704}{\sqrt{n}} + \frac{4.678}{n^2} \right\} \tag{2-5}$$

式中：ϕ_k 为试验参数的标准值；Ψ 为统计修正系数。

式(2-5)中的正、负号按不利组合选用。

二、原位试验

原位试验又称为原位测试，是指直接在现场地基土层中所进行的试验。原位试验可以了解天然地基性状和地基加固后地基性质变化的情况，以判断天然土层的原始性能和地基加固效果。原位试验中，由于试验土体的体积大，所受的扰动小，测得的指标有较好的代表性，因此，近年来此项试验技术和应用范围均有很大的发展。原位试验主要有静力触探试验、圆锥动力触探试验、标准贯入试验、十字板剪切试验、平板载荷试验、旁压试验、大型直剪试验等。

下面介绍几种常用的原位试验技术。

(一) 静力触探试验

静力触探试验是通过在触探杆上施加压力，将金属探头以一定的速度连续压入土中，测定探头贯入土中所受到的阻力变化，根据贯入阻力的大小来判断地基土的工程性质。静力触探的探头分为单桥探头和双桥探头 2 种，单桥探头测定的指标为比贯入阻力 p_s，双桥探头可以分别测定锥尖阻力 q_c 和侧壁摩阻力 f_s。近年来还发展了在探头中装有孔隙水压力传感器的技术，可以测定贯入过程中土层中的超静孔隙水压力的发展和之后的超静孔压消散过程，从而可以推算土的固结特性。

静力触探试验可用于黏性土、粉土、砂土、层状构造土、不含或含有少量碎石的混合土。

静力触探试验成果整理时，单桥探头需要绘制比贯入阻力与深度关系曲线(p_s-h)，双桥探头需要绘制锥尖阻力 q_c，侧壁摩阻力 f_s，摩阻比 R_f 与深度 h 的关系曲线(q_c-h, f_s-h, R_f-h)，如图 2-4 所示。

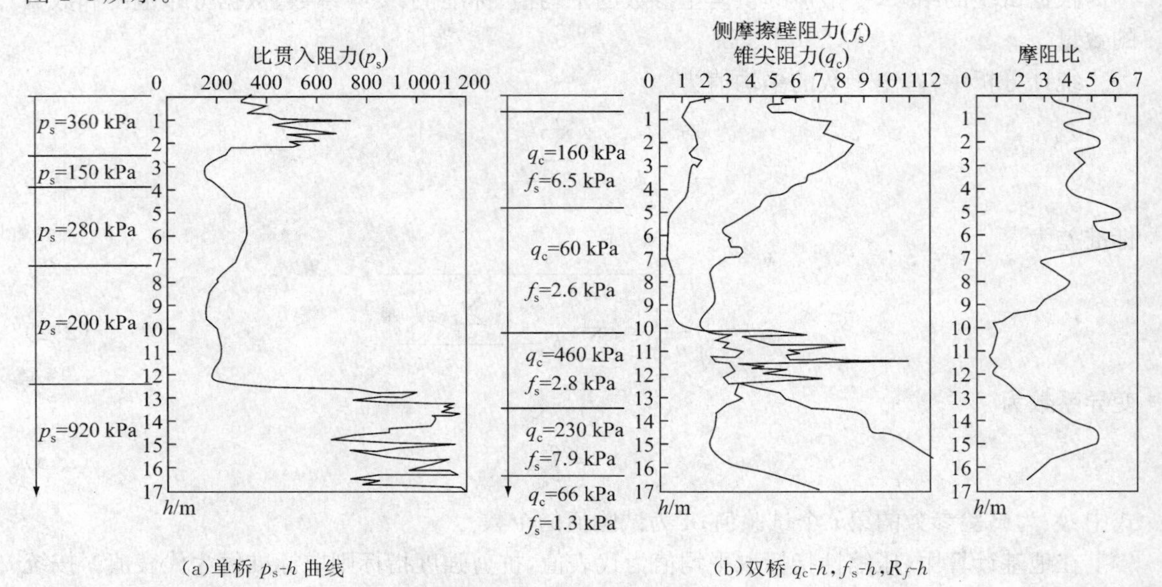

(a)单桥 p_s-h 曲线　　(b)双桥 q_c-h, f_s-h, R_f-h

图 2-4 静力触探试验曲线

通过以往试验资料所归纳出的比贯入阻力 p_s 与土的某些物理力学性质的相关关系，可以定量确定土的某些指标，如砂土的密实度、黏性土的强度、压缩模量，以及地基土和单桩的承载力和地基土液化势等。需要指出的是，这种由比贯入阻力与土的物理力学指标建立的经验关系具有明显的区域性，在全国范围内不一定通用，所以应用时应该参考地区规范区别对待。

《建筑桩基技术规范》(JGJ 94—2008)推荐，当根据双桥探头静力触探资料(q_c，f_s)确定混凝土预制桩单桩竖向极限承载力标准值 Q_{uk} 时，对于黏性土、粉土和砂土，如无当地经验时可按下式计算：

$$Q_{uk} = Q_{sk} + Q_{pk} = u\sum l_i \cdot \beta_i \cdot f_{si} + \alpha \cdot q \cdot A_p \tag{2-6}$$

式中：Q_{sk} 和 Q_{pk} 分别为单桩总极限侧阻力标准值和总极限端阻力标准值，kN；f_{si} 为第 i 层土的探头平均侧阻力；q 为桩端平面上、下探头阻力，取桩端平面以上 $4d$(d 为桩的直径或边长)范围内按土层厚度的探头阻力加权平均值，然后再和桩端平面以下 d 范围内的探头阻力进行平均，kPa；A_p 为桩端面积，m^2；u 为桩身周长，m；α 为桩端阻力修正系数，对于黏性土、粉土取2/3，饱和砂土取1/2；β_i 为第 i 层土桩侧阻力综合修正系数，黏性土、粉土 $\beta_i=10.04(f_{si})^{-0.55}$，砂土 $\beta_i=5.05(f_{si})^{-0.45}$；$l_i$ 为桩周第 i 层土的厚度，m。

根据单桥静力触探试验资料(p_s)确定混凝土预制桩单桩竖向极限承载力标准值的方法可参阅《建筑桩基技术规范》(JGJ 94—2008)中的相关说明。

(二) 圆锥动力触探试验

圆锥动力触探试验是利用一定锤击动能，将一定规格的实心圆锥探头打入土中，根据打入土中的阻力大小判别土层的变化，对土层进行力学分层，并确定试验土层的物理力学性质。通常以打入土中一定距离所需的锤击数来表示土的阻力。圆锥动力触探的优点是设备简单、操作方便、效率较高、适应性广，并具有连续贯入的特性。根据锤击能量，圆锥动力触探分为轻型、重型、超重型3种，见表2-9。

表 2-9　圆锥动力触探类型

类型		轻型	重型	超重型
落锤	锤的质量/kg	10	63.5	120
	落距/cm	50	76	100
探头	直径/mm	40	74	74
	锥角/(°)	60	60	60
探杆直径/mm		25	42	50
指标		贯入 30 cm 的读数 N_{10}	贯入 10 cm 的读数 $N_{63.5}$	贯入 10 cm 的读数 N_{120}
主要适用岩土		填土、砂土、粉土、黏性土	砂土、中密以下的碎石土、极软岩	密实和很密的碎石土、软岩、极软岩

动力触探试验适用于砂土、粉土和黏性土，强风化、全风化的硬质岩石以及静力触探难以贯入的各类土，主要成果是锤击数和锤击数随深度变化的关系曲线。其成果主要应用于：①确定砂土和碎石土的密实度；②确定地基土的承载力和变形模量；③检验地基土加固效果；④确

定单桩的承载力。

（三）标准贯入试验

标准贯入试验实质上仍属于动力触探方法之一，所不同的是其触探头不是圆锥形探头，而是标准规格的圆筒形探头（由两个半圆管合成的取土器，称为贯入器）。标准贯入试验就是利用一定的锤击动能（锤重 63.5 kg，落距 76 cm），将一定规格的对开管式贯入器打入钻孔孔底待测试的土层中，根据打入土层中的贯入阻力，评定土层的变化和土的物理力学性质。贯入器打入土中 15 cm 后，开始记录每打入 10 cm 的锤击数，根据累计贯入 30 cm 的锤击数判别土层的工程性质。

标准贯入试验可用于砂土、粉土和黏性土，在有经验的地区也可用于基岩的强风化带和全风化带。

标准贯入试验成果整理时，可按其测试深度将标准贯入击数标注于钻孔柱状图或工程地质剖面图上，也可绘制单孔标准贯入击数 N 随深度 h 变化的关系曲线或直方图，见图 2-5。

（a）标准贯入试验

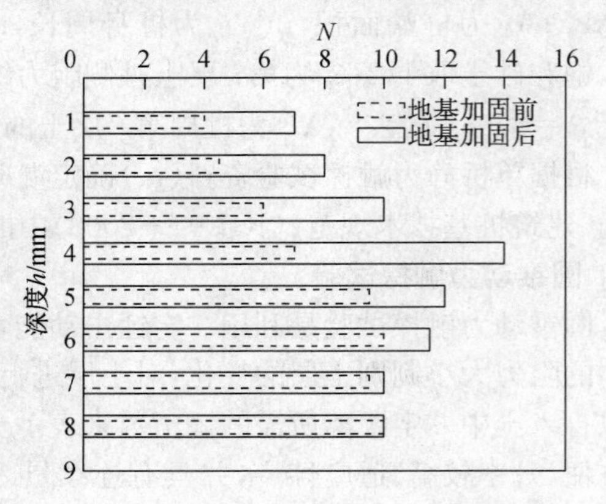

（b）N 随 h 的变化关系

图 2-5　标准贯入试验与试验曲线

标准贯入试验的成果可应用于以下几个方面：①采取扰动土样，鉴别和描述土类，按颗粒分析成果给土定名；②根据标准贯入击数，利用地区经验，评定砂土的密实度和相对密度；③利用地区经验，提供土的强度参数、变形模量、地基承载力等；④估算单桩的竖向极限承载力，判定沉桩的可能性；⑤判定饱和砂土、粉土的地震液化可能性及液化等级。

根据《岩土工程勘察规范》（GB 50021—2001），砂土的密实度可由标准贯入击数 N 确定，见表 2-10。

表 2-10　按标准贯入击数确定砂土的密实度

N	密实度	N	密实度
$N \leqslant 10$	松散	$15 < N \leqslant 30$	中密
$10 < N \leqslant 15$	稍密	$N > 30$	密实

《港口岩土工程勘察规范》（JTS 133—1—2010）给出了 N 与一般黏性土无侧限抗压强度的关系，见表 2-11。

表 2-11　标准贯入击数与黏性土无侧限抗压强度的关系

N	$N<2$	$2\leqslant N<4$	$4\leqslant N<8$	$8\leqslant N<15$	$15\leqslant N<30$
无侧限抗压强度 q_u/kPa	$q_u<25$	$25\leqslant q_u<50$	$50\leqslant q_u<100$	$100\leqslant q_u<200$	$200\leqslant q_u<400$

（四）十字板剪切试验

十字板剪切试验是快速测定饱和软黏土层不排水抗剪强度的一种简易而可靠的原位测试方法。它所测定的抗剪强度值相当于试验深度处天然土层的不排水抗剪强度，在理论上，相当于室内三轴不固结不排水剪切强度指标 $c_u(\varphi_u=0)$，或者无侧限抗压强度 q_u 的 1/2。十字板剪切试验不需采土样，特别适用于难以取样的灵敏度高的黏性土，可以在现场基本保持天然应力状态下进行扭剪，与钻探取样、室内试验相比，土体的扰动小，得到的参数更为可靠。

十字板剪切仪由板头、加力装置和测量装置组成，其示意图如图 2-6 所示。板头是两片正交的金属板，厚 2～3 mm，刃口成 60°，常用的尺寸为 D(宽)$\times H$(高)$=50$ mm$\times$100 mm。

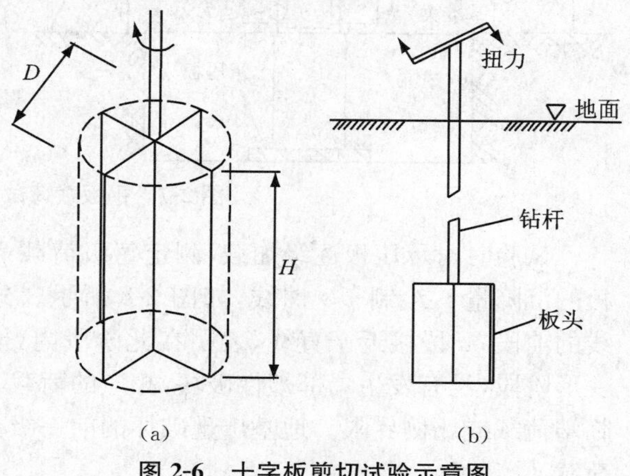

图 2-6　十字板剪切试验示意图

十字板剪切试验在钻孔中进行，先将钻孔钻至要求测试的深度以上 75 cm 左右。清理孔底后，将十字板头压入土中至测试的深度。然后通过安装在地面上的施加扭力装置，旋转钻杆以扭转十字板头，这时十字板周围的土体内形成一个直径为 D，高度为 H 的圆柱形剪切面，见图 2-6。扭转剪切速率 (0.1°～0.2°)/s，一般要求在 3～10 min 内将原位土剪损，测得剪损时的峰值扭矩 M_{max}，原位土的不排水抗剪强度 τ_f（峰值强度）为

$$\tau_f=\frac{M_{max}}{\frac{\pi D^2}{2}\left(\frac{D}{3}+H\right)} \tag{2-7}$$

当需测定地基土的灵敏度 S_t 时，在峰值强度或稳定值测定完后，将十字板头顺着扭转方向在土中继续连续旋转 6 圈，使土充分扰动后，测定重塑土的不排水抗剪强度 τ_f'，则

$$S_t=\frac{\tau_f}{\tau_f'} \tag{2-8}$$

十字板剪切试验可以得到 τ_f 随深度的变化曲线，其成果可用于地基土的稳定分析与计算，检验软基的加固效果，测定软弱地基破坏后滑动面位置和残余强度值以及地基土的灵敏度，估算地基承载力和判定软黏土的固结历史等。

（五）平板载荷试验

平板载荷试验是一种模拟实体基础承受荷载的原位试验，用以测定地基土的变形模量、地基承载力以及估算建筑物的沉降量等，其影响深度约为 1.5～2.0 倍的承压板宽度（或直径）范围内的地基土层。平板载荷试验能够提供较为可靠的地基强度与变形参数，对于重要建筑物地基或复杂地基，特别是碰到松散砂土或高灵敏度软黏土地基，取原状土样很困难时，均要求进行这种试验。

进行平板载荷试验要在建筑物场地选择适当的地点按要求的深度挖坑，试坑底面宽度不小于承压板宽度（或直径）的 3 倍，试验设备示意图如图 2-7 所示。承压板面积可采用 2 500 cm^2 或 5 000 cm^2，密实的砂土或硬塑的黏性土可采用 2 500 cm^2；软土或填土不应小于 5 000 cm^2；岩石不宜小于 700 cm^2。

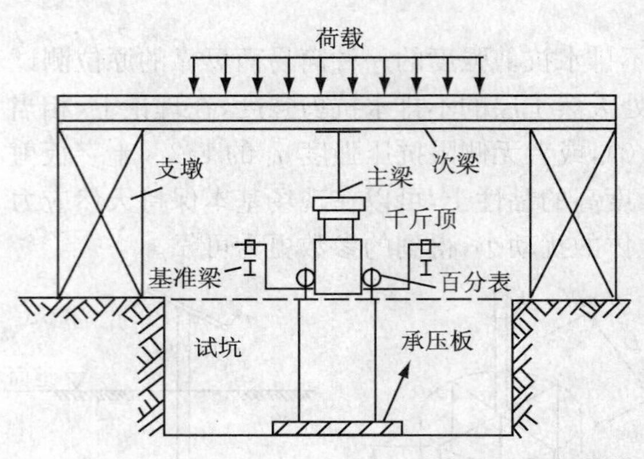

图 2-7　平板载荷试验示意图和现场图

试验时对承压板逐级加载，测定每级荷载 p 相应的载荷板的沉降量 s，绘制 p-s 曲线，如图 2-8 所示。分析图 2-8，曲线的前段 oa 段接近于直线，表明在此阶段内，地基处于线性变形阶段，没有发生局部塑性破坏，相应的荷载 p_0 或 p_{cr} 称为临塑荷载或比例界限。地基出现破坏的前一级荷载称为极限荷载 p_u。

图 2-8　载荷试验 p-s 曲线

当出现下列情况之一者，认为地基土体已达到破坏状态，试验可终止：①承压板周围的土被挤出或出现裂缝和隆起，沉降急剧增加；②本级荷载的沉降量大于前级荷载沉降量的 5 倍，荷载与沉降曲线出现明显陡降；③在本级荷载下，持续 24 h内沉降速率等速或加速发展，不能达到相对稳定标准；④总沉降量超过承压板直径或宽度的 1/12。

平板载荷试验的工程应用，主要有如下 2 个方面。

1. 求地基土的变形模量 E

承压板为圆形

$$E = 0.785(1-\nu^2)\, d\,\frac{p}{s} \tag{2-9}$$

承压板为方形

$$E = 0.886(1-\nu^2)\, b\,\frac{p}{s} \tag{2-10}$$

式中：p 为在 p-s 曲线直线段 oa 上，相应于沉降 s(m)时所对应的板底压强，kPa；d、b 为承压板的直径、边长，m；ν 为地基土的泊松比，可按表 2-12 采用。

表 2-12　土的泊松比

土的名称	碎石	砂土	粉土	粉质黏土	黏土
ν	0.27	0.30	0.35	0.38	0.42

2.求地基的承载力

依照《港口岩土工程勘察规范》(JTS 133—1—2010)，由平板载荷试验结果确定地基承载力时，可根据 p-s 曲线的特征，按如下标准选用：

(1)临塑荷载法。对于坚硬黏性土、砂土、碎石等，以比例界限 p_{cr}值作为容许承载力。

(2)极限荷载法。当 p-s 曲线上的比例界限点出现后，土很快达到极限破坏，即比例界限荷载 p_{cr}与极限荷载 p_u 接近，将 p_u 除以安全系数 2.0～3.0，作为容许承载力。

(3)相对沉降控制法。当在曲线上没有明显的直线段时，在曲线较平缓的区段选取承载力，对一般黏性土、软土采用相对沉降(沉降量与承压板的宽度或直径之比)不大于 0.02 对应的压力作为容许承载力；当极限荷载 p_u 小于相对沉降 0.02 对应的压力的 2 倍时，以 $p_u/2$ 作为容许承载力；对低压缩性土、砂土采用相对沉降 0.010～0.015 对应的压力作为容许承载力；对风化岩、软岩采用相对沉降 0.001～0.002 对应的压力作为容许承载力。

第六节　地基勘察报告的编写

勘察报告是勘察工作的最终成果，要在充分掌握和研究获得的勘察资料的基础上，阐明场地的工程特点和设计、施工的要求。

一、各阶段勘察报告及任务要求

可行性研究阶段勘察报告应着重说明场地的工程地质特征，分析判断工程地质条件的主要有利因素和不利因素，应重点分析场地的整体稳定性，明确评价场地的建设适宜性。

初步设计阶段勘察报告应根据工程建设的具体要求，综合分析所取得的各项地质资料，阐明场地工程地质条件，分析评价各区段地质特点及其建设适宜性，对场地稳定性和地基方案作出评价，并应对岩土利用、整治和改造的方案进行论证，为工程的初步设计方案提出建议和相应的地基计算参数。

施工图设计阶段勘察报告必须分别阐明各个建筑物地段的工程地质条件，详细说明岩土层的分布，分析评价所需的岩土技术指标，明确提出设计、施工中应注意的问题和建议，预测工程使用期可能发生的岩土工程问题，并提出监控和预防措施的建议。

二、勘察报告的格式和编写内容

地基勘察报告应由文字部分及其图表组成。

文字部分应包括下列内容：①勘察目的、任务要求和依据的技术标准；②拟建工程概况；③勘察布置和勘察工作完成情况；④场地地形、地貌、地层、地质构造、岩土性质及其均匀性；⑤岩土参数的统计、分析和选用；⑥场地地下水情况；⑦水和土对建筑材料的腐蚀性；⑧场地地震效应的分析与评价；⑨不良地质作用和特殊性岩土的描述和评价；⑩岩土工程分析和评价；⑪对工程设计和施工的建议；⑫监控及预防措施的建议。

图表应包括下列内容：①勘探点平面图；②勘探点成果数据表；③钻孔柱状图；④工程地质剖面图；⑤原位测试成果图表；⑥室内试验成果图表；⑦岩土试验特征指标综合统计表；⑧其他图表、照片。

下面介绍一个地基勘察报告的实例，供参考。

［地基勘察报告实例］

＊＊中心渔港码头岩土工程勘察报告(节选)
(施工图设计阶段)

1　前言

经招投标,我公司中标承担了＊＊市渔业局＊＊中心渔港码头的岩土工程勘察评价任务。

1.1　工程概况

＊＊市＊＊港区＊＊中心渔港码头位于＊＊市＊＊区＊＊街道,＊＊湾＊＊北岸,拟建的＊＊中心渔港码头由以下建(构)筑物组成:浮码头7座,由浮码头、墩台和栈桥组成,挂靠25艘趸船。本次勘察为其中的浮码头、墩台和栈桥,其基础拟采用预制桩或钻孔灌注桩基础。

1.2　工程勘察的目的和要求

本次勘察的主要目的是为拟建＊＊中心渔港码头工程浮码头墩基础和栈桥基础设计及施工提供详细的工程地质资料,根据《港口岩土工程勘察规范》(JTS 133—1—2010)规定,本次勘察具体技术要求如下……

1.3　勘察工作遵循的主要技术标准

(1)行标《港口岩土工程勘察规范》(JTS 133—1—2010)

(2)国标《岩土工程勘察规范》(GB 50021—2001)

……

1.4　勘察工作概况

本次勘察根据《＊＊勘察规范》规定,结合《＊＊勘察规范》相关规定,勘探点沿桩基长轴方向和墩台中点布设。本次勘察的勘探点由设计单位确定,共布置勘察孔48个,其中取样孔17个,鉴别孔31个……

1.5　坐标、高程系统及引测点

采用拓普康211D全站仪进行勘察点定位,定位桩编号为I34(纵坐标为3 177 225.606,横坐标为639 201.257)、北港16(纵坐标为3 177 181.640,横坐标为639 498.028)、鱼1(纵坐标为3 177 099.190,横坐标为639 878.350),坐标均按甲方提供的平面图确定……

2　场地工程地质条件

2.1　自然条件

2.1.1　地形地貌

＊＊港＊＊港区＊＊中心渔港码头位于＊＊湾南岸,＊＊上游由＊＊江和＊江于三江口汇合,自西向东流入＊海。＊江水面开阔,平均水面宽约1 500 m,港区东段水位较浅,西段水位较深,＊江入海口外有＊＊山、＊＊山等天然屏障,港区内基本不受海浪影响……

2.1.2　水文气象条件

本区属亚热带海洋季风性气候,四季分明,雨量充沛,气候温暖湿润,历年平均气温为17.0 ℃,极端最高气温可达40.0 ℃,极端最低气温为−6.8 ℃……

2.2　地基土构成及分布特征

根据钻探揭露,按地基土时代成因、物理力学性质特征,将场地地基土分为5个工程地质层，细分为8个工程地质亚层。现分述如下：

1-0 素填土：杂色，湿，松散，成分主要由碎、块石及黏性土组成，层厚1.40～3.10 m。

1-1 淤泥：灰黄～灰色，流塑状，饱和，高压缩性，层厚1.00～6.40 m。

1-2 淤泥质粉质黏土：灰色，流塑状，饱和，高压缩性，层厚1.80～9.90 m。

2-1 淤泥：灰色，流塑状，饱和，高压缩性，层厚9.60～19.70 m。

……

以上各岩土层的埋藏分布规律见工程地质剖面图。

2.3　地基土的物理力学性质指标统计

勘察时，对各土层分别取原状土样作常规土工试验，数理统计按《＊＊设计规范》《＊＊勘察规范》规定，对土层的物理力学指标进行分层统计……

统计结果见附表"地基土物理力学性质指标数理统计表"。

2.4　地下水

场地在勘察期间无法测得钻孔稳定水位，根据地层分析，浅部地下水为孔隙潜水，含水量及给水度均很小，地层透水性差……

3　工程地质条件评价

3.1　场地地基土分析与评价

在勘察范围，拟建场地地基土构成较简单，但沉积环境差异大，呈海陆交替沉积，地层厚度及强度的均匀性较好……

3.2　不良地质作用

拟建场地主要不良地质作用表现为：①巨厚层状软土分布，表部有流泥分布；②场地施工环境较复杂，潮汐对工程施工影响较大；③3层黏土有天然气囊分布，给桩基工程施工造成一定影响。

3.3　场地地震效应

3.3.1　场地地震及基本烈度

本区为＊＊沿海二等地震区，地震频率低，震级小，属相对稳定区。根据《中国地震动参数区划图》(GB 18306—2010)和《建筑抗震设计规范》(GB 50011—2010)，＊＊区抗震设防烈度为小于6度区，设计基本地震加速度值小于0.05g，特征周期值为0.65 s。

3.3.2　场地类别和场地土类型

经钻孔揭示，结合邻近场地钻探资料按GB 50011—2010规范判定，场地类别为Ⅳ类，场地土类型为软弱场地土。

3.3.3　地基土液化判定

拟建场地20 m范围主要由软土组成，且场区位于地震基本烈度小于6度区，根据邻近场地资料及GB 50011—2010规范判定，拟建场地可不考虑地基土液化影响，但该场地属抗震不利地段。

4　地基土承载力设计参数确定及地基基础方案

4.1　地基土承载力设计参数确定

根据地基土特征、埋藏条件和物理力学性质，按《＊＊勘察规范》进行计算查表，结合本地建筑经验,综合提出了场地地基土承载力标准值……

4.2 单桩竖向极限承载力估算

单桩竖向承载力极限标准值估算根据《**桩基规范》公式计算……

4.3 地基基础方案

拟建渔港码头为悬浮码头,由码头墩台、悬浮平台、栈桥组成。根据场地工程地质条件及环境条件,结合拟建建筑物结构特点,地基基础方案可供选择如下:

(1)预制桩基础……

(2)钻孔灌注桩基础……

5 结论与建议

经勘察查明,拟建场地地质条件较简单,但环境复杂,沉积环境差异大。本次勘察按业主委托要求及现行有关规范进行勘察评价,通过钻探取土,标准贯入试验、重型动力触探试验及室内土工试验等勘测手段,基本查明场地工程条件、地基土构成和分布特征,以及各土层的物理力学性质、工程特性,达到了委托目的。针对建筑物结构特点和荷载大小,结合场地地质条件,结论与建议如下……

附表部分:

表1 地基土物理力学性质指标设计参数表(略)

表2 地基土物理力学性质指标数理统计表(略)

表3 土工试验成果表(略)

表4 水质分析成果表(略)

表5 标准贯入试验成果表(略)

表6 重型动力触探试验成果表(略)

表7 各勘探孔分层深度、高程、层厚一览表(略)

表8 勘探点主要数据一览表(略)

附图部分:

勘探点平面位置图	1张
工程地质剖面图(2-1～2-16)	16张
钻孔工程地质柱状图(3-1～3-48)	48张
固结试验 e-p 分层曲线图	4张

地层编号	地层名称	高程/m	深度/m	厚度/m	柱状图图例 1:200	地层描述
①-1	淤泥	-5.30	2.80	2.80		灰、灰黄色，流塑，饱和，高压缩性。干强度中等，韧性中等，摇振反应无，稍有光泽。含少量有机质及贝壳碎屑。表部50 cm为流泥。
①-2	淤泥质粉质黏土	-10.70	8.20	5.40		灰色，流塑，饱和，高压缩性。干强度中等，中等韧性，摇振反应无，稍有光泽。含少量有机质及贝壳碎屑。薄层状、间层状构造。含较多粉土、粉砂薄层；黏土与粉土厚度比约10:1~5:1。粉土条长5~7 mm，厚1~3 mm，分布不连续。
②-1	淤泥	-24.30	21.80	13.60		灰色，流塑，饱和，高压缩性。上部夹少量粉土，水平层理发育，薄~中厚层状构造；中下部均匀，厚层状构造，可见气孔，粗鳞片结构，片径3~5 mm；含少量有机质及贝壳碎屑。韧性高，干强度高，摇振反应无，切面光滑。
②-2	淤泥	-39.30	36.80	15.00		灰色，流塑，饱和，高压缩性。粗鳞片结构，厚层状构造，片径3~5 mm；含有机质及贝壳碎屑，土性松脆。韧性高，干强度高，摇振反应无，切面光滑。
③	黏土	-48.80	46.30	9.50		灰色，软塑，饱和，高压缩性。细鳞片结构，厚层状构造，片径1~3 mm；含少量有机质及贝壳碎屑，局部含浅色泥斑，层底有机质有富集现象。韧性高，干强度高~中，摇振反应无，切面光滑。
④	粉质黏土	-49.90	47.40	1.10		棕灰色，软塑~可塑，饱和，中等压缩性。含少量朽木；韧性中等，干强度中等，摇振反应无，稍有光泽。
⑤-1	粉砂	-50.30	47.80	0.40		灰、灰黄色，稍密~中密，饱和，中等压缩性。低韧性，低干强度，摇振反应迅速，无光泽。含少量砾石，分选型较差。
⑤-2	圆砾	-54.50	52.00	4.20		

附图 1　钻孔工程地质柱状图

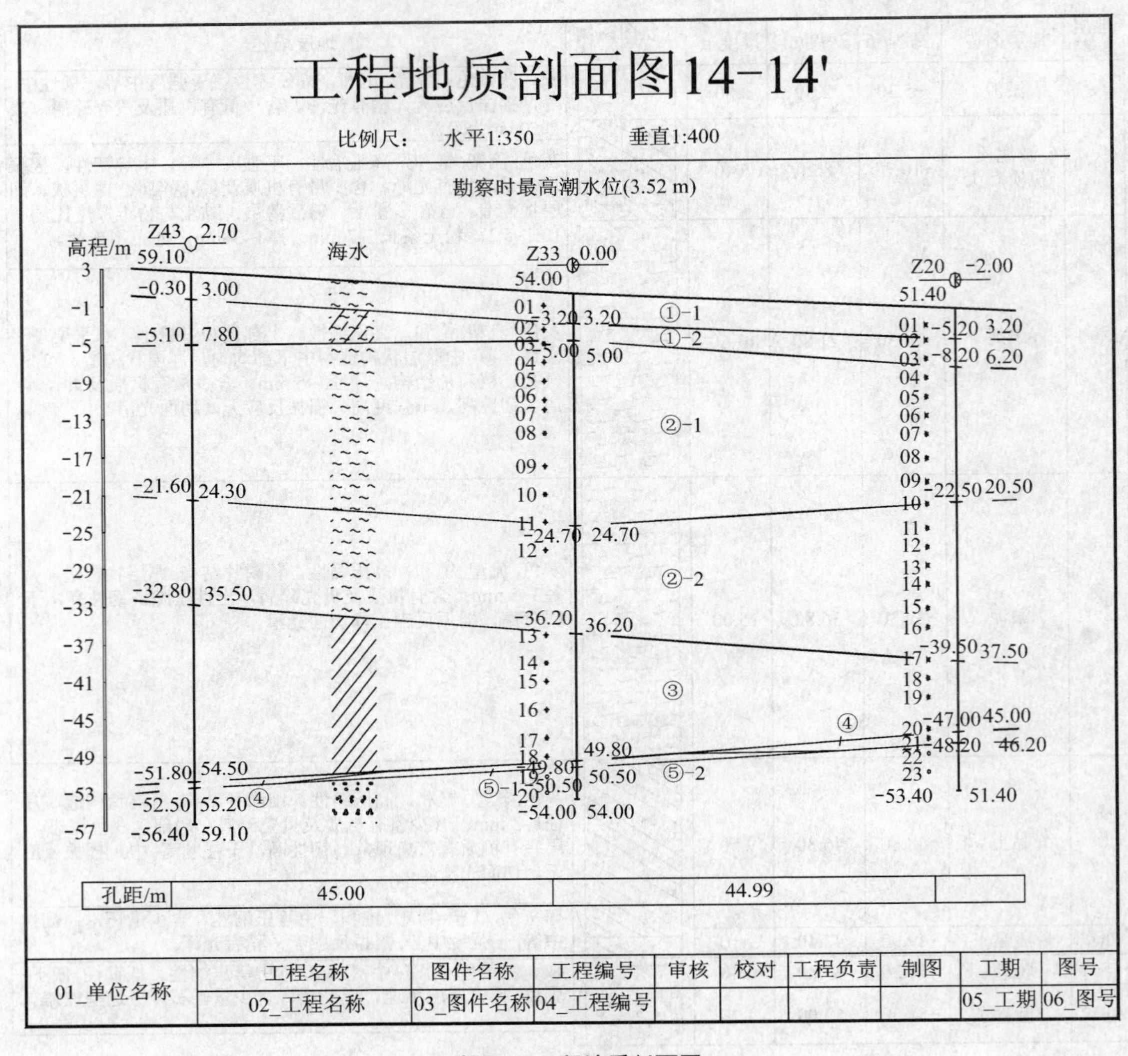

附图2　工程地质剖面图

习题二

1. 地基勘察的主要任务是什么？
2. 地基勘察分哪几个阶段进行？每个阶段的主要勘察内容有哪些？
3. 地基勘察的方法主要有哪几种？
4. 什么叫地球物理勘探？通常采用的有哪些方法？
5. 何谓静力触探？单桥探头和双桥探头各有什么特点？分别能测得什么指标？
6. 如何根据静力触探试验资料推算单桩的竖向极限承载力？
7. 标准贯入试验常用以测定砂土的密实程度，试说明用以确定砂土密实程度的标准。
8. 试述十字板剪切试验的成果应用。
9. 如何根据平板载荷试验结果确定地基土的变形模量与地基承载力？
10. 地基勘察报告应包括哪些内容？

第三章　软土地基设计

第一节　概述

根据《港口工程地基规范》(JTS 147—1—2010)给出的定义,"软土"泛指由滨海相、潟湖相、三角洲相、河湖相等沉积环境形成的天然孔隙比大于或等于1.0,天然含水量大于液限的细粒土(细粒土通常指粒径小于0.1 mm颗粒占土样总重50%以上的土)。

表 3-1　淤泥性土的分类

e	$1.0 \leqslant e < 1.5$	$1.5 \leqslant e < 2.4$	$e \geqslant 2.4$
$\omega/\%$	$36 \leqslant \omega < 55$	$55 \leqslant \omega < 85$	$\omega \geqslant 85$
土的名称	淤泥质土	淤泥	流泥

注:淤泥质土应根据塑性指数 I_p 按《港口工程地基规范》(JTS 147—1—2010)第4.2.10条再划分为淤泥质黏土或淤泥质粉质黏土。

在《港口工程地基规范》中,软土也指"淤泥性土"。根据天然孔隙比 e 和天然含水量 ω 的多少,淤泥性土又可细分为淤泥质土、淤泥和流泥,见表3-1。

在实际工程中,有一些性质很差的其他黏性土,如泥炭土、混有大颗粒的淤泥土以及含水量较大的黏质粉土等,也都属于软土范畴。

软土在我国分布极为广泛,我国沿海的近海浅海区域,内陆的江、河、湖泊沿岸更为常见。其厚度少则几米,多则几十米。各个地区软土的工程性质不仅不同土层差别较大,而且同一土层中不同地点有时也有明显的差异,在设计与施工中应予以重视。

第二节　软土的工程性质

一、软土的一般性质

由于软土的成因不同,使得软土的工程性质复杂而且多变。表3-2给出了我国主要沿海地区软土性质指标的统计值。

总结表3-2,可以归纳出几点规律:

(1)软土的天然含水量高。我国软土的 ω 约为34%～73%,ω_L 约为33%～58%,ω 一般均大于 ω_L,属于流动状态。按常规方法,细粒土的分类应依据塑性分类图进行分类。图3-1为《水利水电工程土工试验规程》(DL/T 5355—2006)给出的塑性分类图。细粒土的基本分类和定名见表3-3。我国软土的 I_p 均大于10,ω_L 约为33%～58%,在分类上属于高塑限与中塑限无机黏土。

(2)天然孔隙比大。e 在1.0～1.9范围内。

(3)压缩性大。$a_{1\text{-}2}$ 多数在 5.1×10^{-4}～20×10^{-4} kPa^{-1},属于高压缩性土。

(4)抗剪强度低。快剪内摩擦角一般小于5°,黏聚力约在5～13 kPa,固结快剪内摩擦角约为15°。

(5)渗透性差。k 约为 10^{-8}～10^{-7} cm/s数量级。

表 3-2 我国主要沿海地区软土的物理力学性质指标统计表

地区	土层埋深/m	ω/%	重度 γ/(kN/m³)	e	液限 ω_L/%	塑限 ω_p/%	塑性指数 I_p	渗透系数 k/(cm/s)	压缩系数 a_{1-2}/kPa⁻¹	黏聚力 c/kPa	内摩擦角 φ/(°)
天津	7～14	34	18.2	0.97	34	19	17	1×10^{-7}	5.1×10^{-4}		
塘沽	3～8	65.7	16.4	1.86	58	31	27	1×10^{-8}	15.3×10^{-4}	7(*5)	14.3(*3.3)
	8～17	47	17.7	1.31	42	20	22	1×10^{-7}	9.7×10^{-4}	13(*12)	16.9(*3.1)
	17～24	39	18.1	1.07	34	19	15	1×10^{-7}	6.5×10^{-4}		
上海	1.5～6	37	17.9	1.05	34	21	13	2×10^{-6}	7.2×10^{-4}	6(*14)	18(*11)
	6～7	50	17.2	1.37	43	23	20	6×10^{-7}	12.4×10^{-4}	5(*16)	15(*6)
杭州	3～9	47	17.3	1.34	41	22	19				
	9～19	35	18.4	1.02	33	13	15		11.7×10^{-4}	6	14
宁波	2～12	50	17.0	1.42	39	22	17	3×10^{-6}	9.5×10^{-4}		
	12～28	38	18.6	1.08	36	21	15	7×10^{-6}	7.2×10^{-4}		
广州	0.5～10	73	16.0	1.82	46	27	19	3×10^{-6}	11.8×10^{-4}		
福州	3～19	68	15.0	1.87	54	25	29	8×10^{-8}	20.2×10^{-4}	5	11
	19～25	42	17.1	1.17	41	20	21	5×10^{-7}	7×10^{-4}	10	16
温州	1～35	63	16.2	1.79	53	23	30		19.3×10^{-4}	5	12
舟山	2～14	45	17.5	1.32	37	19	18	7×10^{-6}	11×10^{-4}	*2	*6
	17～32	36	18.0	1.03	34	20	14	3×10^{-7}	6.5×10^{-4}		

说明：黏聚力和内摩擦角中带 * 号者为快剪值，其余为固结快剪值。

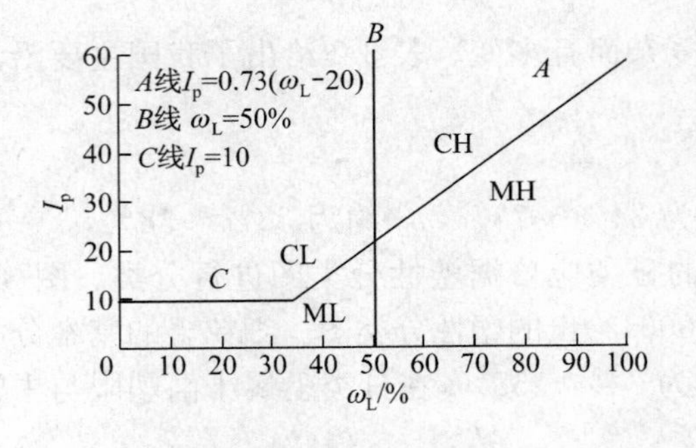

图 3-1 塑性分类图

表 3-3 细粒土的基本分类和定名

土的塑性指标在塑性图中的位置		土名称	土代号
I_p	ω_L		
$I_p \geqslant 0.73(\omega_L-20)$ 和 $I_p \geqslant 10$	$\omega_L \geqslant 50\%$	高液限黏土	CH
	$\omega_L < 50\%$	低液限黏土	CL
$I_p < 0.73(\omega_L-20)$ 和 $I_p < 10$	$\omega_L \geqslant 50\%$	高液限粉土	MH
	$\omega_L < 50\%$	低液限粉土	ML

(6)结构性强。其灵敏度 S_t 约为 3～5，即扰动后强度可降低 70%～80%，属灵敏性土。

(7)流变性强。流变系指软土在剪应力作用下发生缓慢、长期变形的性质。经长期变形而破坏的土体，其抗剪强度仅为一般抗剪强度的 40%～50%，其强度称为长期强度。

研究和掌握软土的工程性质，其主要目的是逐步认识它对工程的反应和危害以及相应的防治措施，使在软土地区的重大工程建设得到技术先进、经济合理和使用安全的效益。

软土地基的承载力低，承受荷载后变形大，在建设中如有忽略，必然导致建筑物的开裂，甚至损坏和失稳。近年来，随着我国学者对软土工程性质研究的深入，对软土的性质有了客观的认识，在软土地基的设计、施工和加固等方面也积累了很多经验。

国外对软土地基也有很多研究和处理经验，例如世界闻名的软土地区墨西哥城，地基是火山灰沉积，表土层为 5 m 厚的人工填土和砂夹卵石层，其下直至 30 m 深均为超高压缩性软黏土，孔隙比高达 7～12，含水量为 150%～600%。由于在墨西哥城推广了地下连续墙施工方法，克服了软土带来的施工困难，深度可达 17～18 m。该城的地铁一期工程 41.5 km，只花了 16 个月就已建成。目前地下连续墙施工方法还应用于高层建筑的地下部分，可减少基础的附加压力，并在基础下打桩，以减少建筑物的沉降量。

在特定条件下，软土对地下工程也可能是有利的，例如在上海建设第一条黄浦江水底隧道时，利用了软土容易挤出的特点，采用闭胸盾构法推进，不仅免去了进土的运输和处理，而且取消了气压施工，大大加速了施工进度。

二、几个主要地区的软土特性

以下简要介绍一下上海地区、天津塘沽新港地区和福州地区等我国沿海典型软土的性质，供设计与施工时参考。

(一) 上海地区软土的性质

上海地区浅层土为第四纪沉积层，地质年代较近，固结度低，比较软弱。土层呈带状分布，地下水(潜水)埋藏颇浅，离地表年平均仅 50～70 cm。土层的分布虽有一定的规律性，但土层的起伏和厚薄仍有较多的变化，有的土层在某些地段缺失。例如，往往引起注意的亚砂土层，有的直接卧于表土层下，有的却在地表下 20 m 左右的深处发现，可是在较多情况下缺失；又如暗绿色亚黏土一般埋藏在 20 m 以下，但有的地方在 7～8 m 处找到，也有缺失之处。

黏性土的物理力学性质指标的统计关系如下：

(1)I_p 与 ω_L

$$I_p = 0.83(\omega_L - 20) \tag{3-1}$$

(2)压缩指数 C_c 与 ω_L

$$C_c = 0.022(\omega_L - 24) \tag{3-2}$$

(3)压缩模量 E_s(kg/cm²)与静力触探比贯入阻力 p_s(kg/cm²)

深度 12 ～ 24 m　　$E_s = 3.4p_s$　　(3-3)

深度 24 ～ 50 m　　$E_s = 3.4p_s + 19$　　(3-4)

(4)三轴不排水抗剪强度 c_u(kg/cm²)与静力触探比贯入阻力 p_s(kg/cm²)

$$c_u = \left(\frac{1}{22} \sim \frac{1}{18}\right)p_s \tag{3-5}$$

(5)地基土应力历史可用超固结系数表达，即前期固结压力与自重之比值。在地表下 4 m 内，该系数可达 8；4～25 m 内，平均值为 1.08；25～32 m 暗绿色亚黏土的平均值为 2.15。

上海淤泥质黏土的有效内摩擦角可取 26°～30°，该时的固结度为 100%。用未完全固结不排水直剪求得的内摩擦角为 8°～12°，其固结度约为 25%～40%。

在上海地区，作为表土层的褐黄色亚黏土，e 为 0.7～1.0，虽然压缩模量 $E_{s1\text{-}2}$ 只有 40～80 kg/cm²，但在该地区已是难能可贵的土层，比下卧层淤泥质黏土和亚黏土要略胜一筹，通常形象地比喻为“硬壳层”，为浅基础的持力层，容许承载力在解放前称为“老八吨”，即 8 t/m^2。目前根据变形控制，绝大多数地区都有了相当大的提高，最大达 14 t/m^2；但土层的厚度仅 2～3 m，且地下水(潜水)埋藏较浅，年平均水位在地表下 0.5～0.7 m，故力求基础埋得浅些，一般为 50 cm，可少挖除一些好土。在表土层中暗沃和墓穴较多，必须勘察清楚并予以处理，否则引起建筑物的不均匀沉降。在上海，天然地基载荷试验的荷重最大达到 35 t/m^2，大面积堆场的荷重最大达到 80 t/m^2，而且紧靠江边，未发生地基滑裂破坏，只是沉降量很大，存在这种现象与软土层上有硬壳层有关。

表土层下的淤泥质亚黏土和黏土，e 为 1.0～1.6，含水量大于液限，压缩模量 $E_{s1\text{-}2}$ 只有 18～24 kg/cm^2，是上海地区最软弱的土层，厚度达 10 m 以上，是引起天然地基上建筑物较大沉降和不均匀沉降的根源。解放前，很多建筑标准较高的 3 层房屋采用了桩基，以减少沉降和不均匀沉降，把大量木材埋设于地下。解放后，广大科技人员边实践边研究，采取了控制建筑物平面、立面布置，以减少地基中应力的突变和集中，以及加强上层结构刚度等措施，有效地减少或防止建筑物的开裂，现在采用天然地基的住宅已高达 6 层，节约了大量材料和工程费用，成功地克服了软土的弱点。

亚砂土的工程性质接近粉砂，有利和不利的因素都有。在浅层中如有亚砂土或粉砂存在，可减少浅基础的沉降和不均匀沉降，并可提高地基容许承载力，但在此层中施工，如开挖基坑、下水道沟槽等，容易发生流砂现象，故需采用井点降水措施。在较深地层中出现亚砂土或粉砂，如有适当厚度，可作为桩基持力层，对减少沉降和不均匀沉降能起良好作用。但地下工程遇到亚砂土或粉砂时须引起注意，当采用盾构法施工时，如不采用喷射井点降水或气压、泥水加压法等措施，不能稳定开挖面土体；如采用井点降水，亚砂土或粉砂变得很坚硬，盾构前面需采用机械方法切削土体。

暗绿色亚黏土一般埋藏在 20 m 以上深度，e 为 0.65～0.75，压缩模量 $E_{s1\text{-}2}$ 达 120～250 kg/cm^2，是桩基的良好持力层，但有的地区缺失。此层埋深有一定起伏，使一个工地需要的桩长不一，故必须用触探等简易勘察方法探明，否则可能要凿平大量的桩头。此层土不厚，仅 2～4 m，其下仍可能有较软的土层，故桩基仍有一定数量的沉降，但较均匀。有的地区在此层下即为粉砂，则尽可能将桩基打入粉砂层，可有效地减少沉降和不均匀沉降。

上海地区的基岩一般很深，基岩上有好几层厚度很大的砂层与黏土层上下间隔，砂层中的水压很高。有的工业区因在夏季大量开采砂层中的地下水作为冷却水，深井又过于集中，使水位大幅度下降，砂层中水压降低，引起城市大面积地面沉降，这种现象虽非一般工程活动所引起，但其实质也是土力学问题。国外很多城市发生地面沉降，国内除上海外，天津也如此，由于都是软土地区，地面沉降量很大，是近代土力学中值得研究的一个实际问题。

上海地区具体的土层情况如下(见表 3-4)，土层的力学指标、物理力学指标和工程设计、施工参数如表 3-5～3-9 所示。

第①$_1$ 层填土：普遍分布，层厚变化较大，一般为 0.6～4.0 m，土质松散不均匀，以杂填土为主，夹碎石、砖块等杂质较多。

第②层可分为②$_1$ 和②$_3$ 层 2 个亚层。

第②$_1$ 层褐黄～灰黄色粉质黏土：大部分地区均有分布，局部填土较厚地段该层缺失，夹薄层粉土，可塑为主，中压缩性。

第②$_3$ 层灰色砂质粉土，该层土土质不均，夹薄层黏土，局部较多，松散，压缩性中等，透水性较强，开挖揭露时，在一定水头的动水压力作用下，易产生流砂现象。

第③层可分为③$_{1}$，③$_{2}$ 和③$_{3}$ 层 3 个亚层。

第③$_{1}$ 和③$_{3}$ 层灰色淤泥质粉质黏土：分布较普遍，土质不均匀，夹薄层粉砂，局部较多，流塑，土质软，压缩性高，属高灵敏土，开挖时受扰动易发生结构破坏和流变。

第③$_{2}$ 层灰色砂质粉土：大部分地段分布，局部缺失，该层土质不均匀，夹薄层黏土，透水性较强，开挖揭露时，在一定水头的动水压力作用下，易产生流砂现象。

第④层灰色淤泥质黏土：分布较稳定，埋深厚度变化不大，夹薄层粉砂，流塑，属高灵敏土，开挖时受扰易发生结构破坏和流变。

第⑤层可分为⑤$_{11}$，⑤$_{1A}$，⑤$_{12}$，⑤$_{2}$，⑤$_{3A}$，⑤$_{3B}$，⑤$_{4}$ 层 7 个亚层和⑤$_{3T}$层 1 个透镜体。

第⑤$_{11}$层灰色黏土：分布较稳定，土质不均匀，夹薄层粉砂，该层土的物理力学性质一般，软塑～流塑，高压缩性，开挖时受扰易发生结构破坏。

第⑤$_{1A}$层灰色砂质粉土：场地内遍布，分布较稳定，土质不均匀，夹薄层黏土，松散～稍密，中压缩性，盾构在该层中掘进时阻力较大，开挖揭露时，在一定水头的动水压力作用下，易产生流砂现象，该层为场地内微承压含水层。

第⑤$_{12}$层灰色粉质黏土夹粉砂：场地内分布较稳定，不均匀，土质一般，夹粉砂较多，开挖揭露时，在一定水头的动水压力作用下，易产生流砂现象。

第⑤$_{2}$ 层灰色粉砂：呈不连续分布，埋深、厚度变化不大，该层土质不均，夹薄层黏土，局部较多，中密，中压缩性，土质较好，也为微承压含水层，开挖揭露时，在一定水头的动水压力作用下，易产生流砂现象。

第⑤$_{3B}$层灰色粉质黏土：普遍分布，软塑，中～高压缩性，不均匀，夹薄层粉砂，局部较多。

第⑤$_{3T}$层灰色砂质粉土：为第⑤$_{3B}$层中的透镜体，土质不均，夹薄层黏土，稍密。

第⑤$_{4}$ 层灰绿色粉质黏土：仅个别孔揭露，含氧化铁斑，可塑，土质较好。

第⑦层可分为⑦$_{1}$ 和⑦$_{2}$ 层 2 个亚层。

第⑦$_{1}$ 层草黄～灰色砂质粉土：埋深较深，仅部分钻孔揭露，夹薄层黏土，土质较好，稍密，中压缩性。

第⑦$_{2}$ 层草黄～灰色粉砂：埋深较深，夹薄层黏土，土质较好，密实，中压缩性。

地下水由浅部土层中的潜水、赋存于⑤$_{1A}$和⑤$_{2}$ 层中的微承压水及赋存于⑦层中的承压水组成，主要补给来源为大气降水、地表径流，受气候、季节、降水量的影响而有变化。场地⑤$_{1A}$和⑤$_{2}$ 层为微承压水层，⑦层为承压含水层，根据上海地区工程经验，微承压水位及承压水位一般均低于潜水位，埋深一般为地表下 3～11 m，随季节呈周期变化。⑤$_{1A}$层微承压水水位埋深 5.11～5.35 m，⑤$_{2}$ 层微承压水水位埋深约为 5.29～6.10 m。

表 3-4 上海地基土构成与特征一览表

地质时代	土层序号	土层名称	成因类型	层厚/m	层底标高/m	土层描述
全新世 Q_4	①$_1$	填土	滨海—河口	0.6～4.0	3.41～-0.05	土质松散、不均匀,以杂填土为主,含碎石、砖块等杂质较多,场地内均布。
	②$_1$	褐黄～灰黄色粉质黏土		0.3～2.6	1.96～0.28	含氧化铁斑点及铁锰质结核,可塑为主,中压缩性,摇振反应无,光泽反应稍光滑,干强度高等,韧性高等,填土较厚地段该层缺失。
	②$_3$	灰色砂质粉土		2.6～16.3	-1.82～-15.22	夹薄层黏土,含云母,松散,中压缩性,摇振反应迅速,干强度低,韧性低,分布不均匀,局部较厚。
	③$_1$	灰色淤泥质粉质黏土	滨海—浅海	0.8～2.6	0.43～-1.28	夹薄层粉砂,局部较多,流塑,高压缩性,摇振反应无,干强度中等,韧性中等,大部分地段均有分布,有②$_3$ 层分布处该层缺失。
	③$_2$	灰色砂质粉土		0.8～2.3	-0.97～-3.18	夹薄层黏土,含云母,松散,中压缩性,摇振反应迅速,干强度低,韧性低,大部分地段均有分布。
	③$_3$	灰色淤泥质粉质黏土		0.8～4.3	-4.09～-6.09	夹薄层粉砂,局部较多,流塑,高压缩性,摇振反应无,干强度中等,韧性中等,场地内遍布。
	④	灰色淤泥质黏土		5.2～9.1	-12.07～-14.29	夹薄层粉砂,含有机质,流塑,高压缩性,摇振反应无,干强度高,韧性高,场地内遍布。
	⑤$_{11}$	灰色黏土	滨海、沼泽	0.5～3.0	-14.07～-16.17	含有机质、腐植物、钙结核,软塑为主,高压缩性,摇振反应无,干强度高,韧性高,场地内遍布。
	⑤$_{1A}$	灰色砂质粉土		0.7～3.3	-15.49～-17.52	夹薄层黏土,含云母,松散～稍密,中压缩性,摇振反应迅速,干强度低,韧性低,场地内遍布。
	⑤$_{12}$	灰色粉质黏土夹粉砂		2.2～8.6	-18.99～-25.79	夹粉砂较多,含有机质、钙结核,软塑为主,高压缩性,摇振反应无,干强度中等,韧性中等,场地内遍布。

续表 3-4

地质时代	土层序号	土层名称	成因类型	层厚/m	层底标高/m	土层描述
	⑤$_{2}$	灰色粉砂		1.0～3.9	－20.57～－27.49	夹薄层黏土，局部较多，含云母，中密，中压缩性，主要分布在杨高南路以西。
	⑤$_{3B}$	灰色粉质黏土	溺谷	11.9～25.9	－32.82～－48.47	夹薄层粉砂，含有机质、钙结核，软塑，中压缩性，摇振反应无，干强度中等，韧性中等。
	⑤$_{3T}$	灰色砂质粉土		6.7	－43.48	夹薄层黏土，含云母，松散，仅 CJ105 处揭露。
	⑤$_{4}$	灰绿色粉质黏土		1.5	－49.97	夹薄层粉砂，含有机质、氧化铁，摇振反应无，干强度高等，韧性高等；仅 CZ106 号孔处揭露，摇振反应迅速，干强度低，韧性低。
上更新世 Q_{3}	⑦$_{1}$	草黄～灰色砂质粉土	河口—滨海	未钻穿	未钻穿	夹薄层黏土，仅 Q2CJ10，Q2CJ11，Q2CJ15 三个孔揭露。
	⑦$_{2}$	草黄～灰色粉砂		未钻穿	未钻穿	由石英、长石、云母等矿物颗粒组成，夹薄层黏土，密实，中压缩性，仅部分深孔处揭露。

表 3-5　上海地基土力学指标

层序	静探值 P_{s}/MPa	重度/(kN/m^{3})	直剪固快峰值试验强度		地基土承载力设计值 f_{d}/kPa	地基土承载力特征值 f_{ak}/kPa
			c/kPa	φ/(°)		
②$_{1}$	0.740	18.4	17	14.7	95	76
②$_{3}$	2.126	18.6	3	29.8	110	88
③$_{1}$	0.452	17.6	12	15.3	70	56
③$_{2}$	1.951	18.5	3	30.3	105	84
③$_{3}$	0.554	17.1	11	12.0	70	56
④	0.604	16.7	11	10.8	65	52
⑤$_{11}$	0.837	17.6	13	12.6	80	64
⑤$_{1A}$	2.540	18.2	3	30.6	120	96
⑤$_{12}$	1.428	17.7	14	16.7	90	72

注：地基承载力设计值计算假定条件：条形基础，基础宽度 b 为 1.50 m，基础埋深 d 为 1.00 m，地下水位深度为 0.50 m。

表 3-6 上海地区各土层的物理力学指标(一)

土层	土层顶部在地表下的深度/m	土层厚度/m	容重/(t/m²)	含水量/%	孔隙比
褐黄色粉质黏土		2～3	1.9	25～30	0.7～1.0
灰色淤泥质粉质黏土(夹薄层粉砂)	2～3	6～7	1.8	35～40	1.0～1.3
灰色淤泥质黏土	8～10,3～4	10	1.75	50～60	1.3～1.6
草黄色粉质砂土	18～20,2～3,0	8～10	1.85	35	0.8～0.9
灰色粉质黏土	18～22,0	2～40	1.95	33	1.0
暗绿色粉质黏土	20～35,7～8	2～4	1.85	25	0.65～0.75
褐黄色粉质黏土、黏土	22～37,9～10,0	3	1.9	25	0.8
灰色粉质黏土	27～40,0	16～23	1.85	33	1.0
草黄色粉质砂土、粉砂	27～56		1.9	27	0.8～0.85
草黄色粉砂、细砂	27～56		1.95	25	

表 3-7 上海地区各土层的物理力学指标(二)

土层	液限/%	塑限/%	塑性指数	压缩系数 $a_{1\text{-}2}$/(cm²/kg)	压缩模量 $E_{1\text{-}2}$/(kg/cm²)	标贯值 N	p_s/(kg/cm²)	静止侧压力系数 K_0
褐黄色粉质黏土	30～37	19～22	10～17	0.02～0.03	40～80	5～10	20～30	0.44～0.51
灰色淤泥质粉质黏土(夹薄层粉砂)	33	21	10～17	0.04～0.07	27～40	2～5	4～10	0.5～0.54
灰色淤泥质黏土	36～45	20～24	17～24	0.1～0.15	18～24	2～3	4～8	0.67～0.74
草黄色粉质砂土				0.04	80～120	30	20	0.38
灰色粉质黏土	32	20	12	0.02～0.04	50～60	10	6～10	
暗绿色粉质黏土	31～35	19	12～16	0.015～0.025	120～250	30	20～40	
褐黄色粉质黏土、黏土	40	20	16～20	0.015～0.025	120～250	30	20～40	
灰色粉质黏土	33	21～25	8～15	0.02～0.04	50～60	15～20	10～20	

续表 3-7

土层	液限/%	塑限/%	塑性指数	压缩系数 a_{1-2}/(cm^2/kg)	压缩模量 E_{1-2}/(kg/cm^2)	标贯值 N	p_s/(kg/cm^2)	静止侧压力系数 K_0
草黄色粉质砂土、粉砂			1.9	0.022～0.027	120～250	≥50	100	
草黄色粉砂、细砂			1.95		250～400	≥50		

注：p_s 为静力触探比贯入阻力。

表 3-8　上海地区各土层的物理力学指标(三)

土层	固结系数		抗剪强度指标							
	竖向 $C_{v(1-2)}$/(10^{-3} cm^2/s)	横向 $C_{h(1-2)}$/(10^{-3} cm^2/s)	CU 直剪		三轴 CU		三轴 UU		$\frac{q_u}{2}$/(kg/cm^2)	s_v/(kg/cm^2)
			φ/(°)	c/(kg/cm^2)	φ/(°)	c/(kg/cm^2)	φ/(°)	c/(kg/cm^2)		
褐黄色粉质黏土	2.67	2.33	17～20	0.15～0.18	22	0.24	0	0.4～0.5	0.4	0.60～0.80
灰色淤泥质粉质黏土(夹薄层粉砂)	5.37	8.14	13～18	0.07～0.14	30	0.05	0	0.3～0.4	0.2～0.4	0.35～0.55
灰色淤泥质黏土	0.72～1.51	1.26～1.79	8～12	0.09～0.12	26	0	0	0.2～0.4	0.2～0.4	0.40～0.55
草黄色粉质砂土	8.60				34	0				
灰色粉质黏土			14～24	0.05～0.10	32	0	0	0.4～0.8	0.3～0.5	
暗绿色粉质黏土			14～24	0.12～0.25						
褐黄色粉质黏土、黏土	2.69		15～22	0.21～0.34	20	0.13				
灰色粉质黏土	7.97		24	0.08						
草黄色粉质砂土、粉砂										
草黄色粉砂、细砂										

注：CU 直剪为未充分固结不排水直剪；三轴 CU 为三轴固结不排水剪；三轴 UU 为三轴不排水剪；q_u 为无侧限抗压强度；s_v 为十字板抗剪强度。

表 3-9　上海地区地基土的工程设计、施工参数

试验项目	层号	②$_1$	②$_3$	③$_1$	③$_2$	③$_3$	④	⑤$_{11}$	⑤$_{1A}$	⑤$_{12}$	⑤$_2$	⑤$_{3B}$
固结快剪	c_k/kPa	17	3	12	3.0	11	11	13	3	14	3	15
	Φ_k/(°)	14.7	29.8	15.3	30.3	12.0	10.8	12.6	30.6	16.7	30.6	15
三轴UU	c_{uu}/kPa	50.2	—	31.2	—	28.6	27.6	38.0	—	39.5	—	—
	Φ_{uu}/(°)	1.8	—	1.2	—	1.7	1.3	0.8	—	2.0	—	—
十字板抗剪强度	c_u/kPa	—	—	31	—	31	28.7	—	—	—	—	—
	c_u'/kPa	—	—	5.5	—	5.5	5.7	—	—	—	—	—
	S_t	—	—	5.6	—	5.6	5.0	—	—	—	—	—
无侧限抗压强度	q_u/kPa	74.1	—	43.1	—	37.8	44.5	54.1	—	60.0	—	—
	q_u'/kPa	29.5	—	9.0	—	6.3	9.5	13.0	—	14.3	—	—
	S_t	2.5	—	4.8	—	6.0	4.7	4.2	—	4.2	—	—
渗透系数	现场注水试验/(cm/s)	4.2×10^{-6}	2.2×10^{-4}	3.2×10^{-5}	2.2×10^{-4}	3.4×10^{-6}	6.5×10^{-6}	3.0×10^{-6}	2.3×10^{-4}	4.8×10^{-5}	2.9×10^{-4}	—
	室内试验 K_v/(cm/s)	1.1×10^{-7}	3.2×10^{-5}	1.6×10^{-7}	6.1×10^{-5}	1.05×10^{-7}	5.4×10^{-8}	9.8×10^{-8}	7.7×10^{-5}	2.2×10^{-7}	1.7×10^{-4}	5.1×10^{-8}
	室内试验 K_h/(cm/s)	1.9×10^{-7}	3.1×10^{-4}	2.8×10^{-7}	9.0×10^{-5}	1.35×10^{-7}	8.2×10^{-8}	1.5×10^{-7}	4.1×10^{-4}	3.3×10^{-7}	3.7×10^{-4}	7.1×10^{-8}
	建议值/(cm/s)	4.0×10^{-6}	1.00×10^{-4}	5.0×10^{-6}	1.00×10^{-4}	5.0×10^{-6}	4.0×10^{-7}	4.0×10^{-7}	6.0×10^{-4}	4.0×10^{-5}	3.0×10^{-4}	5.0×10^{-6}
静止侧压力系数	室内试验	0.47	0.30	0.53	0.3	0.57	0.59	0.55	0.29	0.49	0.30	0.47
	扁铲试验	0.48		0.52	0.35	0.51	0.56	0.47	0.33	0.40	0.30	—
	建议值	0.49	0.40	0.60	0.40	0.60	0.70	0.62	0.40	0.50	0.40	0.50
基床系数(kN/m³)	室内试验 K_V	—	—	7 840	—	7 126	8 734	12 114	—	—	—	—
	室内试验 K_H	—	—	13 082	—	9 734	8 630	11 930	—	—	—	—
	扁铲 K_H	—	—	58 946	159 872	61 805	110 895	141 542	584 946	451 652	—	—
	建议值 K_V	10 000	12 000	6 500	12 000	6 500	7 000	9 000	15 000	10 000	15 000	18 000
	建议值 K_H	15 000	20 000	6 000	15 000	6 000	6 500	15 000	28 000	20 000	30 000	20 000
不均匀系数	C_u	—	5.73	—	4.87	—	—	—	7.50	—	5.2	—
d_{70}/mm		—	0.062	—	0.067	—	—	—	0.116	—	0.111	—

(二) 天津塘沽新港区软土的性质

天津塘沽新港区地基土系第四纪全新世滨海沉积，地面下 2～4 m 多为吹填土和杂填土；地面下 10 m 左右的土层基本上是淤泥质的，含水量多在 50%左右，e 达 1.3～1.6，承载力低，压缩性高，渗透性很低，竖向渗透系数为 1.2×10^{-7}～7.3×10^{-7} cm/s；10～18 m 左右大多为黏土和亚黏土，含水量和孔隙比逐渐减小，夹薄层粉砂；18 m 以下为亚砂土，为桩基的良好持力层。

软土的矿物性质采用X射线衍射分析和电子显微镜照相进行鉴定后发现，黏土矿物为水云母、蒙脱石、高领石、埃洛石(二水)及绿泥石；非黏土矿物为石英、方解石及少量长石。

新港地区在建筑工程中采用的地基容许承载力随着地基处理方法和实践经验的发展而不断提高。过去曾采用片石垫层和石灰土垫层加固地基，一般只建造2层的房屋，条形基础的容许承载力只采用4～5 t/m^2；后曾采用石灰桩加固地基，并与灰土垫层合用，石灰桩直径一般为20 cm，加固深度为1.5～2.5 m；随后推广砂垫层，做成条形或满堂式，基础仍为条形，建造3层住宅，基底压力提高到7～8 t/m^2。建筑物的平均沉降为25～30 cm，施工阶段的平均沉降量约占45%～55%，倾斜多在3‰以内。

1976年唐山大地震波及天津，由于地震对软土的动力作用，建筑物一般会产生15～20 cm的附加沉降，少数达30～40 cm。新建的4层以上住宅，为提高基础的抗震能力，有的采用筏式梁板基础，底板厚度达30 cm左右，其下铺设60～100 cm的砂垫层，基础造价超过总造价的1/3。为节约基础造价，目前又有采用钻孔桩和井式梁结合的基础方案，钻孔桩的直径为60～80 cm，桩长25 m左右，每根桩的容许承载力一般采用130 t，造价比筏式梁板基础节约1/4，且仍具有较好的抗震能力。

(三) 福州地区软土的性质

福建省软土分布较广，主要分为3种类型：第1类为盆地型软土，例如福州、泉州一带，为海成溺谷相沉积，一般厚度较大，层理呈带状，水平方向变化较少；第2类为滨海型软土，如厦门、闽东一带的软土，是近代海退所形成的浅湾沉积，常多泥砂混杂，具有向海倾斜的层理，厚度一般不大，但变化和层理起伏较大；第3类是内陆型软土，零星分布于山间盆地或河谷一侧，范围不大，但种类较多，各类腐殖土、沼泽土和淤泥质土都有。

福州地区的淤泥埋藏很浅，其上只有1.5 m左右的可塑性黏土表土层，在市区虽有城市杂填土堆积，厚度大一些，但覆盖厚度也只有2～3 m，个别地段4～5 m。此外，池塘、河浜比比皆是，地层结构遭到破坏，淤泥上面的表土层缺失。淤泥厚度为5～15 m，局部地区达20 m；第1层淤泥下面为可塑性黏土或亚黏土，厚3～8 m；此层以下，有的地段有第2层淤泥或淤泥质土，其下为可塑到硬塑黏性土；局部地段还有第3层淤泥或淤泥质土出现。

福州有的地段在淤泥下面为粉砂或细砂与淤泥互层，或淤泥夹中、粗砂层；有的地段淤泥下为残积黏性土，属花岗岩或流纹斑岩的风化物；有的地段属闽江河道冲积层，表层1～2 m为松散中细砂，逐步过渡到中粗砂，常出现薄层淤泥夹层，有的地段表土层为淤泥或淤泥夹砂层，厚度为2～25 m，底部为火成岩，岩面起伏较大，风化带岩性变化大。

福州地区淤泥的天然含水量大于液限，结构性很强，结构未被破坏时外观无流动现象，但一经扰动破坏，即呈稀软状态。e平均为1.9，最大达2.7，是引起建筑物较大沉降的主要土层。当淤泥层顶面附加压力小于5 t/m^2时，建筑物的平均沉降为10～20 cm；当附加压力为5～9 t/m^2时，建筑物的平均沉降为20～50 cm。淤泥的含水量和孔隙比均随液限的增加而增加，其统计规律可粗略地用直线变化表达，当液限自50%增至90%，则e从1.4增至2.3，含水量自45%增至65%。淤泥的压缩模量随着含水量的增加而减小，其统计规律也可粗略地用直线变化表达，当含水量自45%增至85%，则压缩模量E_{s1-2}自24 kg/cm^2减至10 kg/cm^2。淤泥在外力作用下，三轴不排水剪的内摩擦角等于零，黏聚力在直剪情况下，不随垂直压力而变化，在三轴剪力试验情况下，不随侧压力而变化；在排水条件下，随着固结时间、孔隙水压力逐渐消散，土体进一步压密，抗剪强度也有所提高。

(四) 唐山地区软土的性质

唐山曹妃甸区域由3个地貌单元构成，由北向南跨越滨海浅滩、浅水潟湖，南接曹妃甸沙岛，在大地构造上位于黄骅坳陷东北端与渤海中隆起交汇地带。曹妃甸一带为滦河三角洲平原，具有双重岸线特征，其中内侧大陆岸线为沿滦河古三角洲前沿发育的冲积海积平原，沿岸多盐田，潮滩发育；外侧岛屿岸线与大陆岸线走向基本一致，为沙质海滩，其南段的曹妃甸沙岛由12个小沙岛组成，西南端最大，高程在3 m左右，内外岸线间为宽阔的浅水潟湖。曹妃甸沙岛位居渤海湾北岸线转折处，犹如矶头和岬角，紧贴渤海湾深槽。

①层新近吹填砂：厚度4～6 m，吹填标高高出海平面约3 m，土层主要为灰褐色粉细砂，含较多贝壳碎片，在吹填区域吹填喇叭口门位置，黏粒含量较多，局部有较厚的淤泥质土。吹填砂层夯前标贯击数3～6击，呈极松散状态，由于沉积时间短，土层尚未完成自重固结过程，该层土天然地基承载力不足80 kPa，为严重液化土层。②层粉质黏土：灰黑色，呈流塑～软塑状态，饱和，含有机质，局部地段为淤泥质粉质黏土，属高压缩性土。③层粉砂：灰色，松～稍密，饱和，长石～石英质，含少量贝壳碎片，颗粒成圆形，均粒，含有机质。④层细砂：灰色，中密～密实，饱和，含有机质。⑤层粉质黏土：灰～灰黑色，可塑，饱和，含有机质。⑥层粉质黏土：黄褐色，呈可塑～硬塑状态，中压缩性土。

(五) 宁波地区软土的性质

宁波软土具有以下典型特征：软土厚度大于25 m，颜色为灰色或深灰色，软塑～流塑状态；天然含水量高(34%～58%)，土体几乎完全饱和(饱和度均大于94%)，呈流塑状态，快剪强度指标$\varphi=1.1^\circ\sim5.9^\circ$，$c=3.0\sim7.6$ kPa；固结快剪强度指标$\varphi=14.7^\circ\sim25.4^\circ$，$c=3.0\sim8.0$ kPa；塑性指数高达26.4，液限36.1%～45.2%，平均值为41.0%，液限指数1.02～1.94；压缩系数均值为0.76 MPa^{-1}，压缩模量均值为2.87 MPa，属于高压缩性软土；无侧限抗压强度为11.3～28.0 kPa；灵敏度为1.3～5.0；水平向固结系数$(2.48\sim5.78)\times10^{-4}\ \mathrm{cm^2/s}$，竖向固结系数$(2.32\sim3.8)\times10^{-4}\ \mathrm{cm^2/s}$；垂直方向渗透系数均值为$2.12\times10^{-7}$ cm/s，水平向渗透系数均值为3.94×10^{-7} cm/s，水平向渗透系数大于垂直方向渗透系数。

与其他地区软土相比，宁波软土与国内外软土具有异同性。相同之处在于软土普遍具有天然含水量高、压缩性大、强度低、渗透性差等特点；不同之处在于宁波软土的抗剪强度指标变化范围大，这一点与温州软土具有相似性，另外宁波软土工程地质性质往往劣于北部的天津、上海软土，而优于南部的温州、湛江、广州软土。

宁波软土具有典型的海绵结构和层理结构，这主要是由宁波的地理位置(东海之滨，杭州湾南岸，甬江、姚江和奉化江三江交汇口)和软土地质成因(自第四纪中期开始，在多次海陆变迁历史中，堆积的一套由陆相到海陆交互相的松散沉积物，成因有海积、冲海积、滨海沼泽相沉积)所决定的。土层分布在垂向上分选性明显。从灵敏度方面看，宁波软土为3～5，中等灵敏度，属灵敏性土。据研究，宁波软土受强烈扰动后强度可降低70%～80%，因此，施工过程中应尽量避免扰动。另外，宁波软土的应力、应变状态还具有随时间而变化的性质，即流变性，经长期变形破坏的土体，其抗剪强度仅为一般抗剪强度的40%～50%。

(六) 杭州地区软土的性质

杭州的第四纪全新世沉积地貌特征与上海相似。全新世早期气候由寒冷转为温暖，长江三角洲受镇江海侵的影响，范围很广，杭州在当时也受到了海侵的影响，致使海水面不断上升，漫延至转塘、九溪一带，沉积了杭州地区的第二软土层，浅海、溺谷相淤泥质土包括厚度5～

8 m的淤泥质粉质黏土和厚度 2～10 m 的淤泥质黏土。其后，距今 7 000～8 000 年，海侵达到最大限度，是最大规模，也是最后一次海侵，此时沉积的杭州地区第一软土层为滨海、海湾相淤泥质土，顶板高程 0.0～2.0 m，厚度 3～6 m 的淤泥质黏土以及在其下的厚度为 8～10 m 的淤泥质粉质黏土层。

杭州软土属我国沿海地区典型的软弱土，其工程特性如下：①天然含水量高，孔隙比大(w=37%～65%，e=16～18)，均高于其液限含水量；淤泥质黏土孔隙比 e=1.6～1.8，淤泥质粉质黏土孔隙比 e=1.7～1.8。多呈流塑状，为灰色静水或缓慢流水还原环境沉积，大都属于淤泥质黏土、淤质黏土。②压缩性高，随土性而异。淤质黏土有极高的压缩性，淤泥质黏土具有高压缩性，一般黏土有中等～高压缩性。③强度低，土体无侧限抗压强度小，抗剪强度低。④渗透性差，渗透系数小(淤质黏土和淤泥质黏土渗透系数 k=(1.4～3.0)×10^{-7} cm/s，淤质亚黏土和亚黏土渗透系数 k=(1.2～6.4)×10^{-8} cm/s)。⑤具有较强的结构性，灵敏度高(S_t=4～12)，上部荷载一旦超过土体自身结构屈服应力，絮状结构遭到破坏，则土的强度明显降低，甚至呈流动状态，致使沉降量骤增，土体变形表现出较大的突发性和灵敏性，给工程建设造成极大的危害。

杭州软土是我国典型的软土。在工程力学强度和变形特征上，比天津、上海等北部地区差，而比温州、福州等南部地区好，符合我国软土“北强南弱，依次变化”的总趋势，而在土性上则复杂多变。

(七) 温州地区软土的性质

温州位于浙江省东南沿海地区，东濒东海，南接福建，瓯江下游汇入东海的温州湾岸边，海岸线长达 355 km，是我国著名的软黏土地区。温州地理位置为东经 120°40′，北纬 27°40′，其间广泛分布着 20～70 m 巨厚的第四纪澙湖相、溺谷相和滨海相等海相沉积软土层，是我国典型的巨厚软土发育地区之一。地表的填土和表土层非常薄，淤泥埋藏深度为 2～4 m，淤泥和淤泥质土层的厚度达 30 m 或者更厚一些，淤泥的孔隙比高达 1.7～2.6，其工程地质特性一般表现为含水量大、强度低、压缩性大、透水性差、土质不均匀等特点。

软土结构性是指土颗粒和孔隙的性状、型式(或称组构)及颗粒之间相互作用。温州软土具有较强的结构性，主要表现在 2 个方面。①高孔隙比：薄壁土样的孔隙比可达 1.9 左右。②强透水性：其竖向固结系数最高可达 4.04×10^{-3} cm^2/s，是同等条件下重土样的 9 倍左右。

温州地区主要土层的性质如下：

(1)淤泥：含水量一般大于 55%，少数在 31.1%～55%；孔隙比大于 1.5，少数小于 1.5；湿密度小于 1.7 g/cm^3；干密度小于 1.1 g/cm^3，个别大于 1.1 g/cm^3；液限大于 40%，少量的略小于该数值；塑限大于 20%，少量的在 17.5%～20%之间；塑性指数大都大于 17；液性指数大于 1.1；黏粒含量大于 40%，少数在 30%～40%之间；粉粒含量大于 35%；比重大于 2.71。压缩系数大于 1.0 MPa^{-1}，压缩模量在 1.3～3.0 MPa 之间；原状无侧限抗压强度小于 45 kPa；竖向固结系数小于 2.0×10^{-3} cm^2/s；竖向渗透系数小于 4.0×10^{-6} cm/s；水平向渗透系数小于 5.0×10^{-6} cm/s；灵敏度大多在 3～8 之间，属于灵敏土。

(2)淤泥质黏土：含水量一般为 37%～56%；孔隙比为 1.0～1.5，个别小于 1.0；湿密度为 1.67～1.85 g/cm^3；干密度 1.06～1.35 g/cm^3；液限 40%～50%；塑限 18.9%～30%；塑性指数 17.7～25.3；液性指数 1.0～1.7；黏粒含量 20%～60%；粉粒含量 32%～54%；比重 2.69～2.76。压缩系数 0.57～1.5 MPa^{-1}，压缩模量在 1.6～4.2 MPa 之间；原状无侧限抗压强度大

于13 kPa;竖向固结系数小于4.0×10^{-3} cm²/s;竖向渗透系数小于4.0×10^{-6} cm/s;水平向渗透系数小于5.0×10^{-6} cm/s;灵敏度大多在2～4之间,属于中等灵敏土。

(3)淤泥质粉质黏土:含水量一般为35%～50%;孔隙比为1.0～1.4,个别小于1.0;湿密度为1.7～1.86 g/cm³;干密度1.14～1.37 g/cm³;液限30%～45%;塑限18.6%～30%;塑性指数11～17.7;液性指数1.09～1.85;黏粒含量23%～48%;粉粒含量35%～62%;比重2.7～2.75。压缩系数0.5～1.5 MPa^{-1},压缩模量在2.0～3.8 MPa之间;原状无侧限抗压强度小于70 kPa;竖向固结系数小于5.0×10^{-3} cm²/s;竖向渗透系数小于8.4×10^{-6} cm/s;水平向渗透系数小于5.0×10^{-6} cm/s;灵敏度大多大于4,属于灵敏土。

(八) 广州地区软土的性质

广州地处珠江三角洲中部,毗邻珠江出海口。广州软土的分布厚度由西北向东南逐渐加大,由老城区内厚度5 m左右向南至番禺南沙厚度加大至30 m左右。广州软土具有典型的三角洲软土的性质,由于江水与海潮的复杂交替作用,淤泥与薄层砂交错沉积,主要特性如下:

(1)厚度变化大:广州地区岩层面起伏大,软土层由西北向东南逐渐加厚,厚度在5～30 m之间,分布很不均匀。软土层一般为淤泥层、淤泥质土夹砂层、淤泥质黏土层。

(2)含水量高、孔隙比大:广州地区软土天然含水量为50%～80%,有的高达100%,液限一般为40%～60%,天然含水量随液限的增大而增大;天然孔隙比一般为1.0～2.0,饱和度接近100%。

(3)渗透性较好:全国大部分地区淤泥和淤泥质土的渗透系数一般为10^{-8}～10^{-7} cm/s,而广州软土的渗透系数一般为10^{-6} cm/s。这是由于广州软土中夹有较多的粉砂,约占11%,粉粒(0.005～0.075 mm)含量约占40%,黏粒(<0.005 mm)约占49%,且软土层中夹有厚度不等的薄层粉、细砂、粉土层。所以,广州软土较其他三角洲相成因的软土(如上海软土)的渗透性好。

(4)压缩性高:广州淤泥和淤泥质土压缩系数在1.1～2.5 MPa^{-1}之间

(5)抗剪强度低:广州软土天然状态十字板抗剪强度一般小于15 kPa,快剪黏聚力为4～15 kPa,内摩擦角4°～12°,固结快剪黏聚力约为12 kPa,内摩擦角5°～12°。

(6)触变性中等:广州软土的灵敏度一般为2～4,属中等灵敏度。

(7)含有蒙脱石、有机质:通过大量的X衍射分析得出广州软土的矿物成分为大量的石英和斜长石,少量的钠长石、伊利石和高岭石,微量的蒙脱石。广州软土的有机质含量较高,一般为2%左右。由于蒙脱石和有机质的存在,使这类软土含水量高(50%～80%)、液限值高(40%～60%)。

三、超软土(主要指吹填土)的特性

随着沿海港口和工业建筑等工程建设的快速发展,用地需求急剧增加,需求与土地不足的矛盾日渐突出,为解决矛盾,涌现了大量的基于吹填的围海造陆工程。以天津地区为例,近期规划的由南到北围海造陆工程为南港工业区162 km²,临港产业区120 km²,临港工业区80 km²,东疆港区30 km²,海滨休闲旅游区75 km²,中心渔港10 km²。上海地区基于吹填的围海造陆工程的面积就更大了。围海造陆吹填土取自海底淤泥质土。一次性吹填区域较大,出水口离吹填管口较远,吹填过程中颗粒较小的黏粒随水飘流富集在出水口附近,形成含水率大、压缩性高、抗剪强度低和渗透性差的淤泥、流泥等超软土。

除天津地区外，以滨海相沉积为主的软土层分布在上海、湛江、厦门、温州湾、舟山、宁波、连云港、大连湾等地区，潟湖相沉积的软土分布在温州、宁波等地区，溺谷相软土分布在福州、泉州一带，三角洲相软土分布在长江下游的上海地区、珠江下游的广州地区。这些地区围海造陆工程中也有类似的超软土区域。

工程建设工期短，吹填后的超软土来不及晾晒就要采用真空预压法等进行加固。近几年发现，采用真空预压法加固新吹填的淤泥和流泥等超软土，经过3～5个月的预加固，地基沉降量非常显著，加固后的强度增幅较大，但绝对值较小，难以满足堆场地基使用要求，需要进行二次处理。如黄骅港某加固区，加固前的含水率为120%左右，十字板抗剪强度为0～5 kPa，排水板间距为0.7 m，真空预压5个月后，地基总沉降量达到2～3 m，加固后的含水率为55%～80%，十字板抗剪强度为5～15 kPa。

为了能有效地对超软土进行加固，本书广泛收集了沿海地区超软土加固前后的物理力学指标及室内试验结果。

(一) 超软土的定义

淤泥性土为在静水或缓慢的流水环境中沉积、天然含水率大于液限、天然孔隙比大于1.0的黏性土，根据含水率和孔隙比按表3-10进一步分为淤泥质土、淤泥和流泥。港口工程中遇到的软土，主要是指淤泥和淤泥质黏土，但也包括工程性质很差的其他黏性土，如泥炭土、混有大颗粒的淤泥土等。现阶段国内对超软土和软土的划分还没有形成统一的意见，也没有明确的超软土定义。

表3-10　淤泥性土的分类

土的名称	淤泥质土	淤泥	流泥
孔隙比 e	$1.0 \leqslant e < 1.5$	$1.5 \leqslant e < 2.4$	$e \geqslant 2.4$
含水率 ω/%	$36 \leqslant \omega < 55$	$55 \leqslant \omega < 85$	$\omega \geqslant 85$

超软土的成因主要有两种：一是第四纪全新世(Q_4)文化期以来新近沉积的滨海相和沼泽相欠固结的淤泥性土；二是疏浚吹填造陆过程中，由于一次性吹填区域较大，颗粒很细的黏粒富集在吹填出水口区域，形成超软土。软土和超软土的定义区分见表3-11。

表3-11　软基与超软基定义

指标	重度/(kN/m³)	含水率/%	液性指数	无侧限抗压强度/kPa
软基	≥16	≤70	≤1.4	≥5
超软基	<16	>70	>1.4	<5

(二) 各地区超软土物理力学指标

国内沿海各地区超软土物理力学指标见表3-12～表3-19。由表可知，超软土具有含水率很高、孔隙比大、液限和液性指数大、固结系数小、固结快剪内摩擦角小、强度很低等物理力学特征。

表 3-12 天津地区代表性的 3 处超软土土性指标

位置	土层名称	含水率/%	重度/(kN/m³)	孔隙比	液限/%	塑性指数/%	液性指数	c_u/kPa
东突堤软基	吹填土	65.0	16.2	1.750		21.6		4.0
	淤泥	55.3	17.1	1.494		22.7		10.7
	淤泥质黏土	57.9	17.0	1.580		21.7		15.2
	淤泥	62.4	16.6	1.620		31.9		22.4
	淤泥质黏土	44.3	18.0	1.210		21.7	35.2	
天津港南疆	吹填淤泥	98.5	14.5	2.755		20.3	3.70	
	淤泥	60.1	16.5	1.656		24.0	1.48	
天津临港产业区某试验区	流泥	98.8	14.8	2.718	38.1	18.5	4.33	2.9
	流泥	90.5	15.1	2.542	38.9	19.1	3.75	2.9
	淤泥	70.3	16.0	1.939	37.4	17.9	2.99	2.9
	淤泥质黏土	38.1	18.5	1.049	34.1	15.6	1.29	2.9

表 3-13 大连港大窑湾港区三期工程 4 号塘流泥物理指标统计

参数	取样深度/m	含水率/%	液限/%	塑限/%	塑性指数/%	液性指数
最大值	5.5	144.4	58.2	34.1	27.2	5.23
最小值	0.5	87.6	47.8	25.0	18.4	2.40
平均值		118.5	52.2	28.9	23.3	3.86

注:试验样品数为 116。

表 3-14　河北黄骅发电厂二期吹填土物理力学指标

土样编号	土层名称	取样深度/m	含水率/%	比重	重度/(kN/m³)	孔隙比	液限/%	塑限/%	塑性指数/%	液性指数	压缩模量/MPa	快剪		十字板强度/kPa
												c/kPa	φ/(°)	
7-1-1	流泥	0.5～1.0	92.7	2.75	14.9	2.557	38.4	19.7	18.7	3.90	2.06			3.4
7-1-3	淤泥	2.5～3.0	60.2	2.76	16.6	1.664	44.2	21.4	22.8	1.70	1.96	4.6	2.2	2.9
7-2-1	流泥	0.5～1.0	117.0	2.76	14.2	3.218	49.6	23.0	26.6	3.53	2.42	4.9	0.4	2.9
7-2-2	流泥	1.5～2.0	114.0	2.76	14.2	3.159	50.1	23.1	27.0	3.37	2.38	4.1	0.2	2.2
7-2-3	淤泥	2.5～3.0	64.8	2.76	16.3	1.790	43.5	21.2	22.3	1.96	2.84	4.4	0.2	2.2
7-2-4	淤泥	3.5～4.0	66.9	2.76	16.2	1.843	45.5	21.8	23.7	1.90	2.12			5.2
8-1-1	流泥	0.5～1.0	102.0	2.76	14.6	2.819	50.0	23.1	26.9	2.93	1.95	9.8	9.4	3.6
8-1-2	淤泥	1.5～2.0	71.9	2.76	15.7	2.022	44.7	21.6	23.1	2.18	1.97	13.0	4.0	3.1
8-1-3	淤泥	2.5～3.0	55.5	2.73	16.8	1.527	34.2	18.5	15.7	2.36	2.57			3.4
8-2-1	流泥	0.5～1.0	86.3	2.75	15.2	2.371	42.4	20.9	21.5	3.04	2.29	17.8	3.2	3.1
8-2-2	淤泥	1.5～2.0	58.6	2.74	16.6	1.618	37.9	19.6	18.3	2.13	2.90	17.8	8.3	8.3
8-2-3	淤泥	2.5～3.0	63.2	2.75	16.4	1.737	39.9	20.2	19.7	2.18	2.64	18.1	3.2	8.8
8-2-4	淤泥	3.5～4.0	76.2	2.76	15.7	2.098	48.0	22.5	25.5	2.11	2.50	15.4	9.6	12.8

表 3-15　青岛海西湾造修船基地西围堰吹填土物理力学指标

土样编号	取样深度/m	含水率/%	比重	重度/(kN/m³)	孔隙比	液限/%	塑限/%	塑性指数/%	液性指数	压缩模量/MPa	直剪固快	
											c/kPa	φ/(°)
B1-1-1	0.2～0.5	103.0	2.76	14.5	2.684	44.8	21.6	23.2	3.5	1.85		
B1-1-2	1.5～2.0	105.0	2.76	14.3	2.957	44.8	21.6	23.2	3.6	1.69		
B1-1-3	2.5～3.0	80.4	2.71	15.3	2.195	27.7	16.6	11.1	5.8			
B1-2-1	0.5～1.0	64.8	2.76	16.3	1.790	43.7	21.3	22.4	1.9	1.54		
B1-2-2	1.5～2.0	126.0	2.76	13.8	3.520	53.5	24.1	29.4	3.5	1.80		
B2-1-1	0.5～1.0	116.0	2.76	14.1	3.228	46.0	21.9	24.1	3.9	1.95		
B2-2-2	0.5～1.0	98.1	2.76	14.4	2.797	51.6	23.6	28.0	2.7	2.02	3.0	2.8
B2-2-3	1.5～2.0	109.0	2.76	14.2	3.062	49.9	23.1	26.8	3.2	2.83	8.2	3.5
B2-2-4	2.5～3.0	96.7	2.76	14.2	2.823	44.6	21.5	23.1	3.3	2.55	8.5	3.0

表 3-16 连云港庙岭地区超软土土性指标

编号	深度/m	含水率/%	重度/(kN/m^3)	孔隙比	塑性指数/%	液性指数	三轴快剪 c/kPa
A-1	2.0～2.5	80.1	15.5	2.184	29.7	1.87	
A-2	3.0～3.5	84.2	13.8	2.657	29.7	2.01	
A-3	4.0～4.5	79.5	15.6	2.153	31.6	1.72	
A-4	5.0～5.5	87.5	14.3	2.593	31.1	2.01	2.8
A-5	6.0～6.5	81.5	15.5	2.208	27.3	2.13	3.6
B-1	2.0～2.5	79.3	16.3	2.014	24.7	2.30	7.0
B-2	3.0～3.5	80.9	16.6	1.986	30.1	1.87	3.1
B-3	4.0～4.5	59.2	17.4	1.507	31.1	1.10	2.4
B-4	5.0～5.5	85.9	15.6	2.265	24.6	2.58	3.4
B-5	6.0～6.5	74.2	16.4	1.190	21.4	2.48	2.9

表 3-17 南沙某区超软土土性指标

编号	取土深度/m	含水率/%	孔隙比	黏聚力(快剪)/kPa	摩擦角(快剪)/(°)
ZA9-1	3.0～3.4	61.2	1.414	3.6	5.4
ZA9-2	4.0～4.4	60.0	1.400	3.3	5.6
ZA9-3	6.0～6.4	43.5	1.226	15.8	14.5
ZA9-4	8.0～8.4	51.6	1.059	19.8	13.8
ZB2-1	3.3～3.5	59.6	1.428	3.6	5.5
ZB2-2	4.0～4.4	58.6	1.410	3.5	5.5
ZB2-3	6.2～6.6	44.5	1.246	16.8	15.2
ZB2-4	8.2～8.6	49.6	1.059	18.6	15.8

表 3-18 深圳大铲湾港区一期试验区超软土土性指标

土层名称	含水率/%	重度/(kN/m^3)	孔隙比	塑性指数/%	液性指数	压缩系数/MPa^{-1}	十字板剪		固结快剪	
							c/kPa	灵敏度	c/kPa	φ/(°)
吹填土	109	15.1	2.534	20.4	4.00	2.168	0.18	2.4	4.27	15.1
流泥	88.9	14.6	2.447	23.5	2.50	2.376	1.36	3.9	3.75	14

表 3-19　广西沿海超软土物理力学指标

位置	土层名称	含水率/%	重度/(kN/m³)	孔隙比	液限/%	塑性指数/%	液性指数	内摩擦角/(°)	黏聚力/kPa	压缩系数/MPa^{-1}
东兴市榕树头	流泥	100	15.9	2.55	55.6	30.0	2.44	11.1	15	2.45
	淤泥质粉质黏土	43.1	17.2	1.72	40.5	16.7	1.16	10.0	20	1.44
钦州市沙井	砂质淤泥	66.0	16.3	1.75		16.2	2.42	2.6	8	1.40
北海市大坎	淤泥	77.0	15.1	2.00		26.0	2.51	2.0	4	1.87
北海市西场	砂质淤泥	52.1	16.7	1.44	40.4	15.6	1.75	3.5	8	1.10
	淤泥	68.3	15.9	1.90	52.8	23.5	1.69	3.8	16	3.04

第三节　软土地基上修建建筑物的工程问题

在实际工程中，由于场地区域规划、土地资源匮乏等各种原因，建筑物有时将不可避免地修建在软土地基上。如前文所述，软土具有抗剪强度低、压缩性大、渗透性差、结构性强等不良工程性质，在软土地基上修建建筑物经常会出现一些工程问题，分析原因：有些属于设计问题，例如在设计中对地基情况的原始资料分析不足，过高估计了地基强度，导致设计安全度偏低；有些则属于施工问题，不规范的施工、颠倒或擅自改变施工顺序等，均会造成工程问题。

一、地基承载力问题

软土地基上建筑物的倾覆等破坏问题往往与软土地基的地基承载力不足有关，下面列举2个比较典型的工程案例。

案例一：我国南方某码头工程。码头结构为空心方块带卸荷板型式。建成后近两年，拟改建为供应码头，由于前沿水深需由5 m疏浚至6 m，挖泥过程中48 m的码头岸壁发生坍塌，两侧出现裂缝，波及两侧各20 m，滑动体底部宽度为11 m，破坏断面如图3-2所示。事故发生后经钻探、取样和稳定计算发现：

(1)抛石基床下某一土层，原钻探定为灰黄色砾砂夹角砾，其快剪指标，黏聚力$c=0$，内摩擦角$\varphi=36°$；事故发生后重新钻探试验，定为灰色淤泥混砂和砂混淤泥，$c=9$ kPa，$\varphi=5°$。照此计算，仅抗剪强度指标上的差异，安全系数K就降低0.2。

(2)码头前沿超深挖泥1 m，K降低0.02，如再计入1～2.5 m土层扰动的影响，则K将降低0.06～0.12。

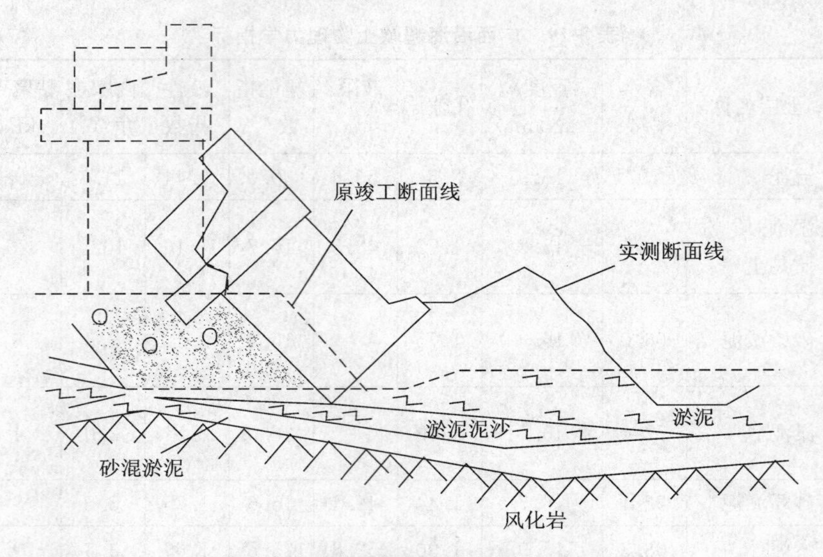

图 3-2　南方某码头破坏后断面示意图

案例二：加拿大特朗斯康谷仓工程。加拿大特朗斯康谷仓建造于 1913 年（见图 3-3），由 65 个圆柱形筒仓组成，高 31 m，宽 23.5 m，其下为筏板基础。由于地基勘察时事先未探明基础下埋藏有厚达 16 m 的软黏土层，建成后初次贮存谷物时，基底压力达 320 kPa，超出了地基极限承载力，谷仓西侧突然陷入土中 8.8 m，东侧抬高 1.5 m，整体倾斜 27°，地基发生整体滑动破坏。事后在筒仓下增设 70 多个支承于基岩上的混凝土墩，用了 388 个 50 t 的千斤顶才将其逐步纠正，但标高比原来降低了 4 m。

图 3-3　加拿大特朗斯康谷仓工程地基破坏情况

二、地基过量沉降与不均匀沉降问题

除地基承载力不足外，软土的高压缩性和流变特性还会引起其上建筑物发生过量沉降或不均匀沉降。过量沉降会影响建筑物的正常使用，而不均匀沉降往往会导致建筑物上部结构的倾斜或开裂破坏等。下面列举上海展览馆的例子。

图 3-4　上海展览馆

上海展览馆(见图 3-4),位于上海市区延安中路北侧。展览馆中央大厅为框架结构,基础型式为箱形基础,箱形基础为 2 层,埋深 7.27 m,箱基顶面至中央大厅顶部塔尖,总高 96.63 m。地基为高压缩性淤泥质软黏土,层厚 14 m。展览馆于 1954 年 5 月开工,当年年底实测地基平均沉降量为 60 cm。1957 年 6 月,中央大厅四周的沉降量最大达 146.55 cm,最小为 122.8 cm。

1957 年 7 月,在仔细观察展览馆内严重的裂缝情况,分析沉降观测资料并研究展览馆勘察报告和设计图纸后,专家们得出了将裂缝封堵后继续使用的结论。

1979 年 9 月,展览馆中央大厅累计平均沉降量为 160 cm。从 1957 年至 1979 年共计 22 年的沉降量不及 1954 年下半年沉降量的一半,说明沉降已经趋于稳定,展览馆开放,使用情况良好。

但由于地基严重下沉,不仅使散水倒坡,而且建筑物室内外连接的水、暖、电管道断裂,付出巨大代价。

三、水平位移问题

水平位移过大是码头等港口水工建筑物破坏的重要原因之一,上海其昌东栈码头及天津某钢铁码头就是 2 个典型的例子。

案例一:上海其昌东栈码头建于 1931 年,系木桩基框架结构,见图 3-5。地基土层中淤泥质黏土和粉质黏土的含水量约在 38%～47%,十字板剪切强度约为 22～23 kPa。由于码头上堆载过重,致使堆场地坪多次开裂,裂缝最大宽度达 18 cm,码头发生了严重的水平位移,半数桩倾斜 5°以上,最大达 11°。

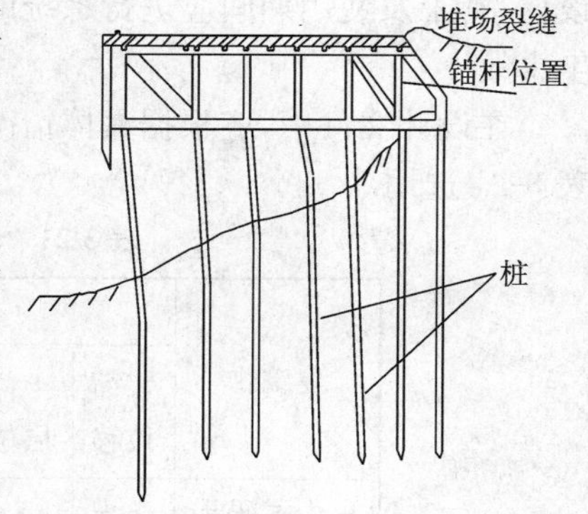

图 3-5　上海其昌东栈码头

案例二:天津某钢铁码头为高桩框架结构,岸坡为含水量 44%～60%的淤泥质黏土。施工过程中,岸坡发生明显水平位移,导致 14 排桩 3 天内发生水平位移 4 cm,同时岸坡上出现明显裂缝。后采取卸载、排水与放慢施工进度等措施,建成后未发生滑坡和明显位移。

第四节　软土地基上修建建筑物的工程措施

如前文所述,当软土地基的强度(地基承载力)或变形(地基沉降、水平位移)不能满足建筑物的承载能力或正常使用设计要求时,就必须采取适当的工程措施来满足工程设计与使用要求。这些措施是多方面的,现将常用的措施汇总于表 3-20 中。具体针对某一个工程,应采取哪种措施,需因地制宜而定。

表 3-20 软土地基上修建建筑物的工程措施

措施类型	方法	摘要
结构措施	使上部结构适应软土的条件	(1)增设沉降缝或改超静定结构为静定结构,以适应不均匀沉降 (2)增大建筑物刚度(如设圈梁或做整体基础),以减少不均匀沉降的危害 (3)用桩基或深基础将荷载传向深层
施工措施	采用减少对建筑物危害的施工方法	(1)放慢施工速率,使应力增加与地基强度增加相适应 (2)改变施工顺序,以减少不均匀沉降对建筑物的危害
改善地基应力	减少荷载	(1)采用轻型建筑材料和轻型结构 (2)增大基础面积,以减少地基压力 (3)采用补偿式基础减少基底附加压力
	增加法向应力,以增加抗剪强度、减少剪应力	(1)放缓边坡或减少坡顶荷载 (2)增加坡脚压载(如作反压护道)或基础两侧增加荷载(如增加埋深或在建筑物两侧压载等)
地基处理	采取措施使地基变密实或将软土换填好土或在软土中加入胶结材料,使软土胶结等	

第五节 软土地基观测设计

软土地基现场观测包括地基沉降、土体水平位移、孔隙水压力、土压力、结构物变形与倾斜等观测内容,是软土地基监测与检测的一项重要内容。对于软土地基上的港口水工建筑物,在设计、施工及使用期间应进行系统的定期观测,及时发现异常现象,以便采取补救措施,防止发生事故。

在设计文件中,应根据具体情况提出观测要求,各类港工建筑物地基的主要观测项目可按表 3-21 选用。

表 3-21 港口工程建筑物地基的主要观测项目

建筑物	观测项目						
	表面位移	土体深层位移	地基沉降	土体孔隙水压力	结构物变形和倾斜	土体裂缝开展	土压力
重力式码头	++		++		++	+	+
高桩码头	++	+	++	+	+	+	
板桩码头	++	+	+	+	+	+	+
斜坡码头	++		+		+	+	
防波堤	++		+		+	+	
护岸	+					+	

注:++表示应进行;+表示宜进行。

此外,《建筑地基基础设计规范》(GB 50007—2011)对地基监测内容也有如下规定:

(1)对于大面积填方、填海等地基处理工程,应对地面沉降进行长期监测,直到沉降达到稳定标准;施工过程中还应对土体位移、孔隙水压力等进行监测。

(2)基坑开挖应根据设计要求进行监测,实施动态设计和信息化施工。

(3)施工过程中降低地下水对周边环境影响较大时,应对地下水位变化、周边建筑物的沉降和位移、土体变形、地下管线变形等进行监测。

(4)预应力锚杆施工完成后应对锁定的预应力进行监测,监测锚杆数量不得少于总数的5%,且不得少于6根。

(5)基坑开挖监测包括支护结构的内力和变形,地下水位变化及周边建(构)筑物、地下管线等市政设施的沉降和位移等监测内容,可按表3-22选择。

表3-22 基坑监测项目选择表

地基基础设计等级	支护结构水平位移	临近建(构)筑物沉降与地下管线变形	地下水位	锚杆拉力	支撑轴力或变形	立柱变形	桩墙内力	基坑底隆起	土体侧向变形	孔隙水压力	土压力
甲级	√	√	√	√	√	√	√	√	√	△	△
乙级	√	√	√	√	△	△	△	△	△	△	△
丙级	√	√	○	○	○	○	○	○	○	○	○

注:①地基基础设计等级可由《建筑地基基础设计规范》表10.3.5确定;②√为应测项目,△为宜测项目,○为可不测项目;③对深度超过15 m的基坑宜设坑底土回弹监测点;④基坑周边环境进行保护要求严格时,地下水位监测应包括对基坑内、外水位进行监测。

(6)边坡工程施工过程中,应严格记录气象条件、挖方、填方、堆载等情况。尚应对边坡的水平位移和竖向位移进行监测,直到变形稳定为止,且不得少于2年。爆破施工时,应监控爆破对周边环境的影响。

(7)对挤土桩布桩较密或周边环境保护要求严格时,应对打桩过程中造成的土体隆起和位移、邻桩桩顶标高及桩位、孔隙水压力等进行监测。

(8)下列建筑物应在施工期间及使用期间进行沉降变形观测:①地基基础设计等级为甲级的建筑物;②软弱地基上的地基基础设计等级为乙级的建筑物;③处理地基上的建筑物;④加层、扩建建筑物;⑤受邻近深基坑开挖施工影响或受场地地下水等环境因素变化影响的建筑物;⑥采用新型基础或新型结构的建筑物。

习题三

1. 什么是软土?软土有哪些不良工程性质?
2. 在我国,软土主要分布于哪些区域?
3. 在软土地基上修建建筑物会引起哪些工程问题?针对这些问题可以采取哪些工程防范措施?
4. 为什么要进行地基观测?地基观测的内容和目的分别是什么?
5. 针对港口水工建筑物,地基观测的主要项目有哪些?
6. 除本教材列举的案例外,试再自行列举1～2个软土地基上基础工程失败的案例,并初步分析其原因。

第四章　软弱地基处理技术

第一节　概述

当地基的承载力不足、压缩性过大或渗透性不能满足设计要求时，可以针对不同情况，对地基进行处理，以增强地基土的强度，提高地基的承载力和稳定性，减少地基变形，控制渗透量和防止渗透破坏，以满足建筑物安全承载和正常使用的要求。

一、软弱土和软弱地基

需要进行处理的地基土一般都属于软弱土，它主要包括淤泥和淤泥质土、松砂、冲填土、杂填土、泥炭土和其他高压缩性土。有时对于某些特殊土，如膨胀土、湿陷性黄土等也要根据其特点进行地基处理。

(一) 淤泥和淤泥质土

淤泥和淤泥质土属于第三章中“软土”的范畴，指第四纪后期或非常缓慢的流水环境中沉积，并经过生物化学作用，天然孔隙比 $e \geqslant 1.0$，天然含水量 ω 大于液限 ω_L 的土。其中，当 $e \geqslant 1.5$ 时，称为淤泥；当 $1.0 \leqslant e < 1.5$ 时，称为淤泥质土。我国沿海在各河流入海处三角洲，江河中下游和湖泊地区，都广泛分布着这类土。淤泥和淤泥质土的特点是抗剪强度低、压缩性高、渗透性小，具有显著的触变性和流变性。

(二) 松砂

松砂是指相对密度低于 1/3，或标准贯入击数小于 10 的砂，通常 e 在 0.7～0.8 以上。饱和状态的松砂在三轴不排水试验中，偏差应力 $\Delta\sigma_1 = (\sigma_1 - \sigma_3)$、孔隙水压力 u 和轴向应变 ε_1 的关系如图 4-1 所示。其特点是当 ε_1 不大时，$(\sigma_1 - \sigma_3) \sim \varepsilon_1$ 曲线即出现峰值，以后曲线呈快速应变软化，强度随轴向应变的发展而急剧降低，u 随 ε_1 的增加而持续发展。当 ε_1 很大时，残余强度 s_u 很小，孔隙水压力接近于周围固结压力。处于这一状态的饱和松砂，在很小的剪应力作用下即可处于流滑状态，出现流砂现象。此外，饱和松砂受振动很容易发生液化。

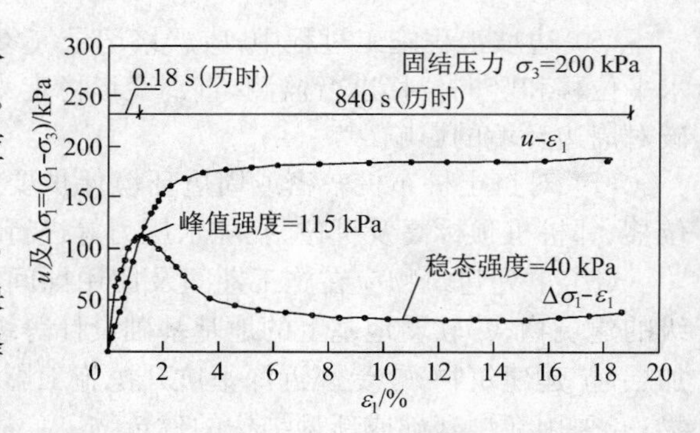

图 4-1　饱和松砂的不排水剪切特性

(三) 冲填土

冲填土指在治理和疏通江河时，用挖泥船或泥浆泵把江河和港口底部的泥砂用水力冲填法堆积所形成的沉积土，也称吹填土。冲填土的成分比较复杂，多数属于黏性土、粉土或粉砂。这种土的含水量高，常大于液限，其中黏粒含量较多的冲填土，排水固结很慢，多属于压缩性高、强度低的欠固结土，其力学性质比同类天然土差。

(四) 杂填土

杂填土指人工活动所形成的未经认真压密的堆积物，包含工业废料、建筑垃圾和生活垃圾等。杂填土的成分复杂，分布无规律，性质随堆填的期龄而变化，一般认为，堆填期龄在5年以上，性质才逐渐趋于稳定。此外，杂填土常含有腐殖质和水化物，特别是以生活垃圾为主的杂填土，腐殖质含量更高。随着有机质的腐化，地基的沉降量加大且不均匀，因而同一场地的不同位置，其承载力和压缩性往往会有较大的差别。

（五）泥炭土

土中有机质含量$W_u<5\%$，称为无机土；$5\%\leqslant W_u\leqslant 10\%$，称为有机土；$10\%<W_u\leqslant 60\%$，称为泥炭质土；$W_u>60\%$称为泥炭土。泥炭质土和泥炭土通常形成于低洼的沼泽和灌木林带，常处于饱和状态，含水量高达百分之几百，密度很低，天然容重一般小于10～12 kN/m^3，是一种压缩性很大的土。由于植物的含量和分解程度不一样，使这类土的性质很不均匀，容易导致建筑物产生较严重的不均匀变形。另外，结合水的含量高、挤出慢，变形往往要延续相当长的时间。由于这类原因，这类土的承载力很低，属于性质很差的土类，一般不宜作为建筑物的地基。

由上述几类土所构成或占主要组成的地基，称为软弱地基。软弱地基是否需要进行地基处理，则还与建筑物的性质有关。建筑物很重要，对地基的稳定和变形的要求很高，即便地基土的性质不很软弱，可能也要求对地基进行处理。相反，建筑物的重要性小，对地基的要求不高，即便地基土比较软弱，也可能不必进行地基处理。所以地基处理是一个需要综合考虑土质和建筑物性质的复杂问题。

除上述软弱土外，另一类也经常需要处理的土是渗透系数很大、粒径级配不连续（曲率系数$C_c<1$或$C_c>3$）、组成很不均匀（不均匀系数$C_u>10$）的碎石土，当其作为水工建筑物地基时，往往渗流量过大，且易发生渗透破坏。

二、地基处理的目的

建筑物的地基问题大致可概括为以下4个方面：

(1) 强度与稳定问题。当地基土的抗剪强度不足或地基承载力难以支承建筑物自重及外荷载时，地基就会产生局部或整体剪切破坏。

(2) 压缩与沉降问题。地基在建筑物自重和荷载作用下压缩，从而使基础产生均匀沉降或不均匀沉降。均匀沉降会导致建筑物标高降低，影响建筑物的正常的使用；不均匀沉降则会带来建筑物的开裂与破坏。

(3) 渗透破坏问题。地基土中孔隙水的渗流常常会引起地基土、基坑或堤坝发生管涌、流土等渗透破坏。

(4) 动力稳定问题。在地震、波浪、交通等循环往复荷载，或者机器基础振动、爆破荷载等其他动力荷载作用下，可能引起饱和松砂的振动液化以及软黏土的循环弱化，导致地基振陷等动力稳定问题。

地基处理的目的是，采取适当的措施改善地基条件，避免出现以上4方面的问题，以达到：①提高地基土的抗剪强度，提高地基承载力，增加地基的稳定性；②减小地基土的压缩性，减少地基变形；③改善地基土的渗透性，减少渗流量，防止地基渗透破坏；④改善地基土的动力特性，减轻振动反应，防止地基土体液化。

三、地基处理的设计程序

对软弱地基上的工程，首先要进行初步研究，判断是否需要进行地基处理。判断的依据，一是地基条件，二是建筑物的性质和要求。前者包括地形、地貌、地质成因、地基土层分布、软弱土层的厚度和范围、持力层的埋深、地下水位及补给情况、地基土的物理力学性质等。后者包括建筑物的等级、平面和立面布置、结构类型和刚度、基础类型和埋置深度、对地基稳定性和沉降的要求以及邻近建筑物的情况等。经研究认为需要进行地基处理时，可按图 4-2 的顺序进行工作。

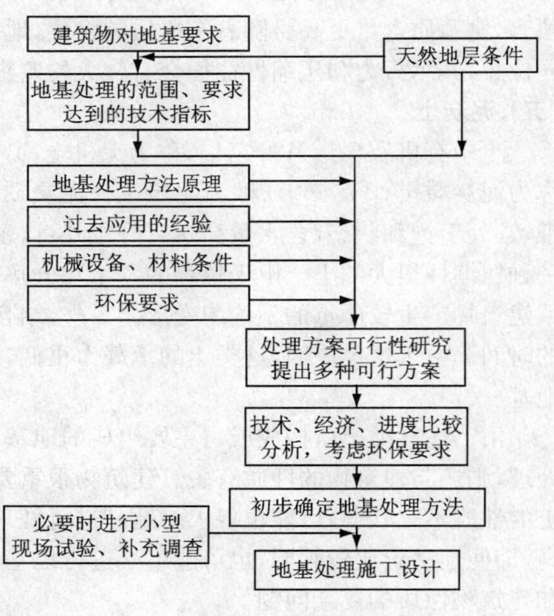

图 4-2 地基处理施工设计流程

首先，根据建筑物对地基的各种要求和勘察结果所提供的地基资料，初步确定需要进行地基处理的地层范围及地基处理的要求。然后根据天然地层条件和地基处理的范围和要求，分析各类地基处理方法的原理和适用性，参考过去的工程经验以及当地的技术供应条件（机械设备和材料），进行各种处理方案的可行性研究，在此基础上，提出几种可能的地基处理方案。然后对提出的处理方案进行技术、经济、进度等方面的比较。在这一过程中还应考虑环境保护的要求，经过仔细论证后，提出1～3 种拟采用的方案。即使组成和物理状态相同或相似，地基土也常具有自身的特殊性，所以，对于要进行大规模地基处理的工程，常需要在现场进行小型地基处理试验，进一步论证处理方法的实际效果，或者进行一些必要的补充调查，以完善处理方案和肯定选用方案的实际可行性，最后进行施工设计。

在比较的过程中，常常难以得出理想的处理方法，这时，需要将几种处理方法进行有利的组合，或者稍微修改建筑物的条件，甚至另辟蹊径。一般来说，完美无缺的方案是很难求得的，只能选用利多弊少的方案。

此外需要注意的是，地基处理工作大都是地下隐蔽工程，加固效果很难在施工过程中直接检验，因此一定要做好施工中和施工后的检测工作，及时发现问题，验证效果。

四、地基处理方法的分类

为了使地基加固的效果更好、更经济，近十年来，国内外在地基处理方面发展十分迅速，老的方法不断改进，新的方法不断涌现。至今，地基处理的方法有很多，对这些处理技术进行分类的方法也有很多，但一般来说，对地基处理方法进行分类时，应该抓住各类加固方法的原理及其设计方法。对于港口工程，《港口工程地基规范》（JTS 147—1—2010）给出了几种港口工程建设中最常用的地基处理方法，见表 4-1。

表 4-1　地基处理的主要方法

地基处理的主要方法		适用土质情况	适用建筑物情况
换填法	换填砂垫层法	换填厚度不宜大于 4 m 的软土	码头、防波堤等
	土工合成材料(包括土工织物、格栅、土工网等)垫层法	软土地基	适应能力强的防波堤等建筑物
	爆破排淤填石法	有下卧持力层的厚度一般为 4～24 m 的淤泥、淤泥质土	适用于防波堤、护岸等建筑物；对软土较深厚工程，需经试验才能确定施工工艺
	抛石挤淤法	厚度小于 5 m 的淤泥或流泥	
排水固结法	堆载预压法	淤泥、淤泥质土、冲填土等饱和黏土地基，但不适用于泥炭土	适用于防波堤、护岸等建筑物；码头后方堆场、仓库地坪、利用软土人工造陆、人工岛、油罐、道路，以及对变形要求不高的工民建等建筑物地基加固
	真空预压(含真空联合堆载预压)法	以黏性土为主的软土地基，必要时可以联合堆载	码头后方堆场、仓库地坪、利用软土人工造陆、人工岛、油罐、道路，以及对变形要求不高的工民建等建筑物地基加固；真空预压尤其适用于超软土地基加固
轻型真空井点法		渗透系数 1×10^{-7}～1×10^{-4} cm/s 的土层	加固基坑边坡、基坑降水
强夯法		松软的碎石土、砂土、低饱和度的粉土与黏性土、素填土和杂填土	码头堆场、道路及其他港工及工民建地基
振冲法	振冲置换法	砂土、粉土、粉质黏土、素填土和杂填土；对于不排水抗剪强度小于 20 kPa 的饱和黏性土应通过试验确定其适用性	堆场道路及其他港工及工民建地基
	振冲密实法	砂土及各类散粒材料的填土	
水下深层水泥搅拌法		淤泥、淤泥质土和含水量较高且地基承载力不大于 120 kPa 的黏性土地基	水(海)上重力式水工建筑物地基及陆上港工及工民建地基

第二节　垫层法

垫层法又称换土垫层法，从原理上讲属于换填法的一种。其方法就是将基础底面以下某一深度范围内的软弱地基土挖除，然后换填以质量好的土料，分层压密，作为建筑物的持力层。这时，原来的地基土变成了软弱下卧层。换土垫层法示意图见图 4-3。

一、垫层的作用和对垫层材料的要求

（一）垫层的作用

垫层的主要作用有：

（1）提高持力层的承载能力，减少基础尺寸，同时将建筑物基底压力扩散到地基中，使作用在垫层下的软弱下卧层上的应力减少到许可承载力的范围内。

（2）置换基础下软弱的高压缩性土，减少地基的变形量。通常基础下浅层地基土的变形量在总变形量中所占的比例很大，以均匀地基上的条形地基为例，在1倍基础宽度的深度内，地基的变形量约占地基总变形量的50%。

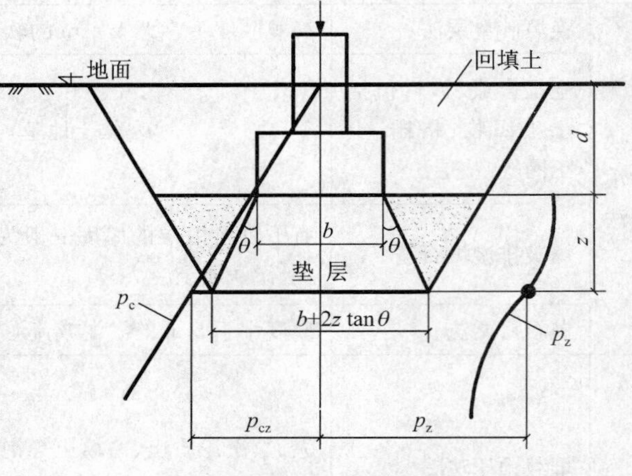

图4-3 换土垫层法示意图

（3）对于砂石等透水料填筑的垫层，有加速软土层的排水固结作用。

为了起到上述的作用，填筑后的垫层材料要求抗剪强度高，压缩性小；在地震区则要求抗震稳定性好；而作为水工建筑物地基时，还应有相应的防渗要求。为满足这些要求，一是要选择质量好的垫层材料；二是填筑时要充分压密。

（二）垫层材料的选用要求

垫层材料可根据工程要求及供料条件选用下列材料：

（1）砂石。要求级配良好，不含植物残体和垃圾等杂质，其中粒径小于2 mm部分的含量不宜超过总量的45%。

（2）粉质黏土。要求有机质含量不超过5%。

（3）灰土。灰土是我国传统的建筑用料，用灰土作为垫层在我国已有千余年的历史，例如北京城墙和苏州古塔的地基很多都使用灰土垫层，至今挖出的灰土质地坚硬，具有很高的强度。灰土中的土料适宜用粉质黏土，石灰则应用颗粒不大于5 mm的新鲜消石灰。灰土的强度与石灰的用量有关，垫层一般以灰与土体积比2∶8或3∶7为最佳含灰率。

（4）三合土。用石灰、砂和碎石骨料按体积比1∶2∶4或1∶3∶6混合，虚铺220 mm厚，夯实成150 mm。

（5）粉煤灰。常用于道路、堆场和小型建筑物的垫层。使用时要注意符合有关放射性安全标准的要求，其上宜铺以0.3～0.5 m的覆盖土，以防干灰飞扬，污染环境。

（6）矿渣。主要用于堆场、道路和地坪，也可用于小型建筑物的地基垫层。料物中，有机质及含泥总量不超过5%。疏松状态下的容量不应小于11 kN/m^3。

（7）工业废渣。在有可靠试验结果或成功工程经验时，对质地坚硬、性能稳定、无腐蚀性和放射性危害的工业废渣也可以作为垫层填料。

（8）土工合成材料。由分层铺设的土工合成材料与地基土组成加筋垫层。土工合成材料应采用抗拉强度较高，受力时伸长率不大于5%、耐久性好、抗腐蚀的土工格栅或土工织物，垫层填料宜用砂土、碎石土或粉质黏土。

(三) 垫层的压实要求

垫层铺填时一定要注意压密，以保证垫层的质量。通常要求压实系数λ_c(填土的干密度ρ_d与这种土的最大干密度ρ_{dmax}之比)应达到0.94～0.97。对于一般工程，最大干密度可由击实试验确定，对于大规模的填土，则应在施工现场进行碾压试验确定。

二、垫层尺寸的确定

(一) 垫层厚度的确定

垫层的厚度应根据垫层底部软弱土层的承载力来确定，使作用在垫层底面处的自重应力与附加压力之和小于软弱土层的承载力，如图4-3所示。

$$p_{cz}+p_z\leqslant f_{az} \tag{4-1}$$

式中：p_{cz}为垫层底面处土的自重应力，按垫层材料及垫层以上回填土料的容重计算，kPa；p_z为垫层底面处的附加压力，kPa，可按下式(4-2)和(4-3)计算；f_{az}为垫层底面处经深度修正后的软弱土地基承载力特征值，kPa。

关于p_z的计算，采用压力扩散角法。

对条形基础有

$$p_z=\frac{(p-p_0)\ b}{b+2z\tan\theta} \tag{4-2}$$

对矩形基础有

$$p_z=\frac{(p-p_0)\ ab}{(a+2z\tan\theta)\ (b+2z\tan\theta)} \tag{4-3}$$

式中：a和b为基础的长度和宽度，m；z为垫层的厚度，m；p为基础底面压力，kPa；p_0为基础底面标高处土的自重应力，kPa；θ为垫层的压力扩散角，可根据垫层材料的种类和垫层厚度查表4-2得到。

表4-2　压力扩散角θ

z/b	中砂、粗砂、砾砂、圆砾、角砾、石屑、卵石、碎石、矿渣	粉质黏土、粉煤灰	灰土
0.25	20°	6°	28°
≥0.5	30°	23°	

注：① 当$z/b<0.25$时，除灰土取$\theta=28°$外，其余材料均取$\theta=0°$，必要时，宜由试验确定；
② 当$0.25<z/b<0.5$时，θ值可内插求得。

满足式(4-1)的d值，就是要求的垫层厚度。增加垫层的厚度会迅速增加基坑开挖和回填的工程量；对于地下水位较高的场地，还会增加施工的难度，因此，垫层太厚往往不经济。一般情况下，垫层的厚度不宜小于0.5 m，也不宜大于3.0 m。

(二) 垫层宽度的确定

基底压力在垫层中不仅引起竖向附加应力，也引起侧向应力，侧向应力使垫层有侧向挤出的趋势。如果垫层的宽度不足，四周土质又比较软弱，垫层料就有可能被挤入四周软土中，使基础突然沉陷，但目前尚缺少可靠的理论方法进行验算。工程实用中，可按应力扩散角的概念，为满足应力扩散的要求，垫层底面宽度应满足

$$b'\geqslant b+2z\tan\theta \tag{4-4}$$

式中：b'为垫层底面宽度，m。

整片垫层的底面宽度，还可以根据施工的要求，在式(4-4)的基础上适当放宽。

垫层底面宽度确定以后，再根据开挖基坑所要求的坡脚延伸至地面以确定垫层顶面的宽度。同时还要满足垫层的顶宽应较基础宽度两边每边至少放出 300 mm 的要求。

第三节 排水固结法

排水固结法是加固软弱地基的一种有效方法，特别是对于饱和的软弱黏性土地基的加固。排水固结法可以分为堆载预压法、真空预压法、降水预压法等。其中几种方法可以联合使用，例如，真空联合堆载预压法，该法在港口、机场、高速公路等地基处理项目中得到了广泛应用。

在预压法中，为了加快地基土层的排水固结，满足建设工期的需要，通常需要在地基土层中设置一些竖向排水体，竖向排水体最早采用普通砂井，后来逐渐发展为袋装砂井，近年来逐渐被塑料排水板所取代。

一、排水固结法的原理

土层固结快慢与排水条件密切相关。图 4-4(a)为无砂井时竖向排水情况，大面积堆载时，土层厚度相对于荷载宽度来说要小，此时，土中孔隙水向上下两面排出而使土层发生固结，称为竖向排水固结。根据土力学中介绍的 Terzaghi 一维固结理论，土层固结的时间与排水距离 H 的平方成正比（$T_V=\frac{C_V \cdot t}{H^2}$），因此当土层稍厚时，排水固结完成所需的时间就很长，往往满足不了工程建设的需要。为了加速土层的固结，最有效的办法就是增加土层的排水路径，缩短排水的距离，砂井、塑料排水板等竖向排水体就是为此目的而设置的，如图 4-4(b)所示。这时，土层中的孔隙水绝大部分从水平向(径向)排入砂井，再通过砂井竖向排出，土层的排水固结从原先的单一竖向排水转为以水平向(径向)排水为主，而砂井之间的间距要远远小于土层的厚度，随着土层排水距离的缩短，大大加速了地基土的固结。

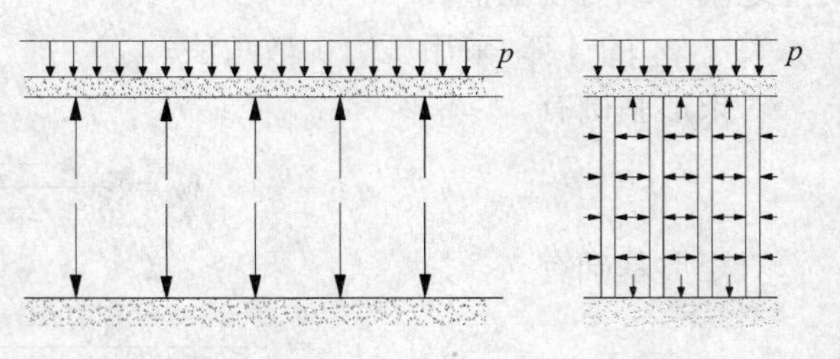

(a)无砂井时竖向排水情况　(b)砂井地基排水情况

图 4-4 排水固结法的原理

二、砂井的设计

砂井设计主要是确定砂井直径、砂井间距、砂井排列和砂井的长度等。

(一) 砂井直径

砂井是为改善地基条件而设置的，它必须具备一定的截面积。由于砂的渗透性较大，所以砂井的直径理论上可以是很小的。例如，直径为 3 cm 的理想砂井(不计涂抹作用和袋装砂井的阻力作用)，对加速地基固结的效果依然是很显著的。但由于施工机械的限制，砂井的直径不宜过小，普通砂井直径一般为 30～50 cm，袋装砂井直径一般为 7～12 cm，塑料排水板宽度一般为 10 cm，厚度约为 4 mm。

塑料排水板的当量换算直径 d_p 可按下式计算：

$$d_p=\frac{2(b+\delta)}{\pi} \tag{4-5}$$

式中：b 为塑料排水板的宽度，cm；δ 为塑料排水板的厚度，cm。

（二）砂井间距

砂井间距（简称井距）是影响固结速率的主要因素。井距越小，固结越快；井距越大，固结越慢。一般确定井距的步骤如下：

根据工程的需要拟定施工期限，再结合地基土质条件，假设井距，然后计算固结度，看是否在预定的时间内达到事先的数值（一般规定固结度 80%）。如不能满足要求，则可改变井距再次计算，如此一直试算到满足规定的固结度为止。井距在工程中常用井径比控制，对于普通砂井，井径比可取 6～8，袋装砂井或塑料排水板井径比可取 15～22。井径比通常用 n 来表示。

$$n = \frac{d_e}{d_w} \tag{4-6}$$

式中：d_e 为竖向排水体的等效排水圆柱体的直径，cm；d_w 为竖向排水体的直径，cm。

普通砂井，一般井距采用 2～3 m，袋装砂井或塑料排水板一般采用 1～2 m。

（三）砂井排列

砂井在平面上的布置有正方形和等边三角形 2 种排列形式，如图 4-5 所示。图中 s 表示砂井间距，虚线表示一个砂井的影响范围，在砂井设计时，可近似地用 d_e 代替砂井的间距 s。按照截面积相等的条件，d_e 与 s 存在以下关系：

正方形布置

$$d_e = 1.13s \tag{4-7}$$

等边三角形布置

$$d_e = 1.05s \tag{4-8}$$

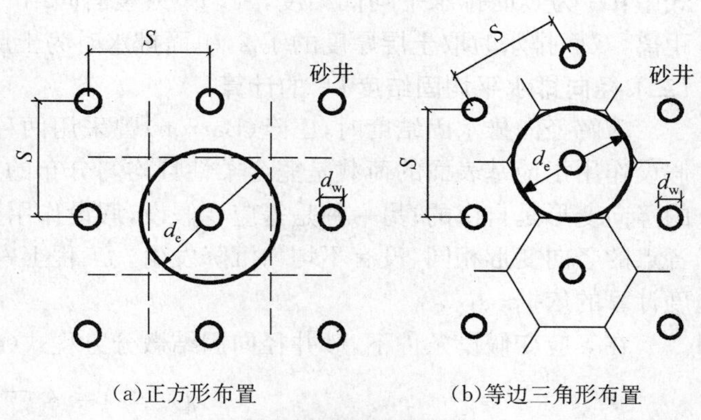

图 4-5　砂井的排列形式

（四）砂井长度

砂井长度主要取决于土层情况和作用于地基上的附加荷载。当软土层较薄时，砂井可贯穿整个软土层；当软土层较厚时，砂井不一定要打穿软土层。其长度与作用于地基上的附加荷载密切相关，附加荷载影响深度大时，采用较长的砂井，反之，采用较短的砂井。对于以地基沉降为控制条件的工程，应通过沉降计算，以预压后的沉降量满足上部建筑物要求的条件，确定砂井长度；对于以地基稳定性为控制条件的工程，则应根据最危险滑动面的深度来确定砂井长度。常用砂井长度为 10～20 m。

三、地基平均固结度的计算

巴隆（Barron）于 1948 年给出了轴对称三维固结微分方程：

$$\frac{\partial u}{\partial t} = C_v \frac{\partial^2 u}{\partial z^2} + C_h \left(\frac{\partial^2 u}{\partial r^2} + \frac{1}{r} \frac{\partial u}{\partial r} \right) \tag{4-9}$$

式中：C_v 和 C_h 分别为竖向固结系数、水平向固结系数，m^2/s；r 为计算点到砂井轴线的距离，m；u 为孔隙水压力大小，kPa；t 为固结时间，s。

对式（4-9）分离变量，可以分别得到竖向固结和径向固结 2 个微分方程：

$$\frac{\partial u}{\partial t}=C_{\mathrm{v}}\frac{\partial^2 u}{\partial z^2} \tag{4-10}$$

$$\frac{\partial u}{\partial t}=C_{\mathrm{h}}\left(\frac{\partial^2 u}{\partial r^2}+\frac{1}{r}\frac{\partial u}{\partial r}\right) \tag{4-11}$$

结合初始条件和边界条件可以求解上述2个微分方程，得到竖向排水平均固结度和径向排水平均固结度，最后再求得竖向和径向排水共同作用时整个砂井影响范围内地基的总平均固结度。下面简要分析这一计算过程。

（一）竖向排水平均固结度 U_{z} 的计算

由《土力学》知识可知，考虑竖向排水固结时，可由太沙基一维固结理论给出其解答：

$$U_{\mathrm{z}}=1-\frac{8}{\pi^2}\mathrm{e}^{-\frac{\pi^2}{4}T_{\mathrm{v}}}$$

$$T_{\mathrm{v}}=\frac{C_{\mathrm{v}}\cdot t}{H^2} \tag{4-12}$$

式中：U_{z} 为竖向排水平均固结度，%；T_{v} 为竖向固结时间因子，无量纲；H 为土层的竖向排水距离，双面排水时取土层厚度的1/2，单面排水时为土层厚度，m。

（二）径向排水平均固结度 U_{r} 的计算

求解径向排水固结度时，巴隆(Barron)曾采用两种假设条件：一种是自由应变的假设，即假设作用于地基表面的荷载是完全柔性且均匀分布的，每个砂井影响范围内圆柱土体中各点的竖向变形是自由的；另一种是等应变假设，假设作用于地基表面的荷载是完全刚性的，此时，各点的竖向变形相同，没有不均匀沉降发生。工程上一般都用等应变条件作为地基径向固结度计算的依据。

在等应变假设条件下，砂井径向固结微分方程式(4-11)的解答为：

$$U_{\mathrm{r}}=1-\mathrm{e}^{-\frac{8T_{\mathrm{h}}}{F(n)}}$$

$$T_{\mathrm{h}}=\frac{C_{\mathrm{h}}\cdot t}{d_{\mathrm{e}}^2}$$

$$F(n)=\frac{n^2}{n^2-1}\ln(n)-\frac{3n^2-1}{4n^2} \tag{4-13}$$

式中：U_{r} 为径向排水平均固结度，%；T_{h} 为径向（水平向）固结时间因子，无量纲；$F(n)$为井径比 n 的函数。

显然，U_{r} 是 T_{h} 和 n 的函数。为方便计算，表4-3给出了不同 n，U_{r} 与 T_{h} 之间的相关数值，供计算时查阅。

（三）地基的总平均固结度 U_{rz} 的计算

考虑竖向排水和径向排水的共同作用，地基的总平均固结度 U_{rz} 为

$$U_{\mathrm{rz}}=1-(1-U_{\mathrm{z}})(1-U_{\mathrm{r}}) \tag{4-14}$$

在实际工程中，地基土层的厚度一般要比砂井的间距大得多，这时 U_{z} 远小于 U_{r}，故简化计算时，经常可忽略 U_{z}。这时，式(4-14)变为

$$U_{\mathrm{rz}}=U_{\mathrm{r}} \tag{4-15}$$

例4-1 某堆载预压地基处理工程，设计采用砂井，砂井间距为2 m，等边三角形布置，砂井的直径为0.3 m，地基径向固结系数为 $1.0\times10^{-1}\ \mathrm{cm^2/min}$。如仅考虑地基的径向排水固结，求地基达到80%的固结度所需的时间。

表 4-3　U_r 与 T_h 关系数值

U_r/%	T_h（当 $n=d_e/d_w$ 时）										
	5	10	15	20	25	30	40	50	60	80	100
5	0.006	0.010	0.013	0.014	0.016	0.017	0.019	0.020	0.021	0.023	0.025
10	0.012	0.021	0.026	0.030	0.032	0.035	0.039	0.042	0.044	0.048	0.051
15	0.019	0.032	0.040	0.046	0.050	0.054	0.060	0.064	0.068	0.074	0.079
20	0.026	0.044	0.055	0.063	0.069	0.074	0.082	0.088	0.092	0.101	0.107
25	0.034	0.057	0.071	0.081	0.089	0.096	0.106	0.114	0.120	0.131	0.139
30	0.042	0.070	0.088	0.101	0.110	0.118	0.131	0.141	0.149	0.162	0.172
35	0.050	0.085	0.106	0.121	0.133	0.143	0.158	0.170	0.180	0.196	0.208
40	0.060	0.101	0.125	0.144	0.158	0.170	0.188	0.202	0.214	0.232	0.246
45	0.070	0.118	0.147	0.169	0.185	0.198	0.220	0.236	0.250	0.291	0.288
50	0.081	0.137	0.170	0.195	0.214	0.230	0.225	0.274	0.290	0.315	0.334
55	0.094	0.157	0.197	0.225	0.247	0.265	0.294	0.316	0.334	0.363	0.385
60	0.107	0.180	0.226	0.258	0.283	0.304	0.337	0.362	0.383	0.416	0.441
65	0.123	0.207	0.259	0.296	0.325	0.348	0.386	0.415	0.439	0.477	0.506
70	0.137	0.231	0.289	0.330	0.362	0.389	0.431	0.463	0.490	0.532	0.564
75	0.162	0.273	0.342	0.391	0.429	0.460	0.510	0.548	0.579	0.629	0.668
80	0.188	0.317	0.397	0.453	0.498	0.534	0.592	0.636	0.673	0.730	0.775
85	0.222	0.373	0.467	0.534	0.587	0.629	0.697	0.750	0.793	0.861	0.914
90	0.270	0.455	0.567	0.649	0.712	0.764	0.847	0.911	0.963	1.046	1.110
95	0.351	0.590	0.738	0.844	0.926	0.994	1.102	1.185	1.253	1.360	1.444
99	0.539	0.907	1.135	1.298	1.423	1.528	1.693	1.821	1.925	2.091	2.219

解：一个砂井的等效排水体直径为：$d_e=1.05\times s=1.05\times 2=2.1$ m

井径比：$n=\dfrac{d_e}{d_w}=\dfrac{2.1}{0.3}=7$

固结时间 t 与时间因子 T_h 之间的关系为：

$$t=\frac{d_e^2\cdot T_h}{C_h}=\frac{210^2\,T_h}{1.0\times 10^{-1}}(\text{min})\approx 300T_h$$

查表 4-3 可知，当 $n=7$，$U_r=80\%$时，$T_h\approx 0.25$。则

$$t_{80}\approx 300\times 0.25\approx 75\ \text{d}$$

第四节　强夯法

强夯法，又称动力排水固结法，是法国梅纳（Menard）技术公司于 20 世纪 60 年代末首先

创用的。由于它具有设备简单、施工方便等许多优点，所以很快传播到世界各地。我国原交通部一航局于 20 世纪 70 年代末在天津港三号公路开始试用强夯法，之后在秦皇岛港、日照港、大连港相继应用此方法。

一、强夯法的加固原理

强夯法虽然是在过去重锤夯实的基础上发展起来的一种地基处理技术，但其加固原理要比一般重锤夯实复杂。重锤夯击瞬间，地面吸收的波击能以波的形式传向深层，此时，土体骨架之间的气体被压缩，孔隙水不能即刻排出，产生较大的超静孔隙水压力，土体发生局部液化。同时，由于巨大能量的冲击，在夯点周围产生很多裂缝，形成良好的排水通道，超静孔隙水压力逐渐消散，土体得到固结，从而使土体得到密实。

强夯法适用于处理碎石土、砂土、低饱和度的粉土和黏性土、湿陷性黄土、素填土和杂填土等地基。对于高含水量的软黏土，特别是高含水量的软黏土层位于地基浅表层时，从以往工程实践看，加固的效果不甚理想，应慎重对待。

图 4-6 给出了强夯法示意图。

(a)强夯法现场照片

W=Mass of tamper
H=Drop height
D=Maximum depth of improvement
W
H
W
D

(b)强夯法能量传递示意图

图 4-6　强夯法现场照片和示意图

二、强夯法有效加固深度

强夯法的有效加固深度应根据现场试验或当地的经验确定。当缺乏试验资料和经验时，也可按式(4-16)估算：

$$H = \alpha\sqrt{\frac{Mh}{10}} \tag{4-16}$$

式中：H 为有效加固深度，m；M 为锤重，kN；h 为落距，m；α 为与土的性质和夯击方法有关的系数，一般变化范围为 0.4～0.8，夯击能量大，取低值。

有效加固深度值也可用表 4-4 的资料预估。

表 4-4　强夯法的有效加固深度 H

单击夯击能/(kN·m)	碎石土、砂土等粗颗粒土	粉土、黏性土、湿陷性黄土等细颗粒土
1 000	5.0～6.0	4.0～5.0
2 000	6.0～7.0	5.0～6.0
3 000	7.0～8.0	6.0～7.0
4 000	8.0～9.0	7.0～8.0
5 000	9.0～9.5	8.0～8.5
6 000	9.5～10.0	8.5～9.0
8 000	10.0～10.5	9.0～9.5

三、强夯法的施工设计

除可以根据有效加固深度确定单击夯击能量外，强夯法施工设计时，还需注意以下几点：

(1) 单点夯击击数应根据现场试验中得到的最佳夯击能确定，当单击夯击能小于 4 000 kN·m时，最后两击的平均夯沉量不应大于 5 cm，单击夯击能为 4 000～6 000 kN·m 时不应大于 10 cm，单击夯击能大于 6 000 kN·m 时不应大于 20 cm。

(2) 单点夯击遍数应根据地基土的性质确定，宜采用 2～3 遍，对渗透性弱的细粒土夯击遍数可适当增加。后一遍夯点应选在前一遍夯点间隙位置。单点夯击完成后再以低能量满夯 2 遍。

(3) 两遍之间的间歇时间应根据土中超静孔隙水压力的消散时间确定，缺少实测资料时，可根据地基土的渗透性确定。对于渗透性差的黏性土地基，两遍之间的间歇时间不宜少于 3～4 周，粉土地基的间歇时间不宜少于 2 周，对于碎石土及砂土等渗透性好的土可连续夯击。

(4) 强夯施工质量检验应在强夯施工结束一定时间后进行。碎石土和砂土地基，间隔时间可取 7～14 d，粉土和黏性土地基可取 14～28 d。

(5) 强夯处理范围应大于建筑物基础范围，每边超出基础外缘的宽度宜为设计处理深度的 1/2～2/3，且不宜小于 3 m。

强夯法是一种施工速度快、效果好、价格较为低廉的软弱地基加固方法。但要注意由于每次夯击的能量较大，除发生噪声、污染环境外，振动对邻近建筑物可能产生有害的影响。现场观测表明，单击能量小于 2 000 kN·m 时，离夯击中心超过 15 m 的建筑物，一般不会受到危害，对于距夯击中心小于 15 m 的建筑物则应进行具体分析。例如，对于振动敏感的建筑物应适当加大安全距离或采用隔振等工程措施。某工程在离建筑物 7.5 m 处挖深 1.5 m，宽1.0 m 的隔振沟，测得沟内外的加速度由 54 mm/s^2 减小到 19.1 mm/s^2，减振的效果甚为明显。另外，在施工前要注意查明场地范围内的地下构筑物和地下管线的位置和标高等，并采取必要的措施，以免因强夯施工而造成损失。

第五节　振冲法

众所周知，在砂土中注水振动容易使砂土压实，利用这一原理发展起来的加固深层软弱土层的方法称为振动水冲法，简称振冲法。振冲法是德国斯图门(Steuerman)在1936年提出的，1937年德国凯勒(Joham Keller)公司研制成功第一台振冲器。我国于1977年试制出第一台振冲器，并成功应用于南京船厂船体车间工程。原交通部一航局科研所于1984年在烟台港西港池码头工程中，首次将振冲法用于海底试验，并取得了良好的效果。

一、振冲法的加固原理

振冲法按加固机理分为振冲密实法和振冲置换法。

振冲密实法多用于松散的砂土地基，松散的砂土结构在振冲器不断射水和振动作用下，饱水液化，丧失强度，振冲器很容易靠自身重力不断沉入土中。在这一过程中，加固范围内的砂土自身在振密，悬浮着的砂粒被挤入孔壁，同时饱和土中产生的超静孔隙水压力引起渗流固结，整个加固过程是挤密、液化和渗流固结3种作用的综合结果，形成加固后的密实排列结构。

振冲置换法多用于处理高塑性粉土、黏性土和人工填土地基。该法利用振冲器产生水平激振力，辅以向下的高压水流，边振边冲，造成桩孔，并在孔内装入外加填料，靠振动压密形成桩体。这种桩称为振冲桩，振冲桩与原地基土构成复合地基，共同承受上部建筑物荷载。外加填料主要有细砂、粗砂、圆砾、碎石和炉渣等。

图4-7为某港口建设工程中振冲法加固粉细砂地基的现场施工照片。

图4-7 振冲法现场施工照片

二、复合地基的概念

(一) 复合地基的概念

如前所述，振冲置换法通过在桩孔内装入外加填料形成振冲桩，这种桩实质上是一种“土质桩”，这种桩体的刚度虽然比原地基土体的刚度大得多，但与通常使用的混凝土桩或钢筋混凝土桩相比，刚度有限，并不能独立承担上部建筑物的全部荷载。由“土质桩”与原地基土共同构成的地基，称为“复合地基”。

需要注意的是，“复合地基”与通常所谓的“桩基础”是2个不同的概念，复合地基的承载力和地基沉降量的计算方法也与桩基础不同。复合地基承载力的计算需要考虑“土质桩”与地基土的共同作用和两者的应力分担比，地基沉降计算时则需考虑桩土复合体的压缩模量和压缩变形。而桩基础设计时，一般不考虑桩间土的作用，上部荷载通过承台全部传递给桩基础，桩基础的沉降计算时一般也不计入桩间土的压缩变形。

(二) 桩土面积置换率 m

振冲桩加固地基的效果与桩体的间距和布置形式密切相关。如图4-8所示，桩体的布置

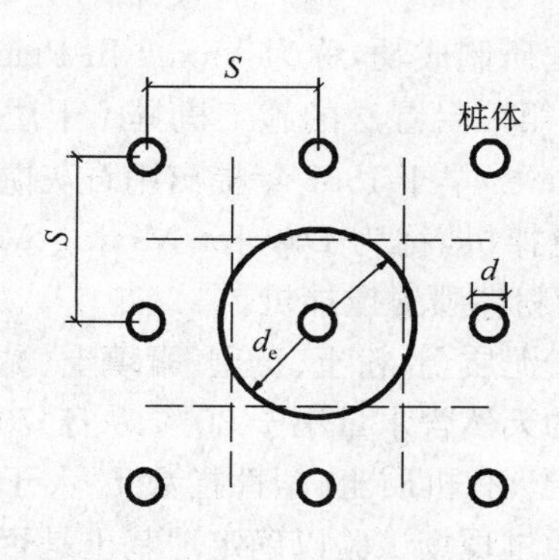

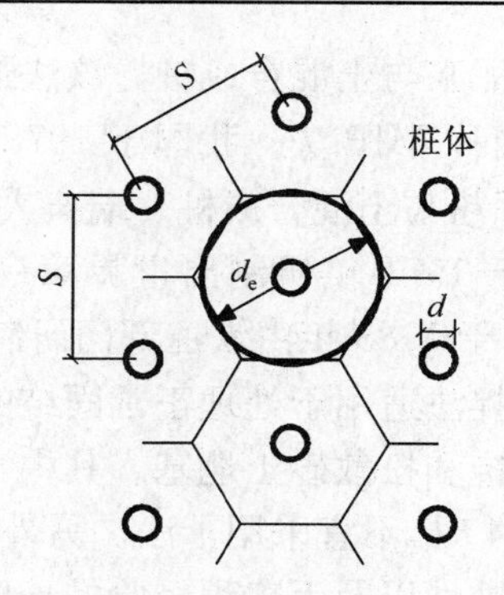

图 4-8

形式一般有正方形布置和等边三角形布置，如令桩体的直径为 d，桩体间距为 s，一根桩分担的处理地基面积的等效圆直径为 d_e，则桩土面积置换率 m 为

$$m=\frac{d^2}{d_e^2} \tag{4-17}$$

其中，正方形布置和等边三角形布置时，d_e 与 s 之间的关系见式(4-7)和(4-8)。

三、振冲桩复合地基的设计计算

(一) 振冲桩复合地基承载力计算

振冲桩复合地基的承载力，最好通过做复合地基的现场载荷试验直接测定。这种试验荷载板的面积要包括振冲桩体和每根桩所控制范围的全部土体面积，甚至多根桩所控制的面积，试验工作的规模大、费用高。为减少现场载荷试验的工作量，也可以使用单桩和桩间土的现场载荷试验分别测定桩体和桩间土的承载力，然后由式(4-18)求振冲桩复合地基的承载力：

$$f_{sp}=mf_p+(1-m)f_s \tag{4-18}$$

式中：f_{sp}为复合地基承载力特征值，kPa；f_p 为桩体承载力特征值，kPa；f_s 为处理后桩间土承载力特征值，宜按当地经验取值，如无经验，可取天然地基承载力标准值，kPa。

对小型工程的黏性土地基，如无现场载荷试验资料，初步设计时复合地基的承载力特征值也可按式(4-19)计算：

$$f_{sp}=[1+m(n-1)]f_s \tag{4-19}$$

式中：n 为桩土应力比，无实测资料时，可取 2～4；原土强度低，取大值；原土强度高，取小值。

(二) 振冲桩复合地基沉降计算

复合地基的沉降计算可按分层总和法计算，这时需用桩土复合土层的压缩模量代替原地基土的压缩模量。复合土层压缩模量计算如下：

$$E_{sp}=[1+m(n-1)]E_s \tag{4-20}$$

式中：E_{sp}为复合土层压缩模量，MPa；E_s 为处理后桩间土压缩模量，宜按当地经验取值，如无经验，可取天然地基压缩模量，MPa；n 为桩土应力比，无实测资料时，对黏性土可取 2～4，对粉土和砂土可取 1.5～3，原土强度低取大值，原土强度高取小值。

第六节　水泥土搅拌法

水泥土搅拌法分为深层搅拌法(简称湿法)和粉体喷搅法(简称干法)两类。湿法是在强制搅拌时喷射水泥浆与土混合成桩。该法最早在美国研制成功，称为 Mixed-In-Place Pile，意即现场拌合法，简称 MIP 法。我国于 1978 年研制出第一台湿法的施工机具。干法是在强制搅拌时，喷射水泥粉与土混合成桩。瑞典人 Kjeld Paus 最早于 1967 年提出用石灰搅拌桩加固软基的设想，并于 1971 年研制出世界第一台粉喷搅拌机，称为 Dry Jet Mixing Method，简称 DJM 法。我国于 1983 年由铁道部门研制出第一台粉体喷射搅拌机。

水泥土搅拌法适用于处理正常固结的淤泥和淤泥质土、粉土、黄土、素填土、黏性土以及无流动地下水的饱和松散砂土地基。其中当地基土的天然含水量小于 30%，大于 70%或地下水的 pH 值小于 4 时，不宜采用干法。另外对于泥炭土、有机质土、塑性指数 I_p 大于 25 的黏土，地下水具有腐蚀性以及无工程经验的地区都需要通过现场试验以确定地基土是否适合采用水泥土搅拌法处理。

深层搅拌法的工艺流程如图 4-9 所示。将深层搅拌机安放在设计的孔位上，先对地基土一边切碎搅拌一边下沉，达到要求的深度。然后在提升搅拌机时，边搅拌边喷射水泥浆，直至将搅拌机提升至地面。再次让搅拌机搅拌下沉，又再次搅拌提升。在重复搅拌升降中使浆液与四周土均匀掺和，形成水泥土。水泥土较原位软弱土体的力学特性有显著的改善，强度有大幅度的提高。

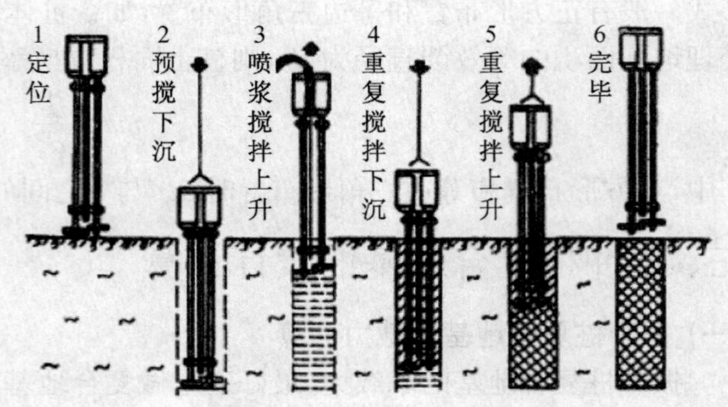

图 4-9　深层搅拌法的工艺流程

水泥可用普通硅酸盐水泥，掺量为加固湿土质量的 12%～20%。湿法时，水泥浆的水灰比可选用 0.45～0.55。也可以用石灰代替水泥作为固化材料，用同样方法搅拌成石灰土桩。初步研究表明，当石灰掺量在 10%～12%时，石灰土的强度随石灰含量的增加而提高。对于不排水强度为 10～15 kPa 的软黏土，石灰土的强度可达到原土的 10～15 倍。当石灰的含量超过 12%以后，强度不再明显增长。

一、水泥土搅拌桩复合地基承载力计算

水泥土搅拌法地基处理完成后，水泥土桩与原地基土形成复合地基。竖向承载水泥土搅拌桩复合地基的承载力特征值应通过现场单桩或多桩复合地基荷载试验确定。初步设计时也可按式(4-21)估算：

$$f_{sp} = m\frac{R_a}{A_p} + \beta(1-m)f_s \tag{4-21}$$

式中：R_a 为单桩竖向承载力特征值，kN；A_p 为桩的截面积，m^2；β 为桩间土承载力折减系数，当桩间土为软土时，可取 0.1～0.4，当桩间土为硬土时，可取 0.5～1.0。

单桩竖向承载力特征值 R_a 应用现场单桩试验求测的极限承载力除以安全系数 2。当无条件进行现场载荷试验时，可估算单桩竖向承载力

$$R_a = u_p\sum_{i=1}^{n} q_{si}l_i + \alpha q_p A_p \tag{4-22}$$

式中：u_p 为桩的周长，m；n 为桩长范围内所划分的土层数；q_{si} 为桩周第 i 层土的侧阻力特征

值，对淤泥可取 4～7 kPa，对淤泥质土可取 6～12 kPa，对软塑状态的黏性土可取 10～15 kPa，对可塑状态的黏性土可取 12～18 kPa；l_i 为桩长范围内第 i 层土的厚度，m；q_p 为桩端天然地基土的承载力特征值，kPa，可按《建筑地基基础设计规范》(GB 50007—2011)有关规定确定；α 为桩端地基土的承载力折减系数，可取 0.4～0.6，承载力高时取低值。

此外，还要满足桩身材料的强度要求，具体是桩身立方体试块的 28 d 抗压强度平均值 f_{cu} 应满足

$$f_{cu} \geqslant \frac{R_a}{\eta A_p} \tag{4-23}$$

式中：η 为桩身强度折减系数，干法可取 0.2～0.3，湿法可取 0.25～0.33。

二、水泥土搅拌桩复合地基沉降计算

复合地基沉降计算时，需要计算桩土复合土层的压缩模量：

$$E_{sp} = mE_p + (1-m)E_s \tag{4-24}$$

式中：E_{sp} 为搅拌桩复合土层的压缩模量，MPa；E_p 为搅拌桩桩身的压缩模量，可取(100～120)f_{cu}，MPa；E_s 为处理后桩间土的压缩模量，MPa。

第七节　土工合成材料

一、土工合成材料的种类和应用

土工合成材料(geosynthetics)是指岩土工程中应用的合成材料产品，它是以人工合成的聚合物(如塑料、化纤、合成橡胶等)为原料，制成各种产品，置于土体的内部、表面或各层土之间，发挥加强或保护土体的作用。土工合成材料的出现和广泛应用是 20 世纪下半叶以来岩土工程实践中取得的最重要的成果之一。

合成材料出现在市场上已有近七十年的历史，而几乎在出现同时它们就被用于土木工程中。约 20 世纪 30 年代末，聚氯乙烯薄膜首先被用于游泳池的防渗。1953 年，美国垦务局首先将聚氯乙烯薄膜应用在渠道上防渗，以后又广泛应用到水闸、土石坝的防渗中。1958 年，美国佛罗里达州利用聚氯乙烯织物作为海岸块护坡的垫层，27 年后检查发现其仍处于良好状态。1959 年，日本也在海岸护坡的修复中使用维尼龙织物代替传统的柴排。1967 年，美国耐特龙(Netlon)公司生产出合成纤维网。1979 年，Mercer 博士发明了土工格栅，并由耐特龙公司生产出产品。随后各种新型的土工合成材料产品层出不穷，应用范围也逐渐拓宽。20 世纪 70 年代末 80 年代初，我国铁道部门开始研究并在现场试验，用土工合成材料治理基床的翻浆冒泥。80 年代初，水利和港口部门开始用土工织物作为反滤、防冲及排水材料。近年来，土木合成材料在国内应用发展很快，已广泛应用于土木、水利、公路、港口、铁路、市政等领域，特别是在环境工程中成为不可缺少的材料。

目前，土工合成材料种类繁多，大体上可以分为如下几类。

(一) 土工膜

土工膜(geomembranes)按其使用的原料可分为沥青和聚合物两大类，按其产品可分为单一的膜和复合膜，后者是土工膜用织物加筋做成的。土工膜的透水性极小，可广泛地用作防渗

材料。

(二) 土工织物

土工织物(geotextiles)可分为无纺(non woven)和有纺(woven)2 种。它们是将加工成长丝、短纤维、纱或条带的聚合物再制成平面结构的织物,一般用于排水、反滤、加筋和土体隔离。

(三) 土工格栅

土工格栅(geogrids)有两大类:一类是拉伸格栅,或称为塑料土工格栅,是将聚合物的片材经冲孔后,再单向或双向拉伸而成;另一类是编织格栅,它是采用聚酯纤维在编织机上制成的。另外,玻璃纤维格栅也是一种编织格栅。土工格栅主要用于土体的加筋。不同的土工格栅见图 4-10。

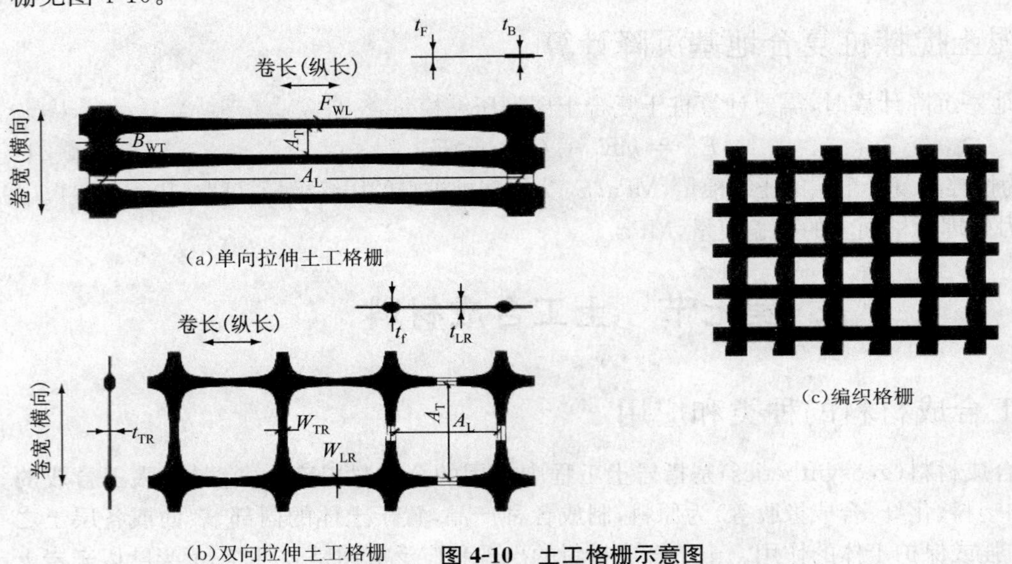

(a)单向拉伸土工格栅

(b)双向拉伸土工格栅

(c)编织格栅

图 4-10 土工格栅示意图

(四) 土工复合材料

人们发现几种不同土工合成材料的组合可达到更理想的效果,这就出现了各种土工复合材料,如单层膜加土工织物形成的复合土工膜、土工织物加塑料瓦楞状板形成的塑料排水板、土工织物加土工格栅组成用于黏性土中的加筋材料等,并且不同的组合还在不断地形成新的产品。

(五) 其他土工合成材料

针对不同的条件和用途,新型的、特殊的土工合成材料产品不断涌现,如土工格室、土工泡沫塑料、土工织物膨胀土垫(GCL)、土工模袋、土工网垫、土工条带、土工纤维等。

二、土工合成材料的作用

土工合成材料在岩土工程中应用,主要发挥如下几种功能和作用:

(一) 排水作用

土工合成材料在土中可形成排水通道,将土中水汇集起来,在水位差作用下将土中水排出。在预压固结处理饱和软黏土地基中所用的塑料排水板即为一例。

(二) 滤层作用

土中水可通畅地通过土工织物,而织物的纤维又能阻止土颗粒通过,防止土因细颗粒过量流失而发生渗透破坏。

(三) 隔离作用

有些土工合成材料可以将不同粒径的土料或材料隔开，也可将它们与地基或建筑物隔开，防止土料的混杂和流失。

(四) 加筋作用

在土体产生拉应变的方向布置土工织物，当它们伸长时，可通过与土体间的摩擦力向土体提供约束压力，从而提高土的模量和抗剪强度，减少土体变形，增强土体的稳定性。

(五) 防渗作用

用几乎不透水的土工膜可达到理想的防渗效果。可用于渠、池、库和土石坝、闸和地基的防渗。

(六) 防护作用

土工织物的防护作用常常是以上几种功能发挥的综合效果，如隔离和覆盖有毒有害的物质，防止水面蒸发、路面开裂、土体的冻害、水土流失、防护土坡避免冲蚀等。在以上各种功能中，排水、滤层、防渗和加筋是最基本和最重要的。

习题四

1. 哪些土类属于软弱土？何谓"软弱地基"？
2. 常用的软土地基处理方法有哪些？
3. 砂垫层的作用有哪些？
4. 试述强夯法的加固机理。
5. 什么叫复合地基？复合地基的承载力和变形计算与桩基础有什么区别？
6. 试述水泥搅拌桩的施工工序。
7. 土工合成材料有哪些作用？
8. 现有 10 m 厚杂填土，准备用 20 t 重锤强夯加固，问重锤的落距应选择多少？（$\alpha=0.5$）
9. 在采用塑料排水板进行软土地基处理时需换算成等效砂井直径，现有宽 100 mm，厚 3 mm 的排水板，等效砂井换算直径应为多少？
10. 某软土层厚 10 m，底部为坚实的硬黏土，其上施加均布荷载 120 kPa，竖向固结系数 $C_v=4\times10^{-3}\ cm^2/s$，水平向固结系数 $C_h=8\times10^{-3}\ cm^2/s$，砂井直径为 0.3 m，间距为 2.9 m，等边三角形布置，若仅考虑径向固结，求固结度达到 85%所需的时间。
11. 某天然地基承载力特征值为 $f_s=100$ kPa，采用振冲挤密碎石桩加固，桩长 $l=10$ m，桩径 $d=1.2$ m，按正方形布桩，桩间距 $s=1.8$ m，单桩承载力特征值 $f_p=450$ kPa，桩设置后，桩间土承载力提高 20%，问复合地基承载力特征值为多少？
12. 某软土地基天然承载力特征值 $f_s=80$ kPa，采用水泥土深层搅拌法加固，桩径 $d=0.5$ m，桩长 $l=15$ m，搅拌桩单桩竖向承载力特征值 $R_a=160$ kN，桩间土承载力折减系数 $\beta=0.75$，要求复合地基承载力特征值达到 180 kPa，问桩土面积置换率 m 应为多少？

第五章 天然地基上浅基础的设计

第一节 概述

在建筑物的设计和施工中，地基基础占有很重要的地位，它对建筑物的安全使用和工程造价有着很大的影响，因此，正确选择地基基础的类型十分重要。在选择地基基础类型时，主要考虑两个方面的因素：一是建筑物的性质（包括它的用途、重要性、结构型式、荷载性质和荷载大小等）；二是地基的工程地质和水文地质情况（包括岩土层的分布、岩土的性质和地下水等）。

如果地基内是良好的土层或者上部有较厚的良好土层时，一般将基础直接埋设在天然土层上，这种地基称为"天然地基"。埋设在天然地基上、埋置深度小于 5 m 的一般基础（柱基或墙基）以及埋置深度虽超过 5 m，但小于基础宽度的大尺寸的基础（如箱形、筏形基础），在计算中基础的侧面摩擦力不必考虑，统称为天然地基上的浅基础。

由于常用的浅基础体型不大、结构也较简单，故在单个基础的设计计算时，一般采用简化的计算方法，即不考虑地基、基础与上部结构之间的相互作用。对于体型复杂或大型的基础，其力学性质复杂，应根据具体情况采用可行的方法考虑地基、基础与上部结构的相互作用。

一、地基基础设计的基本原则

建筑物通过基础将荷载传递到地基中。建筑物的安全和正常使用，不仅取决于上部结构的安全储备，同时也要求地基基础有一定的安全保证。

地基基础的设计和计算应满足下列 3 项基本原则：

（1）地基应具有足够的强度和稳定性，保证建筑物在荷载作用下，不至出现地基的承载力不足或产生失稳破坏；

（2）地基的沉降不能超过其变形允许值，保证建筑物不因地基变形过大而毁坏或影响建筑物的正常使用；

（3）基础的型式、构造和尺寸，除必须适应上部结构、符合使用要求、满足地基强度（承载力和稳定性）和变形要求外，基础结构本身还应具有足够的强度、刚度和耐久性，以保证其正常工作。

二、地基基础设计等级

《建筑地基基础设计规范》（GB 50007—2011）根据地基的复杂程度，建筑物的规模、功能及特征，以及由于地基问题可能造成建筑物破坏或影响正常使用的程度，将地基基础分为 3 个设计等级，见表 5-1。

三、浅基础设计的内容与步骤

天然地基上浅基础的设计通常按以下步骤进行：

（1）阅读和分析建筑物场地的地质勘察资料及建筑物的设计资料，进行相应的现场勘察和调查。

表 5-1　地基基础设计等级

设计等级	建筑和地基类型
甲级	重要的工业与民用建筑物 30 层以上的高层建筑物 体型复杂，层数超过 10 层的高低层连成一体建筑物 大面积的多层地下建筑物（如地下车库、商场、运动场等） 对地基变形有特殊要求的建筑物 复杂地质条件下的坡上建筑物（包括高边坡） 对原有工程影响较大的新建建筑物 场地和地基条件复杂的一般建筑物 位于复杂地质条件及软土地区的 2 层及 2 层以上地下室的基坑工程 开挖深度大于 15 m 的基坑工程 周边环境条件复杂、环境保护要求高的基坑工程
乙级	除甲级、丙级以外的工业与民用建筑物 除甲级、丙级以外的基坑工程
丙级	场地和地基条件简单、荷载分布均匀的 7 层及 7 层以下民用建筑及一般工业建筑物；次要的轻型建筑物 非软土地区且场地地质条件简单、基坑周边环境条件简单、环境保护要求不高且开挖深度小于 5.0 m 的基坑工程

（2）选择基础的结构类型和建筑材料。

（3）选择持力层，决定合适的基础埋置深度。

（4）确定地基的承载力和作用在基础上的荷载组合，计算基础的初步尺寸。

（5）根据地基等级进行必要的地基计算，包括地基持力层和软弱下卧层（如果存在）的承载力验算、地基变形验算（对按规定的重要建筑物地基）以及地基稳定验算（对水平荷载为主要荷载的建筑物地基）。当地下水位埋藏较浅、地下室或地下构筑物存在上浮问题时，应进行抗浮验算。依据验算结果，必要时修改基础尺寸甚至埋置深度。

（6）进行基础的结构和构造设计。

（7）当有深基坑开挖时，应考虑基坑开挖的支护和排水、降水问题。

（8）编制基础的设计图和施工图。

（9）编制工程预算书和工程设计说明书。

第二节　基础的分类与浅基础的结构类型

一、基础的分类

按照不同的分类方法，建筑物的基础可以分为不同类型。

（一）按建筑基础的材料分类

基础由不同的建筑材料构成，例如块石基础、混凝土基础、钢筋混凝土基础、砖基础和金属基础等。钢筋混凝土基础应用最为广泛。在海洋工程中，重力式平台的导管架常采用金属材料作为支撑。

（二）按基础的刚度分类

按基础的刚度不同，可将基础划分为刚性基础与柔性基础。块石基础、砖基础、混凝土基础等属于刚性基础，这类基础抗弯性能差，基础内部不能承受较大的拉应力和剪应力。钢筋混凝土基础属于柔性基础，利用混凝土的抗压能力和钢筋的抗拉能力，这类基础不仅抗压性能好，而且能够承受较大的拉应力和剪应力作用。

（三）按基础的埋置深度分类

按基础的埋置深度，基础分为浅基础与深基础。埋深小于 5 m，或埋深虽大于 5 m，但小于基础宽度的基础属于浅基础。工业与民用建筑物的柱下独立基础、墙下条形基础、箱形基础、筏形基础，重力式码头的抛石基床等都属于浅基础。反之，埋深大于 5 m，或埋深虽小于 5 m，但大于基础宽度的基础属于深基础。桩基础、地下连续墙、沉井基础等属于深基础。

（四）按基础的结构形式分类

针对天然地基上的浅基础设计，按基础的结构形式，分为独立基础、条形基础、十字交叉基础、筏形基础、箱形基础、块体基础、壳体基础等。

二、浅基础的结构类型

（一）独立基础

1. 柱下独立基础

独立基础是柱基础的基本型式。如果柱是钢柱或钢筋混凝土柱，基础材料通常用混凝土或钢筋混凝土，承受的荷载不大时，亦可采用砖石砌体，并用混凝土墩与柱相联结。柱下独立基础常见于柱下梯形基础和柱下锥形基础，如图 5-1(a)和(b)所示。

2. 墙下独立基础

当建筑物传给基础的荷载不太大，地基承载力又较高，基础需要埋置较深时，可做成墙下独立基础，如图 5-1(c)所示。砖墙砌在支承于独立基础上的钢筋混凝土过梁上。墙下独立基础除可承受压力外，还可承受拉力和弯矩的作用。

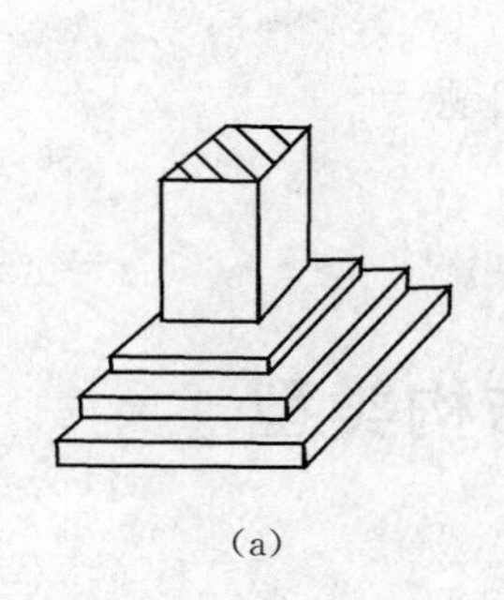

(a)

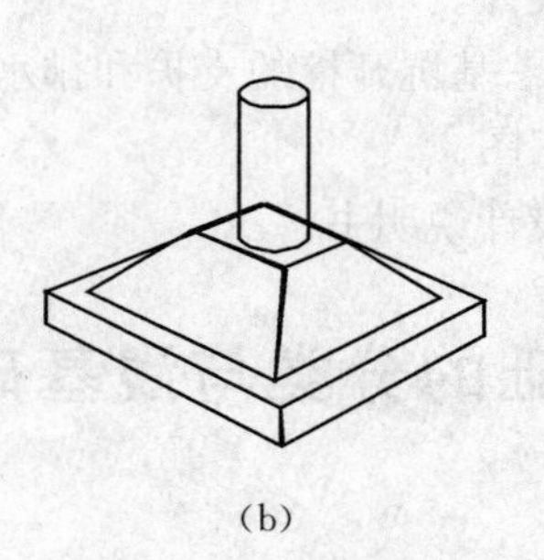

(b)

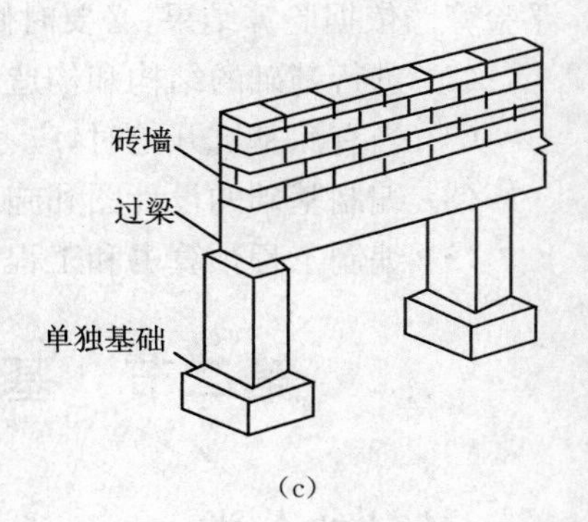

(c)

图 5-1　独立基础示意图

（二）条形基础

条形基础是墙基础的主要型式，如图 5-2(a)所示。它常用砖石建成，但在基础宽度过大，需减小其构造高度时，或在需要加强纵向墙体承受不均匀沉降引起的拉力时，也可用钢筋混凝土建造。

在软弱地基上设计独立基础时，基础底面可能会很大，以致彼此相接近，甚至碰在一起，这时可将柱子基础连结起来做成钢筋混凝土条形基础，使各个柱支承在一个共同的条形基础上，称为柱下条形基础，如图5-2(b)所示。

对于以砖、石、混凝土材料建成的条形基础，以承受压力为主。若是采用钢筋混凝土材料建成的条形基础，不仅可承受压力，也可承受拉力和弯矩。

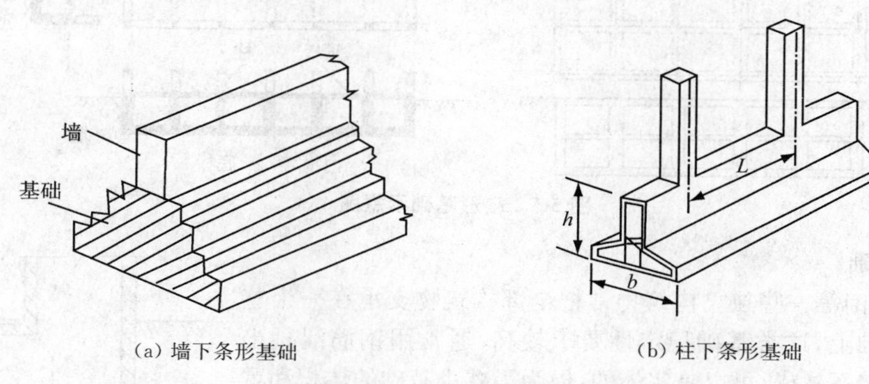

图5-2　条形基础示意图

(三) 十字交叉基础

对于条形基础，如需要进一步扩大基础底面或为增强基础的刚度以调整不均匀沉降时，可在纵横两个方向都采用钢筋混凝土条形基础，形成十字交叉条形基础，如图5-3所示。

(四) 筏形基础

当地基特别软弱，十字交叉基础的底面仍不能满足上部荷载的要求时，可将基础做成一钢筋混凝土连续整板，此种形式的基础称为筏形基础。筏形基础又分有肋梁(或称梁板式)及无肋梁(或称平板式)2种，其受力特征为双向受力板或受力肋板，如图5-4所示。

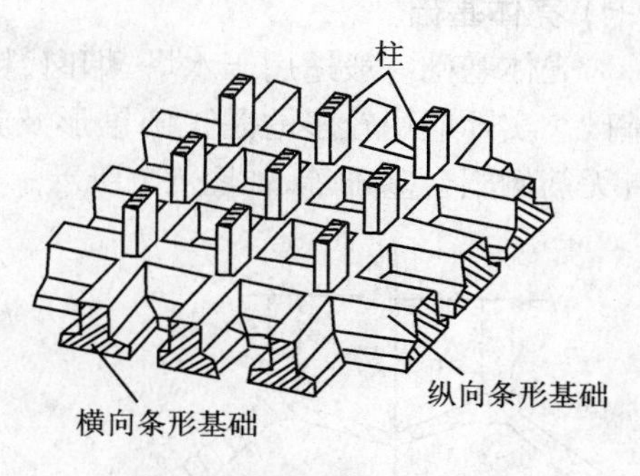

图5-3　柱下十字交叉基础

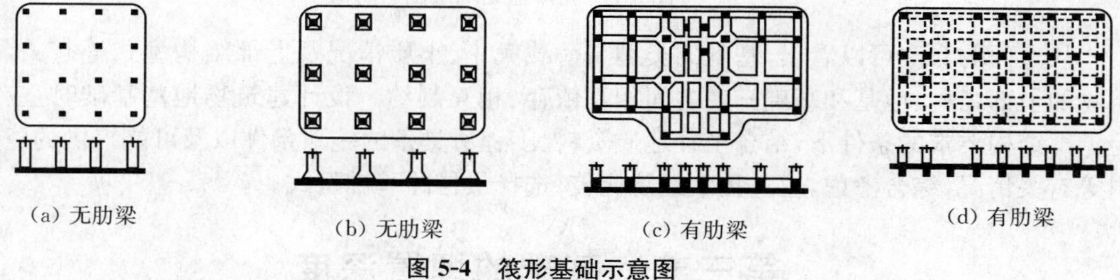

图5-4　筏形基础示意图

(五) 箱形基础

为了使基础具有更大的刚度，减少建筑物的相对弯曲，可将基础做成顶板、底板及若干纵横隔墙组成的箱形基础，如图5-5所示。箱形基础一般采用钢筋混凝土材料建成，是一个空间受力结构，它的主要特点是刚度大，而且由于挖去很多土，使基底的附加压力减小，因而适用于地基软弱土层较厚、荷载较大和建筑物面积不太大的一些重要建筑物。

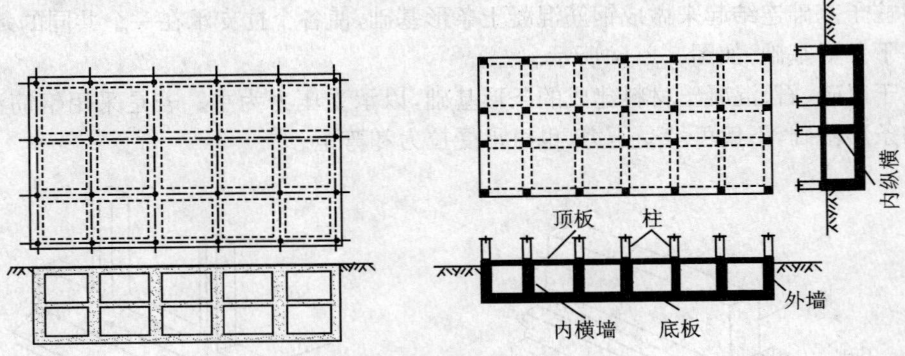

图 5-5 箱形基础示意图

(六) 块体基础

水塔、烟囱等一些独立构筑物常把全部构筑物支承在一个整体的大块基础上，这类基础稳定性要求较高，通常用钢筋混凝土(整体式)或砖石建成，可以是实体的，但为了减小基础的体积和重量，也可以做成空心的，如图 5-6 所示。

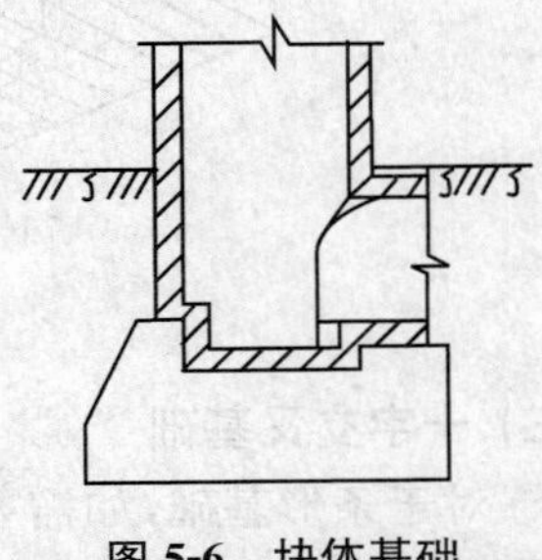

图 5-6 块体基础

(七) 壳体基础

壳体基础一般适用于水塔、烟囱、料仓和中小型高炉等构筑物基础。实际应用较多的是正圆锥形及其组合形式的壳体基础，亦有无筋倒圆台基础等，如图 5-7 所示。

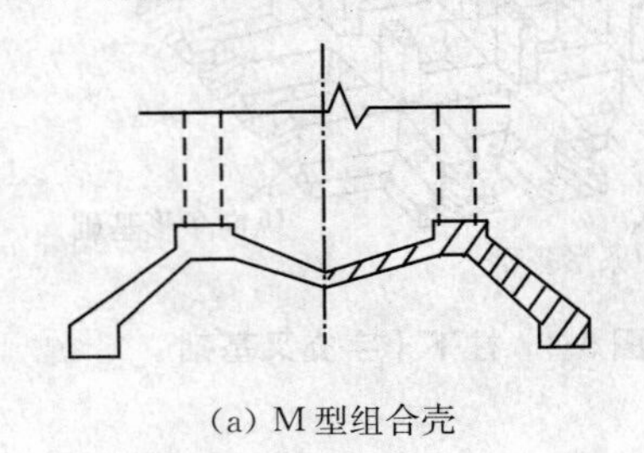

(a) M 型组合壳

(b) 正圆锥壳

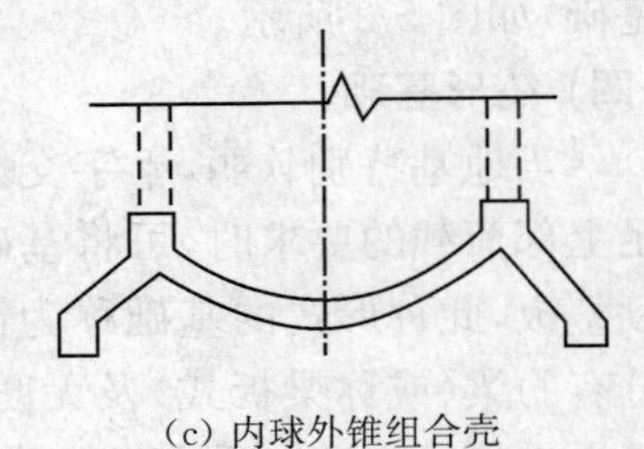

(c) 内球外锥组合壳

图 5-7 壳体基础示意图

从上面的介绍可以看出，基础的类型与荷载大小、土质情况及上部结构型式等有关，即建筑物的上部结构、地基和基础三者之间相互依存、相互制约。设计建筑物地基基础时，应在满足上部结构要求的条件下，结合工程地质资料、工程所具备的施工条件以及可能提供的建筑材料等有关情况，综合考虑，通过技术经济比较，选择最佳的基础型式。

第三节 基础的埋置深度

基础底面埋在地面(一般指设计地面)下的深度，称为基础的埋置深度。为了保证基础安全，同时减少基础的尺寸，要尽量把基础放在良好的土层上。但是基础埋置过深不但施工不方便，而且会提高基础的造价，因此，应该根据实际情况选择一个合理的埋置深度。原则是：在保证地基稳定和满足变形要求的前提下，尽量浅埋。但是除基岩外，基础埋深不宜浅于 0.5 m，因为表土一般都松软，易受雨水及外界影响，不宜作为基础的持力层。另外，基础顶面应低于设计地面 100 mm 以上，避免基础外露，遭受外界的破坏。

影响基础埋置深度的因素有很多，其中主要有如下几个方面。

一、工程地质与水文地质条件

地基通常由多层土组成，直接支承基础的土层称为持力层，其下的土层称为下卧层。工程地质与水文地质条件对选择基础埋深的影响主要有：

(1) 在满足地基稳定和变形的前提下，应尽量选用浅层土作为持力层。

(2) 当上层土的承载力低于下层土时，如果取下层土为持力层，所需的基础底面积较小，但埋深较大；若取上层土为持力层，情况则相反，此时应根据施工难易、材料用量等方面做方案比较后确定。

(3) 当基础底面以下存在软弱下卧层时，基础应尽量浅埋，以便加大基底至软弱下卧层的距离。

(4) 当土层在水平方向上分布不均匀时，为减小不均匀沉降的影响，同一建筑物基础可以分段采取不同的埋深。

(5) 基础应尽量埋置在地下水位以上，避免施工时要进行基槽排水或降水。如果地基有承压水时，则必须控制基坑的开挖深度，保证承压水层以上的基底隔水层不会因承压水的浮托作用而发生流土破坏的危险。

二、荷载的大小和性质

如果基础只受垂直荷载作用，则可根据荷载的大小经过承载力的计算选择持力层，确定埋深。但当荷载相当大、浅层土已不宜作为持力层时，应考虑设置地下室，采用箱形基础或其他深基础方案。如果基础受垂直荷载作用的同时，还承受水平荷载作用，则应加大埋深，以增强土层对基础的嵌固作用，保证建筑物具有足够的稳定性。对于承受上拔力作用的基础(输电塔基础)，应有较大的埋深以增加抗拔力。对于承受振动荷载作用的基础，不能建造在饱和松砂等易于发生液化的土层上，在地震区，此类土层也不能作为基础的持力层。

三、建筑物的类型和用途

有地下室的建筑及有地下设施和设备的基础，往往要求建筑物基础局部加深或整个加深。基础型式也影响到基础的埋深，如采用刚性基础，当基础底面积确定后，由于要满足刚性角的构造要求，故规定了基础的最小高度，从而也就决定了基础的埋深。

四、相邻建筑物的基础埋深

为保证相邻原有建筑物在施工期间的安全和正常使用，一般宜使所设计的基础埋深浅于或等于相邻原有建筑物的基础。如不能满足这一要求，则两基础之间应保持一定净距，根据荷载大小和土质情况，这个距离一般取两相邻基础底面高差的 1～2 倍，如图 5-8 所示。否则，应采取相应的施工措施，如分段施工，设临时的基坑支撑，打板桩、地下连续墙等，以避免开挖新基础的基坑时，使原有基础的地基松动。

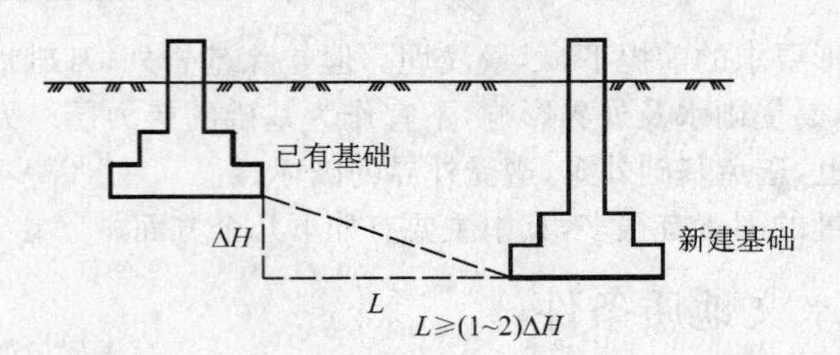

图 5-8 相临基础的净距要求

五、地基土的冻胀和融陷

位于冻胀区内的基础受到的冻胀力如大于基底以上的荷重，基础就有被抬起的可能。土层解冻融陷，建筑物就随之下沉。地基土的冻胀与融陷一般是不均匀的，容易导致建筑物开裂损坏。

对埋置于可冻胀土中的基础，其最小埋深 $d_{\min}$ 应由式(5-1)确定：

$$d_{\min} = z_d - h_{\max} \tag{5-1}$$

式中：z_d 为季节性冻土地区地基的设计冻结深度，可查《建筑地基基础设计规范》(GB 50007—2011)第 5 章求取；$h_{\max}$ 为基础底面下允许残留冻土层的最大厚度，可查《建筑地基基础设计规范》(GB 50007—2011)附录 G. 0. 2。

第四节 地基计算

地基计算包括 3 方面的内容：地基承载力验算、地基变形验算和地基稳定性验算。

一、地基承载力验算

(一) 地基承载力的确定方法

按照《建筑地基基础设计规范》(GB 50007—2011)，地基承载力有如下 2 种确定方法。

1. 现场载荷试验或其他原位测试方法

由现场载荷试验确定地基承载力的具体方法详见第二章第五节。其他原位测试方法，如静力触探试验、动力触探试验等，不能直接测定地基的承载力，而只能测定一些反映地基土性质的物理量，如标准贯入击数 N，比贯入阻力 p_s 等。这些物理量经过统计分析后，与以往累积的原位测试指标和地基承载力的关系资料进行对比，从而评估出地基的承载力值。用这种方法时要注意，所积累的地基承载力资料常有明显的地区性，不一定可以普遍应用，要多作分析，慎重对待。

用原位试验确定地基承载力时，并没有考虑基础的宽度和埋置深度对承载力的影响，需要用式(5-2)进行承载力的基础宽度和埋置深度修正后，才得到可供实际设计用的地基承载力特征值。

$$f_a = f_{ak} + \eta_b \gamma (b - 3) + \eta_d \gamma_m (d - 0.5) \tag{5-2}$$

式中：f_a 为经深、宽修正后的地基承载力特征值，kPa；f_{ak} 为按现场载荷试验或其他原位试验确定的地基承载力特征值，kPa；γ 为基底以下土的天然容重，地下水位以下用浮容重，kN/m^3；

γ_m 为基础底面以上土的加权平均容重，地下水位以下用浮容重，kN/m^3；b 为基础宽度，m，当基础宽度小于 3 m 时按 3 m 计，大于 6 m 时按 6 m 计；d 为基础埋置深度，m；η_b，η_d 分别为相应于基础宽度和埋置深度的承载力修正系数，按基底下土类查表 5-2。对于 d，一般自室外底面标高算起，在填方平整地区，可自填土地面标高算起，但填土在上部结构施工后完成时，应从天然地面标高算起；对于地下室，如采用箱基或筏基时，自室外地面标高算起；采用独立基础或条形基础时，应从室内地面标高算起。

表 5-2　承载力修正系数 η_b 和 η_d

土的类别		η_b	η_d
淤泥和淤泥质土		0	1.0
人工填土 e 或 $I_L \geqslant 0.85$ 的黏性土		0	1.0
红黏土	含水比 $\alpha_w > 0.8$ 含水比 $\alpha_w \leqslant 0.8$	0 0.15	1.2 1.4
大面积压实填土	压实系数大于 0.95，黏粒含量 $\rho_c \geqslant 10\%$ 的粉土 最大干密度大于 2.1 t/m^3 的级配砂石	0 0	1.5 2.0
粉土	黏粒含量 $\rho_c \geqslant 10\%$ 的粉土 黏粒含量 $\rho_c < 10\%$ 的粉土	0.3 0.5	1.5 2.0
e 及 I_L 均小于 0.85 的黏性土 粉砂、细砂（不包括很湿与饱和时的稍密状态） 中砂、粗砂、砾砂和碎石土		0.3 2.0 3.0	1.6 3.0 4.4

注：①强风化和全风化的岩石，可参照所风化成的相应土类取值，其他状态下的岩石不修正；
②含水比 $\alpha_w = \omega/\omega_L$，$\omega$ 为天然含水量，ω_L 为液限；
③大面积压实填土是指填土范围大于 2 倍基础宽度的填土。

2. 规范建议的地基承载力公式

如果作用于基础上的竖向力偏心很小，例如偏心距小于基础宽度的 0.033 倍时，基底压力近似于均匀分布，这种情况可用式(5-3)计算地基承载力特征值。

$$f_a = M_b \gamma b + M_d \gamma_m d + M_c c_k \tag{5-3}$$

式中：f_a 为计入基础宽度和埋置深度影响的地基承载力特征值，kPa；c_k 为基底下 1 倍基础宽度范围内土的黏聚力标准值，kPa；φ_k 为基底下 1 倍基础宽度范围内土的内摩擦角标准值，(°)；M_b，M_d，M_c 为承载力系数，查表 5-3。

需要注意的是，式(5-3)并非地基极限承载力理论解的简化公式，而是《建筑地基基础设计规范》(GB 50007—2011)给出的承载力特征值的经验公式；相应的荷载值略大于临塑荷载 p_{cr}，即地基内允许发生塑性破坏区，但塑性破坏区的范围很小，其深度不超过基础宽度的 1/4。

（二）根据持力层的承载力确定基础底面尺寸

1. 中心荷载作用情况

为满足持力层承载力要求，作用在持力层上的基底平均压力 p 不能超过持力层地基承载力特征值 f_a，即有：

$$p \leqslant f_{a} \tag{5-4}$$

$$p = \frac{F+G}{A} = \frac{F+\gamma_{G}Ad}{A} \tag{5-5}$$

式中:F 为上部结构传至基础顶面的竖向力值;G 为基础自重加基础上的土重;γ_{G} 为基础与土的平均容重,取 20 kN/m^{3}。

表 5-3 承载力系数 M_{b},M_{d},M_{c}

土的内摩擦角标准值 φ_{k}/(°)	M_{b}	M_{d}	M_{c}	土的内摩擦角标准值 φ_{k}/(°)	M_{b}	M_{d}	M_{c}
0	0	1.00	3.14	22	0.61	3.44	6.04
2	0.03	1.12	3.32	24	0.80	3.87	6.45
4	0.06	1.25	3.51	26	1.10	4.37	6.90
6	0.10	1.39	3.71	28	1.40	4.93	7.40
8	0.14	1.55	3.93	30	1.90	5.59	7.95
10	0.18	1.73	4.17	32	2.60	6.35	8.55
12	0.23	1.94	4.42	34	3.40	7.21	9.22
14	0.29	2.17	4.69	36	4.20	8.25	9.97
16	0.36	2.43	5.00	38	5.00	9.44	10.80
18	0.43	2.72	5.31	40	5.80	10.84	11.73
20	0.51	3.06	5.66	20	0.51	3.06	5.66

将式(5-5)代入式(5-4),对于柱下(或墙下)独立基础,可得

$$A \geqslant \frac{F}{f_{a}-\gamma_{G}d} \tag{5-6}$$

对于墙下(或柱下)条形基础,F 为上部结构传至基础顶面的线荷载(kN/m),此时,沿基础长度方向取单位长度 $l=1$ m,则 $A=b\times l=b\times 1$,代入式(5-6),可得

$$b \geqslant \frac{F}{f_{a}-\gamma_{G}d} \tag{5-7}$$

2. 偏心荷载作用情况

偏心荷载作用下,基础底面尺寸的确定需要逐次试算,计算步骤为:

(1) 先不考虑偏心,用式(5-6)或(5-7)计算出基础的底面积 A_{0}(对于独立基础)或基础宽度 b_{0}(对于条形基础);

(2) 根据偏心大小,把面积 A_{0}(或 b_{0})适当提高 10%~40%,作为偏心荷载作用下基础底面积(或宽度)的第一次近似值,即

$$A = (1.1 \sim 1.4)A_{0} \tag{5-8}$$

(3) 按假定的基础底面积 A,计算基底的最大和最小的边缘压力

$$p_{\min}^{\max} = \frac{F+G}{A} \pm \frac{M}{W} \tag{5-9}$$

式中:M 为作用于基础底面的力矩值;W 为基础底面的抵抗矩。

(4) 按照《建筑地基基础设计规范》(GB 50007—2011)，验算基底最大压力 p_{max} 是否满足

$$p_{max} \leqslant 1.2f_a \tag{5-10}$$

如不能满足，应继续调整基础底面尺寸，直至满足式(5-10)要求为止。

(三) 软弱下卧层承载力验算

持力层有足够的强度，并不能认为整个地基强度条件完全满足。若在地基受力范围内有软弱下卧层(承载力显著低于持力层承载力的土层)，则必须验算软弱下卧层的强度，要求作用在下卧层顶面的全部压力不应超过下卧层的承载力，即

$$p_z + p_{cz} \leqslant f_{az} \tag{5-11}$$

式中：p_z 为软弱下卧层顶面处的附加压力值，kPa；p_{cz} 为软弱下卧层顶面处的自重压力值，kPa；f_{az} 为软弱下卧层顶面处经深度修正的地基承载力特征值，kPa。

按弹性半空间体理论，下卧层顶面的应力，在基础中轴线处最大，向四周扩散呈非线性分布，如果考虑上下层土的性质不同，应力分布规律就更为复杂，难以进行承载力验算。为简化计算，通常假定基底附加压力($p_0 = p - p_{c0}$)以某一角度 θ 向下扩散，如图 5-9 所示。根据扩散前后上下面积上的压力相等的条件，可得

$$\text{条形基础：} p_z = \frac{b(p - p_{c0})}{b + 2z\tan\theta} \tag{5-12}$$

$$\text{矩形基础：} p_z = \frac{bl(p - p_{c0})}{(b + 2z\tan\theta)(l + 2z\tan\theta)} \tag{5-13}$$

式中：l 为矩形基础底面的长度，m；p 为基础底面压力；p_{c0} 为基础底面处土的自重压力值，kPa；z 为基础底面至软弱下卧层顶面的距离，m；θ 为地基压力扩散线与铅垂线的夹角，可按表 5-4 采用。

按双层地基中应力分布的概念，若地基中有坚硬的下卧层，则地基中的应力分布，较之均匀地基将向荷载轴线方向集中；相反，若地基内有软弱下卧层，则较之均匀地基，应力分布将向四周更为扩散，也就是说持力层与下卧层的模量比 E_{s1}/E_{s2} 越大，应力将越扩散，故 θ 值越大。另外按均匀弹性体应力扩散的规律，荷载的扩散程度，随深度的增加而增加。表 5-4 中 θ 的大小就是根据这种规律确定的。

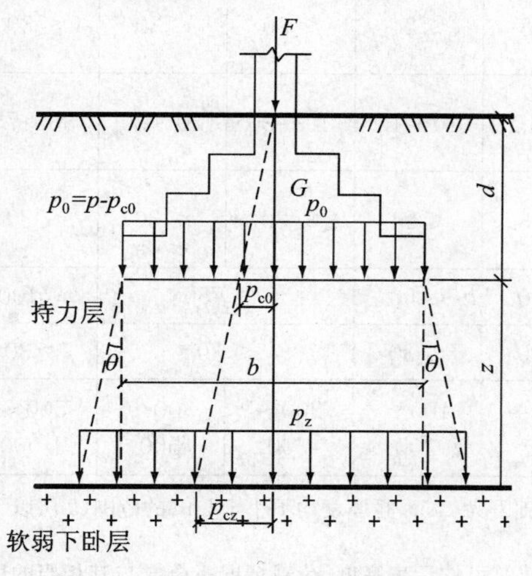

图 5-9　软弱下卧层承载力验算图

表 5-4　地基压力扩散角 θ

E_{s1}/E_{s2}	z/b	
	0.25	0.50
3	6°	23°
5	10°	25°
10	20°	30°

注：① E_{s1} 为上层土压缩模量，E_{s2} 为下层土压缩模量。

② $z/b<0.25$ 时取 $\theta=0°$，必要时，宜由试验确定；$z/b>0.50$ 时 θ 值不变。

经验算，若软弱下卧层承载力不能满足式(5-11)的要求，则需要加大基底面积，减小基底压力，直至满足要求。必要时，甚至要改变地基基础方案。

二、地基变形验算

地基基础的设计除应满足承载力的要求外，还应控制地基变形在建筑物允许的变形范围内，保证建筑物的正常使用，也即

$$s \leqslant [s] \tag{5-14}$$

式中：s 为地基最终变形量，可按土力学中的分层总和法计算；$[s]$为建筑物的地基变形允许值，见《建筑地基基础设计规范》(GB 50007—2011)表 5.3.4。

但是对于大量地质条件简单、层数不高、荷载不大的建筑物，已经积累有足够多的工程经验，表明满足了上述承载力的要求，也就满足了地基变形的要求。所以，《建筑地基基础设计规范》(GB 50007—2011)对地基变形验算的范围作如下规定：设计等级为甲级和乙级的建筑物，均应按地基变形设计；对于表 5-5 所列范围内设计等级为丙级的建筑物可不作变形验算。如有下列情况之一者，仍应作变形验算：①地基承载力特征值小于 130 kPa，且体型复杂的建筑；②在基础上及其附近有地面堆载或相邻基础荷载差异较大，可能引起地基产生过大的不均匀沉降时；③软弱地基上的建筑物存在偏心荷载时；④相邻建筑距离过近，可能发生倾斜时；⑤地基内有厚度较大或厚薄不均的填土，其自重固结未完成时。

表 5-5 可不作地基变形计算设计等级为丙级的建筑物范围

<table>
<tr><td rowspan="2">地基主要受力层情况</td><td colspan="3">地基承载力特征值 f_{ak}/kPa</td><td>$60\leqslant f_{ak}<80$</td><td>$80\leqslant f_{ak}<100$</td><td>$100\leqslant f_{ak}<130$</td><td>$130\leqslant f_{ak}<160$</td><td>$160\leqslant f_{ak}<200$</td><td>$200\leqslant f_{ak}<300$</td></tr>
<tr><td colspan="3">各土层坡度/°</td><td>≤5</td><td>≤5</td><td>≤10</td><td>≤10</td><td>≤10</td><td>≤10</td></tr>
<tr><td rowspan="8">建筑类型</td><td colspan="3">砌体承重结构、框架结构/层数</td><td>≤5</td><td>≤5</td><td>≤5</td><td>≤6</td><td>≤6</td><td>≤7</td></tr>
<tr><td rowspan="4">单层排架结构(6 m柱距)</td><td rowspan="2">单跨</td><td>吊车额定起重量/t</td><td>5~10</td><td>10~15</td><td>15~20</td><td>20~30</td><td>30~50</td><td>50~100</td></tr>
<tr><td>厂房跨度/m</td><td>≤12</td><td>≤18</td><td>≤24</td><td>≤30</td><td>≤30</td><td>≤30</td></tr>
<tr><td rowspan="2">多跨</td><td>吊车额定起重量/t</td><td>3~5</td><td>5~10</td><td>10~15</td><td>15~20</td><td>20~30</td><td>30~75</td></tr>
<tr><td>厂房跨度/m</td><td>≤12</td><td>≤18</td><td>≤24</td><td>≤30</td><td>≤30</td><td>≤30</td></tr>
<tr><td colspan="2">烟囱</td><td>高度/m</td><td>≤30</td><td>≤40</td><td>≤50</td><td colspan="2">≤75</td><td>≤100</td></tr>
<tr><td colspan="2" rowspan="2">水塔</td><td>高度/m</td><td>≤15</td><td>≤20</td><td>≤30</td><td colspan="2">≤30</td><td>≤30</td></tr>
<tr><td>容积/m³</td><td>≤50</td><td>50~100</td><td>100~200</td><td>200~300</td><td>300~500</td><td>500~1 000</td></tr>
<tr><td colspan="10">注：① 地基主要受力层系指条形基础底面下深度为 $3b$，独立基础下为 $1.5b$，且厚度均不小于 5 m 的范围(2 层以下一般的民用建筑除外)；
② 表中砌体承重结构和框架结构均指民用建筑，对于工业建筑可按厂房高度、荷载情况折合成与其相当的民用建筑层数。</td></tr>
</table>

地基变形特征可以分为沉降量、沉降差、倾斜和局部倾斜等 4 类。建筑物的结构类型不同,起控制作用的沉降类型也不一样。通常砌体承重结构受局部倾斜值控制;框架结构和单层排架结构受相邻柱基础的沉降差控制;多层、高层建筑以及高耸建筑由倾斜值控制,必要时还需验算平均沉降量。

三、地基稳定性验算

对经常受水平荷载作用或建在斜坡上的建筑物地基,还应验算地基的稳定性。地基稳定性可采用圆弧滑动法进行验算,稳定安全系数 K 为最危险滑动面上诸力对滑动中心所产生的抗滑力矩 M_r 与滑动力矩 M_s 之比,其值不得小于 1.2,即

$$K=\frac{M_r}{M_s}\geqslant 1.2 \tag{5-15}$$

建造在斜坡上的建筑物或其地基的稳定问题,尚不能通过理论计算全部解决,现仅对较小的基础,给出其稳定的限定范围。位于稳定土坡(坡脚小于 45°,坡高小于 8 m)坡顶上的建筑物,当垂直于坡顶边缘线的基础底面边长小于或等于 3 m 时,其基础底面外边缘至坡顶的水平距离(见图 5-10)应符合下式要求,但不得小于 2.5 m。

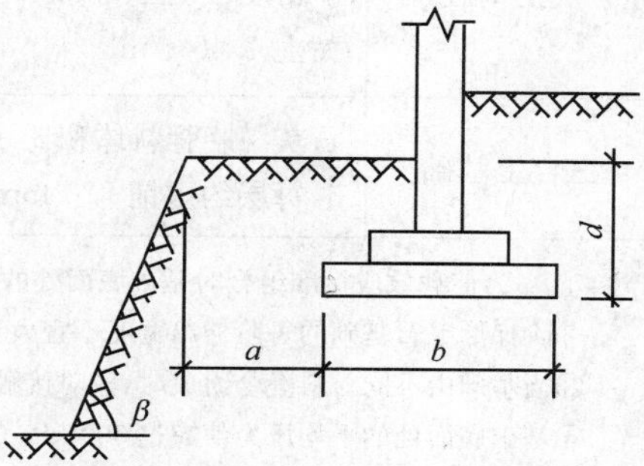

$$\text{条形基础:}a\geqslant 3.5b-\frac{d}{\tan\beta} \tag{5-16}$$

$$\text{矩形基础:}a\geqslant 2.5b-\frac{d}{\tan\beta} \tag{5-17}$$

图 5-10　基础底面外边缘线至坡顶的水平距离示意图

式中:a 为基础底面外边缘线至坡顶的水平距离,m;b 为垂直于坡顶边缘线的基础底面边长,m;β 为边坡坡角,(°)。

当基础底面外边缘线至坡顶的水平距离不能满足式(5-15)的要求时,可根据基底平均压力,按圆弧滑动法进行土坡稳定分析计算,以确定基础距坡顶边缘的距离和基础埋深。

当边坡坡脚大于 45°,坡高大于 8 m 时(即边坡本身不稳定),应按边坡稳定分析中的圆弧滑动法验算坡体的稳定性。

第五节　刚性基础的设计计算

刚性基础(无筋扩展基础)是建筑物最基本的基础形式,通常用脆性材料(砖、砌石、素混凝土、灰土、三合土等)砌筑而成,一般用于 6 层或 6 层以下(三合土基础不宜超过 4 层)的民用建筑和墙体承重的轻型厂房。刚性基础的抗压性能较好,但是由于脆性材料不能承受很大的拉应力,所以抗弯能力差。为此,设计时必须保证发生在基础内的拉应力不会超过基础材料的抗拉强度,这一设计要求是通过对基本构造的限制来实现的。要求基础的每个台阶的宽度与其高度之比(可用图 5-11 中角度 α 的正切 $\tan\alpha$ 表示)都不得超过表 5-6

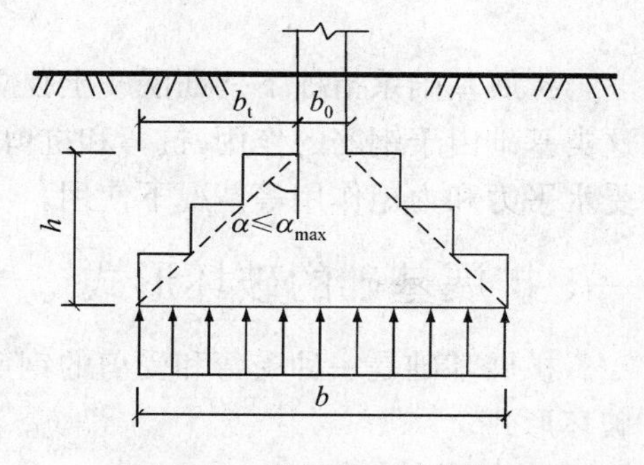

图 5-11　刚性基础示意图

所列的台阶宽高比的允许值，也即要求角度 α 不得超过刚性角 α_{max}。

表 5-6 刚性基础台阶宽高比的允许值

基础材料	质量要求	台阶宽高比的允许值 $\tan\alpha_{max}$		
		$p_k \leqslant 100$	$100 < p_k \leqslant 200$	$200 < p_k \leqslant 300$
混凝土基础	C15 混凝土	1∶1.00	1∶1.00	1∶1.25
毛石混凝土基础	C15 混凝土	1∶1.00	1∶1.25	1∶1.50
砖基础	砖不低于 MU10，砂浆不低于 M5	1∶1.50	1∶1.50	1∶1.50
毛石基础	砂浆不低于 M5	1∶1.25	1∶1.50	—
灰土基础	体积比为 3∶7 或 2∶8 的灰土，其最小干密度：粉土、粉质黏土 1.55 t/m^3，黏土 1.45 t/m^3	1∶1.25	1∶1.50	—
三合土基础	石灰∶砂∶骨料体积比 1∶2∶4～1∶3∶6，每层约虚铺 220 mm，夯至 150 mm	1∶1.50	1∶2.00	—

注：①p_k 为荷载效应标准组合时基础底面处的平均值，kPa；
②阶梯形毛石基础的每阶伸出宽度不宜大于 200 mm；
③当基础由不同材料叠合组成时，应对接触部分作抗压验算；
④基础底面处的平均压力值超过 300 kPa 的混凝土基础，尚应进行抗剪验算。

设计刚性基础时，根据持力层承载力的要求初步确定基础底面宽度后，需按刚性角的要求，确定基础的高度，如图 5-11 所示。若令上部结构的宽度为 b_0，基础的高度为 h，则基础两侧的外伸宽度为 $b_t=(b-b_0)/2$，按刚性角的要求，应有

$$\frac{b_t}{h} \leqslant \tan\alpha_{max} \tag{5-18}$$

所以，基础的高度 h 应满足

$$h \geqslant \frac{b_t}{\tan\alpha_{max}} \geqslant \frac{b-b_0}{2\tan\alpha_{max}} \tag{5-19}$$

第六节 扩展基础的设计计算

扩展基础系指柱下钢筋混凝土独立基础和墙下钢筋混凝土条形基础。与刚性基础相比，这类基础由于钢筋的作用，抗弯和抗剪性能良好，可在竖向荷载较大、地基承载力不高以及承受水平力和力矩作用等情况下使用。

一、扩展基础的破坏形式

扩展基础是一种受弯和受剪的钢筋混凝土构件，在荷载作用下，可能发生如下 2 种主要的破坏形式。

(一) 冲切破坏

钢筋混凝土力学研究表明，构件在弯、剪荷载共同作用下，主要的破坏形式是在弯、剪区域

出现斜裂缝，随着荷载增加，裂缝向上扩展，未开裂部分的正应力和剪应力迅速增加。当正应力和剪应力组合后的主应力出现拉应力，且大于混凝土的抗拉强度时，斜裂缝被拉断，出现斜拉破坏，在扩展基础上也称冲切破坏，见图 5-12(a)。一般情况下，冲切破坏控制扩展基础的高度。

(二) 弯曲破坏

基底反力在基础截面产生弯矩，过大弯矩将引起基础弯曲破坏。这种破坏沿着墙边、柱边或台阶边发生，裂缝平行于墙或柱边，见图 5-12(b)。为了防止这种破坏，要求基础各竖直截面上由于基底反力产生的弯矩小于或等于该截面的抗弯强度，设计时根据这个条件，决定基础的配筋。

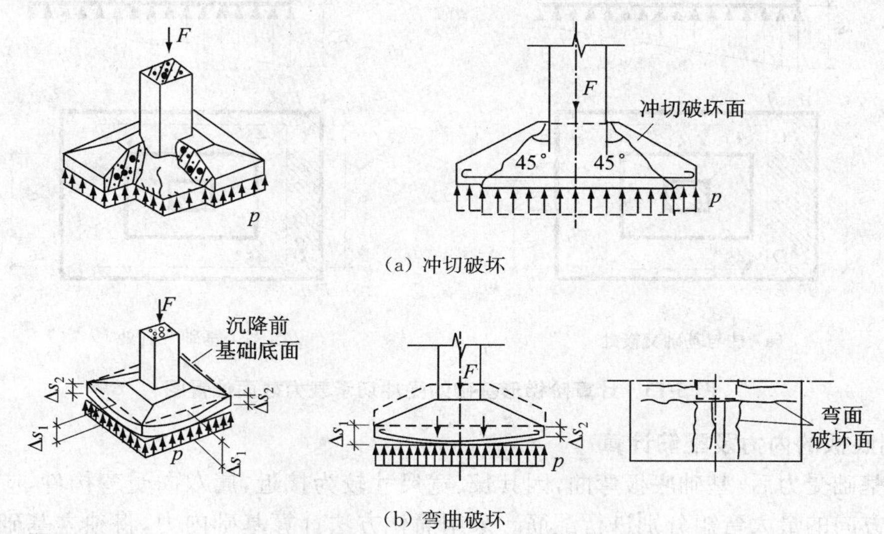

图 5-12　扩展基础的破坏形式

二、柱下钢筋混凝土独立基础的设计计算

限于篇幅，柱下钢筋混凝土独立基础和墙下钢筋混凝土条形基础的构造设计知识本教材不再叙述，设计时可参照《建筑地基基础设计规范》(GB 50007—2011)及其他行业设计规范进行。

(一) 柱与基础交接处以及基础变阶处的抗冲切验算

为保证基础不发生冲切破坏，在基础冲切角锥体外，由地基反力产生的冲切荷载 F_l 应小于基础冲切面上的抗冲切强度，见图 5-13。对矩形截面柱的矩形基础，在柱与基础交接处以及基础变阶处的抗冲切承载力应按下式验算：

$$F_l \leqslant 0.7\beta_h f_t b_m h_0 \tag{5-20}$$

$$F_l = p_j A_l \tag{5-21}$$

式中：F_l 为冲切荷载大小，kPa；β_h 为截面高度影响系数，当 $h \leqslant 800$ mm 时，β_h 取 1.0，当 $h \geqslant$ 2 000 mm时，β_h 取 0.9，其间按线性内插法取用；b_m 为冲切破坏锥体斜截面的上边长与下边长的平均值，m，$b_m=(b_t+b_b)/2$；b_t 为冲切破坏锥体斜截面的上边长，m，当计算柱与基础交接处的冲切强度时，取柱宽，当计算基础变阶处的冲切强度时，取上阶宽；b_b 为冲切破坏锥体斜截面的下边长，m，$b_b=b_t+2h_0$；h_0 为基础冲切破坏锥体的有效高度，m；A_l 为考虑冲切荷载时取用的多边形面积（图 5-13 中的阴影面积 ABCDEF），m^2；p_j 为在荷载作用下基础底面单位面积上的地基土的净反力（扣除基础自重及其上覆土中之反力），若为偏心荷载时可取单位面积上的最大净反力，kPa；f_t 为混凝土的抗拉强度设计值，kPa。

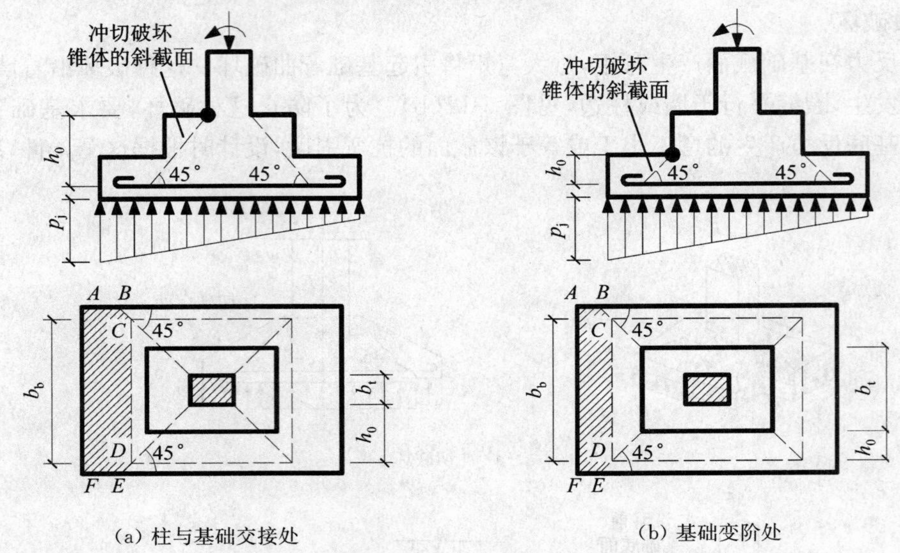

图 5-13 计算阶梯形基础的受冲切承载力截面位置图

(二) 基础底板的内力及配筋计算

柱下基础受力后，基础底板弯曲，因其长、宽尺寸较为接近，属双向受弯构件，应计算基础底板 2 个方向的最大弯矩分别进行配筋。采用简化方法计算基础内力，将独立基础的底板视为固定在柱子周边的悬臂板，近似地将地基净反力按对角线划分，沿基础长宽 2 个方向的弯矩，等于梯形基底面积上地基净反力所产生的弯矩，如图 5-14 所示。

1. 任意截面的弯矩计算

矩形基础在中心或偏心荷载作用下，当基础台阶的宽高比 $\tan\alpha\leqslant2.5$ 且偏心距 $e\leqslant a/6$ 时，底板任意截面Ⅰ-Ⅰ和Ⅱ-Ⅱ（图 5-14）的弯矩可按下式计算：

中心受压：$M_{\mathrm{I}}=\dfrac{1}{6}s^2(2b+b')p_j$

$$M_{\mathrm{II}}=\frac{1}{24}(b-b')^2(2a+a')p_j \tag{5-22}$$

偏心受压：$M_{\mathrm{I}}=\dfrac{1}{12}s^2(2b+b')(p_{jmax}+p_{j\mathrm{I}})$

$$M_{\mathrm{II}}=\frac{1}{48}(b-b')^2(2a+a')(p_{jmax}+p_{jmin}) \tag{5-23}$$

式中：M_{I}，M_{II} 分别为任意截面Ⅰ-Ⅰ，Ⅱ-Ⅱ处的弯矩，kN·m；p_{jmax}，p_{jmin} 分别为基础底面边缘的最大和最小净反力（不包括基础自重和基础上的土重），kPa；p_j 为中心受压基础基底平均净反力，kPa；$p_{j\mathrm{I}}$ 为任意截面Ⅰ-Ⅰ处基础底面的净反力，kPa；s 为任意截面Ⅰ-Ⅰ至基底边缘最大净反力处的距离，中心受压时为Ⅰ-Ⅰ截面至近端基础边缘之距离，m；a，b 分别为基础底面的长边和短边，m；a'，b' 为宽度值，m，具体见图 5-14。

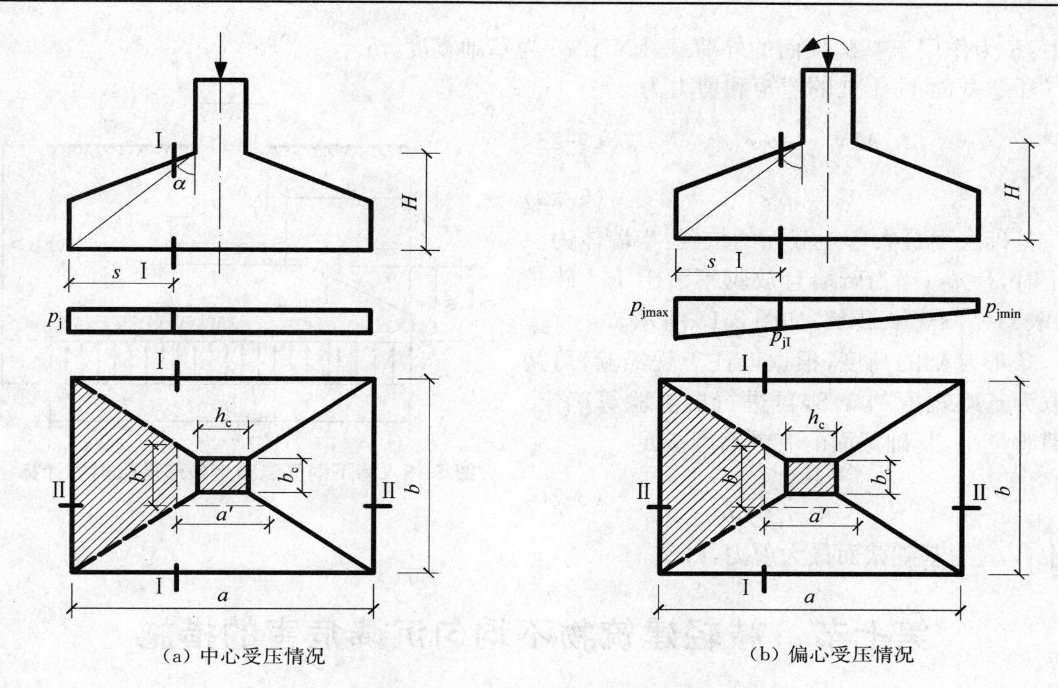

(a) 中心受压情况　　(b) 偏心受压情况

图 5-14　矩形基础底板的计算图式

2. 底面最大弯矩计算

由图 5-14 可知，最大弯矩作用面在柱边缘处，若柱子的长短边分别为 h_c 和 b_c，此时，$a'=h_c$，$b'=b_c$、$s=(a-h_c)/2$，将上述关系代入式(5-22)和式(5-23)，即得基础底面 2 个方向的最大弯矩为：

中心受压：$M_{\text{Imax}}=\dfrac{1}{24}(a-h_c)(2b+b_c)p_j$

$$M_{\text{IImax}}=\frac{1}{24}(b-b_c)^2(2a+h_c)p_j \tag{5-24}$$

偏心受压：$M_{\text{Imax}}=\dfrac{1}{48}(a-h_c)^2(2b+b_c)(p_{\text{jmax}}+p_{\text{jI}})$

$$M_{\text{IImax}}=\frac{1}{48}(b-b_c)^2(2a+h_c)(p_{\text{jmax}}+p_{\text{jmin}}) \tag{5-25}$$

3. 底板配筋计算

根据得到的 2 个方向的最大弯矩，计算所需的钢筋面积 A_s：

$$A_s=\frac{M_{\max}}{0.9h_0f_y} \tag{5-26}$$

式中：$M_{\max}$ 为基础底面的最大弯矩，kN·m，可按式(5-24)和式(5-25)计算得到；f_y 为钢筋的抗拉强度值，kPa；h_0 为基础有效高度，m。

三、墙下钢筋混凝土条形基础的设计计算

以中心荷载为例，来分析基础底板的内力计算，如图 5-15 所示。对于条形基础，沿基础长度方向取单位长度($l=1$ m)，地基土净反力为

$$p_j=\frac{F}{b} \tag{5-27}$$

式中：F 为作用于基础顶面的外荷载，kN/m；b 为基础宽度，m。

任意截面Ⅰ-Ⅰ处的弯矩和剪力为

$$M=\frac{1}{2}p_j s^2 \tag{5-28}$$

$$V=p_j s \tag{5-29}$$

基础底面最大弯矩截面的位置：当墙体为混凝土时，$s=b_1$；当为砖墙且放脚不大于 1/4 砖长时，取 $s=b_1+1/4$ 砖长，如图 5-15 所示。

条形基础的高度，根据以往工程经验，可初步取为基础宽度的 1/8，再进行抗剪验算确定。抗剪验算中，基础截面的有效高度满足

$$h_0 \geqslant \frac{V_{max}}{0.7\beta_h f_t b} \tag{5-30}$$

式中：V_{max} 为基础截面最大剪力，kPa。

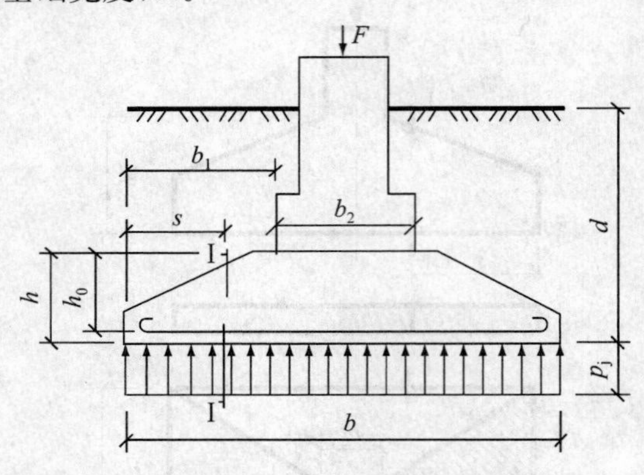

图 5-15　墙下钢筋混凝土条形基础内力计算

第七节　减轻建筑物不均匀沉降危害的措施

由于地基不均匀或上部结构荷重差异较大等原因，都会使建筑物产生不均匀沉降。当不均匀沉降超过容许限度，将会使建筑物开裂、损坏，甚至带来严重的危害。图 5-16 给出了由于不同原因引发地基不均匀沉降造成上部结构砖墙开裂的工程例子。

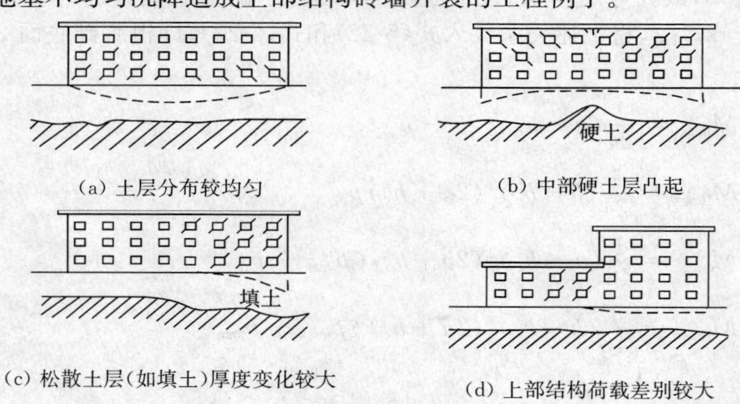

(a) 土层分布较均匀　(b) 中部硬土层凸起　(c) 松散土层（如填土）厚度变化较大　(d) 上部结构荷载差别较大

图 5-16　不均匀沉降引起砖墙开裂

采取必要的技术措施，避免或减轻不均匀沉降危害，一直是建筑设计中的重要课题。由于建筑物上部结构、基础和地基是相互影响和共同作用的，因此在设计工作中应尽可能采取综合技术措施，才能取得较好的效果。

一、建筑设计措施

（一）建筑物的体型应力求简单

建筑物的体型系指建筑物平面或立面上的轮廓形状。体型复杂往往是削弱建筑物整体刚度和加剧不均匀沉降的重要因素。如平面为“L”“T”“I”字形的建筑物，在纵横单元交叉处，基

础密集,地基应力重叠,沉降会大于其他部位。又如立面高差悬殊,或上部荷载有突变的建筑物,也会由于地基应力不匀而造成在建筑物高低连接处或荷载变化处产生较大的沉降差,导致建筑物墙体开裂或损坏。所以,在满足使用要求的前提下,应尽量采用简单的建筑体型,以减少建筑物的不均匀沉降值。

(二) 控制建筑物的长高比

建筑物的长高比是决定结构整体刚度的主要因素。过长的建筑物,纵墙将会因较大挠曲出现开裂,如图 5-17 所示。一般经验认为,2 层以上的砖承重房屋长高比不宜大于 2.5。对于体型简单、横墙间隔较小、荷载较小的房屋可适当放宽比值,但一般不大于 3.0。

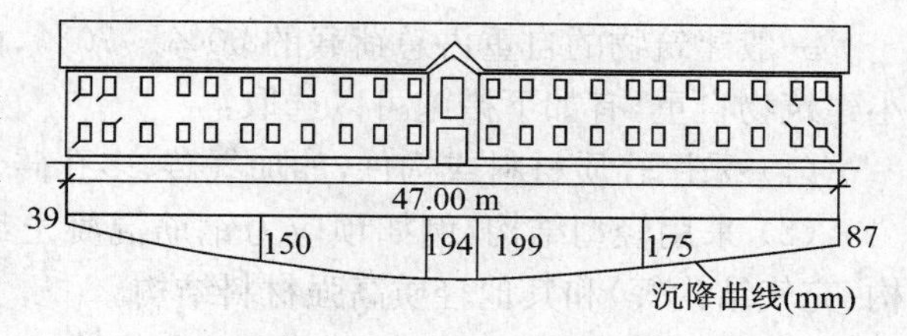

图 5-17　过长建筑物的开裂实例

(三) 合理布置纵横墙

地基不均匀沉降易产生于纵向挠曲上,因此,一方面要避免纵墙开洞、转折、中断而削弱纵墙刚度;另一方面应使纵墙尽可能与横墙连接,缩小横墙间距,以增加房屋整体刚度,提高调整不均匀沉降的能力。

(四) 合理安排相邻建筑物之间的距离

由于邻近建筑物或地面堆载作用,会使建筑物地基的附加应力增加而产生附加沉降。在软弱地基上,相邻建筑物愈近,这种附加沉降就愈大,进而可能使建筑物产生开裂或倾斜。

为减少相邻建筑物的影响,应使相邻建筑保持一定的间隔,在软弱的地基上建造相邻的新建筑时,其基础间净距可按表 5-7 采用。

表 5-7　相邻建筑基础间的净距

m

新建建筑的预估平均沉降量 s/mm	被影响建筑的长高比	
	$2.0 \leqslant L/H < 3.0$	$3.0 \leqslant L/H < 5.0$
70～150	2～3	3～6
160～250	3～6	6～9
260～400	6～9	9～12
>400	9～12	≥12

(五) 设置沉降缝

用沉降缝将建筑物分割成若干独立的沉降单元,这些单元体形简单,长高比小,整体刚度大,荷载变化小,地基相对均匀,自成沉降体系,因此可有效地避免不均匀沉降带来的危害。沉降缝的位置应选择在下列部位上:①建筑平面转折处;②建筑物高度或荷载差异处;③过长的砖石承重结构或钢筋混凝土框架结构的适当部位;④建筑结构或基础类型不同处;⑤地基土的压缩性有显著差异或地基基础处理方法不同处;⑥分期建造房屋交界处;⑦拟设置伸缩缝处。

(六) 控制与调整建筑物各部分标高

根据建筑物各部分可能产生的不均匀沉降,采取一些技术措施,控制与调整各部分标高,减轻不均匀沉降对使用上的影响:①适当提高室内地坪和地下设施的标高;②对结构或设备之间的联结部分，适当将沉降大者的标高提高；③在结构物与设备之间预留足够的净空；④有管道穿过建筑物时，预留足够尺寸的孔洞或采用柔性管道接头。

二、结构措施

（一）减轻建筑物的自重

一般建筑物的自重占总荷载的50%～70%，因此在软土地基上建筑建筑物时，应尽量减小建筑物自重，有如下措施可以选取：

（1）采用轻质材料或构件，如加气砖、多孔砖、空心楼板、轻质隔墙等。

（2）采用轻型结构，例如预应力钢筋混凝土结构、轻型钢结构、轻型空间结构（如悬索结构、充气结构等）和其他轻质高强材料结构。

（3）采用自重轻、覆土少的基础形式，例如空心基础、壳体基础、浅埋基础等。

（二）减小或调整基底的附加压力

设置地下室或半地下室，利用挖除的土重去补偿一部分，甚至全部建筑物的重量（补偿式基础），有效地减少基底的附加压力，起到均匀与减小沉降的目的。此外，也可通过调整建筑与设备荷载的部位以及改变基底的尺寸，来达到控制与调整基底压力、改变不均匀沉降量的目的。

（三）增强基础刚度

在软弱和不均匀的地基上采用整体刚度较大的交叉梁、筏形和箱形基础，提高基础的抗变形能力，以调整不均匀沉降。

（四）采用对不均匀沉降不敏感的结构

采用铰接排架、三铰拱等，对于地基发生不均匀沉降时不会引起过大附加应力的结构，可避免结构开裂等危害。

（五）设置圈梁

在建筑物的墙体内设置钢筋混凝土圈梁，其作用是增强建筑物的整体性，提高建筑物承受挠曲变形的能力，防止或减少裂缝的出现和扩展。

一般情况，2～3层的房屋，在基础面附近及顶层门窗顶处各设圈梁1道；多层房屋除上述2道外，中间各层隔层设置，必要时也可层层设置，位置在窗顶或楼板下面。对于单层的厂房及仓库，可结合基础梁、联系梁、过梁等酌情设置。当圈梁因墙体开洞而不得不中断时，可在洞口上方设置搭接圈梁以弥补连续性之不足。若窗洞过大且地基软弱，可在被削弱部位适当配筋和提高砂浆标号，或用钢筋混凝土边框加强。

三、施工措施

在软弱地基上进行工程建设，合理安排施工顺序，注意某些施工方法，也能收到减小或调整部分不均匀沉降的效果。

若拟建的相邻建筑物存在荷载差异，一般应按先重后轻的顺序进行施工，有时还需要在重建筑物竣工之后，间隔一段时间，再建造轻的相邻建筑。

为防止引起附加沉降，在已建成的轻型建筑物周围不宜大面积堆载，在进行井点降水及基坑开挖时应密切注意对相邻建筑物可能产生的不良影响。

在淤泥及淤泥质土上开挖基坑时，要尽可能不扰动土的原状结构，通常在坑底保留 20 cm

左右厚的原状土层，待基础施工时才挖除，如坑底土已被扰动，可用砂、碎石等换填处理。

习题五

1. 地基基础设计时的基本原则有哪些？
2. 天然地基上浅基础的设计有哪些步骤？
3. 浅基础有哪些结构类型？各适用于什么条件？
4. 确定基础的埋深时，需要考虑哪些主要因素？
5. 按刚性基础的受力条件，如何理解允许基础宽高比（刚性角）的作用？
6. 何谓扩展基础？与刚性基础相比有哪些优点？
7. 为减轻建筑物不均匀沉降的危害，可以采取哪些有效措施？
8. 如图 5-18 所示，条形基础底宽 $b=4.6$ m，埋深 $d=1.5$ m，基础顶面作用垂直荷载 $P_V=1\ 072.2$ kN/m，水平荷载 $P_H=215$ kN/m，垂直荷载 P_V 离基础底面中轴线的距离 $s=0.18$ m，持力层地基土为一般黏性土，天然重度 $\gamma=18$ kN/m³，液性指数 $I_L=0.85$，现场载荷试验确定的地基承载力特征值 $f_{ak}=260$ kPa。试问天然地基承载力是否满足设计要求？

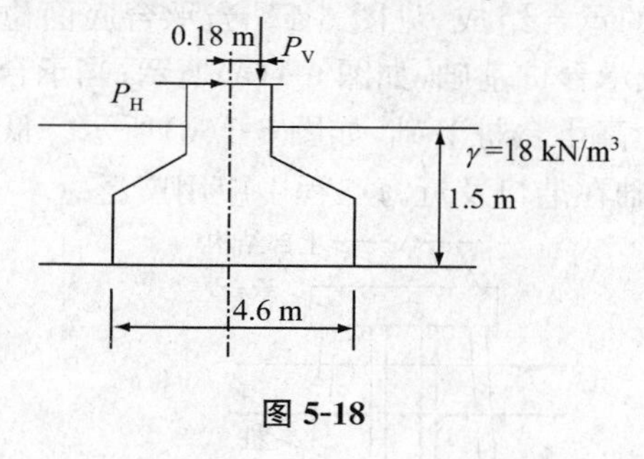

图 5-18

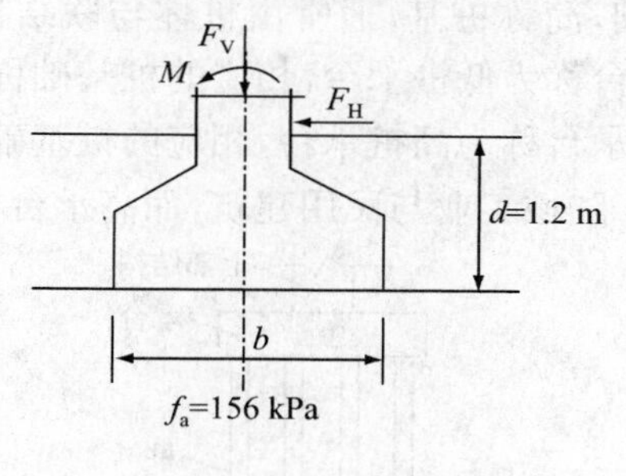

图 5-19

9. 某教学大楼系砌体承重结构，上部砖墙厚度 370 mm，作用在基础顶面的中心荷载 $F=225$ kN/m，基础型式拟采用 C10 级素混凝土刚性条形基础，埋深 $d=1$ m，地基持力层为均匀的黏土，修正后的地基承载力特征值 $f_a=134$ kPa。试根据持力层承载力和刚性角的要求确定基础底面宽度和基础高度，并绘制基础剖面图。

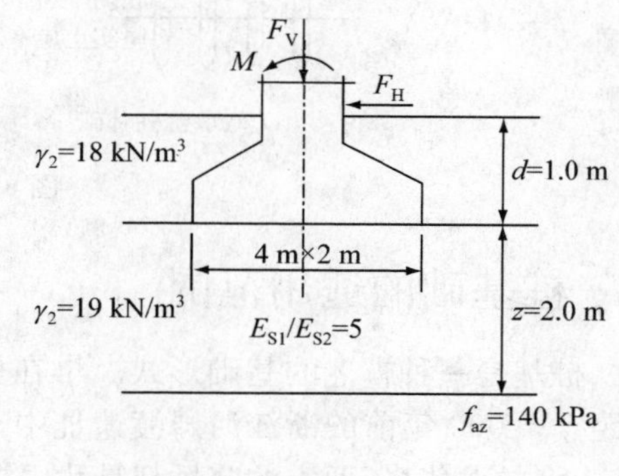

图 5-20

10. 如图 5-19 所示，某框架结构独立基础，上部结构作用在基础顶面的设计荷载为 $F_V=544$ kN，$M=112$ kN·m，$F_H=27$ kN，基础埋深 1.2 m，持力层经深度修正后的承载力特征值 $f_a=156$ kPa，试确定基础底面尺寸。
11. 如图 5-20 所示，柱下独立基础，上部荷载 $F_V=805$ kN，$F_H=15$ kN，$M=550$ kN·m，下卧层经深度修正后承载力 $f_{az}=140$ kPa，验算下卧层的承载力是否满足要求？

第六章　桩基础与深基础

第一节　概述

一、桩基础的概念

由于地基土形成的复杂性以及建筑物的多样性，在工程中常常会遇到天然地基土的承载能力或变形不能满足建筑物的要求或者不宜采用地基处理措施解决地基土承载力不足或变形过大的情况，这时通常需要考虑将地基深层坚实土层或岩层作为建筑物的地基持力层，即采用深基础方案。深基础方案就是通过增大基础埋深或采用某种传力结构将上部结构荷载直接作用于深部地基土，常用的深基础主要有桩基础、墩基础、沉井基础、地下连续墙等，其中以桩基础的历史最为悠久，应用最为广泛。

桩基础，简称桩基，通常由桩体与联结桩顶的承台组成，见图 6-1。当承台底面位于地面以下时，承台称为低桩承台，相应的桩基础称为低承台桩基础，如图 6-1(a)所示；当承台底面高于地面时，承台称为高桩承台，相应的桩基础称为高承台桩基础，如图 6-1(b)所示。低承台桩基础常用于陆域工业与民用建筑，而高承台桩基础在港口及近海工程中应用广泛。

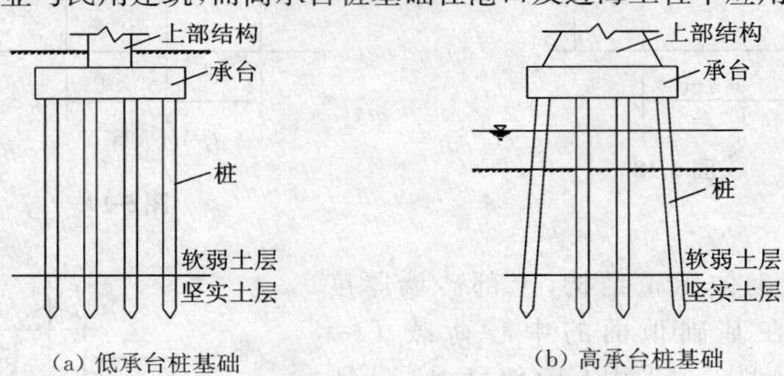

图 6-1　桩基础示意图

二、桩基础的适用范围

桩基是一种古老的基础形式。早在史前时期，人们为了穿越河谷和沼泽就使用了木桩。在距今 7 000 年前的浙江河姆渡遗址中，就显示出古人已经采用木桩支承房屋。北京的御河桥、上海的龙华塔、西安的灞桥都是我国古代使用木桩的例子。

近年来，桩的使用越来越广泛，桩的形式也大有发展。特别是 20 世纪 80 年代以来，我国的经济建设和土木工程建筑得到迅速发展，使得桩的技术也有很大进展。据不完全统计，近 20 年我国每年所使用的各种桩达数千万根。

虽然桩基础一般比天然地基的浅基础造价要高，但它可以大幅度提高地基承载力，减少沉降，还可以承载水平荷载和向上拉拔荷载，同时有较好的抗震(振)性能，应用很广泛。目前桩基础主要用于以下方面：

(1) 上部荷载很大，只有在较深处才有能满足承载力要求的持力层的情况；

(2) 为了减少基础的沉降或不均匀沉降，利用较少的桩将部分荷载传递到地基深处，从而减少基础沉降，按沉降控制设计，这种桩基础称为减沉桩基础或疏桩基础；

(3) 当设计基础底面比天然底面高或者基础底部的土可能被冲蚀，形成承台与地基土不接触的高承台桩基；

(4) 有很大的水平荷载情况，如风、浪、水平土压力、地震荷载和冲击力等荷载，可采用垂直桩、斜桩或叉桩承受水平荷载；

(5) 地下水位较高，加深基础埋深需要进行深基坑开挖和人工降水，这可能不经济或者对环境有不利影响，这时可考虑采用桩基础；

(6) 在水的浮力作用下，地下室或地下结构可能上浮，这时用桩抗浮承受上拔荷载；

(7) 在机器基础情况下，可用桩基础控制地基基础系统振幅、自振频率等；

(8) 用桩穿过湿陷性土、膨胀性土、人工填土、垃圾土和可液化土层，可保证建筑物的稳定。

除以上情况使用桩基础外，目前桩还广泛用于基坑的支挡结构，用桩作为锚固结构，用于滑坡治理的抗滑桩等。

三、桩基础的设计原则

《建筑桩基技术规范》(JGJ 94—2008) 规定，建筑桩基采用以概率理论为基础的极限状态设计法，并按极限状态设计表达式计算，桩基的极限状态可分为 2 类。

(1) 承载能力极限状态：对应于桩基达到最大承载能力导致整体失稳或发生不适用继续承载的变形。

(2) 正常使用极限状态：对应于桩基达到建筑物正常使用所规定的变形限值或达到耐久性要求的某项限值。

根据建筑规模、功能特征、对差异变形的适应性、场地地基和建筑物体形的复杂性以及由于桩基问题可能造成建筑破坏或影响正常使用的程度，应将桩基设计分为甲、乙、丙 3 个等级，具体如表 6-1 所示。

表 6-1　建筑桩基设计等级

设计等级	建筑类型
甲级	(1)重要的建筑 (2)30 层以上或高度超过 100 m 的高层建筑 (3)体型复杂且层数相差超过 10 层的高低层(含纯地下室)连体建筑 (4)20 层以上框架—核心筒结构及其他对差异沉降有特殊要求的建筑 (5)场地和地基条件复杂的 7 层以上的一般建筑及坡地、岸边建筑 (6)对相邻既有工程影响较大的建筑
乙级	除甲级、丙级以外的建筑
丙级	场地和地基条件简单、荷载分布均匀的 7 层及 7 层以下的一般建筑

桩基应根据具体条件分别进行下列承载能力计算和稳定性验算。①应根据桩基的使用功能和受力特征分别进行桩基的竖向承载力和水平承载力计算。②应对桩身和承台结构承载力

进行计算:对于桩侧土不排水抗剪强度小于10 kPa且长径比大于50的桩,应进行桩身压屈验算;对于混凝土预制桩,应按吊装、运输和锤击作用进行桩身承载力验算;对于钢管桩,应进行局部压屈验算。③当桩端平面以下存在软弱下卧层时,应进行软弱下卧层承载力验算。④对位于坡地、岸边的桩基,应进行整体稳定性验算。⑤对于抗浮、抗拔桩基,应进行基桩和群桩的抗拔承载力计算。⑥对于抗震设防区的桩基,应进行抗震承载力验算。

下列建筑桩基还应进行沉降计算:①设计等级为甲级的非嵌岩桩和非深厚坚硬持力层的建筑桩基;②设计等级为乙级的体型复杂、荷载分布显著不均匀或桩端平面以下存在软弱土层的建筑桩基;③软土地基多层建筑减沉复合疏桩基础。

对不允许出现裂缝或需限制裂缝宽度的混凝土桩身和承台还应进行抗裂或裂缝宽度验算。

桩基承载能力极限状态计算应采用作用效应的基本组合和地震作用效应组合。沉降验算应采用荷载的长期效应组合;水平变位、抗裂和裂缝宽度验算,应根据使用要求和裂缝控制等级分别采用作用效应短期效应组合或短期效应组合考虑长期荷载的影响。

对软土、湿陷性黄土、季节性冻土、膨胀土、岩溶地区以及坡地岸边上的桩基,抗震设防区桩基和可能出现负摩阻力的桩基,均应根据各自不同的特殊条件,遵循相应的设计原则。

四、桩基础的设计内容

根据《建筑桩基技术规范》(JGJ 94—2008)关于桩基设计原则的要求,桩基设计的基本内容包括:①选择桩的类型和几何尺寸;②确定单桩竖向(和水平向)承载力(特征值)设计值;③确定桩的数量、间距和布桩方式;④验算桩基的承载力和沉降;⑤桩身结构设计;⑥承台设计;⑦绘制桩基施工图。

桩基设计之前应收集的资料包括:建(构)筑物的结构与荷载特点以及有关技术要求、建筑场地的岩土工程勘察技术报告和场地施工条件等。设计时应考虑桩的设置方法及其影响。

第二节 桩的类型及特点

桩随着承台位置、桩体材料、施工方法、使用功能的不同而有不同的分类方法。

一、按施工方法分类

桩按施工方法的不同可分为预制桩和灌注桩。

(一) 预制桩

预制桩是指在预制厂或现场制作的未打入地基之前的桩。预制桩的材料除木桩、钢桩外,目前大量应用的是钢筋混凝土桩。钢筋混凝土预制桩分预应力桩和非预应力桩2种。预制桩成桩质量比较稳定而可靠,长度比较灵活,不受打桩设备能力的限制,且可以分段制作,然后在打桩过程中用法兰盘接桩。预制桩的断面形式依桩身材料类别有很大的灵活性,主要以方形和圆形截面为主,如图6-2所示。

在港口与海洋工程中,由于水深大,自然条件恶劣,环境荷载复杂,一般采用制作方便的钢桩,施打容易,能穿过硬土层,特别是能承受较大的水平荷载。钢桩一般采用钢管桩,在工厂用钢板螺旋焊接而成,常用外径为500~1 200 mm,壁厚10~18 mm。钢管桩在上海洋山深水港工程、杭州湾跨海大桥工程等建设项目中得到了广泛应用。

(a) 预制台桩

(b) 预制管桩

(c) 钢管桩

(d) 海上施打钢管桩

图 6-2　预制桩现场图片

(二) 灌注桩

灌注桩是在施工现场桩位处先成桩孔，然后在孔内设置钢筋等加劲材料，灌注混凝土而形成的桩。灌注桩无须像预制桩那样的制作、运输及打桩过程，因而比较经济，但施工技术较复杂，成桩质量控制比较困难。图 6-3 给出了现场钻孔灌注桩的施工顺序示意图。

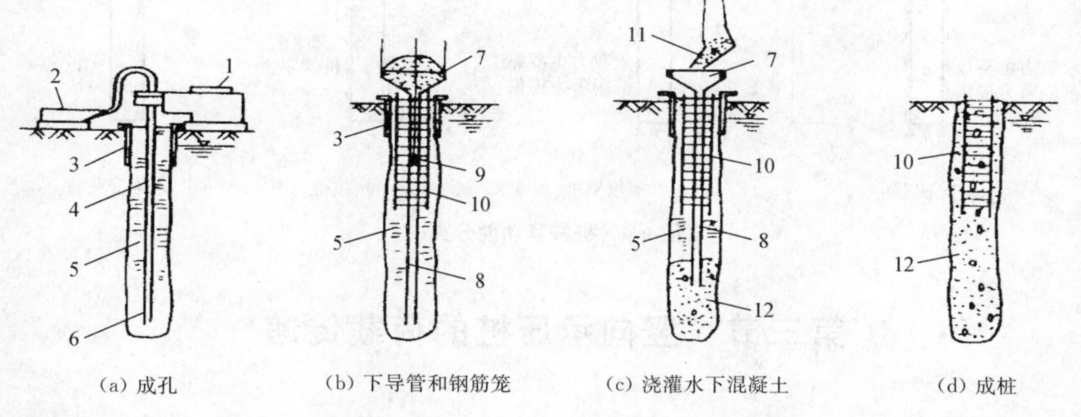

(a) 成孔　(b) 下导管和钢筋笼　(c) 浇灌水下混凝土　(d) 成桩

1—钻机；2—泥浆泵；3—护筒；4—钻杆；5—炉壁泥浆；6—钻头；7—漏斗；8—混凝土导管；9—导管塞；10—钢筋笼；11—进料斗；12—混凝土

图 6-3　现场钻孔灌注桩施工顺序

二、按使用功能分类

桩按使用功能可分竖向承压桩、抗拔桩、水平受荷桩等类型。

(一) 竖向承压桩

竖向承压桩是指主要承受桩顶竖向压力荷载的桩，其承载机理是通过桩身的侧壁摩阻力(桩侧阻力)和桩端的端承力(桩端阻力)将上部荷载传递到深层地基土中。承压桩在受力时，根据土体提供的桩侧阻力与桩端阻力的相对比例，又可分为摩擦型桩和端承型桩。

(1) 摩擦型桩。摩擦型桩上的竖向荷载完全或主要依靠桩侧摩阻力承担，这时分别称纯摩擦桩或端承摩擦桩，见图 6-4(a)。

(2) 端承型桩。端承型桩上的竖向荷载完全或主要依靠桩端阻力承担，这时分别称为端承桩或摩擦端承桩，见图 6-4(b)。

工程实践中，设在软土中的长桩，其端阻力可忽略不计，是典型的纯摩擦桩；一般桩端达到中等强度或坚硬土层中，这种桩常属于端承摩擦桩或摩擦端承桩；桩端进入稳定岩层，上部土层软弱或不稳定时，属于典型的端承桩。

(二) 抗拔桩

主要承受桩顶竖向上拔荷载的桩称为抗拔桩，见图 6-4(c)。竖向设置的抗拔桩，其抗拔力主要由土对桩向下的侧摩阻力来提供。抗拔桩在输电线塔、地下抗浮结构和码头结构物中有较多应用。

(三) 水平受荷桩

在桩顶或地面以上(高承台桩基)主要承受船舶力、波浪力、水流力、地震力等水平荷载的桩称为水平受荷桩，见图 6-4(d)。这种桩常用于港口码头的建设中，有时为了更有效地抵抗水平荷载作用，可设置斜桩或叉桩。

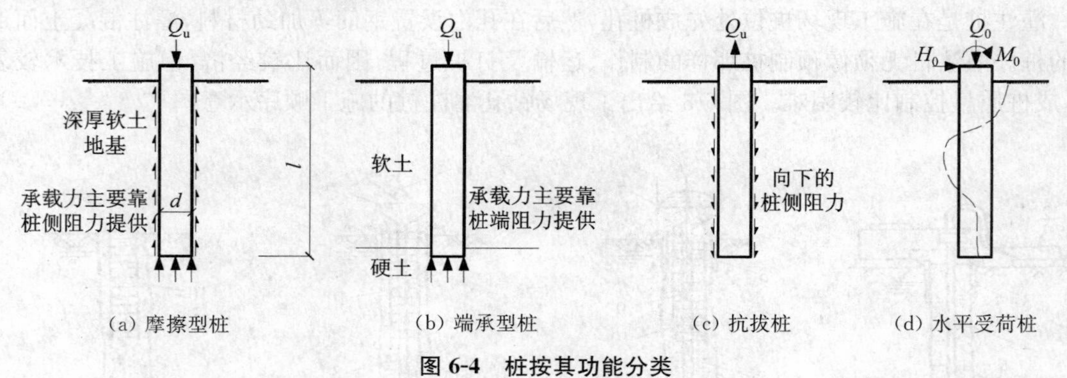

图 6-4　桩按其功能分类

第三节　竖向承压桩的荷载传递

一、桩侧阻力和桩端阻力的发挥过程

桩基础的作用是将荷载传递到下部土层，这种荷载传递是通过桩与桩周土间的相互作用进行的。作用于桩顶的竖向荷载由作用于桩侧的总摩阻力 Q_s 和作用于桩端的端阻力 Q_p 共

同承担，见图 6-5，可表示为

$$Q = Q_s + Q_p \tag{6-1}$$

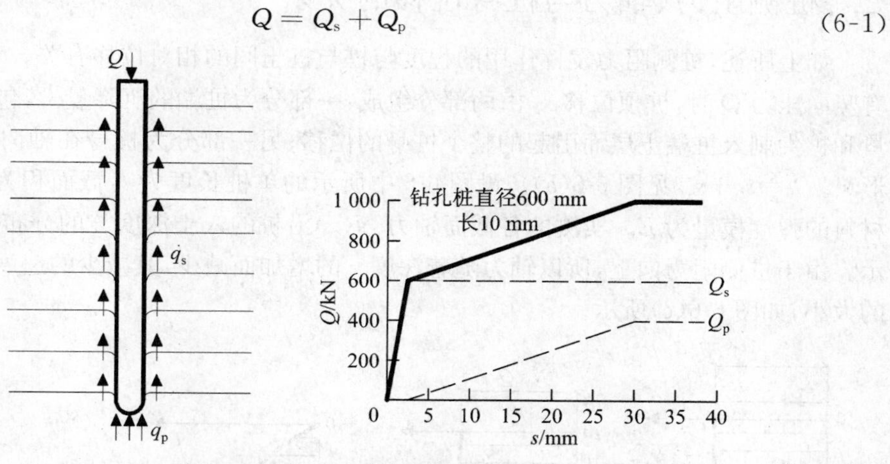

图 6-5　桩的侧阻力与端阻力

桩侧阻力与桩端阻力的发挥过程就是桩土体系荷载的传递过程。桩顶受竖向压力后，桩身压缩并向下位移，桩侧表面与土间发生相对运动，桩侧表面开始受土的向上摩擦阻力，荷载通过侧阻力向桩周土中传递，就使桩身的轴力与桩身压缩变形量随深度递减。随着荷载增加，桩身下部的侧阻力也逐渐发挥作用，当荷载增加到一定值时，桩端才开始发生竖向位移，桩端的反力也开始发挥作用，所以，靠近桩身上部土层的侧阻力比下部土层的侧阻力先发挥作用，侧阻力先于端阻力发挥作用。研究表明，侧阻力与端阻力发挥作用所需要的位移量也是不同的。大量的常规直径桩的测试结果表明，侧阻力发挥作用所需的相对位移一般不超过20 mm。对于大直径桩，一般在位移量 $s=(3\%\sim6\%)d$ 的情况下，侧阻力也已发挥大部分的作用。但是端阻力发挥作用的情况比较复杂，与桩端土的类型与性质及桩长度、桩径、成桩工艺和施工质量等因素有关。

对于岩层和硬的土层，只需很小的桩端位移就可充分使其端阻力发挥作用；对于一般土层，完全发挥端阻力作用所需位移量则可能很大。以桩端持力层为细粒土的情况为例，要充分发挥端阻力作用，打入桩 s_p/d 约为 10%，钻孔桩 s_p/d 为 20%～30%，其中 s_p 为桩端的沉降量。

这样，对于一般桩基础，在工作荷载作用下，侧阻力可能已发挥出大部分作用，而端阻力只发挥了很小一部分作用。只有对支承于坚硬岩基上的刚性短桩，由于桩端无法下沉，而桩身压缩量很小，摩擦阻力无法发挥作用，端阻力才先于侧阻力发挥作用。

综上所述，可归纳为如下几点：

(1) 在荷载增加的过程中，桩身上部的侧阻力先于下部的侧阻力发挥作用；

(2) 一般情况下，侧阻力先于端阻力发挥作用；

(3) 在工作荷载下，对于一般摩擦型桩，侧阻力发挥作用的比例明显高于端阻力发挥作用的比例；

(4) 对于 l/d(桩长/桩径)较大的桩，即使桩端持力层为岩层或坚硬土层，由于桩身本身的压缩，在工作荷载下桩端阻力也很难发挥，当 $l/d\geqslant100$ 时，端阻力基本可以忽略而成为摩擦桩。

二、桩侧阻力、轴力与桩身位移的关系

如上所述，桩侧阻力发挥作用的程度与桩与桩土间的相对位移有关。对于摩擦桩，当桩顶有竖向压力 Q 时，桩顶位移 s_0 由两部分组成：一部分为桩端的沉降量 s_p，包括桩端土体的压缩量和桩尖刺入桩端土层而引起的整个桩身的位移；另一部分为桩身在轴向力作用下的压缩变形 s_s。$s_0=s_p+s_s$，见图 6-6(a)。设图 6-6 中所示的单桩长度为 l，截面积为 A，周长为 u，桩身材料的弹性模量为 E。实测的各截面轴力 $N(z)$沿桩的入土深度 z 的分布曲线如图 6-6(b)所示。由于桩侧阻力向上，所以轴力随着深度 z 的增加而减少，其减少的速度反映了单位侧阻 q_s 的大小，如图 6-6(c)所示。

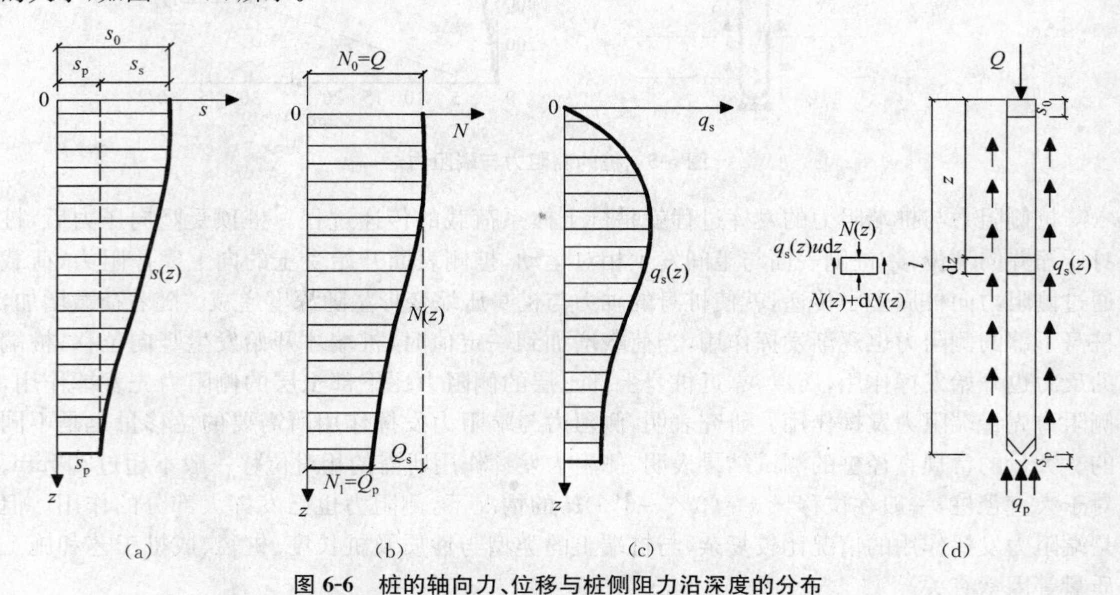

图 6-6　桩的轴向力、位移与桩侧阻力沿深度的分布

(一) 桩荷载传递的基本微分方程

图 6-6(d)中，在深度 z 处取桩的微分段 $\mathrm{d}z$，根据微分段的竖向力的静力平衡条件可得(忽略桩的自重)

$$[N(z)+\mathrm{d}N(z)+q_s(z)u\mathrm{d}z]-N(z)=0 \tag{6-2}$$

整理式(6-2)，可得

$$q_s(z)=-\frac{1}{u}\frac{\mathrm{d}N(z)}{\mathrm{d}z} \tag{6-3}$$

式中：$N(z)$为桩身轴力随深度的分布，kN；$q_s(z)$为桩侧阻力随深度的分布，kPa。

任意深度 z 处，由于桩土间相对位移 s 所发挥的单位侧阻力 q_s 的大小与桩在该处的轴力 N 的变化率成正比，式(6-3)被称为桩荷载传递的基本微分方程。

微桩段 $\mathrm{d}z$ 的轴向压缩变形 $\mathrm{d}s(z)$与 $N(z)$的关系可按材料力学方法确定：

$$N(z)=-EA\frac{\mathrm{d}s(z)}{\mathrm{d}z} \tag{6-4}$$

式中：$s(z)$为桩身各截面竖向位移随深度的分布，m。

将式(6-4)代入式(6-3)，可得

$$q_s(z)=\frac{EA}{u}\frac{d^2s(z)}{dz^2} \tag{6-5}$$

(二) 桩荷载传递的积分方程

根据式(6-3)，如已知 $q_s(z)$，则对式(6-3)积分后可得出桩身轴力的分布：

$$N(z)=Q-\int_0^z uq_s(z)dz$$

$$\text{当 } z=0, N(0)=Q$$

$$\text{当 } z=l, N(l)=Q_p \tag{6-6}$$

根据式(6-4)，如已知 $N(z)$，则对式(6-4)积分后可得出桩身位移的分布：

$$s(z)=s_0-\frac{1}{EA}\int_0^z N(z)dz$$

$$\text{当 } z=0, s(0)=s_0$$

$$\text{当 } z=l, s(l)=s_p \tag{6-7}$$

(三) 方程的工程应用

利用上述微分或积分方程，可对桩的受力和变形进行分析计算。工程上还利用上述方程，通过位移计测得桩身沉降分布 $s(z)$，求出桩身轴力分布以及桩侧阻力分布；或直接以压力盒量测桩身轴力分布 $N(z)$，按上述关系研究桩侧与桩端阻力分布及发展情况。

第四节　单桩竖向极限承载力的确定

单桩竖向极限承载力是指在竖向荷载作用下到达破坏状态前或出现不适于继续承载的变形所对应的最大荷载。

单桩竖向极限承载力主要取决于两方面：一是土对桩的支承能力；二是桩身的材料强度。一般情况下，桩的承载力由土的支承能力所控制，桩材料强度往往不能充分发挥。只有对端承桩、超长桩和桩身质量有缺陷的桩，桩身材料强度才起控制作用。此外，当桩的入土深度较大、桩周土质较弱、桩端沉降量较大，对于高层建筑或对沉降有特殊要求时，还应按上部结构对沉降的要求来确定单桩竖向极限承载力。

确定单桩竖向极限承载力的方法有现场试验法、经验参数法、理论分析法等。

一、现场试验法

在现场试验法中，静载荷试验、静力触探试验、标准贯入试验是比较常用的方法。

(一) 单桩竖向静载荷试验

单桩竖向静载荷试验既可在施工前进行，用以测定单桩的承载力；也可对施工后的工程桩进行检测。这种试验是在施工现场，按照设计施工条件就地成桩，试验桩的材料、长度、断面以及施工方法均与实际工程桩一致。它适用各种情况下对于单桩承载力的确定，尤其是重要建筑物或者地质条件复杂、桩的施工质量可靠性低及不易准确地用其他方法确定单桩竖向承载力的情况。根据规范要求，在同一条件下的试桩数量，不宜少于总桩数的1%，并且不应少于3根。

图6-7为工程中常用的2种单桩竖向静载荷试验的装置图。千斤顶向下加载必须有足够的反力，可以用图6-7(a)中所示的锚桩；当桩的侧阻力所占比例较小时，锚桩不能提供足够的

反力，也可在千斤顶上架设平台堆载提供反力，如图 6-7(b)所示。试验时，在桩顶用千斤顶逐级加载，记录变形稳定时每级荷载下的桩顶位移量 s，当达到试验终止条件时，试验可终止。由试验结果绘制荷载—沉降关系曲线（Q-s 曲线）和每级荷载作用下桩顶沉降随时间变化曲线（s-t 或 s-lg t 曲线），如图 6-8 所示。

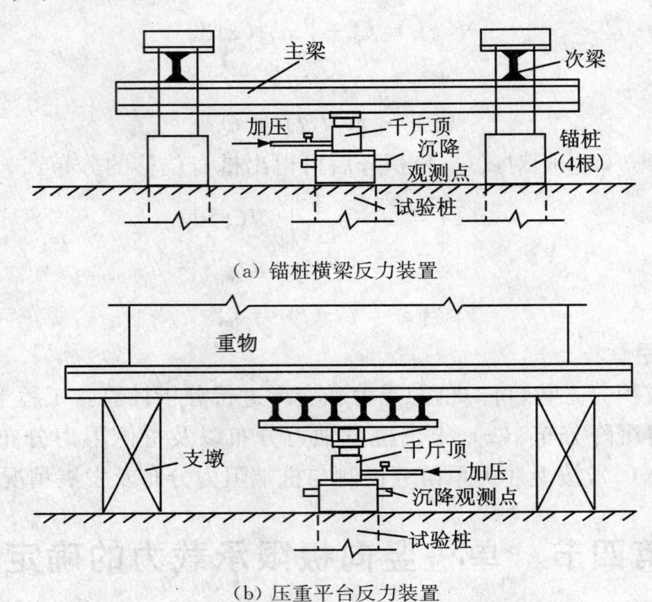

图 6-7 单桩静载荷试验的加荷装置

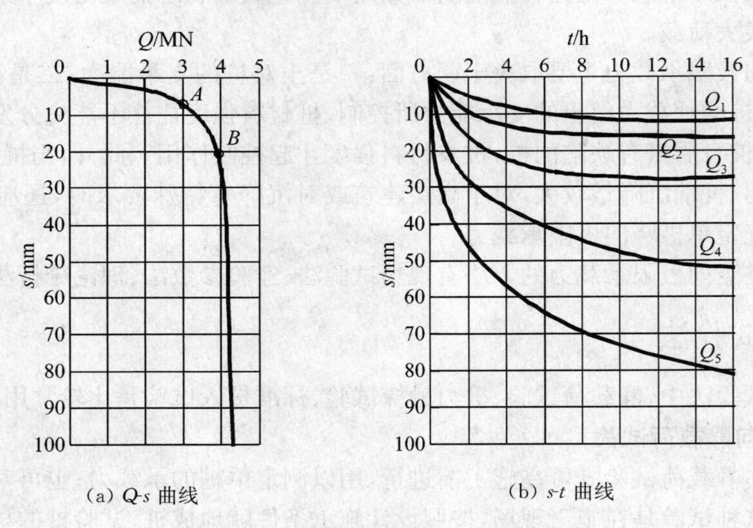

图 6-8 桩的静载荷试验曲线

根据测得的曲线可按下列方法确定单桩的竖向极限承载力。

(1) 根据沉降随荷载的变化特征确定极限承载力：对于陡降型 Q-s 曲线，取相应陡降段的起点的荷载值，如图 6-8(a)中曲线的 B 点。

(2) 根据沉降量确定极限承载力：对于缓变型曲线，一般可取 s＝40～60 mm 对应的荷载；对于大直径桩，可取 s＝(0.03～0.06)D(D 为桩端直径，大桩径取低值，小桩径取高值）所对应的荷载；对于细长桩（$l/d>80$），可取 $s=60\sim80$ mm 对应的荷载。

（3）根据沉降随时间的变化特征确定极限承载力：取 s-$\lg t$ 曲线尾部出现明显向下弯曲的前一级荷载值。

（二）静力触探试验

当根据双桥探头静力触探试验资料确定混凝土预制桩单桩竖向极限承载力标准值时，对于黏性土、粉土和砂土，如无当地经验可计算为：

$$Q_{uk}=u\sum\beta_i\cdot f_{si}\cdot l_i+\alpha\cdot q_c\cdot A_p \tag{6-8}$$

式中：Q_{uk}为单桩竖向极限承载力标准值，kN；u 为桩身周长，m；A_p 为桩端面积，m^2；l_i 为桩穿越第 i 层土的厚度，m；f_{si}为第 i 层土的探头平均侧阻力，kPa；q_c 为桩端平面上、下探头阻力，kPa，取桩端平面以上 $4d$（d 为桩的直径或边长）范围内按土层厚度的探头阻力加权平均值，然后再和桩端平面以下 d 范围内的探头阻力进行平均；α 为桩端阻力修正系数，对黏性土、粉土取 2/3，饱和砂土取 1/2；β_i 为第 i 层土桩侧阻力综合修正系数，黏性土、粉土 $\beta_i=10.04(f_{si})^{-0.55}$，砂土 $\beta_i=5.05(f_{si})^{-0.45}$。

二、经验参数法

按经验参数法确定单桩竖向极限承载力是根据土的物理指标与承载力参数之间的经验关系来求其极限值。假定同一土层内桩侧阻力的分布是均匀的，其计算公式为

$$Q_{uk}=Q_{sk}+Q_{pk}=u\sum q_{sik}l_i+q_{pk}A_p \tag{6-9}$$

式中：Q_{uk}为单桩竖向极限承载力标准值，kN；Q_{sk}为桩侧总极限侧阻力标准值，kN；Q_{pk}为桩端总极限端阻力标准值，kN；u 为桩身周长，m；A_p 为桩端面积，m^2；l_i 为桩穿越第 i 层土的厚度，m；q_{sik}为第 i 层土桩的极限侧阻力标准值，kPa；q_{pk}为桩端土的极限端阻力标准值，kPa。

q_{sik}和 q_{pk}的经验值与土的类型、密实程度（砂土）、软硬程度（黏性土）及成桩方式有关，具体数值可参阅《建筑桩基技术规范》（JGJ 94—2008）、《港口工程桩基规范》（JTS 167—4—2012）等相关规范。选用时，应该注意不同的行业标准上取值方法可能略有不同，并且要考虑当地的地区经验。

三、理论分析法

理论分析法，就是将土体视为理想刚塑性材料，利用极限平衡理论计算桩侧的极限侧阻力 q_{su}和桩端的极限端阻力 q_{pu}。计算时需要预先由现场试验或室内试验确定土的抗剪强度指标。

（一）桩侧的极限侧阻力 q_{su}的计算

1. *α 法*

α 法亦称为总应力法，由汤姆利逊（Tomlinson）于 1971 年提出，适用于黏性土地基，该法按桩侧土的不排水抗剪强度 c_u 计算极限侧阻力，即

$$q_{su}=\alpha\cdot c_u \tag{6-10}$$

式中：c_u 为桩侧黏性土层的平均不排水抗剪强度，可采用无侧限压缩、三轴不排水剪切和原位十字板剪切试验、旁压试验等测定，kPa；α 为黏结力系数，与 c_u 及桩进入黏性土层深度 h_c 与桩径 d 之比（h_c/d）有关。可按图 6-9 或按表 6-2 取值，$\alpha=0.3\sim1.25$。

表 6-2　打入硬、极硬黏性土中桩的 α 值

编号	土质条件	h_c/d	α
①	为砂或砂粒覆盖	≤20	1.25
		>20	图 6-9
②	为软黏性土或粉砂覆盖	$8<h_c/d\leq 20$	0.4
		>20	图 6-9
③	无覆盖	$8<h_c/d\leq 20$	0.4
		>20	图 6-9

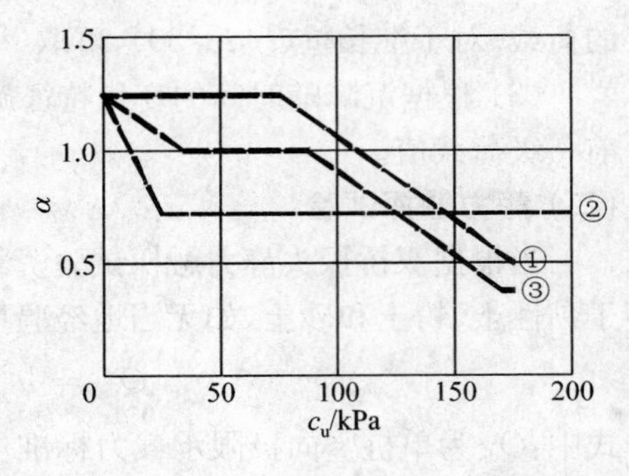

图 6-9　α 与 c_u 的关系

2. β 法

β 法亦称为有效应力法，由钱德勒(Chandler)于 1968 年提出，适用于黏性土及砂土地基，其计算式为

$$q_{su}=K_0\sigma'_v\tan\delta \tag{6-11}$$

对于无黏性土和正常固结黏性土，$K_0=1-\sin\varphi'$，式(6-11)变为

$$q_{su}=(1-\sin\varphi')\tan\varphi'\sigma'_v=\beta\sigma'_v \tag{6-12}$$

式中：β 为系数，$\beta=(1-\sin\varphi')\tan\varphi'$，对正常固结黏土，若取 $\varphi'=15°\sim30°$，得 $\beta=0.2\sim0.3$，其平均值为 0.25，软黏土的桩试验得到 $\beta=0.25\sim0.4$，平均值为 0.32；K_0 为土的静止土压力系数；δ 为桩土间的外摩擦角，(°)，$\delta=\varphi'$；σ'_v 为桩侧土层的平均竖向有效应力；φ' 为桩侧土层的有效内摩擦角，(°)。

(二) 桩端的极限端阻力 q_{pu} 的计算

按土体的极限平衡理论计算极限端阻力时，根据假定的桩端土的破坏模式不同而有多种理论公式。图 6-10 为有代表性的太沙基理论(1943)、梅耶霍夫理论(1951)、别列赞采夫理论(1961)对应的桩端土滑动面示意图。上述理论所得的极限端阻力可用统一表达式给出：

$$q_{pu}=\xi_c cN_c+\xi_\gamma\gamma dN_\gamma+\xi_q\gamma_0 hN_q \tag{6-13}$$

式中：c 为桩端土滑动面厚度范围内的黏聚力，kPa；γ 为桩端土重度，水下取有效重度，kN/m³；γ_0 为桩端以上土的重度，水下取有效重度，kN/m³；d 为桩端底面直径或边长，m；h 为桩的入土深度，m；ξ_c,ξ_γ,ξ_q 分别为考虑非条形桩基承台因素的形状系数；N_c,N_γ,N_q 分别为考虑土的黏聚力 c，桩端土重度 γ，桩端以上超载 $q(q=\gamma_0 h)$ 对条形基础承载力贡献的承载力系数。

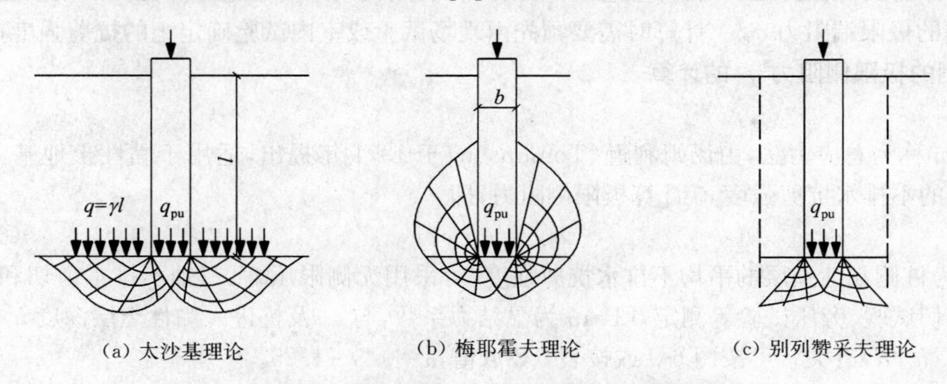

图 6-10　不同理论对应的桩端土滑动面示意图

对于式(6-13)，因 N_γ 与 N_q 差别不大，而桩入土深度 h 远大于桩径 d，实用上常略去 $\xi_\gamma \gamma d N_\gamma$，得

$$q_{pu} = \xi_c c N_c + \xi_q \gamma_0 h N_q \tag{6-14}$$

式中：ξ_c，ξ_q 可按表 6-3 查取。

承载力系数 N_c 与 N_q 之间有如下关系：

$$N_c = (N_q - 1) \cdot c \tan \varphi \tag{6-15}$$

N_q 依不同理论有很大差别，图 6-11 给出了对应图 6-10 不同理论的 N_q 值，供计算时查取。

表 6-3　形状系数 ξ_c，ξ_q

φ	ξ_c	ξ_q
＜22°	1.20	0.80
25°	1.21	0.79
30°	1.24	0.76
35°	1.32	0.68
40°	1.68	0.52

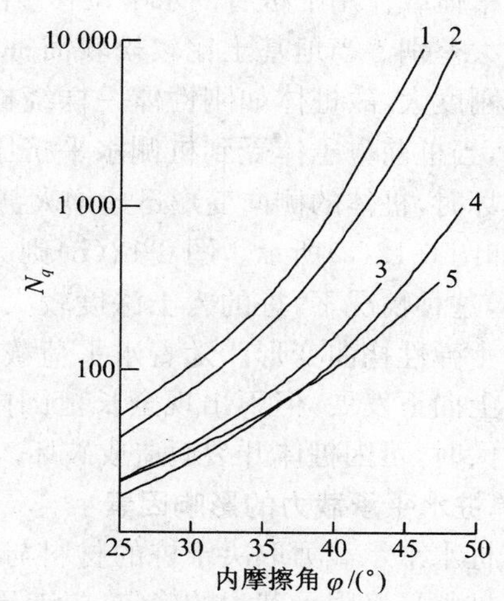

1—梅耶霍夫(打入桩)；2—梅耶霍夫(钻孔桩)；3—别列赞采夫；4—维斯卡；5—太沙基

图 6-11　不同理论中承载力系数 N_q 与土内摩擦角 φ 的关系

第五节　水平荷载作用下单桩的承载性能

对于港口与海洋工程建筑物，水平荷载是一项重要的设计荷载。例如，高桩码头桩基设计时，船舶力、波浪力、水流力、冰荷载、地震荷载等均以水平荷载形式作用于桩基上。分析桩在水平荷载作用下的性状及确定其承载力时，除需考虑桩的类型、荷载性质等因素外，还需要重点分析桩与桩侧地基土之间的相互作用。

一、桩在水平荷载作用下的工作性状

桩在水平荷载的作用下发生变位，会促使桩周土发生变形而产生抗力。当水平荷载较小时，这一抗力主要是由靠近地面部分的土提供的，土的变形也主要是弹性压缩变形。随着荷载加大，桩的变形也加大，表层土将逐步发生塑性屈服，从而使水平荷载向更深土层传递。当变形增大到桩所不能允许的程度，或者桩周土失去稳定时，就达到了桩的水平极限承载力。

(一) 刚性桩与弹性桩的分类

根据桩的入土深度、桩土相对刚度以及桩受力分析方法，水平受荷桩可分为长桩、中长桩

与短桩 3 种类型，见表 6-4。其中，短桩为刚性桩，长桩及中长桩属于弹性桩。

表 6-4 水平荷载下桩的分类

单桩分类	长桩	中长桩	短桩
m 法	$\alpha l \geqslant 4.0$	$2.5 < \alpha l < 4.0$	$\alpha l \leqslant 2.5$
张氏法	$\alpha l \geqslant 3.0$	$1.4 < \alpha l < 3.0$	$\alpha l \leqslant 1.4$
计算类型	弹性桩		刚性桩

水平荷载作用下桩身的水平位移按刚性桩与弹性桩考虑有很大差别。当地基土比较松软而桩长较小时，桩的相对抗弯刚度大，故桩体如刚性体一样绕桩体或土体中某一点转动，当桩前方土体受到桩侧水平挤压应力作用而达到屈服破坏时，桩体的侧向变形迅速增大甚至倾覆，失去承载能力，如图 6-12(a)所示。图 6-12(b)则为弹性桩的受力变形情况，这种情况下，桩的入土深度较大而桩周土比较硬，桩身产生弹性挠曲变形。随着水平荷载的增加，桩侧土的屈服由上向下发展，但不出现全长范围内的屈服。当水平位移过大时，可因桩体开裂而造成破坏。

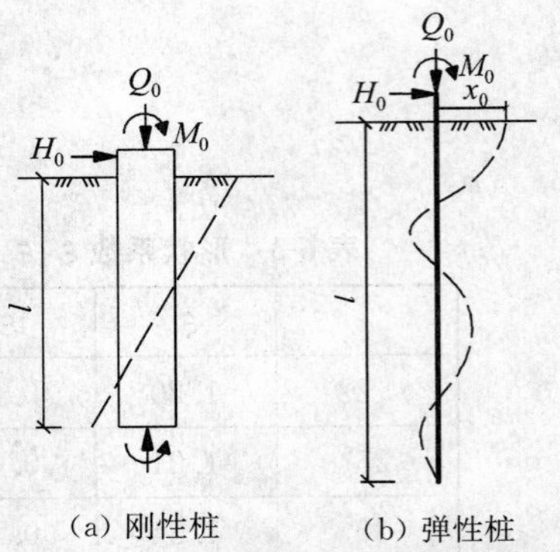

图 6-12 单桩水平受力与变形情况

(二) 单桩水平承载力的影响因素

单桩水平承载力取决于桩的材料与断面尺寸、入土深度、土质条件及桩顶约束条件等因素。单桩水平极限承载力的确定，应满足以下方面的要求：①在该荷载作用下，桩侧土不因丧失强度而发生失稳破坏；②在该荷载作用下，桩身不因材料强度不够而出现断裂破坏；③在该荷载作用下，桩顶不因发生超过允许变形的水平位移而影响建筑物正常使用。

显然，能否满足上述要求取决于桩周的土质条件、桩的入土深度、桩的截面刚度、桩的材料强度以及建筑物的性质等因素。土质愈好，桩入土愈深，土的抗力愈大，桩的水平承载力也就愈高。抗弯性能差的桩，如低配筋率的灌注桩，常因桩身断裂而破坏；而抗弯性能好的桩，如钢筋混凝土桩和钢桩，承载力往往受周围土体的性质所控制。为保证建筑物能正常使用，按工程经验，应控制桩顶水平位移不大于 10 mm，而对水平位移敏感的建筑物，则不应大于 6 mm。

桩的水平承载力一般通过现场荷载试验确定，亦可按理论方法估算。

二、单桩水平载荷试验

桩的水平载荷试验是在现场条件下对桩施加水平荷载而量测桩的水平位移及钢筋应力等项目以确定其水平承载力。试验结果能综合反映影响桩水平荷载的诸多因素，因而所得到的承载力比较符合实际。

通过整理试验资料，可以得到以下关系曲线：

(1) 水平荷载-时间-水平位移关系曲线(H_0-t-x_0 曲线)，如图 6-13(a)所示；

(2) 水平荷载-水平位移梯度关系曲线(H_0-$\Delta x_0/\Delta H_0$ 曲线)，如图 6-13(b)所示；

(3) 水平荷载-最大弯矩截面钢筋应力曲线(H_0-σ_g 曲线)，如图 6-13(c)所示。

单桩水平极限承载力 H_u 可按下列方法综合确定：

(1) 取 H_0-t-x_0 曲线上明显陡降的前一级荷载，如图 6-13(a)所示；

(2) 取 H_0-$\Delta x_0/\Delta H_0$ 曲线第二直线段终点所对应的荷载，如图 6-13(b)所示；

(3) 取桩身折断或钢筋应力达到屈服极限的前一级荷载，如图 6-13(c)所示。

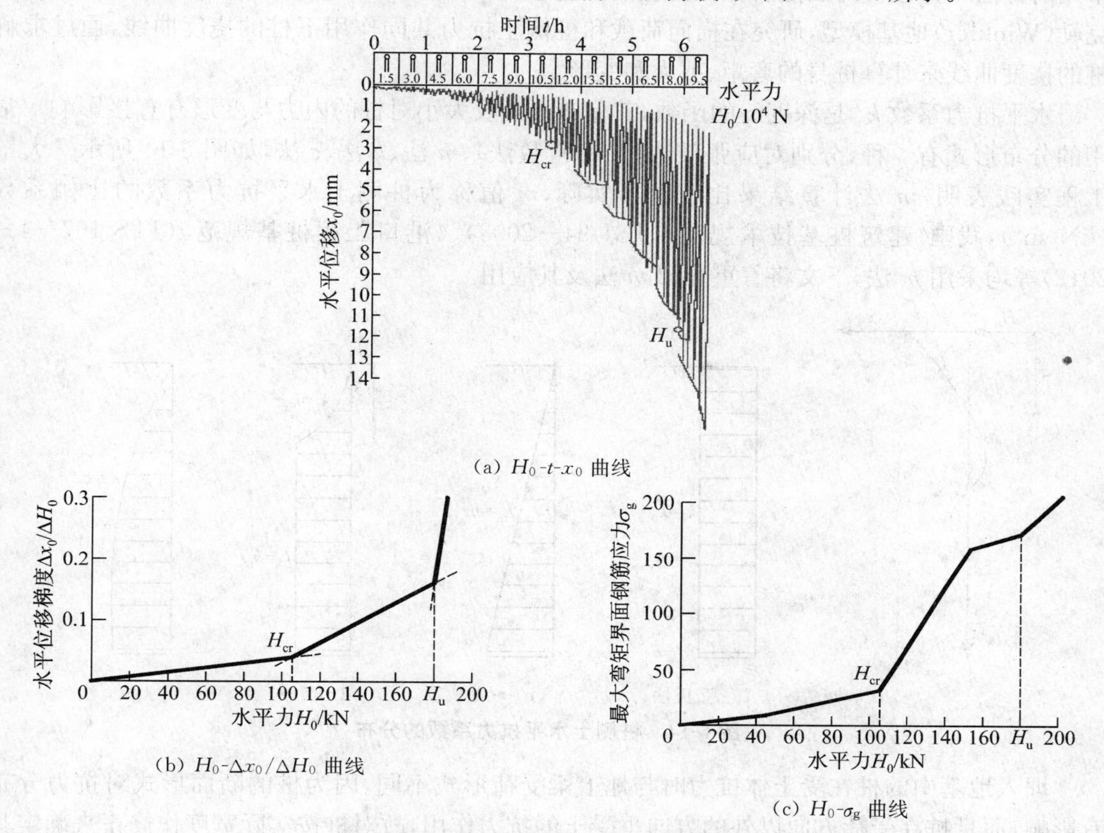

图 6-13　单桩水平静载试验得到的曲线

三、单桩弹性抗力法

(一) 桩侧土的水平抗力

桩在水平荷载及弯矩作用下与桩侧地基土相互作用，故桩的变形及内力取决于桩身所受到的外荷载类型及大小、地基土性质及抗力以及桩顶约束条件等多种因素。桩侧土的抗力与土体所处的状态、水平位移有关，一般可表示为

$$p(z,x) = k_h(z)x^n b_0 \tag{6-16}$$

式中：p 为桩侧土的水平抗力，kN/m；z 为土面以下深度，m；x 为深度 z 处桩的水平位移，m；n 为指数，一般 $n\leqslant 1.0$；b_0 为桩的计算宽度，m，见表 6-5；k_h 为桩侧土水平抗力系数，kN/m³。

表 6-5　桩身截面计算宽度 b_0　　m

截面宽度 b 或直径 d/m	圆桩	方桩
>1	$0.9(d+1)$	$b+1$
≤1	$0.9(1.5d+0.5)$	$1.5b+0.5$

当 $n<1.0$ 时，表明桩上抗力与水平位移之间呈非线性关系。当 $n=1.0$ 时，表明桩上抗力

与水平位移之间呈线性关系，称为弹性抗力法，与非线性方法相比，计算较为简单，是目前通常采用的方法。弹性抗力法是将桩视为竖向放置于弹性地基(由水平向弹簧组成)中的梁，按文克勒(Winkler)地基模型，研究在横向荷载和桩侧土抗力共同作用下桩的挠度曲线，通过求解桩的挠度曲线来计算桩身的弯矩、剪力和变形。

水平抗力系数 k_h 是深度 z 的函数，其分布形式及大小对桩的内力与变形有直接影响。常用的分布形式有 4 种，分别对应张氏法(又称常数法)、m 法、k 法、c 法，如图 6-14 所示。大量工程实践表明，m 法计算结果比较符合实际，m 值称为桩侧土水平抗力系数的比例系数(kN/m^4)，我国《建筑桩基技术规范》(JGJ 94—2008)、《港口工程桩基规范》(JTS 167—4—2012)等均采用 m 法，下文将着重介绍 m 法及其应用。

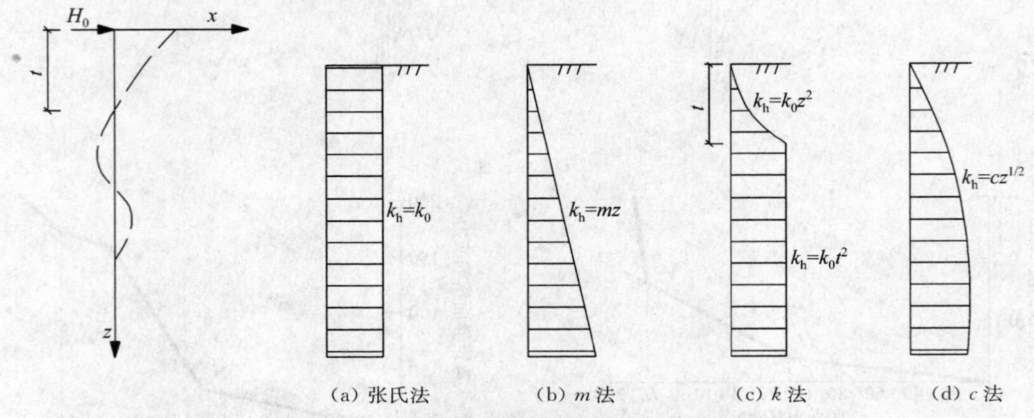

(a) 张氏法 (b) m 法 (c) k 法 (d) c 法

图 6-14 桩侧土水平抗力系数的分布

埋入地基中的桩在受土体抗力时与地上梁受荷形式不同，因为桩的断面形式对抗力分布有影响，而且桩在受荷方向以外的方向也受土的抗力作用，故对桩按实际宽度作修正来确定其计算宽度 b_0，参见表 6-5。

(二) 单桩挠曲微分方程及解答

单桩在水平荷载 H_0，弯矩 M_0 及地基土水平抗力 $p(z,x)$ 的共同作用下产生挠曲变形，其挠度曲线的微分方程为

$$\frac{d^4x}{dz^4}+\frac{p(z,x)}{EI}=0 \tag{6-17}$$

式中：E 为桩材料弹性模量，kPa；I 为桩截面的惯性矩，m^4。

当 $n=1.0$，并采用 m 法($k_h(z)=mz$)时，将式(6-16)代入式(6-17)，可得

$$\frac{d^4x}{dz^4}+\frac{mb_0}{EI}\cdot zx=0 \tag{6-18}$$

令 $\alpha=\sqrt[5]{\frac{mb_0}{EI}}$，则式(6-18)变为

$$\frac{d^4x}{dz^4}+\alpha^5zx=0 \tag{6-19}$$

式中：α 为桩土的相对刚度系数，m^{-1}。

式(6-19)为四阶线性变系数齐次常微分方程，可以用幂级数法、差分法、反力积分法、量纲分析法求解。下面给出幂级数法解答(具体求解可参考有关书籍)。解答中规定：水平位移沿

x 轴正方向为正值，转角逆时针方向为正值，弯矩当左侧纤维受拉为正值，水平力沿 x 轴正方向为正值。得到沿桩身深度 z 处的水平位移 x_z，转角 φ_z，弯矩 M_z，剪力 V_z，桩侧土抗力 $p_{x(z)}$ 的解答：

$$\left.\begin{aligned} x_z &= \frac{H_0}{\alpha^3 EI}A_x + \frac{M_0}{\alpha^2 EI}B_x \\ \varphi_z &= \frac{H_0}{\alpha^2 EI}A_\varphi + \frac{M_0}{\alpha EI}B_\varphi \\ M_z &= \frac{H_0}{\alpha}A_M + M_0 B_M \\ V_z &= H_0 A_V + \alpha M_0 B_V \\ p_{x(z)} &= \frac{1}{b_0}(\alpha H_0 A_p + \alpha^2 M_0 B_p) \end{aligned}\right\} \tag{6-20}$$

对于弹性长桩（$\alpha l \geqslant 4.0$），式中 $A_x, B_x, A_\varphi, B_\varphi, A_M, B_M, A_V, B_V, A_p, B_p$ 等系数值均可从表 6-6中查出。按式(6-20)可计算并绘出单桩的水平位移、转角、弯矩、剪力、地基土抗力沿桩身的分布曲线，如图 6-15(a)～(e)所示。

表 6-6　弹性长桩的内力和变形计算常数

αz	A_x	A_φ	A_M	A_V	A_p	B_x	B_φ	B_M	B_V	B_p
0.0	2.435	−1.632	0.000	1.000	0.000	1.623	−1.750	1.000	0.000	0.000
0.1	2.273	−1.618	0.100	0.989	−0.227	1.453	−1.650	1.000	−0.007	−0.145
0.2	2.112	−1.603	0.198	0.956	−0.422	1.293	−1.550	0.999	−0.028	−0.259
0.3	1.952	−1.578	0.291	0.906	−0.586	1.143	−1.450	0.994	−0.058	−0.343
0.4	1.796	−1.545	0.379	0.840	−0.718	1.003	−1.351	0.987	−0.095	−0.401
0.5	1.644	−1.503	0.459	0.764	−0.822	0.873	−1.253	0.976	−0.137	−0.436
0.6	1.496	−1.454	0.532	0.677	−0.897	0.752	−1.156	0.960	−0.181	−0.451
0.7	1.353	−1.397	0.595	0.585	−0.947	0.642	−1.061	0.939	−0.226	−0.449
0.8	1.216	−1.335	0.649	0.489	−0.973	0.540	−0.968	0.914	−0.270	−0.432
0.9	1.086	−1.268	0.693	0.392	−0.977	0.448	−0.878	0.885	−0.312	−0.403
1.0	0.962	−1.197	0.727	0.295	−0.962	0.364	−0.792	0.852	−0.350	−0.364
1.2	0.738	−1.047	0.767	0.109	−0.885	0.223	−0.692	0.775	−0.414	−0.268
1.4	0.544	−0.893	0.772	−0.056	−0.761	0.112	−0.482	0.668	−0.456	−0.157
1.6	0.381	−0.741	0.746	−0.193	−0.609	0.029	−0.354	0.594	−0.477	−0.047
1.8	0.247	−0.596	0.696	−0.298	−0.445	−0.030	−0.245	0.498	−0.476	0.054
2.0	0.142	−0.464	0.628	−0.371	−0.283	−0.070	−0.155	0.404	−0.456	0.140
3.0	−0.075	−0.040	0.225	−0.349	0.226	−0.089	0.057	0.059	−0.213	0.268
4.0	−0.050	0.052	0.000	−0.106	0.201	−0.028	0.049	−0.042	0.017	0.112
5.0	−0.009	0.025	−0.033	0.015	0.046	0.000	−0.011	−0.026	0.029	−0.002

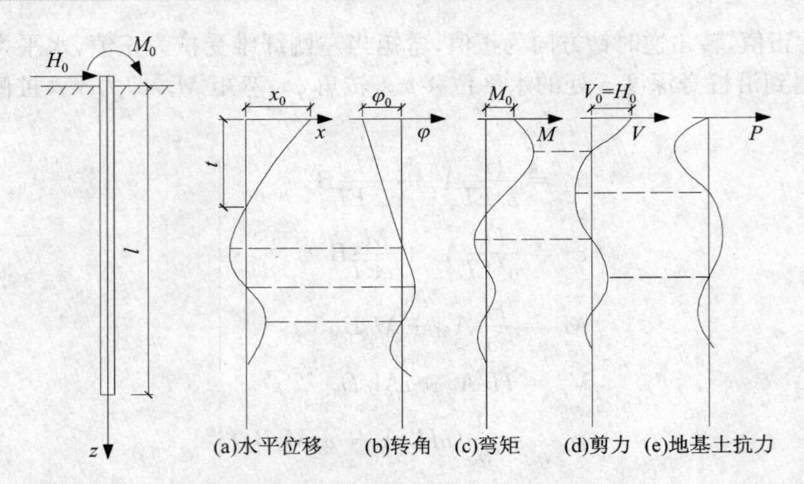

图 6-15 水平荷载作用下弹性长桩的内力与变形

(三) m 法及其应用

1. 桩顶的水平位移 x_0

桩顶水平位移是控制单桩水平承载力的主要因素。从表 6-6 中查出折算深度 $\alpha z=0$ 时的 A_x 和 B_x 值，代入式(6-20)求得的位移 $x_{z=0}$ 就是弹性长桩桩顶的水平位移。对于弹性中长桩($2.5<\alpha l<4.0$)及刚性短桩($\alpha l\leqslant 2.5$)的情况，可由表 6-7 根据 αl 及桩端支承条件查得桩顶处的位移系数 A_x 和 B_x 值，代入式(6-20)中的第 1 式，即可计算桩顶的水平位移。

表 6-7 各类桩的桩顶位移系数 $A_x(z=0)$ 和 $B_x(z=0)$

αl	支承在土上		支承在岩石上		嵌固在岩石中	
	$A_x(z=0)$	$B_x(z=0)$	$A_x(z=0)$	$B_x(z=0)$	$A_x(z=0)$	$B_x(z=0)$
0.5	72.004	192.026	48.006	96.037	0.042	0.125
1.0	18.030	24.106	12.049	12.149	0.329	0.494
1.5	8.101	7.349	5.498	3.889	1.014	1.028
2.0	4.737	3.418	3.381	2.081	1.841	1.468
3.0	2.727	1.758	2.406	1.568	2.385	1.586
≥4.0	2.441	1.621	2.419	1.618	2.401	1.600

同样方法也可计算出弹性长桩桩顶的转角 $\varphi_{z=0}$。

2. 桩身最大弯矩及其位置

为进行配筋计算，设计水平受荷桩时需要确定桩身最大弯矩的大小及位置。当配筋率较小时，桩身所能承受的最大弯矩决定了桩的水平承载力。

最大弯矩点的深度 z_0 的位置为

$$z_0=\frac{\bar{h}}{\alpha} \tag{6-21}$$

式中：$\bar{h}$ 为折算深度，对弹性长桩，可在表 6-8 中通过系数 C_{I} 查得。

$$C_{\mathrm{I}}=\alpha\frac{M_0}{H_0} \tag{6-22}$$

最大弯矩计算式为：

$$M_{max} = C_{\text{II}} M_0 \quad (6\text{-}23)$$

对于弹性长桩，系数 C_{II} 也可从表 6-8 中根据 C_{I} 查得。

表 6-8　计算最大弯矩位置及弯矩系数 C_{I} 和 C_{II} 值

$\bar{h}=\alpha z_0$	C_{I}	C_{II}	$\bar{h}=\alpha z_0$	C_{I}	C_{II}
0.0	∞	1.000	1.4	−0.145	−4.596
0.1	131.252	2.001	1.5	−0.299	−1.876
0.2	34.182	1.001	1.6	−0.434	−1.128
0.3	15.544	1.012	1.7	−0.555	−0.740
0.4	8.781	1.029	1.8	−0.665	−0.530
0.5	5.539	1.057	1.9	−0.768	−0.396
0.6	3.710	1.101	2.0	−0.862	−0.304
0.7	2.566	1.169	2.2	−1.048	−0.187
0.8	1.791	1.274	2.4	−1.230	−0.118
0.9	1.238	1.441	2.6	−1.420	−0.074
1.0	0.824	1.728	2.8	−1.635	−0.045
1.1	0.503	2.299	3.0	−1.893	−0.026
1.2	0.246	3.876	3.5	−2.994	−0.003
1.3	0.034	23.438	4.0	−0.045	−0.011

注：此表是根据 $\alpha l=4.0$ 的情况编制的，对 $\alpha l>4.0$，也可使用。

3. *按允许位移计算单桩水平承载力设计值*

根据结构物使用功能的要求可确定单桩桩顶水平位移的容许值$[x_0]$，按 m 法计算单桩水平承载力设计值$[H_0]$：

$$\text{桩顶自由：}[H_0] = 0.41\alpha^3 EI[x_0] - 0.665\alpha M_0 \quad (6\text{-}24)$$

$$\text{桩顶固接：}[H_0] = 1.08\alpha^3 EI[x_0] \quad (6\text{-}25)$$

对于桩顶固接情况，桩身弯矩及剪力的有效深度为 $z=4.0/\alpha$，故此深度以下桩身弯矩及剪力实际可忽略不计，对钢筋混凝土桩按构造要求配筋即可。

4. *m 值的确定方法*

m 值的大小与土的类型、桩型以及桩身水平位移大小有关，一般应根据单桩水平载荷试验确定，可根据试验结果计算 m 值：

$$m = \frac{(H_{cr}\nu_x / x_{cr})^{5/3}}{b_0 (EI)^{2/3}} \quad (6\text{-}26)$$

式中：H_{cr} 为单桩水平载荷试验所确定的桩基临界水平荷载，kN；x_{cr} 为与 H_{cr} 对应的桩顶水平位移，m；ν_x 为桩顶水平位移系数，由表 6-9 确定；b_0 为桩身截面计算宽度，m，见表 6-5。

表 6-9 桩顶(身)最大弯矩系数 ν_m 和桩顶水平位移系数 ν_x

桩顶约束情况	桩的换算深度(αl)	ν_m	ν_x	桩顶约束情况	桩的换算深度(αl)	ν_m	ν_x
铰接、自由	4.0	0.768	2.441	固接	4.0	0.926	0.940
	3.5	0.750	2.502		3.5	0.934	0.970
	3.0	0.703	2.727		3.0	0.967	1.028
	2.8	0.675	2.905		2.8	0.990	1.055
	2.6	0.639	3.163		2.6	1.018	1.079
	2.4	0.601	3.526		2.4	1.045	1.095

注:①铰接(自由)的 ν_m 系桩身的最大弯矩系数,固结的 ν_m 系桩顶的最大弯矩系数;
②当 $\alpha l>4.0$ 时,取 $\alpha l=4.0$,l 为桩的入土深度。

当桩侧为多层土时,应以影响深度 $h_m=2(d+1)$ 范围内的 m 值加权平均作为计算值。当 h_m 范围内有 2 层不同土时,

$$m=\frac{m_1h_1^2+m_2h_2(2h_1+h_2)}{h_m^2} \tag{6-27}$$

式中:m_1,h_1 和 m_2,h_2 分别为 h_m 范围上下层土的 m 值和厚度。

当 h_m 范围内有 3 层土时,

$$m=\frac{m_1h_1^2+m_2h_2(2h_1+h_2)+m_3h_3(2h_1+2h_2+h_3)}{h_m^2} \tag{6-28}$$

当无试验资料时,可参考《建筑桩基技术规范》(JGJ 94—2008)给出的经验值,见表 6-10。

例 6-1 某钢筋混凝土预制桩,桩顶固接,桩顶水平荷载 $H_0=13.3$ kN,力矩 $M_0=-10.7$ kN·m,桩顶容许水平位移$[x_0]=1$ cm,桩径 $d=400$ mm,桩长 $l=9$ m,桩截面为圆形,桩身混凝土 C15,$E=17.6\times10^6$ kN/m²,桩周土为密实老填土。求桩身最大弯矩和单桩水平承载力设计值。

解:查表 6-10,取 $m=20\,000$ kN/m⁴

桩截面惯性距:$I=\pi d^4/64=3.14\times(0.4)^4/64=1.257\times10^{-3}$ m⁴

桩截面计算宽度:$b_0=0.9(1.5d+0.5)=0.9\times(1.5\times0.4+0.5)=0.99$ m

桩土相对刚度系数:$\alpha=\sqrt[5]{\dfrac{mb_0}{EI}}=\sqrt[5]{\dfrac{20\,000\times0.99}{17.6\times10^6\times1.257\times10^{-3}}}=0.978\ \text{m}^{-1}$

$\alpha l=0.978\times9=8.8>4.0$,为弹性长桩,由式(6-22)计算 C_{I}

$$C_{\text{I}}=\alpha\frac{M_0}{H_0}=0.978\times\frac{-10.7}{13.3}=-0.787$$

查表 6-8,得 $C_{\text{II}}=-0.378$,$\bar{h}=1.92$,则

桩身最大弯矩:$M_{max}=C_{\text{II}}M_0=-0.378\times(-10.7)=4.04$ kN·m

最大弯矩点的深度:$z_0=\bar{h}/\alpha=1.92/0.978=1.963$ m

单桩水平承载力设计值:

$[H_0]=1.08\alpha^3EI[x_0]=1.08\times(0.978)^3\times17.6\times10^6\times1.257\times10^{-3}\times0.01=223.4\ \text{kN}>13.3\ \text{kN}$

表 6-10　地基土水平抗力系数的比例系数 m 值

序号	地基土类型	预制桩、钢桩		灌注桩	
		m/($MN \cdot m^{-4}$)	相应单桩在地面处水平位移/mm	m/($MN \cdot m^{-4}$)	相应单桩在地面处水平位移/mm
1	淤泥、淤泥质土、饱和湿陷性黄土	2～4.5	10	2.5～6	6～12
2	流塑($I_L>1$)、软塑($0.75\leqslant I_L\leqslant 1.0$)状黏性土、$e>0.9$粉土、松散粉细砂、松散、稍密填土	4.5～6.0	10	6～14	4～8
3	可塑($0.25<I_L\leqslant 0.75$)状黏性土、$e=0.7～0.9$粉土、湿陷性黄土、中密填土、稍密细砂	6.0～10	10	14～35	3～6
4	硬塑($0<I_L\leqslant 0.25$)、坚硬($I_L\leqslant 0$)状黏性土、湿陷性黄土、$e<0.75$粉土、中密的中粗砂、密实老填土	10～22	10	35～100	2～5
5	中密、密实的砾砂，碎石类土			100～300	1.5～3

注：①当桩顶横向位移大于表列数值或当灌注桩配筋较高(>0.655)时，m 值应适当降低；当预制桩的横向位移小于 10 mm时，m 值可适当提高。

②当横向荷载为长期或经常出现的荷载时，应将表列数值乘以 0.4 降低采用。

③当地基为液化土层时，表列数值尚应乘以有关系数。

第六节　群桩基础与群桩效应

一、群桩及群桩效应

实际工程中的桩基础，除了独立柱基础下大直径桩有时采用一柱一桩外，一般都是由多根桩组成的，上部由承台连结。由 2 根以上的桩组成的桩基础称为群桩基础，群桩中的每根单桩称为基桩。

由于桩、桩间土和承台三者之间的相互作用和共同作用，使群桩中每根单桩的承载力和沉降性状与相同地质条件下相同设置方法的单桩基础有显著差异。群桩基础受力(主要是竖向压力)后，其总的承载力往往不等于群桩中每根单桩承载力的简单之和，这种现象称为群桩效应。群桩效应不仅发生在竖向压力作用下，在受到水平力时，前排桩对后排桩的水平承载力有屏蔽效应；在受拉拔力时，群桩可能发生的整体拔出都属于群桩效应。下面着重分析在竖向压力作用下的群桩效应。

在竖向压力作用下，桩所承受的竖向力最终将传递到地基土中。对于端承桩，桩上的力通过桩身直接传到桩端土层上，若该土层较坚硬，桩端承压的面积很小，各桩端的压力彼此间基本不会影响，如图 6-16(a)所示，在这种情况下，群桩的沉降量与单桩基本相同，群桩的承载力基本等于各单桩承载力之和，群桩效应很小。对于摩擦型桩，竖向力通过桩侧摩擦力传到桩周土中，然后再传到桩端土层中。一般认为桩侧摩擦力在土中引起的竖向附加应力按某一角度 θ 沿桩长向下扩散到桩端平面上。当桩数少，并且桩距 s_a 较大时($s_a>6d$，d 为桩径)，桩端平面处各桩传来的附加应力互不重叠或重叠不多，见图 6-16(b)，这时群桩中各桩的工作状态类似于单桩，群桩效应很小。但当桩数较多，且桩距较小时，例如常用的桩距 $s_a=(3\sim4)d$ 时，桩端处地基中各桩传来的应力就会相互叠加，见图 6-16(c)，使得桩端处应力要比单桩时数值增大，荷载作用面积加宽，影响深度更深。其结果，一方面使桩端持力层总应力超过土层承载力；另一方面由于附加应力数值加大，范围加宽、加深，而使群桩基础的沉降大大高于单桩的沉降。特别是如果在桩端持力层之下存在高压缩性土层的情况，如图 6-16(d)所示，则可能由于沉降控制而明显减小桩的承载力。

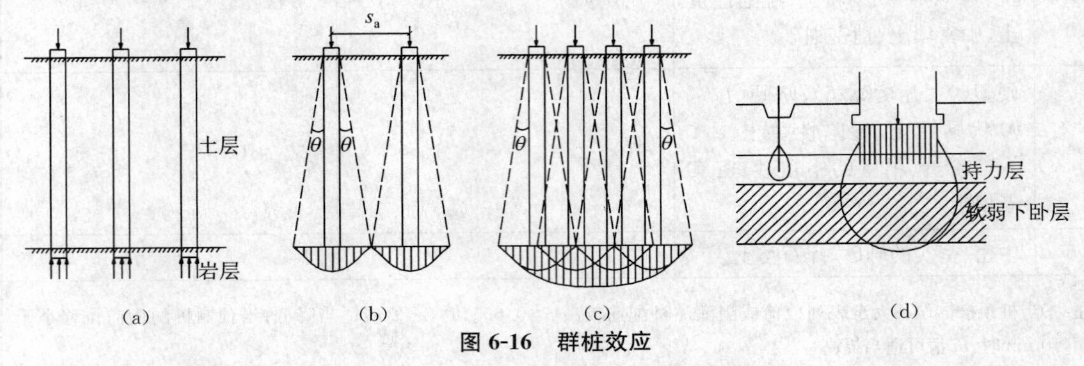

图 6-16　群桩效应

群桩效应有些是不利因素，有些也是有利因素。例如，对于打入较疏松砂土地基、饱和度不高的粉土地基中的群桩，由于打桩过程中的挤土效应，其桩间土被挤密，从而增加桩的侧阻力。此外，承台效应有时也对群桩的承载力提供有利因素，当承台底面贴地时，承台与桩间土直接接触，在竖向压力作用下承台会发生向下的位移，桩间土表面受压，分担了作用于桩上的荷载，有时承受的荷载高达总荷载的 1/3，甚至更高。这种考虑承台底面土反力分担作用的群桩基础，又称“复合桩基”。

群桩效应包括 2 方面，即承载力效应和变形效应，分别用群桩效率系数 η 和群桩沉降比 ξ 这 2 个指标来反映群桩效应的强弱及评价群桩的工作性状。对于竖向抗压的桩基，定义群桩效率系数 η 为

$$\eta=\frac{Q_{ug}}{n\cdot Q_u} \tag{6-29}$$

式中：Q_u 为单桩竖向抗压极限承载力，kN；Q_{ug} 为群桩竖向抗压极限承载力，kN；n 为桩数。

在群桩效应作用下(考虑不利作用)，η 一般均小于 1，其数值越小，表明群桩效应越显著。

同样，对于群桩的竖向沉降则定义群桩沉降比 ξ 为

$$\xi=\frac{S_g(nQ)}{S(Q)} \tag{6-30}$$

式中：Q 为单桩桩顶的竖向荷载，kN；$S(Q)$ 为单桩在荷载 Q 作用下的沉降量，mm；$S_g(nQ)$ 为 n 根桩在 n 倍 Q 作用下的沉降量，mm。

在群桩效应作用下(考虑不利作用),ξ一般均大于1,其数值越大,表明群桩效应越显著。

类似地,对于水平受荷群桩和上拔群桩,也可定义群桩水平承载力效率系数、水平位移比、群桩抗拔承载力效率系数、上拔量比等群桩效应指标。

通过对群桩的现场静载试验、群桩模型试验及有关理论分析,对群桩的竖向承载力与沉降性状得出以下初步结论:

(1) 桩间距对群桩效应的影响很大,当其他因素不变时,随着桩间距的增大,效率系数会提高,而沉降比下降;当桩间距增大到一定程度后,其对群桩效应的影响会变得不显著。

(2) 桩数对群桩效应的影响较大。当桩间距等其他条件相同时,桩数越多,效率系数越小,而沉降比越大。

(3) 当承台面积一定时,增加桩数的同时会使桩间距变小,导致效率系数显著降低。

(4) 当其他因素相同时,桩越长,群桩效率系数越小,而沉降比越大。

(5) 群桩排列形式、桩上荷载水平对效率系数及沉降比也有一定影响。

上述规律性对于群桩受水平荷载及抗拔情况也基本适用。试验与理论分析资料表明:当桩间距小于3倍桩径时,地基中附加应力重叠现象严重,群桩效率系数小而沉降比大;而当桩间距大于6倍桩径时,地基应力重叠现象较轻,群桩效率系数较大而沉降比较小。利用这一性质可对复杂的群桩承载力与变形问题进行适当的简化,以满足实际设计需要。

二、桩基础的设计步骤

(一) 调查研究,收集设计资料

设计必需的资料包括:建筑物的有关资料、地质资料和周边环境、施工条件等资料。建筑物资料包括建筑物的形式、荷载及其性质、建筑物的安全等级、抗震设防烈度等。

由于桩基础可能涉及埋藏较深的持力层,详细掌握建筑物场地的工程地质勘察资料十分重要,并且对于勘探孔的深度和间距有特殊的要求。

在设计中还需要相邻建筑物及周边环境的资料,包括:相邻建筑物的安全等级,基础形式和埋置深度;周边建筑物对于防振或噪声的要求;排放泥浆和弃土的条件;水、电、施工材料供应等。

(二) 选择桩型、桩长和截面尺寸

在对以上收集的资料进行分析的基础上,针对土层分布情况,考虑施工条件、设备和技术等因素,决定采用端承桩还是摩擦桩,挤土桩还是非挤土桩,最终可通过综合经济技术比较确定。

由持力层的深度和荷载大小确定桩长、桩截面尺寸,同时进行初步设计与验算。桩身进入持力层的深度应考虑地质条件,荷载和施工工艺,一般为1～3倍桩径d;对于嵌岩灌注桩,桩周嵌入完整和较完整的未风化、微风化、中风化硬质岩体的深度不宜小于0.5 m;当持力层以下存在软弱下卧层时,桩端以下硬持力层厚度不宜小于$4d$。

(三) 确定单桩承载力的特征值,确定桩数并进行桩的布置

按照本章第四节的方法确定单桩承载力的特征值,然后根据基础的竖向荷载和承台及其上自重确定桩数。当中心荷载作用时,桩数n为

$$n \geqslant \frac{F_k + G_k}{R_a} \tag{6-31}$$

式中：F_k 为作用于桩基承台顶面的竖向力，kN；G_k 为承台及其上土自重的标准值，kN；R_a 为单桩竖向承载力特征值，kN；n 为初估桩数，取整数。

当桩基础承受偏心竖向力时，按式(6-31)计算的桩数可以按偏心程度增加10%～20%。

在初步确定了桩数之后，就可以布置桩并初步确定承台的形状和尺寸。合理地布置桩是使桩基设计经济合理的重要环节，考虑的原则是：

(1) 桩距：摩擦桩中心距一般不小于$3d$；扩底灌注桩的中心距不小于扩底直径的1.5倍；当扩底直径大于2 m时，桩端扩底净距不小于1 m，扩底直径不大于$3d$。

(2) 群桩的承载力合力作用点应与长期荷载的重心重合，以便使各桩均匀受力；对于荷载重心位置变化的建筑物，应使群桩承载力合力作用点位于变化幅度之中。

(3) 对于桩箱基础，宜将桩布置于墙下；对于带肋的桩筏基础，宜将桩布置在肋下；同一结构单元，避免使用不同类型的桩。

(四) 桩基础的验算

在完成布桩之后，根据初步设计进行桩基础的验算。验算的内容包括：桩基中单桩承载力的验算；桩基的沉降验算及其他方面的验算等。值得注意的是，其承载力、沉降和承台及桩身强度验算采用的荷载组合不同：当进行桩的承载力验算时，应采用正常使用极限状态下荷载效应的标准组合；进行桩基的沉降验算时，应采用正常使用极限状态下荷载效应的准永久组合；而在进行承台和桩身强度验算和配筋时，则采用承载能力极限状态下荷载效应的基本组合。

(五) 承台和桩身的设计、计算

包括承台的尺寸、厚度和构造的设计，应满足抗冲切、抗弯、抗剪、抗裂等要求。而对于钢筋混凝土桩，要对桩的配筋、构造和预制桩吊运中的内力、沉桩中的接头进行设计计算。对于受竖向压荷载的桩，一般按构造设计或采用定型产品。

三、群桩基础中单桩承载力的验算

在荷载作用下刚性承台下的群桩基础中各桩所分担的力一般是不均匀的，往往处于很复杂的状态，受许多因素的影响。但在实际工程设计中，对于竖向压力，通常假设各桩的受力按线性分布。这样，在中心竖向力作用下，各桩承担其平均值；在偏心竖向力作用下，各桩上分配的竖向力按与桩群的形心之距离呈线性变化。

轴心竖向力 F_k 情况下

$$Q_k = \frac{F_k + G_k}{n} \tag{6-32}$$

偏心竖向力 F_k，M_{xk}，M_{yk} 作用下

$$Q_{ik} = \frac{F_k + G_k}{n} \pm \frac{M_{xk} y_i}{\sum_{j=1}^{n} y_j^2} \pm \frac{M_{yk} x_i}{\sum_{j=1}^{n} x_j^2} \tag{6-33}$$

式中：Q_k 为轴心竖向力下任一桩上竖向力，kN；Q_{ik} 为偏心竖向力作用下第 i 根桩上的竖向力，kN；M_{xk}，M_{yk} 为作用于承台底面通过桩群形心的 x，y 轴的力矩；x_i，y_i 为第 i 根桩中心至群桩形心的 y，x 轴线的距离。

当作用于桩基上的外力主要为水平力时，应对桩基的水平承载力进行验算。在由相同截面桩组成的桩基础中，可假设各桩所受的横向力 H_{ik} 相同，即

$$H_{ik} = \frac{H_k}{n} \tag{6-34}$$

式中：H_k 为作用于承台底面的水平力，kPa；H_{ik} 为作用任一单桩上的水平力，kPa。

在确定了桩基础中每根桩上的受力以后，用下面各式验算单桩的承载力：

在中心竖向力作用下

$$Q_k \leqslant R_a \tag{6-35}$$

在偏心竖向力作用下

$$Q_{k,max} \leqslant 1.2R_a \tag{6-36}$$

在水平荷载作用下

$$H_{ik} \leqslant R_{Ha} \tag{6-37}$$

式中：R_{Ha} 为单桩水平承载力特征值。

以上的单桩竖向承载力和水平承载力特征值 R_a 和 R_{Ha} 可用本章第四节和第五节所介绍的方法确定。

对于竖向受压桩，根据本章第四节所述各种方法确定的单桩承载力特征值，在设计时还应考虑桩身强度的要求。一般而言，桩的承载力主要取决于地基岩土对桩的支承能力，但是对于端承桩、超长桩或者桩身质量有缺陷的情况，可能由桩身混凝土强度控制。由于与材料强度有关的设计，荷载效应组合应采用按承载能力极限状态下荷载效应的基本组合，所以应满足

$$Q \leqslant A_p f_c \Psi_c \tag{6-38}$$

式中：f_c 为混凝土轴心抗压强度设计值，kPa；Q 为单桩竖向力设计值，kN；Ψ_c 为工作条件系数，预制桩取 0.75，灌注桩取 0.6～0.7（水下灌注或长桩时，用低值）。

四、群桩基础的沉降计算

尽管桩基础与天然地基上的浅基础相比，沉降量可大为减少，但随着建筑物规模和尺寸的增大以及对于沉降变形要求的提高，很多情况下，桩基础也需要进行沉降计算。《建筑桩基技术规范》（JGJ 94—2008）规定下列建筑桩基需进行沉降计算：①设计等级为甲级的非嵌岩桩和非深厚坚硬持力层的建筑桩基；②设计等级为乙级的体型复杂、荷载分布显著不均匀或桩端平面以下存在软弱土层的建筑桩基；③软土地基多层建筑减沉复合疏桩基础。

与浅基础沉降计算一样，桩基最终沉降计算应采用荷载效应的准永久组合。计算的基本方法是基于土的单向压缩、均质各向同性和弹性假设的分层总和法。

目前在计算群桩基础的沉降时，常用的方法是假想的实体深基础法，这类方法的本质是将桩端平面作为弹性体的表面，用布辛内斯克解（Boussinesq）计算桩端以下各点的附加应力，再用与浅基础沉降计算一样的单向压缩分层总和法计算沉降。

所谓假想实体深基础，就是将在桩端以上一定范围的承台、桩及桩周土当成一实体深基础，也就是说不计从地面到桩端平面间土和桩的压缩变形。这类方法适用于桩距 $s \leqslant 6d$ 的情况。假想实体深基础法的计算示意图如图 6-17 所示，按承台底面桩顶外围以扩散角 α 向下扩散桩侧阻力引起的附加应力传到实体基础底面，扩散角通常取为桩所穿过各土层内摩擦角的加权平均值（按其厚度取加权平均）的 1/4。对于矩形群桩基础，其桩端等代深基础底面尺寸为

$$a = a_0 + 2l \tan \alpha \tag{6-39}$$

$$b = b_0 + 2l\tan\alpha \tag{6-40}$$

式中：l 为桩在泥面下的长度，m；a_0，b_0 为群桩的外缘矩形面积的长边和短边的长度，m；a，b 为等代实体深基础的长边和短边的长度，m。

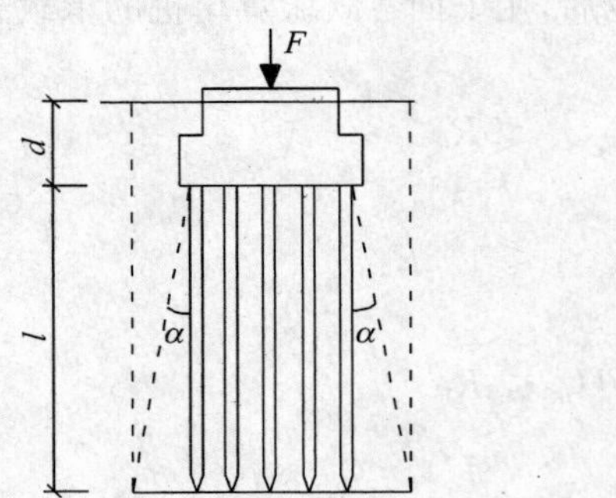

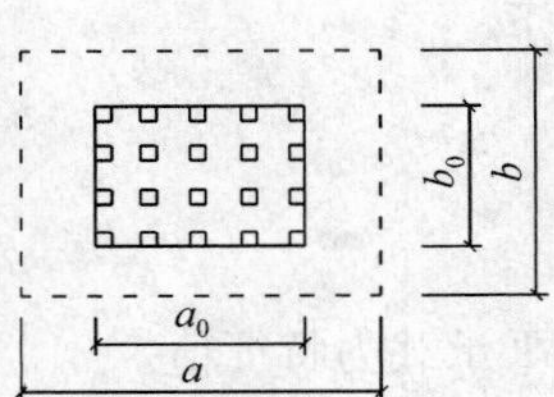

图 6-17 实体深基础的底面积

作用在等代实体深基础底面的基底附加应力 p_0 为

$$p_0 = \frac{F+G}{A} - p_{c0} \tag{6-41}$$

式中：F 为对应于荷载效应准永久组合时作用在桩基承台顶面的竖向力，kN；G 为在扩散后面积上，从桩端平面到设计地面间的承台、桩和土的总重量（即等代实体深基础的自重），可按 20 kN/m^3 计算，水下按有效重度计，kN；A 为等代实体深基础的底面积，m^2；p_{c0} 为等代实体深基础底面处的土自重应力值（水下按有效重度计），kPa。

在计算出 p_0 后，则可按扩散以后的面积进行分层总和法沉降计算：

$$s = \Psi_p \sum_{i=1}^{n} \frac{p_i h_i}{E_{si}} \tag{6-42}$$

式中：s 为桩基最终计算沉降量，mm；n 为计算分层数；E_{si} 为第 i 层土在自重应力至自重应力加上附加应力作用段的压缩模量，MPa；h_i 为桩端平面下第 i 个分层的厚度，m；p_i 为桩端平面下第 i 个分层土的竖向附加应力平均值，kPa；Ψ_p 为桩基沉降计算经验系数，可按不同地区当地工程实测资料统计对比确定。若不具备条件，可参考表 6-11，其中 E_S 为变形计算深度范围内土层压缩模量的当量值，具体计算方法可参考《土力学》书籍中分层总和法一节。

表 6-11 桩基沉降计算经验系数

E_S/MPa	$E_S<15$	$15\leqslant E_S<30$	$30\leqslant E_S<40$
Ψ_p	0.5	0.4	0.3

第七节 桩的负摩阻力

一、负摩阻力的概念

对于承压桩来讲，桩侧摩擦力受到桩土相对位移的影响。当桩周土层由于某种原因产生向下的且超过桩身沉降量的位移时，桩周土对桩身的摩擦力向下。这种向下的摩擦力已不属于土体的抗力，因而称为负摩擦力，或负摩阻力。与向上的摩擦力类似，负摩阻力本质上仍是桩土界面处的剪应力，因而可以采用类似的方法分析其的特性。

二、负摩阻力发生的情况

工程实践及理论研究表明，产生桩负摩阻力的情况大致可归纳为以下几个方面：

(1) 桩穿越欠固结的软黏土或新填土而支承于硬粉性土、中密或密实砂土层、砾卵石层或岩层上。

(2) 在较深厚的饱和软黏土地基中打预制桩。打桩引起软黏土中的孔隙水压力上升，而土体隆起；群桩施工完成后，孔隙水压力消散，而土体逐渐再固结而下沉，桩尖持力层相对较硬时会出现桩上部的负摩阻力。

(3) 在桩周围附近地表有较大的堆载(如堆货、堆土等)或由于河床冲刷带来的大量沉积土淤在桩周，形成新填土。

(4) 在透水层中抽取地下水，使地下水位全面下降，导致土中有效应力增加，造成土固结下沉。

(5) 地下水位上升等原因造成湿陷性土的浸水下沉，而桩端位于相对稳定的土层中。

(6) 冻土地基因温度上升而融化，产生融陷，而桩端相对下沉很少或不下沉。

三、中性点的概念

图 6-18(a)表示一根承受竖向荷载的桩，桩身穿过正在固结中的土层而到达坚实土层。在图 6-18(b)中，曲线 1 表示不同深度土层的竖向位移；曲线 2 表示不同深度处桩截面的竖向位移。曲线 1 和曲线 2 之间的位移差(图中画横线部分)，为桩土之间的相对位移。交点(O_1 点)为桩土之间不产生相对位移的截面位置，称为中性点，其位置在 l_n 深度处。在 O_1 点之上，土层产生相对于桩身的向下位移，出现负摩阻力 $q_s{}^n$。在 O_1 点之下，桩身截面的位移大于同一位置处土层的位移，桩相对土层的位移向下，仍为正摩阻力 q_s。图 6-18(c)和(d)分别为桩侧摩阻

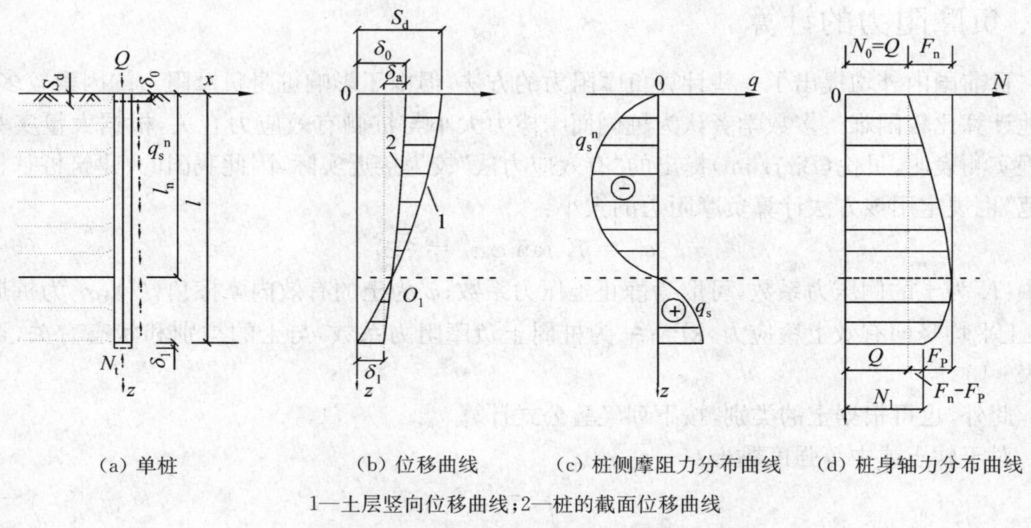

(a) 单桩　　(b) 位移曲线　　(c) 桩侧摩阻力分布曲线　　(d) 桩身轴力分布曲线

1—土层竖向位移曲线；2—桩的截面位移曲线

图 6-18　桩的负摩阻力分布和中性点

力和桩身轴力曲线，其中 F_n 为负摩阻力的合力，又称为下拉力，F_p 为中性点以下正摩阻力的合力。从图中可知，在中性点处桩身轴力达到最大值 $Q+F_n$，而桩端总阻力则等于 $Q+(F_n-F_p)$。

如上分析可知，所谓中性点系指在桩身某一特定点处，在该点以上桩周土的下沉量大于桩身截面的向下位移量，此范围内桩身侧面分布着土体向下的负摩擦力；而在该点以下桩周土的下沉量小于桩身截面的向下位移量，此范围内桩身侧面分布着土体向上的正摩擦力。中性点具有以下 3 个特殊的性质：桩土相对位移为零的点，正负摩擦力的分界点，桩身轴力最大的点。

由于桩周土层的固结是随着时间而发展的，所以土层竖向位移和桩身截面位移都是时间的函数。在一定的桩顶荷载 Q 作用下，这 2 种位移都随着时间而变，因此中性点的位置、摩阻力以及轴力都相应发生变化。如果在桩顶荷载作用下的截面位移已经稳定，以后才发生桩周土层的固结，那么土层固结的程度和速率是影响负摩阻力的大小和分布的主要因素。固结程度高，地面沉降大，则中性点往下移；固结速率大，则负摩擦力增长快。不过负摩阻力的增长要经过一定时间才能达到极限值。在这个过程中，桩身在负摩阻力作用下产生压缩。随着负摩阻力的产生和增大，桩端处的轴力增加，桩端沉降也增大。这就必然带来桩土相对位移的减小和负摩阻力的降低，而逐渐达到稳定状态。

理论上，确定中性点的深度 l_n 应按桩周土层沉降与桩的沉降相等的条件计算。《建筑桩基技术规范》(JGJ 94—2008)定义的中性点深度比，即中性点深度 l_n 与桩周沉降变形土层下限深度 l_0 的比值，可参照表 6-12 确定。

表 6-12　中性点深度比 l_n/l_0

持力层性质	黏性土、粉土	中密以上砂	砾石、卵石	基岩
中性点深度比 l_n/l_0	0.5～0.6	0.7～0.8	0.9	1.0

注：①l_n，l_0 为自桩顶算起的中性点深度和桩周沉降变形土层下限深度，m；
②桩穿越自重湿陷性黄土层时，l_n 按表列值增大 10%(持力层为基岩除外)。

四、负摩阻力的计算

目前国内外均提出了一些计算负摩阻力的方法，但由于影响桩身负摩阻力的因素较多，准确地计算比较困难。多数学者认为桩侧面摩擦力大小与桩侧有效应力有关，根据大量实验及工程实测表明，贝伦(Bjerrum)提出的“有效应力法”较为接近实际，因此我国的《建筑桩基技术规范》也规定用该方法计算负摩阻力的大小：

$$q_{si}^{n}=K\tan\varphi'\sigma_i'=\xi_n\sigma_i' \tag{6-43}$$

式中：K 为土的侧压力系数，可取为静止土压力系数；φ' 为土的有效内摩擦角，(°)；σ_i' 为桩周第 i 层土平均竖向有效上覆应力，kPa；ξ_n 为桩周土负摩阻力系数，与土的类别和状态有关，可参考表6-13。

此外，也可根据土的类别，按下列经验公式计算。

对于软土或中等强度黏土：

$$q_{si}^{n}=c_u \tag{6-44}$$

对于砂土：

$$q_{si}^{n}=\frac{N_i}{5}+3 \tag{6-45}$$

式中：c_u 为土的不排水抗剪强度，kPa；N_i 为桩周第 i 层土经钻杆长度修正后的平均标准贯入试验击数。

表 6-13　负摩擦力系数 ξ_n

土类	饱和软土	黏性土、粉土	砂土	自重湿陷性黄土
ξ_n	0.15～0.25	0.25～0.40	0.35～0.50	0.20～0.35

注：①在同一类土中，对于打入桩或沉管灌注桩，取表中较大值，对于钻（冲）挖孔灌注桩取表中较小值；
②填土按其组成取表中同类土的较大值。

桩侧总的负摩阻力（下拉荷载）F_n 为

$$F_n=u_p\sum q_{si}^{n}l_i \tag{6-46}$$

式中：u_p 为桩的周长，m；l_i 为中性点以上各土层的厚度，m。

国外有的学者认为，当桩穿过 15 m 以上可压缩土层且地面每年下沉超过 20 mm，或者为端承桩时，应计算下拉荷载 F_n，一般其安全系数可取 1.0。

五、减小负摩阻力的措施

在桩基设计中，应尽量采取措施减小负摩阻力。对于预制混凝土桩和钢桩，一般采用涂层的办法以减少负摩阻力，即对中性点以上的桩身部分涂以软沥青涂层，这种办法可以大大降低负摩阻力值（降低 70%～80%左右）。为了防止桩身侧面所涂的沥青在沉桩时被破坏，往往将桩底做得比桩身稍大一些。当桩沉入土中时，在桩身所涂沥青的外侧压注膨润土泥浆，既有利于桩的顺利打入，又可保护桩壁沥青，还可有利于在桩沉入土中后，减少桩侧负摩阻力。

涂层所用沥青要求软化点较低，一般为 50～60 ℃，在 25 ℃时的针入度为 40～70 mm。施工时，将沥青加热至 150～180 ℃喷射或浇淋在桩表面上，喷浇厚度为 6～10 mm 左右。在涂层之前，应将桩表面清洗干净，喷浇时还应注意不要将涂层扩展到需利用桩侧正摩阻力的桩身部分。

近年来，日本对钢桩采用桩身侧面涂 0.5 mm 厚的黏弹性物质，在这种物质的外面涂上 1.5 mm 厚的合成树脂保护层，据介绍采取这种措施的效果很好。另外还有在桩的外面套管，桩与套管之间涂以润滑油，套管起到不让侧面土层的负摩阻力传至桩上的作用，这样可以减少相当一部分负摩阻力。

国外还曾研究钢桩采取电渗法来降低桩侧负摩阻力，它是以桩作为阴极，以桩附近打下的钢管作为阳极，通以直流电后，桩周出现一层水膜，从而可以降低桩侧负摩阻力。据资料介绍，这种方法用于黏质粉土和粉质黏土效果较好，但费用较高。

对于穿过欠固结等土层而支承于坚硬持力层上的灌注桩，可采用以下两种措施之一以降低其负摩阻力。其一是在沉降土层范围内插入比钻孔直径小 5～10 cm 的预制混凝土桩段，预制桩段外围充填稠度较高的膨润土泥浆以形成隔离层。如采用泥浆护壁成孔的情况，可在浇注完下段混凝土后，填入高稠度膨润土泥浆，然后插入预制混凝土桩段。其二是在干作业成桩条件下，将双层筒形塑料薄膜预先置于钻孔沉降土层范围内，然后在其中浇注混凝土，使塑料薄膜在桩身与孔壁之间形成可以自由滑动的隔离层。

第八节 沉井基础

沉井是一种下部无底、上部无盖，用混凝土或钢筋混凝土制成的筒形结构物。沉井属于深基础的一种，以现场浇注、挖土下沉的方式沉入地基。沉井由于断面尺寸大、承载力高而可作为高、大、重型结构物的基础，如桥墩；它也可以作为经常受波浪冲击的建筑物的基础，如防波堤的堤头、船坞的坞口等；此外，它还可以作为在深厚软基上修建的水闸或泵站的基础；沉井由于内部的空间可以利用，所以也是地下建筑物的主要形式。

沉井适用于地基覆盖层弱，持力层相对较深，不能采用天然地基浅基础的情况，这时它可能比其他基础形式更经济，技术上更优越。沉井基础作为一种深基础，对相邻建筑物的影响较小。施工时根据实际情况，先预制或就地浇注成第 1 节井筒。井筒就位后，随着在井内不断挖土，沉井凭借本身自重克服井壁与土层之间的摩擦力及刃脚下土的阻力而不断地下沉，直至达到设计标高。最后，将沉井用混凝土封底。

多年来，国内外对沉井技术进行了多方面的研究，取得了很大进展。1944—1956 年间，日本利用井壁外喷射高压空气的方法，使沉井下沉至 56 m。20 世纪 50 年代以后，利用触变泥浆套来减少沉井井壁与土之间摩阻力的方法，在欧洲得到了普及。在我国，解放以后沉井技术也得到了飞速发展，沉井被广泛应用于大型桥梁的墩台基础、大型设备基础、矿用竖井及地下车站等大型深埋基础和地下构筑物的围壁等。我国长江大桥工程曾成功下沉了一个底面尺寸为 20.2 m×24.9 m 的巨型沉井，穿过的覆盖层厚度达 58.87 m；又如我国第一条黄浦江江底隧道两端的长达数百米的引道工程，也曾采用矩形连续沉井施工，每个沉井长约 20 m，宽约8 m，共有 39 个连续沉井组成。

在下列情况下不宜采用沉井基础：

(1) 土层中含有大孤石、大树干、沉没的旧船和被埋没的旧建筑物等障碍物；

(2) 在地下水下的细砂、粉砂和粉土中，挖井时容易发生流砂现象，使挖土无法继续进行；

(3) 基岩面倾斜起伏大，沉井最后无法保持竖直，或者井底一部分位于基岩，一部分支承于软土，使其受力后发生倾斜。

一、沉井的类型及特点

(一) 按形状分类

1. 按横断面分类

按横断面的形状，沉井可以分为圆形、方形、矩形、椭圆形、马蹄形沉井等。一般方形、矩形断面的沉井制作方便，便于利用内部空间；而圆形、椭圆形断面的沉井承受水、土压力的性能较好，不易产生过大弯矩，而可以使井壁薄一些。为了吸取二者的优点，则可制作成马蹄形或者将边角制作得圆滑一些。

按横断面中的孔数，沉井可分为单孔、单排孔、多排孔沉井，见图 6-19。对于大尺寸沉井，一般做成多排孔，其中的纵横隔墙可以大大提高侧壁的抗水土压力的能力，提高总体刚度；特别是如果施工中沉井偏斜，可以分区开挖进行校正调整。

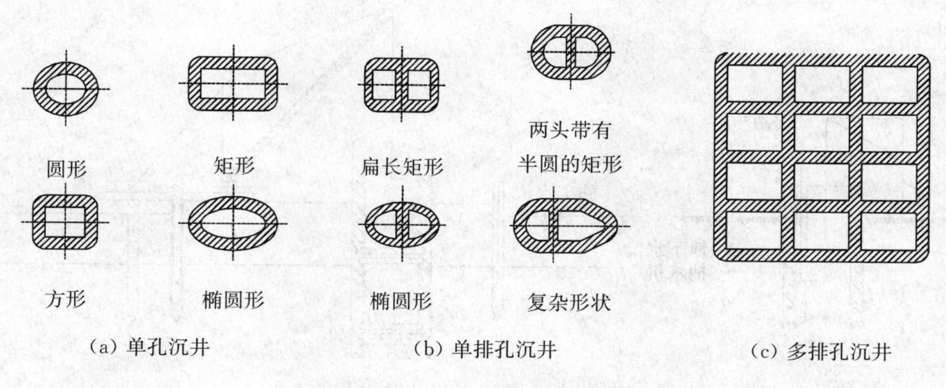

图 6-19　沉井横断面形状

2. 按竖直向剖面分类

按竖直向剖面的不同,沉井可以分为柱形沉井、阶梯形沉井和锥形沉井,见图 6-20。阶梯形沉井井壁的厚度随深度的增加而增加,以抵抗下部较大的水、土压力。井壁外侧做成阶梯形的沉井和锥形沉井能减少侧面的摩阻力,在密实的土中较易下沉,但下沉时的稳定性较差,制作也稍为困难。

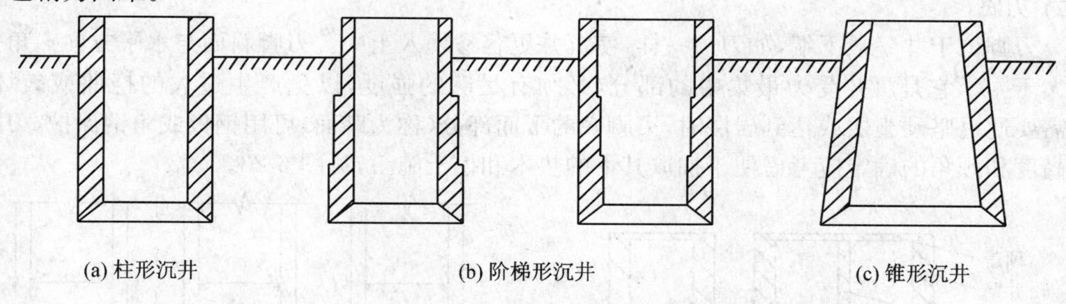

图 6-20　沉井的竖向剖面形式

(二) 按施工方法分类

按施工场地来分,沉井可以从天然地面下沉,也可以从自由水面下沉。从天然地面下沉时,应先清理天然地面,或从天然地面挖一定深度的坑槽,然后从地面或坑槽底挖土下沉沉井。当需要从自由水面下沉时,若水深和流速都不大,可以先在水中填筑人工砂岛,再从砂岛地面下沉;若水深和流速较大,则需采用浮运法,将岸边预先制作好的分节沉井,浮运到下沉地点处预先搭好的支架下,定位下沉。

按井内挖土下沉的方法,又可分为边排水边挖土和水下挖土 2 种情况。当井内渗水量不大时,可以在井底挖沟排水,同时进行井下挖土作业使井身下沉。当渗水量较大时,可采用机械抓斗、吸泥浆等水下开挖方式下沉沉井,与这种方法相配合,常采用水下浇注混凝土封底,见图 6-21。

二、沉井的基本构造

沉井一般由井壁和刃脚 2 个主要部分组成,对于多孔沉井还有内隔墙;为了便于封底,在刃脚之上井筒内侧还留有凹槽,在沉井达到设计高程之后用混凝土封底;最后通常在沉井顶部浇筑顶盖。如图 6-22 所示。

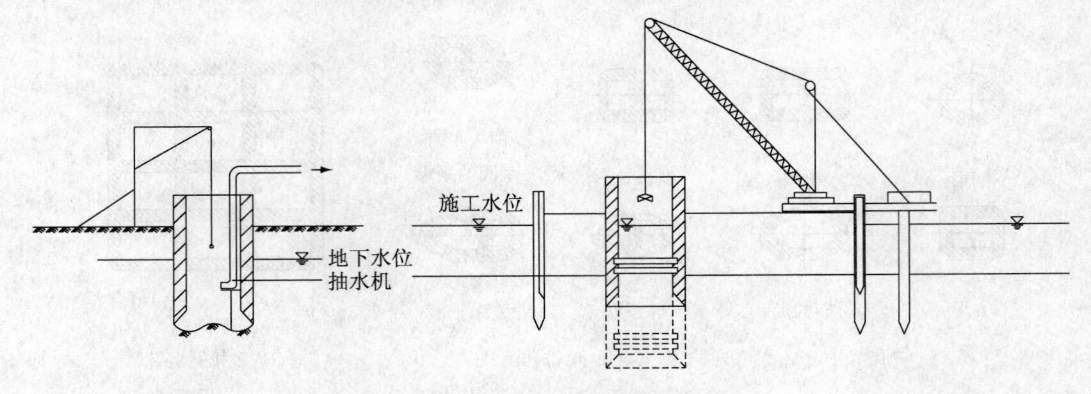

图 6-21 沉井开挖的方法

(一) 井筒

井筒为沉井的外壁,它有两方面的作用:一方面应满足下沉过程中在最不利荷载组合下的受力要求;另一方面也靠井筒的自重使沉井开挖下沉。所以要求它有一定厚度和配筋。其厚度不宜小于 400 mm,一般为 700~1 500 mm,有时可厚达 2 m。

(二) 刃脚

刃脚位于井壁最下端,如刀刃一样,使沉井更容易切入土中。刃脚斜面与水平方向夹角一般大于 45°,它是沉井受力最集中的部分,必须有足够的强度,以免产生过大的挠曲或破坏。当需要通过坚硬土层或达到岩层时,刃脚底的平面部分(称为踏面)可用钢板或角钢保护,刃脚的高度和倾角的确定应考虑便于抽取其下的垫木和挖土施工,见图 6-23。

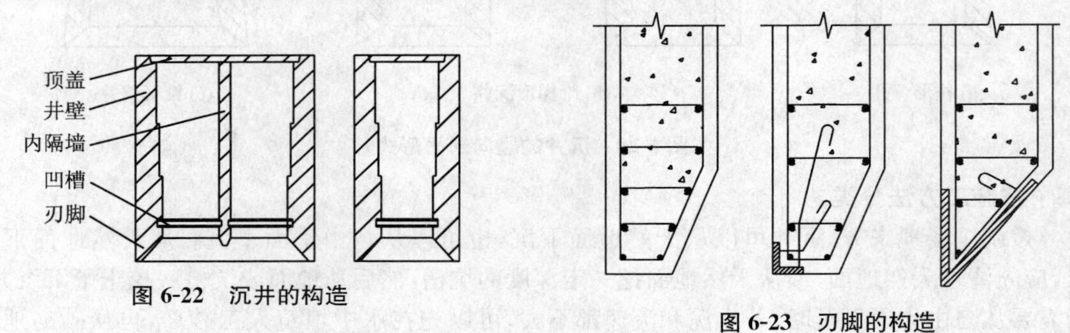

图 6-22 沉井的构造

图 6-23 刃脚的构造

(三) 内隔墙

内隔墙可将沉井分为若干挖土小间,便于分区挖土,以防止或调整沉井的倾斜;同时它也加大了井的刚度,减少井壁的弯矩。一般厚度为 0.5~1.2 m,间距不超过 5~6 m。内隔墙的墙底应比刃脚高 0.5 m 以上,以免妨碍沉井下沉。

(四) 凹槽

凹槽位于刃脚上部、井壁内侧,它是为了便于使井壁与封底混凝土能够很好地联结而设置的,它可以使封底下面的反力传递到井筒上。凹槽高约 1 m,深度为 15~30 cm。

(五) 封底

沉井下沉到设计标高以后,在刃脚的踏面到凹槽之间浇注混凝土,形成封底。封底可以防止地下水涌入井内,也可通过封底将上部荷载传递到地基土中。

(六) 顶盖

沉井封底以后，在沉井顶部常需浇筑钢筋混凝土顶盖板，以承托上部结构物，厚度一般为1.5～2.0 m。

三、沉井的施工

(一) 沉井的施工流程

沉井施工的流程见图 6-24。

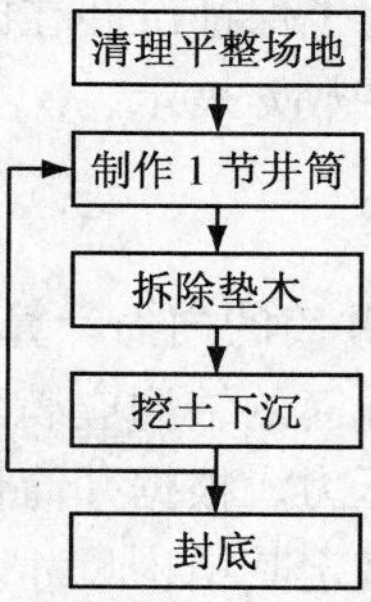

清理平整场地 → 制作 1 节井筒 → 拆除垫木 → 挖土下沉 → 封底

图 6-24　沉井施工流程

(二) 沉井施工中常遇到的问题及其处理

1. 难沉问题

当沉井下沉过慢或者不沉时，可根据具体原因采用加高井筒、施加压重、用水管射水冲刷、在井筒与土间添加泥浆或用其他润滑剂等措施。如果难沉是由于障碍物造成的，则用人工排除或采用小型爆破消除。

2. 沉偏问题

在施工中应现场测量沉井的位移与下沉，如果发现倾斜和水平偏移，可通过控制挖土、射水或用钢缆板拉等方法纠偏。

3. 突沉问题

在软土地基中沉井施工常常会发生沉井突然下沉，在其下沉到接近设计标高时，更应防止因此造成的超沉。控制办法是：均匀挖土，不宜开挖过深。在设计中考虑加大刃脚的阻力。

四、沉井的设计计算

(一) 基础承载力计算

作用在沉井上的力系如图 6-25 所示。沉井作为深基础，它应满足如下承载力要求：

$$F + G \leqslant R_b + R_s \tag{6-47}$$

式中：F 为沉井顶面作用的竖向力，kN；G 为沉井的自重，kN；R_b 为沉井底部地基土的承载能力，kN；R_s 为沉井侧壁的总摩阻力，kN。

R_b 和 R_s 可根据地基承载力的特征值 f_a 和井壁摩阻力的特征值 q_s 计算。

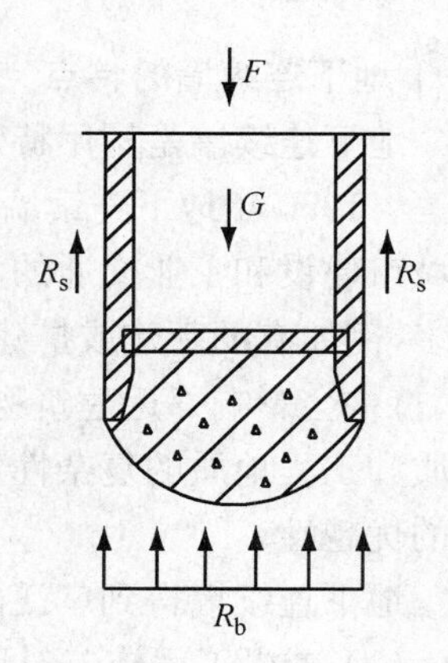

图 6-25　作用在沉井上的力

(二) 抗滑移和抗倾覆稳定性验算

位于江河湖海等岸边的沉井，井前常常开挖，造成水平压力不均匀，此时应验算沉井的抗滑移和抗倾覆稳定性。

1. 抗滑移稳定性验算

$$\gamma_0 P_{E1} \leqslant \frac{1}{\gamma_d}(P_{E2} + Q_f) \tag{6-48}$$

式中：P_{E1} 为沉井后主动土压力设计值，kN；P_{E2} 为沉井前被动土压力设计值，kN；Q_f 为底面摩阻力设计值，kN；γ_0 为结构重要性系数；γ_d 为结构系数，无波浪作用取 1.0，有波浪作用取1.1。

2. 抗倾覆稳定性验算

$$\gamma_0 P_{E1} h_{E1} \leqslant \frac{1}{\gamma_d}\left(P_{E2} h_{E2} + G\frac{B}{2}\right) \tag{6-49}$$

式中：h_{E1} 为 P_{E1} 作用点距井底高度，m；h_{E2} 为 P_{E2} 作用点距井底高度，m；B 为沉井宽度，m；G 为沉井自重设计值，kN。

(三) 沉井下沉要求

为了保证沉井在施工时能顺利下沉，要求在施工阶段满足下沉力大于摩阻力的要求，可用下沉系数 k 表示。

$$k = \frac{G}{R_s} \geqslant (1.15 \sim 1.25) \tag{6-50}$$

(四) 井筒的内力计算

井筒的结构应满足在最不利条件下，抵抗产生的内力。其中最大问题在于计算井筒上的水土压力。根据井筒作用的水土压力计算井筒及刃脚上的内力，按照钢筋混凝土结构计算和设计确定其结构尺寸及配筋等。关于井筒内力的具体计算方法本教材不作详细介绍，请读者参阅相关设计规范。

(五) 沉井抗浮验算

沉井封底以后，应按可能出现的地下水位验算抗浮稳定。在不计井壁摩阻力的情况下，抗浮安全系数可采用 1.05。不满足这一要求，可加大沉井重量，设置抗浮桩和锚杆等。

第九节 地下连续墙

一、概述

(一) 地下连续墙的特点

地下连续墙是利用特殊的挖槽设备在地下构筑的连续墙体，常用于挡土、截水、防渗和承重等。1950 年地下连续墙首次应用于意大利米兰的工程，在近五十年来得到了迅速发展。随着城市建设和工业交通的发展，地铁、高程建筑、桥梁、码头护岸、干船坞、大型地下设施等日益增多，例如有的新建或扩建地下工程邻街或与现有建筑物相邻连接；有的工程由于地基比较松软，打桩会影响邻近建筑物的安全和产生噪声；还有的工程由于受环境条件的限制或由于水文地质和工程地质的复杂性，很难设置井点降水等。对于这些场合，采用地下连续墙支护具有明显的优越性。

地下连续墙得到广泛的应用与发展，其具有如下优点：

(1) 减少工程施工对环境的影响。施工时振动少，噪声低，能够紧邻相邻的建筑物及地下管线施工，对沉降及水平变位较易控制。

(2) 地下连续墙的墙体刚度大、整体性好，结构和地基的变形都较小，既可用于超深围护结构，又可用于主体结构。

(3) 地下连续墙为整体连续结构，加上现浇墙壁的厚度一般不小于 60 cm，钢筋保护层较大，耐久性好，抗渗性能也较好。

(4) 可实行逆作法施工，有利于施工安全，加快施工速度，降低造价。

地下连续墙也有自身的缺点和尚待完善的方面，主要有：

(1) 弃土及废泥浆的处理。除增加工程费用外，若处理不当，会造成新的环境污染。

(2) 地质条件和施工的适应性。地下连续墙最适应的地层为软塑、可塑的黏性土层。当地层条件复杂时，会增加施工难度和影响工程造价。

(3) 槽壁坍塌。地下水位急剧上升、护壁泥浆液面急剧下降、有软弱疏松或砂性夹层、泥浆的性质不当或已经变质、施工管理不当等，都可引起槽壁坍塌。槽壁坍塌，轻则引起墙体混凝土超方和结构尺寸超出允许的界限，重则引起相邻地面沉降、坍塌，危害邻近建筑和地下管线的安全。

(二) 地下连续墙的适用条件

地下连续墙是一种比钻孔灌注桩和深层搅拌桩造价昂贵的结构形式，其在基础工程中的适用条件为：①基坑深度不小于 10 m；②软土地基或砂土地基；③在密集的建筑群中施工基坑，对周围地面沉降、建筑物的沉降要求须严格限制时，宜用地下连续墙；④围护结构与主体结构相结合，用作主体结构的一部分，对抗渗有较严格要求时，宜用地下连续墙；⑤采用逆作法施工，内衬与护壁形成复合结构的工程。

(三) 地下连续墙的分类

地下连续墙按其填筑的材料，分为土质墙、混凝土墙、钢筋混凝土墙（现浇和预制）和组合墙（预制钢筋混凝土墙板和现浇混凝土的组合，或预制钢筋混凝土墙板和自凝水泥膨润土泥浆的组合）；按其成墙方式，分为桩排式、壁板式、桩壁组合式；按其用途，分为临时挡土墙、防渗墙、用作主体结构兼做临时挡土墙的地下连续墙。

二、地下连续墙的施工要点

地下连续墙的施工顺序见图 6-26。

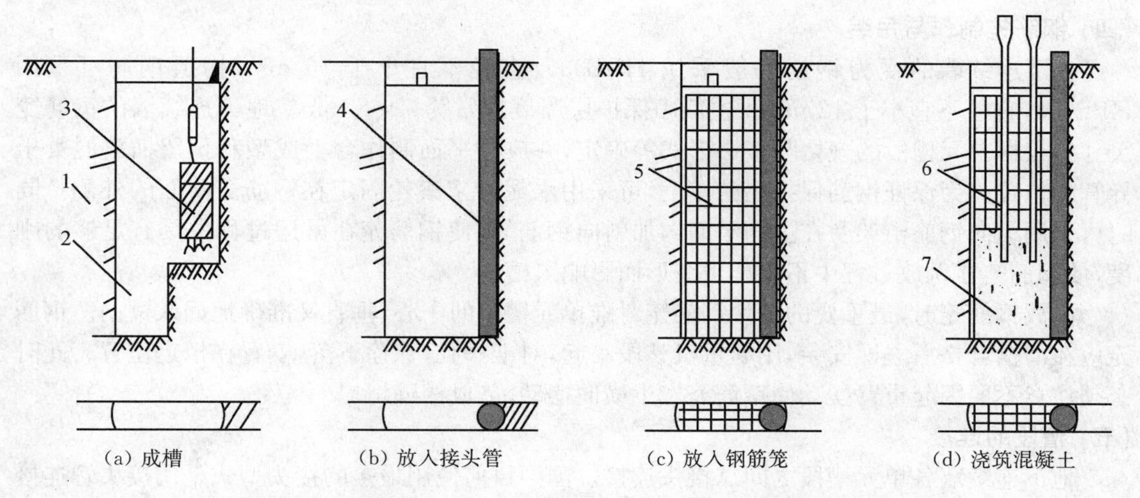

图 6-26　地下连续墙的施工顺序示意图

(一) 修筑导墙

地下连续墙施工的第一道工序是修筑导墙，以此保证开挖槽段竖直，并防止挖土机械上下运行时碰坏槽壁。位于地下连续墙的两侧，深度一般为 1～2 m，顶面略高于施工地面，以防止雨水流入槽内稀释及污染泥浆。地下连续墙两侧导墙的内表面应竖直,内表面之净距为地下连续墙的设计厚度加施工余量,一般为 40～60 cm。导墙一般采用现浇钢筋混凝土结构,配筋通常为 $\phi12\sim\phi14$@200,混凝土采用 C20。拆模后,应立即在导墙之间加设支撑。

(二) 成槽

开挖槽段是地下连续墙施工中的关键工序。槽段的宽度依地下连续墙的厚度而定,一般为 45～100 cm。槽段长度根据地质情况、工地起重机能力、混凝土供应能力、能够连续作业的时间及周围场地环境而定。成槽机械可用冲击式钻机、液压抓斗、液压铣槽机等。采用多头钻机开槽时,每段槽孔长度为 6～8 m;采用抓斗或冲击钻时,每段槽孔长度还可更大。施工时,沿地下连续墙长度分段开挖槽孔。挖土机械,国外用液压抓斗为多,如英国的履带吊车液压抓斗机,抓斗机的液压为 18 MPa,这种抓斗适用于开挖深度为 8～15 m 的工程。一般选取单元槽段开挖长度为 6 m 时,用三段式开挖,即可开出平正的槽性孔,这种方法可以提高质量,加快进度。

(三) 泥浆护壁

在地下连续墙成槽过程中,槽壁保持稳定不坍塌的主要原因是由于槽内充满由膨润土或细黏土做成的不易沉淀的泥浆,泥浆起到护壁作用。泥浆的比重大于地下水的比重,通常泥浆的液面保持高出地下水位 1 m,因此泥浆的液柱压力足以平衡地下水、土压力,成为槽壁土体的一种液态支撑。此外,泥浆压力使泥浆渗入土体孔隙,填充其间,在槽壁表面形成一层组织致密、透水性很小的泥皮,维护了槽壁的稳定。

在施工期间,槽内泥浆面必须高于地下水位 0.5 m 以上,且不应低于导墙顶面 0.3 m;泥浆的主要原料是膨润土,泥浆比重控制在 1.05～1.25 之间,黏粒含量大于 50%,含砂量小于 4%,胶体率大于 98%,pH 值 7～9,泥皮厚度 1～3 mm/min。由泥浆搅拌机搅拌,可循环使用。

(四) 钢筋笼制作与吊装

地下连续墙的受力钢筋一般采用 HRB335,直径不宜小于 16 mm,构造钢筋可采用 HPB235,直径不宜小于 12 mm。主筋净保护层厚度通常为 7～8 mm。地下连续墙的钢筋笼尺寸应根据单元槽段的规格与接头形式等确定,并应在平面制作台上成型和预留插放混凝土导管的位置。为保证钢筋保护层的厚度,可采用水泥砂浆滚轮固定在钢筋笼两面的外侧。同时可采用纵向钢筋桁架及在主筋平面内加斜向钢筋等,使钢筋笼在吊运过程中具有足够的刚度,使钢筋笼在调放过程中不会产生变形而影响入槽。

吊放钢筋笼时,最重要的是使钢筋笼对准单元槽段的中心,垂直又准确地插入槽内。钢筋笼应在清槽合格后立即安装,用起重机整段吊起,对准槽孔,徐徐下落,安置在拟定位置。此时必须注意不要因起重臂摆动使钢筋笼产生横向摆动,造成槽壁坍塌。

(五) 槽段的连接

地下连续墙各单元槽段之间靠接头连接。国内目前使用最多的接头型式是用接头管连接的非刚性接头。单元槽段内土体被挖除后,在槽段的一端先吊放接头管,再吊入钢筋笼,浇注混凝土,然后逐渐将接头管拔出,形成半圆形接头。接头通常要满足受力和防渗要求,应既能承受混凝土的压力,又要防止渗漏,并且施工要简单。

在浇注混凝土的过程中,须经常转动及提动接头管,以防止接头管与一侧混凝土固结在一起。当混凝土已凝固,不会发生流动或坍塌时,即可拔出接头管。

(六) 混凝土浇筑

槽段中的接头管和钢筋笼就位后,用导管法浇筑混凝土。导管埋入混凝土内的深度在1.5～6.0 m。一个单元槽段应一次性浇筑混凝土,直至混凝土顶面高于设计标高 300～500 mm为止。混凝土配合比要求水灰比不大于 0.6,水泥用量不少于 370 kg/m³,塌落度控制在 18～20 cm,扩散度控制在 34～38 cm。混凝土的细骨料为中、粗砂,粗料为粒径不大于40 mm的卵石或碎石。

总之,地下连续墙的施工顺序为修筑导墙,开挖单元槽段,放置接头管,吊放钢筋笼,浇注混凝土,拔出接头管,重复上述步骤,完成整体地下连续墙施工。

图 6-27 为某工程地下连续墙的现场施工照片。

(a)修筑好的导墙

(b)铣槽机

(c)吊放钢筋笼

(d)接头管

(e)开挖槽段

图 6-27　某工程地下连续墙的现场施工照片

习题六

1. 桩基础适用于哪些工程条件?
2. 按使用功能分,桩可以分为哪几类?
3. 单桩竖向极限承载力应如何确定?
4. 对于竖向承压桩,其桩侧阻力和桩端阻力是如何发挥的?
5. 单桩水平承载力的影响因素有哪些? 单桩水平极限承载力如何确定?
6. 什么是弹性抗力法? 其水平抗力系数确定方法有哪几种?
7. 什么是群桩效应? 其评价指标有哪些?

8. 试述桩基础设计的主要步骤。
9. 试述群桩基础的沉降计算方法。
10. 何谓桩的负摩阻力、中性点？产生负摩阻力的情况有哪些？
11. 试述沉井基础有哪些类型。
12. 试述沉井基础的施工流程。沉井施工中经常会遇到哪些问题？如何处理这些问题？
13. 地下连续墙的工作及技术应用特点有哪些？
14. 简述地下连续墙的施工要点。
15. 某钢筋混凝土预制桩直径为400 mm，桩长10 m，穿过的地基土第一层为黏土，厚1.5 m，极限摩擦力标准值$q_s=42$ kPa；第二层为粉土，厚7 m，$q_s=50$ kPa；第三层为中砂，厚8 m，$q_s=60$ kPa，极限端阻力标准值$q_p=6\ 200$ kPa。按经验参数法确定此桩竖向极限承载力标准值Q_{uk}。
16. 某钢筋混凝土预制方桩，桩顶自由，桩顶水平荷载$H_0=15$ kN，力矩$M_0=20$ kN·m，桩顶容许水平位移$[x_0]=1$ cm，桩截面边长$b=50$ cm，桩长$l=10$ m，桩身混凝土C15，$E=17.6\times10^6$ kN/m^2，桩周土为密实老填土。求桩身最大弯矩和单桩水平承载力设计值。

第七章　港口与海洋工程基础

第一节　概述

辽阔的海洋约占地球表面的71%，是一个富饶又未得到充分开发的宝库，蕴藏着丰富的能源资源。面对人口急剧膨胀、陆地资源日益枯竭、环境不断恶化这3个大问题，人类把解决问题的希望寄托于海洋。21世纪是海洋资源开发的新世纪，世界各国都把开发海洋、发展海洋经济和海洋产业作为国家发展的战略目标。20世纪80年代以来，美、英、日、法、德等国相继制订了海洋科技发展计划，提出了优先发展海洋高技术的战略决策。1985年，美国率先制订《全球海洋发展战略与规划》，英国海洋科技协调委员会发表《90年代英国海洋科技发展报告》，日本政府制订了《面向21世纪海洋开发推进计划》。发达国家已拉开了加速海洋开发和竞争的帷幕，海洋成为国际竞争的重要领域。我国"九五"期间，国家"八六三"高技术计划海洋领域项目正式启动，标志着我国进入了国际开发海洋的行列。

在浅海地区，码头、防波堤、护岸、人工岛等是最为常见的海上工程设施，重力式结构是浅海地区海上工程设施最为常用的结构形式之一，由于承受的上部荷载较大，且风、波浪、水流等环境荷载复杂，重力式建筑物的尺寸一般较大，依靠其自身重力和内部填料的重力(大直径圆筒、沉箱等)来保持其水平抗滑和抗倾覆稳定性。重力式建筑物采用的基础类型较多，本章将重点讲述应用较广的抛石基床、大直径圆筒结构、沉箱等结构形式。

自1947年墨西哥Coulssana海域建造第一座钢质海洋石油开采平台以来，随着海洋油气资源开发规模的发展，世界上已建造有近6 000座海洋石油开采平台。除传统的重力式结构外，为适应深海油气田的开发，各种新式的海洋平台结构不断应运而生。新的海洋平台结构的应用对海洋平台的基础形式提出了新的挑战，考虑到海洋平台的水深条件和海洋工程地质条件的复杂性(存在大量工程性质不良的软土地基和可液化砂土地基)，除了应用传统的重力式基础和桩基础外，海洋工程新型基础形式不断得到应用。本章最后将介绍目前海洋平台设计中应用较广的几种新型基础形式。

第二节　抛石基床

一、抛石基床的作用及类型

抛石基床是重力式码头和重力式防波堤中广泛应用的一种基础形式。抛石基床的作用有以下几个方面：①用以置换原有软弱土层，以提高地基承载能力；②使上部结构传来的荷载均匀地传至地基，以满足变形和稳定的要求；③充分利用抛石基床的透水性，减小建筑物前后的水位差，避免渗流力的发生；④保护地基免受波浪和水流的淘刷。

抛石基床按顶面设置位置的不同可分为暗基床、明基床和混合基床3种。基床顶面设置于地表以下时称为暗基床，基床顶面设置于地表以上时称为明基床，兼有上述2种情况者称为混合基床，如图 7-1 所示。

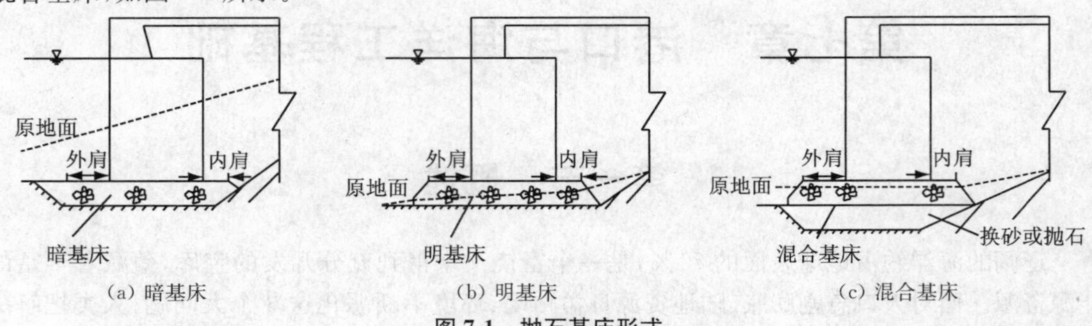

图 7-1 抛石基床形式

暗基床适用于原地形水深小于结构物设计水深的情况，明基床适用于原地形水深大于结构物设计水深的情况，混合基床则适用于原地形水深大于结构物设计水深且地基条件较差的情况。工程中使用较多的是混合基床。

二、抛石基床的设计与施工

(一) 抛石材料的选择

抛石基床由块石构成。在选择块石时，不仅要满足在波浪水流作用下的稳定性，而且应便于开采、运输、抛填和夯实，并有适当的级配。抛石基床块石的重量一般在 10～100 kg。

石料应尽量采用硬质的，其饱水抗压强度对于夯实基床不低于 50 MPa，对于不夯实基床不低于 30 MPa；石料不成片状、未风化和无严重裂纹。

在建造抛石基床时，为防止块石陷入地基，可在抛石基床底部铺设一定厚度的碎石、砾石垫层；为防止波浪冲刷带走块石，可用重量较大的块石做护面。对防波堤等可能受到较大波浪力的建筑物的基床，还可在块石护面处覆盖较大重量的人工混凝土块体。

(二) 基槽的开挖

基槽开挖与地基条件、建筑物形式、所受荷载和施工条件有关。

对于暗基床而言，由于基床整个在基槽内，基槽的底宽不应小于建筑物底宽与 2 倍基床厚度之和，这样有利于应力的扩散。对于墙后有填土的码头，基槽底的前边线距墙前趾不宜小于 1.5d(d 为基床厚度)，后边线距后趾不应小于 0.5d，如图 7-2(a)所示。对于不受土压力的码头，由于水平荷载是暂时的，故对地基承载力影响较小，在确定基槽底边线位置时，可不考虑水平荷载的影响，基槽底边线距前后趾的距离相等，不宜小于 d，如图 7-2(b)所示。

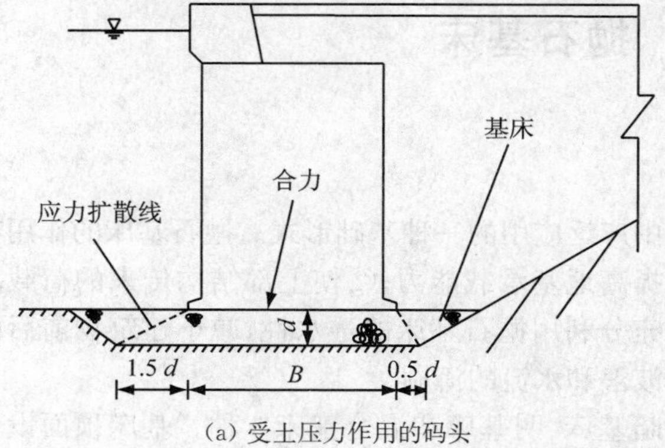

(a) 受土压力作用的码头

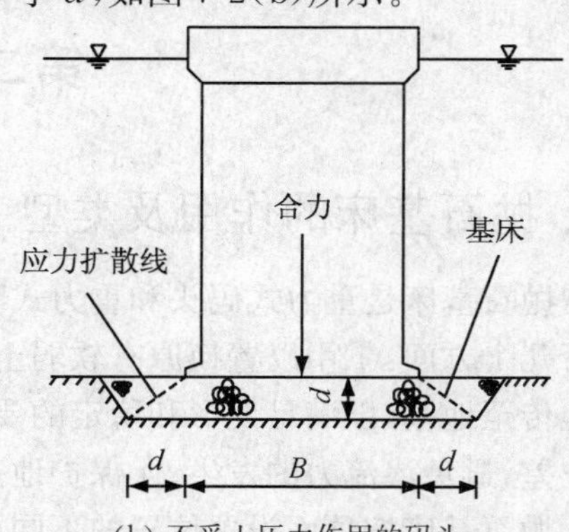

(b) 不受土压力作用的码头

图 7-2 基槽底宽的确定

基槽边坡的坡度视土质情况而定。当基槽位置靠近岸边时,需要开挖岸坡,这时边坡的坡度应根据施工时稳定计算确定。如基槽在已有建筑物附近时,应注意开挖不得危及已有建筑物的稳定。在施工中,需预先对超挖的容许范围及处理方法提出明确要求。

在以除去淤泥层或其他软土层为目的的基槽开挖中,可不事先确定基槽开挖深度,而将开挖结果与设计结合起来进行施工。在抛到符合要求的地基表面时,即可进行换砂,而后在换砂层上再造抛石基床。

基槽开挖完毕与基槽回填之前,有时会产生回淤。因此在施工前应对基槽情况有所了解,确定有无淤泥,若存在淤泥应加以清除,然后再进行全面施工。

(三) 基床的厚度与宽度

1. 基床的厚度

基床的厚度应根据地基承载力要求由计算确定。一般来说,基床的最小厚度应使基床底面的最大应力小于原地基土承载力的设计值,可近似地按式(7-1)进行计算。

$$d_{\min}=\frac{2[R]-\gamma_s B}{4\gamma_s}-\sqrt{\left(\frac{\gamma_s B-2[R]}{4\gamma_s}\right)^2-\frac{B}{2\gamma_s}(\sigma_{\max}-[R])} \qquad (7\text{-}1)$$

式中:$d_{\min}$为基床的最小厚度,m;$[R]$为地基承载力的设计值,kPa;γ_s为基床抛石的水下重度的标准值,kN/m^3;B为码头实际受压宽度,m;$\sigma_{\max}$为基床顶面最大应力的标准值,kPa。

若基床顶面应力不大于地基承载力,抛石基床只是为了整平基面或防止水流对地基土的淘刷,则其厚度可以相应减小,但不宜小于0.5 m。

当基床所需厚度较大,且当地砂料比石料便宜时,可用换砂基床。但抛砂的顶面仍应有厚度不小于1.0 m的块石,并进行夯实。换砂基床一般适用于暗基床。对于地震地区,必须考虑砂基液化的问题,故应进行相应的取样分析。

2. 基床的宽度

基床的宽度与地基应力及扩散情况有关,一般根据码头高度和基床厚度确定。基床的肩宽,特别是外肩,应具有一定的宽度,以保证基床的稳定性。当无特殊要求时,一般可取1～3 m。在无掩护地区,风浪较大或码头前沿流速较大的情况下,应适当加宽肩宽,并放缓边坡。对于夯实基床,由于打夯范围和打夯容易造成溜肩的情况,肩宽不宜小于2.0 m,对不打夯基床,肩宽不应小于1 m。

(四) 基床的密实度

为使抛石基床紧密,减少建筑物在施工和使用时的沉降,我国水下施工的抛石基床一般进行重锤夯实。重锤夯实的作用为:①破坏块石棱角,使块石相互挤密;②使与地基接触的一层块石嵌进地基土内。当地基为松散砂基或采用换砂处理时,对于夯实的抛石基床底层设置约0.3 m厚的2片石垫层,以防基床块石打夯振动时陷入砂层内。

现在也开始使用爆炸夯实法,通过埋在抛石基床内的炸药爆炸时产生的振动波使抛石基床密实。对于中小码头,基床是否进行夯实处理,可根据地基情况、基床厚度、使用要求和施工条件酌定。例如,根据施工经验,在墙高小于10 m,基床厚度小于1.5 m和地基为岩基或砂基的情况下,当施工条件困难时,抛石基床也可不夯实,而事先预留抛石基床的沉降量。

(五) 抛石基床的预留沉降量及倒坡

为了弥补上部结构完工后可能引起的沉降,抛石基床的顶面要比设计值高,高出的这一部分称为预留沉降量。对于夯实的基床,预留沉降量的值可按地基沉降量的值确定;对于不夯实的基础，除了地基沉降量以外，还应预留基床本身在受力后的压缩沉降量。基床压缩沉降量 Δ 按式(7-2)估算：

$$\Delta = \alpha_k pd \tag{7-2}$$

式中：α_k 为抛石基床的压缩系数，一般取 0.000 5 m^2/kN；d 为基床厚度，m；p 为建筑物使用期间最大平均基底压力，kN/m^2。

重力式码头在墙后主动土压力的作用下，其前趾的地基压力往往大于后踵的地基压力，不均匀沉降使码头向临水一侧倾斜；为避免出现这种情况，施工时在基床顶面预留向墙里侧倾斜的倒坡，其坡度应根据地基土性质、基床厚度、基底压力分布、墙身结构形式、荷载和施工方法等因素确定，一般取 0～1.5%。

三、基床和地基的承载力验算

(一) 基床承载力验算

基床承载力验算式如下：

$$\gamma_0 \gamma_\sigma \sigma_{max} \leqslant \sigma_\gamma \tag{7-3}$$

式中：γ_0 为结构重要性系数，一般取 1.0；γ_σ 为基床顶面最大应力分项系数，可取 1.0；σ_γ 为基床承载力设计值，kPa。

基床承载力设计值一般取 600 kPa。对于受波浪作用的墩式建筑物或地基承载能力较高(如地基为岩基)时，可酌情适当提高取值，但不应大于 800 kPa。重力式码头的墙身刚度一般很大，基床顶面应力可按直线分布，按偏心受压公式计算，对于矩形墙底，可按式(7-4)计算，计算图式如图 7-3 所示。

$$\sigma_{min}^{max} = \frac{V_k}{B}\left(1 \pm \frac{6e}{B}\right) \tag{7-4}$$

式中：σ_{min} 为基床顶面的最小应力标准值，kPa；B 为墙底宽度，m；V_k 为作用在基床顶面的竖向合力标准值，kN/m；e 为墙底面合力标准值作用点的偏心距，m，$e=B/2-\xi$；ξ 为合力作用点与墙前趾的距离，m，$\xi=(M_R-M_0)/V_k$；M_R，M_0 分别为竖向合力标准值和倾覆力标准值对墙底前趾的稳定力矩和倾覆力矩，kN·m/m。

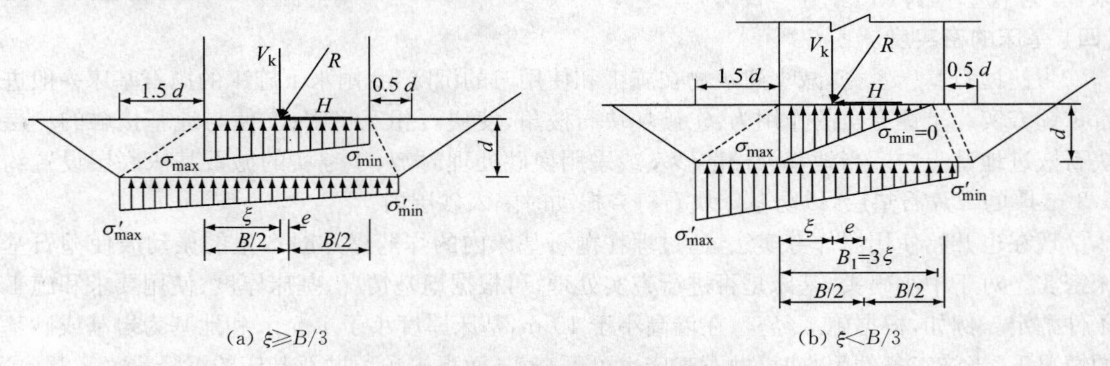

(a) $\xi \geqslant B/3$ (b) $\xi < B/3$

图 7-3 基底应力和地基应力计算图式

当 $\xi < B/3$ 时，σ_{min} 将出现负值，即产生拉应力。但墙底和基床顶面之间不可能承受拉应力，基底应力将重分布。根据基底应力的合力和作用在建筑物上的垂直合力相平衡的条件，得

$$\left.\begin{aligned}\sigma_{\max} &= \frac{2V_{\mathrm{k}}}{3\xi}\\ \sigma_{\min} &= 0\end{aligned}\right\} \tag{7-5}$$

但在码头墙底宽度上，为了使码头不致产生过大的不均匀沉降，一般要求 $\xi \geqslant B/4$。岩石地基则不受限制，因为岩基基本上是不可压缩的。

(二) 地基承载力验算

基床顶面应力通过基床向下扩散，扩散宽度为 $B_1 + 2d_1$，并按直线分布。基床底面最大、最小应力标准值和合力作用点的偏心距可按式(7-6)计算，计算图式如图 7-3 所示。

$$\left.\begin{aligned}\sigma'_{\max} &= \frac{B_1\sigma_{\max}}{B_1 + 2d_1} + \gamma d_1\\ \sigma'_{\min} &= \frac{B_1\sigma_{\min}}{B_1 + 2d_1} + \gamma d_1\\ e' &= \frac{(B_1 + 2d_1)}{6}\cdot\frac{(\sigma'_{\max} - \sigma'_{\min})}{\sigma'_{\max} + \sigma'_{\min}}\end{aligned}\right\} \tag{7-6}$$

式中：$\sigma'_{\max}$，$\sigma'_{\min}$ 分别为基床底面的最大和最小应力标准值，kPa；γ 为块石的水下重度标准值，$\mathrm{kN/m^3}$；d_1 为抛石基床的厚度，m；B_1 为墙底面的实际受压宽度，当 $\xi \geqslant B/3$ 时，$B_1 = B$，当 $\xi < B/3$ 时，$B_1 = 3\xi$；e' 为抛石基床底面合力作用点的偏心距，m。

地基承载力能否满足要求，可按《港口工程地基规范》(JTS 147—1—2010)的规定进行验算。

第三节　大直径圆筒结构

大直径圆筒是直径与高度之比(简称径高比)较大(通常在 0.5 以上)、厚度与直径之比(简称厚径比)较小(一般小于 0.03)的大直径薄壁结构，常用钢筋混凝土材料制作，具有拱结构的受力特点。它一般无底，不设内隔墙，依靠自身重力和其内部填料一起来承受外荷载，保持结构的稳定。

这种结构 20 世纪 50 年代始于法国，当时法国用 9 m 直径的钢筋混凝土圆筒建造了 308 m的帕斯基那爱尔曼码头。前苏联在 20 世纪 60 年代中期开始应用；20 世纪 70 年代初逐渐被英国、加拿大、日本等国所采用；20 世纪 80 年代初，这种结构形式开始传入我国，如广东南沙联合码头下游段、天津港北防波堤延伸段增高段、广西防城港 8 号泊位 3 万吨级散粮码头及秦皇岛热电厂海滨围堤工程等都采用了这种结构形式。此外，大直径圆筒结构还适用于防波堤、施工围堰、护岸等建筑物。

一、大直径圆筒结构的类型

大直径圆筒结构按其基础形式的不同大致可分为：

(1) 基床式(坐床式)：该形式系直接将薄壳圆筒设置于抛石基床上，一般在基础底面附近不深处有较硬土层，当直接放置圆筒、其承载力又不足时多采用该种形式，如图 7-4(a)所示。

(2) 浅埋式：圆筒的埋置深度为筒高的 0.15～0.30 倍时，称为浅埋式。当地基为岩基或基础底面不深处有承载力足够的硬土层时，可在开挖基槽后将薄壳圆筒埋入或直接插入硬土层，如图 7-4(b)所示。

(3) 深埋式(插入式):当基础底面以下有较软土层时,可将圆筒通过软土直接插入持力层,这种形式称为深埋式,如图 7-4(c)所示。深埋式结构可以不做抛石基床,利用其本身作为基础。

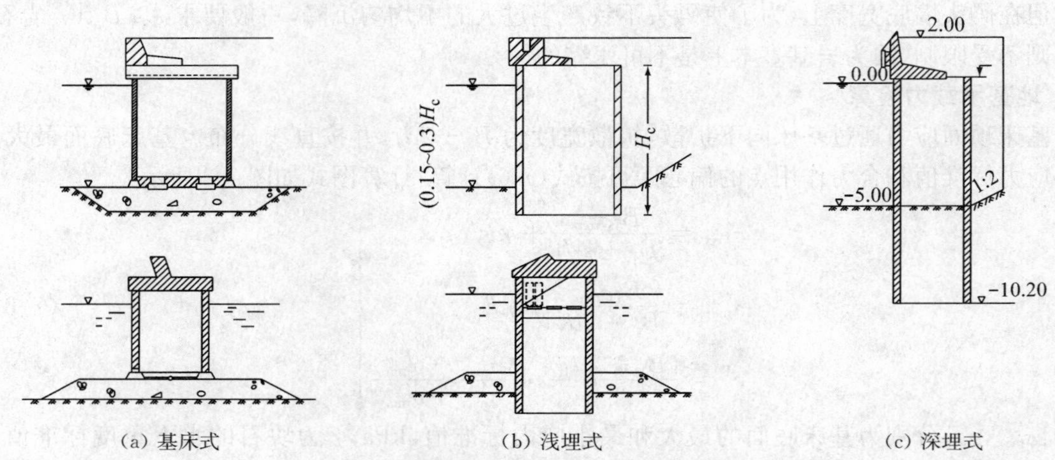

图 7-4 大直径圆筒结构的基本类型(高程单位:m)

此外,根据圆筒的断面形式可划分为圆形、椭圆形和多边形圆筒;根据圆筒的制造方法可划分为整体预制、分体预制和现场浇注等形式;根据圆筒的平面布置可分单排式、双排式和多排式。单排式使用较多;只有在深水码头,环境条件较差,受构件、设备条件限制或有码头使用的要求时(如使用宽度较大的突堤式码头时),才使用双排式或多排式方案。

二、大直径圆筒的构造

大直径圆筒的主要技术指标是直径、高度和厚度。

圆筒的直径一般根据建筑物的稳定性和地基承载力由计算确定,但也要考虑施工条件和构造要求。根据工程设计和施工经验,一般为 5~20 m。

圆筒的壁厚由强度和抗裂计算确定,并要满足构造要求和施工条件,一般为 30~40 cm。圆筒直径较大时,壁厚也相应加大。对于从设计低水位到圆筒顶端一段的筒壁,当承受船舶作用力或筒顶设置轨道梁时,可适当加厚,形成加强圈梁,其厚度不宜小于 45 cm,高度不宜小于 50 cm。在临水面安装护舷范围内的表面做成平面,其厚度不宜小于 70 cm,如图 7-5 所示。

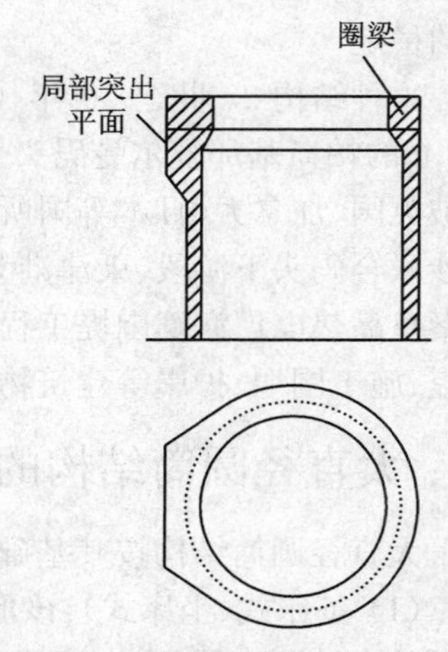

图 7-5 加强圈梁和局部突出平面示意图

圆筒的高度取决于筒顶和筒底高程。当圆筒重量较大、起重设备能力不够时,圆筒可沿高度分节预制和吊装。

对于基床式大直径圆筒结构,为减少筒壁底部地基应力,可在筒底设置趾脚,内趾采用圆环形,外趾采用折线形,如图 7-6 所示。内外趾长度应考虑到筒壁底部的受力状态,使之不会由于过大的力矩而发生破坏,一般采用 0.5~1.0 m,且两者不宜相差过大。内外趾的设置也有利于提高建筑物的抗滑和抗倾稳定性。

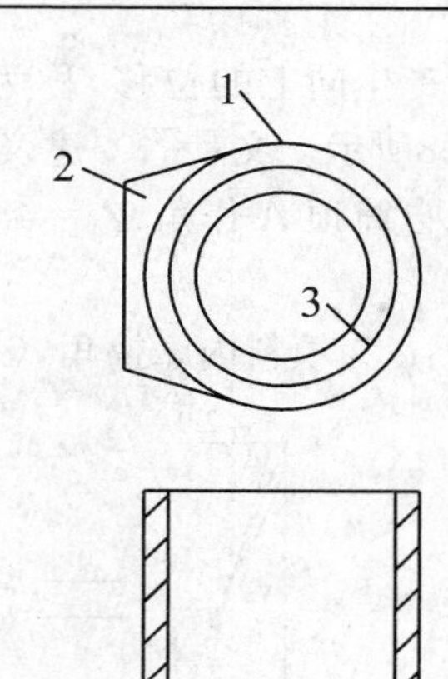

图 7-6　内趾和外趾平面、剖面图

圆筒内的填料应选用当地价格便宜的材料，一般选用天然级配较好的砂和石料。采用砂料填充时，宜振冲密实；底部宜设混合石料倒滤层，厚度不宜小于 0.6 m。在相邻圆筒之间一般会有较大的缝隙，为防止墙后填料漏失，应采取堵缝措施。如墙后用块石回填，可在两筒缝隙的后面放置预制的梯形断面混凝土或钢筋混凝土堵缝条；如墙后回填细颗粒填料，一般采用水下浇注混凝土堵缝。

三、大直径圆筒结构地基的破坏形式

大直径圆筒的刃脚处，由于刚性较大，容易产生应力集中，而使其下部土体较快地进入塑性变形状态，圆筒将产生前倾和下沉，这种位移将带动内部填料随筒壁向下移动，使填料进一步压实，尤以上部填料表现最为明显。随着荷载的增加，圆筒前沿的塑性区进一步扩大，并向外逐渐扩展至地面形成滑移区，向内侧则对填料下部产生向上的挤压区，此挤压力使填料进一步压密，同时约束了该区域的塑性变形。若荷载继续增加，则圆筒下地基土形成明显的滑移区，圆筒前沿土体会局部隆起，筒体后回填区则出现明显的破坏棱体。此时圆筒产生较大的水平位移和沉降，地基土体进入整体破坏阶段，这一过程如图 7-7 所示。

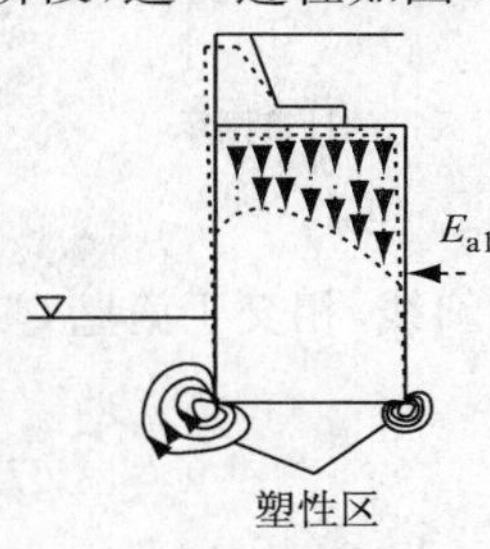

(a) 薄壳圆筒刃脚下土体的局部闭合塑性区

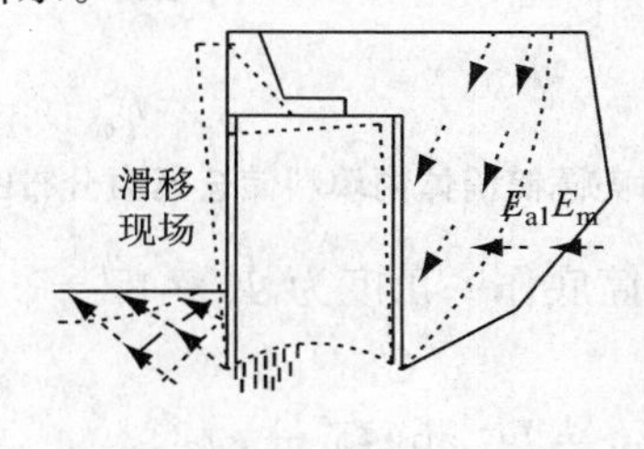

(b) 加载过程中实际可能形成的滑移场和挤压区

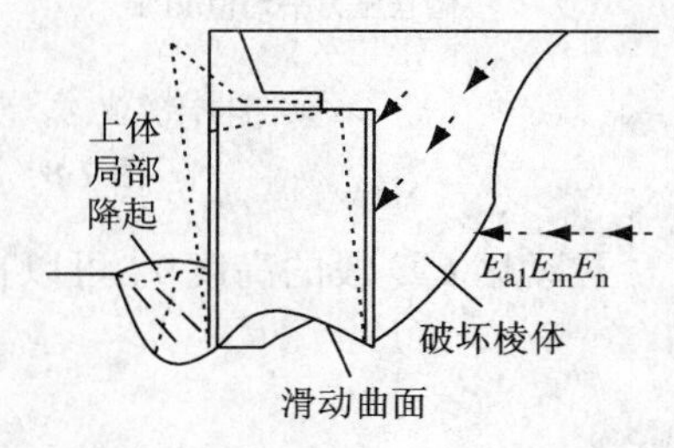

(c) 薄壳圆筒结构的整体破坏(失稳)形状

图 7-7　在外荷载作用下大直径薄壁圆筒结构的工作性状

四、大直径圆筒结构筒内外土压力的计算

大直径圆筒结构为一无底圆柱形空间壳体结构，作用于其上的土压力不同于一般的重力式结构，有其特殊性。

(一) 筒内填料压力的计算

大直径圆筒内填料压力类似一筒仓压力，一般筒仓压力计算广泛采用杨森公式，但杨森公式适用于有底筒仓和无限深筒仓的情况。对于安放在可压缩地基上的无底圆筒，内填料与筒壁的相互作用特性与有底筒仓不同，也不同于无限深筒仓。大直径圆筒内填料压力的计算目前尚无成熟的方法。

文献[38]将圆筒内填料划分为主动区、被动区和过渡区 3 个区：筒内上部填料在自重和垂直超载作用下，相对筒壁向下运动，称为主动区Ⅰ；筒内下部填料在地基垂直反力作用下，相对筒壁产生向上的位移，称为被动区Ⅲ；在主动区和被动区之间可能存在一个过渡区Ⅱ，如图 7-8所示。文献[40]建议了 3 个区域及相应填料压力的计算方法。主动区 AB 段的高度 h_1 可以自筒顶 A 作角 $\Psi_1=45^\circ+\varphi/2-\delta$ 的斜线相交于筒壁的 b 点，则

$$h_1 = D_0\tan(45^\circ+\varphi/2-\delta) \tag{7-7}$$

式中：φ 为填料内摩擦角，(°)；δ 为填料与筒壁间的摩擦角，(°)；D_0 为圆筒的内径，m。

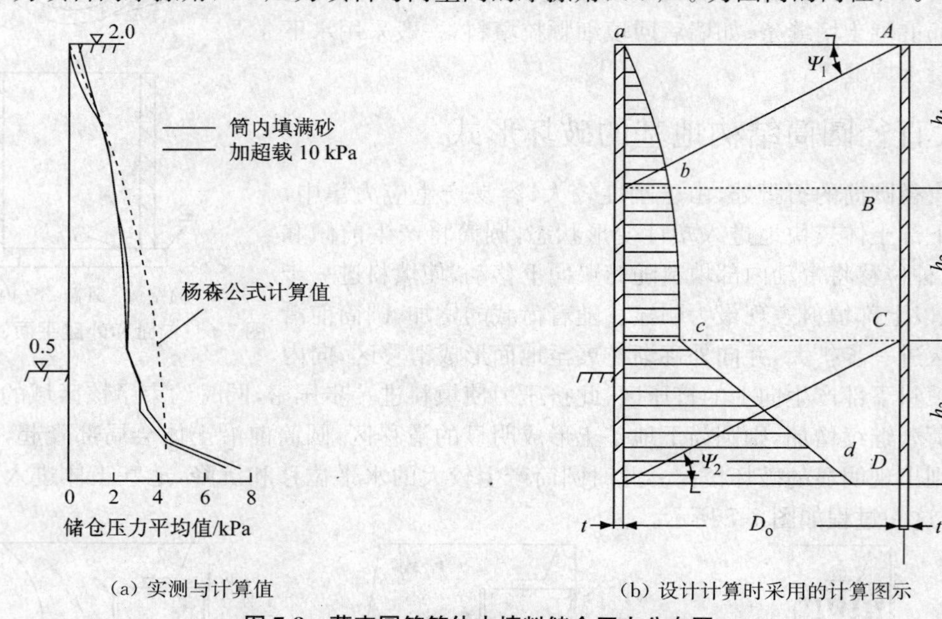

(a) 实测与计算值　　(b) 设计计算时采用的计算图示

图 7-8　薄壳圆筒筒体内填料储仓压力分布图

被动区 CD 段的高度 h_3 可以自筒底作一角度为 $\Psi_2=45^\circ-\varphi/2$ 的斜线，相交于筒壁 C 点，即

$$h_3 = D_0\tan(45^\circ-\varphi/2) \tag{7-8}$$

AB 段和 CD 段确定后，剩余的即为 BC 段。

BC 段的填料垂直压力 σ_z 可用杨森公式计算：

$$\sigma_z = \frac{\gamma D_0}{4K\tan\delta}\left(1-\mathrm{e}^{\frac{4K\tan\delta}{D_0}z}\right) \tag{7-9}$$

式中：γ 为填料重度，kN/m^3；K 为填料侧压力系数；z 为自填料顶面算起的计算点深度，m。

填料的侧压力 σ_x 为

$$\sigma_x = K\sigma_z \tag{7-10}$$

圆筒底端（D 点）的填料侧压力考虑地基反力的作用，按杨森公式(7-9)计算的侧压力加上50％的筒壁摩擦阻力。

由上述过程可以求得 A,B,C,D 各点的填料侧压力值，假设 A 至 B 点的侧压力为直线变化，B 至 C 点的侧压力可按杨森公式计算，C 至 D 点的侧压力也为直线变化。由此可确定圆筒内的填料压力。

(二) 筒外土压力的计算

由于大直径圆筒挡土面为曲面，因此，同一深度不同位置点的土压力并不相同。圆筒半圆顶处的土压力强度最大，向相邻圆筒之间的凹入部分逐渐减小。在设计中，常用一假想的平面

来代替曲面，此假想平面可取距圆筒中心(0.35～0.38)D点处的平面。计算土压力时，土与墙之间的摩擦角δ取$\varphi/3$。

如图7-9(c)所示，筒后回填土压力的模型试验结果表明，墙后的主动土压力强度到达某一深度后，不仅不再增加，反而逐渐减小。对这一现象，目前还没有满意的解释。但在设计中，针对这一情况，埋入部分的主动土压力分布按矩形或倒三角形来考虑，埋入段以上部分的主动土压力按一般土压力公式计算。筒后主动土压力的计算图式见图7-9(b)。

筒前被动土压力一般达不到被动土压力极限值。入土段的位移量从地基表面向下逐渐减小，而达到极限被动土压力所需的位移量从地基表面向下逐渐增大，因而入土段的被动土压力不可能同时达到极限值，所以被动土压力的分布可以按梯形考虑，如图7-9(b)所示。深度段按极限被动土压力计算，h_1段以下采用矩形分布，h_1的值与入土部分的水平位移和地基密度有关，可计算为：

$$h_1 = t \cdot \rho \cdot \sqrt[3]{\Delta/t} \tag{7-11}$$

式中：t为圆筒沉入地基的深度，m；Δ为圆筒入土段的水平位移，应根据计算确定，初步设计阶段可取0.015 m；ρ为与地基土密实度有关的系数，应根据相对密度D_r确定。$D_r \geqslant 0.67$时，$\rho=3.2$；$0.33<D_r<0.67$时，$\rho=2.4$；$D_r \leqslant 0.33$时，$\rho=1.7$。

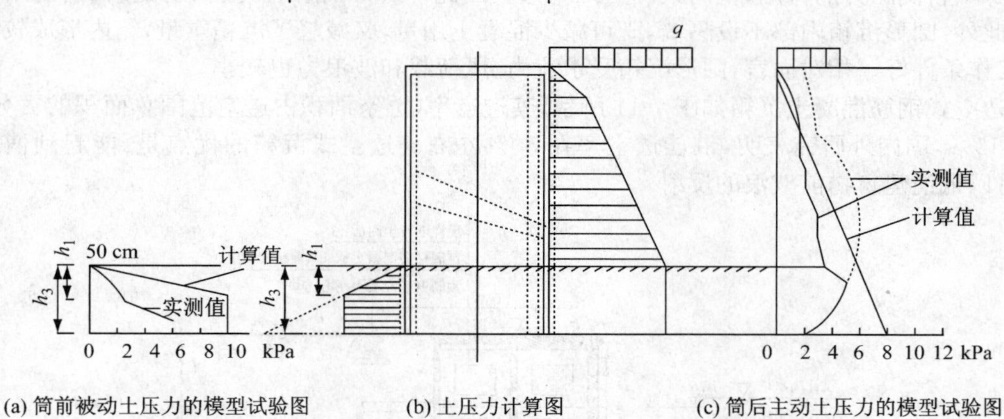

(a) 筒前被动土压力的模型试验图　(b) 土压力计算图　(c) 筒后主动土压力的模型试验图

图7-9　浅埋式大直径薄壳圆筒结构土压力的计算图式

第四节　沉箱

港口及近海工程建筑中经常会遇到钢筋混凝土沉箱工程，如重力式码头的墙身、防波堤、船坞坞墙、桥墩、灯塔等。沉箱工程有如下特点：①建筑物尺寸较大，整体性和抗震性能强；②靠自身重量和箱内填充物维持其稳定；③水上安装，施工速度快。沉箱工程的缺点是钢材耗用较多，耐久性较差，工程维修困难。因此，在工程中应视具体情况合理选用。

一、沉箱的构造及类型

沉箱是中空有底的箱体，由侧壁、箱底、隔墙、悬臂等多部分组成，如图7-10所示。侧壁、箱底、隔墙构成沉箱室，是沉箱的主体，与其内部填料一起维持建筑物的稳定。悬臂的设置主要用以增加沉箱的抗倾稳定性。

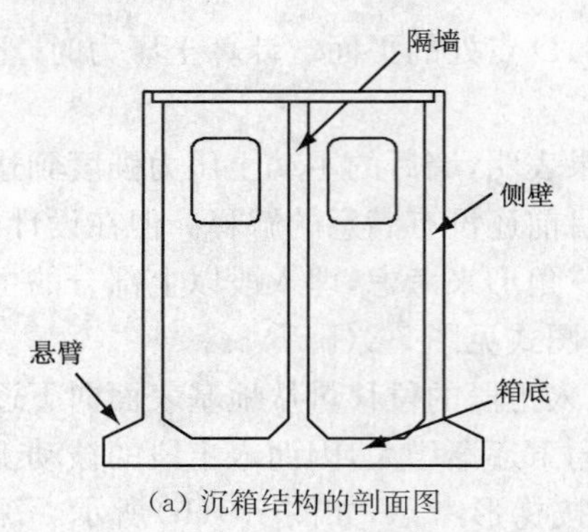

(a) 沉箱结构的剖面图

(b) 预制厂里的沉箱

图 7-10 沉箱构造图

沉箱按材料种类可划分为钢筋混凝土沉箱、金属沉箱、木沉箱；按结构不同可划分为实体沉箱和透空沉箱；按平面形状不同可划分为矩形沉箱和圆形沉箱；按下沉方法可划分为自地面下沉的沉箱和以浮式在水中下沉的浮运沉箱。

矩形沉箱制作简单，浮游稳定性好，施工经验也较成熟，较为常用。圆形沉箱一般呈环形，在水下浮运过程中，承受向心的水压力，壁内只产生压应力，无弯曲应力；在使用期间，箱壁承受内部填料侧压力的作用，壁内只产生拉应力。因此，圆形沉箱只需按构造配筋，钢筋用量很少。此外，圆形沉箱内部不设隔墙，既可减少混凝土用量，又减轻了沉箱重量，箱内形成较大空间，工作条件好。相对而言，圆形沉箱受水流力、风荷载和波浪力也较小。

透空式钢筋混凝土沉箱如图 7-11 所示，其透空率（透空面积占透空范围总面积的百分比）约达 10%，国内外研究表明，最佳透空率在 30%左右。透空式沉箱的优点是：能起到消浪作用，可以抵消建筑物前波浪的反射。

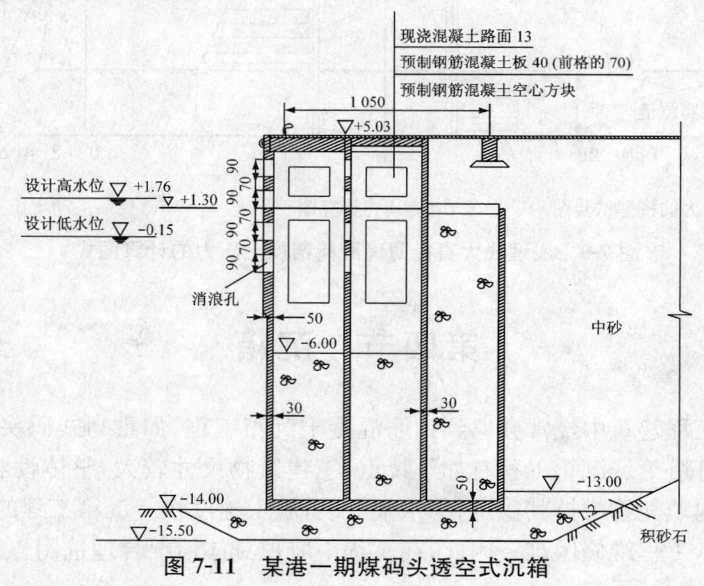

图 7-11 某港一期煤码头透空式沉箱

二、沉箱的设计与计算

(一) 沉箱构件尺寸的确定

1. 沉箱的宽度

沉箱宽度主要由建筑物和地基的稳定性条件所决定。如建筑物水平滑动、倾覆以及地基承载力等;同时也要满足船舶浮运吃水、干舷高度和浮游稳定性的要求。如不能满足,应尽量在施工上采取措施,不得已时,再考虑增大沉箱的宽度。为了减少沉箱宽度,可在沉箱的一侧或两侧加设悬臂,前趾悬臂可有效地增大倾覆稳定性和改善基底压力分布;当水平滑动稳定性不够时,宜在后踵加设悬臂;为使浮运时沉箱处于正直状态,最好在底板两侧对称地设置悬臂。悬臂长度一般不大于 1 m,以不影响靠船和配筋量不大为宜。

2. 沉箱的长度

目前我国采用的最大沉箱长 56 m,宽 18 m,高 9.8 m,重 25 000 kN。我国援马耳他设计施工的防波堤工程,采用的沉箱尺寸 26.7 m×26.1 m×21.5 m,重达 64 000 kN,系世界上较大的沉箱。沉箱的长度一般与施工设备能力、施工要求的最小尺寸以及建筑物(如码头)变形间距相适应。一般在 2 个变形缝之间设置 1 个沉箱。

3. 沉箱的高度

沉箱高度由建筑物前沿水深及沉箱顶部结构物的底部高程而决定。如重力式码头,沉箱顶部高程一般要高于施工水位,以便浇筑胸墙。

4. 沉箱内隔墙设置

为了增加沉箱的刚度和减小箱壁、箱底的计算跨度,对于平面形状为矩形的沉箱,常在箱内设置纵横向隔墙。纵横隔墙宜对称布置,间距一般为 3～5 m,为了节省混凝土,减少沉箱重量和降低重心(有利于浮游稳定),可在隔墙上部留设孔洞。孔洞的下缘到箱底距离不宜小于 $1.5l$(l 为隔墙间距)。

5. 沉箱的构件尺寸

沉箱的箱壁和箱底的厚度由计算确定。考虑到使用的耐久性,箱壁厚度不宜小于 25 cm,一般采用 30～35 cm。由于底板受力比较复杂,一般采用 35～40 cm。隔墙的厚度一般由构造要求决定,为了保证对箱部和底板起支承作用以及使整个沉箱有足够的刚度,其厚度不宜小于隔墙间距的 1/25～1/20。为便于混凝土浇注和震捣,隔墙厚度不宜小于 20 cm。对于大沉箱,考虑到整体刚度比小沉箱弱,为防止不均匀沉降造成开裂,可适当减小隔墙间距和增大构件尺寸。

(二) 沉箱的浮游稳定性计算

为保证沉箱在下水漂浮、拖运和沉放过程中不倾覆,要求沉箱必须有一定的浮游稳定性。沉箱浮游稳定性可用定倾高度来表示。浮体在外力作用下将发生倾斜,倾斜过程中浮体的浮心位置将发生变化,在小倾角($<15°$)的情况下浮心 W 的运行轨迹接近于圆弧。此圆弧的中心称为定倾中心 M,圆弧的半径称为定倾半径 ρ,定倾中心 M 到浮体重心 C 的距离称为定倾高度 m,如图 7-12 所示。

$$m=\rho-a \tag{7-12}$$

式中:a 为重心 C 到浮心 W 的距离(C 在 W 之上时,a 为正值;反之为负值),m。

对于矩形沉箱,其定倾半径为

$$\rho=\frac{I-\sum i}{V} \tag{7-13}$$

式中:I为沉箱在水面处的断面对纵轴的惯性矩,m^4,$I=LB_0^3/12$,其中B_0为沉箱在水面处的

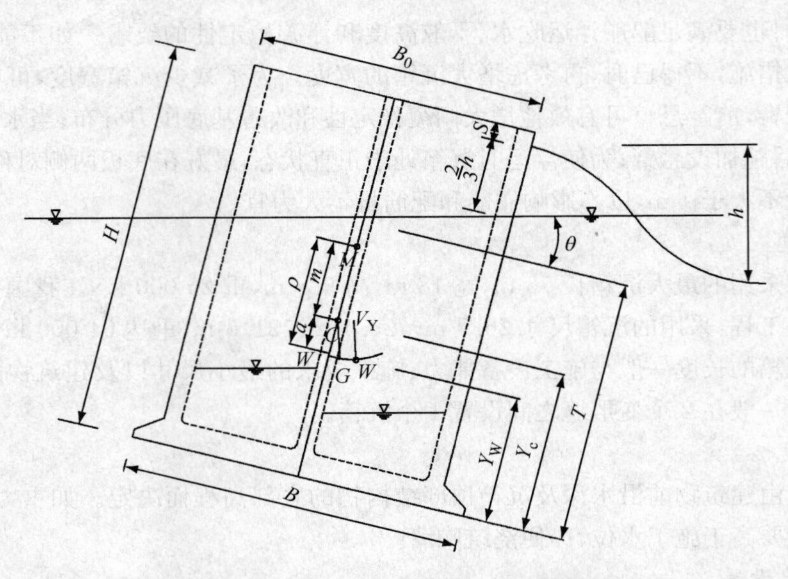

图 7-12 沉箱浮游稳定性和干舷高度的计算图式

宽度,m,L 为沉箱的长度,m;$\sum i$ 为各箱格内压舱水的水面面积对其纵轴的惯性矩之和,$i=l_1 l_2^3/12$,其中 l_1,l_2 分别为横隔墙和纵隔墙的净距;V 为沉箱的排水量,m^3,底板无外伸悬臂时,$V=T_0BL$,底板两侧有对称外伸悬臂时,$V=T_0BL+2V_{悬}$,其中 B,T_0 分别为沉箱的宽度和吃水,$V_{悬}$ 为悬臂部分的排水量。

从图 7-12 可看出,当 $m>0$ 时,定倾中心 M 在重心 C 之上,沉箱在外力矩作用下发生倾斜时,由沉箱重力和浮力构成扶正沉箱的力偶,此时沉箱是稳定的;当 $m<0$ 时,定倾中心 M 在重心 C 之下,此时重力和浮力构成一个使沉箱继续倾斜的力偶,这时沉箱是不稳定的。

为保证沉箱有足够的浮游稳定性安全度,《重力式码头设计与施工规范》(JTS 167—2—2009)规定:①沉箱在同一港区内或运程在 30 n mile 以内浮运为近程浮运,近程浮运时,$m\geqslant$ 20 cm;②沉箱在浮运时间内有夜间航行或运程大于等于 30 n mile 的浮运为远程浮运,远程浮运时,以块石和砂等固体物压载时,$m\geqslant$30 cm,以液体压载时,$m\geqslant$40 cm。

第五节 海洋工程新型基础

自 1947 年墨西哥 Coulssana 海域建造第一座钢质海洋石油开采平台以来,随着海洋油气资源开发规模的发展,世界上已建造有近 6 000 座海洋石油开采平台。进行海洋油气资源开发必然将在海上安装与使用大量的离岸工程结构物,主要包括各类海上平台、浮式生产系统、工程船舶和水下生产系统等。如图 7-13 所示,随着作业水深的逐渐增加,海洋结构物的形式也随之变化,依次为导管架固定式平台(Fixed Platform, FP)、顺应塔式平台(Compliant Tower, CT)、张力腿平台(Tension Leg Platform, TLP)、迷你张力腿平台(Mini-Tension Leg Platform, Mini-TLP)、立柱式平台(SPAR Platform, SPAR 平台)、浮式生产系统(Floating Production Systems, FPS)、水下生产系统(Subsea System, SS)和浮式生产储存卸货装置(Floating Production Storage and Offloading, FPSO)。此外,海上平台还包括自升式平台、半潜式平台、牵索塔式平台等。

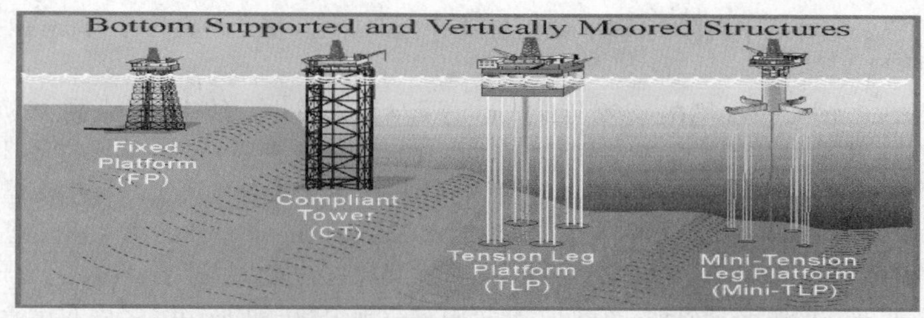

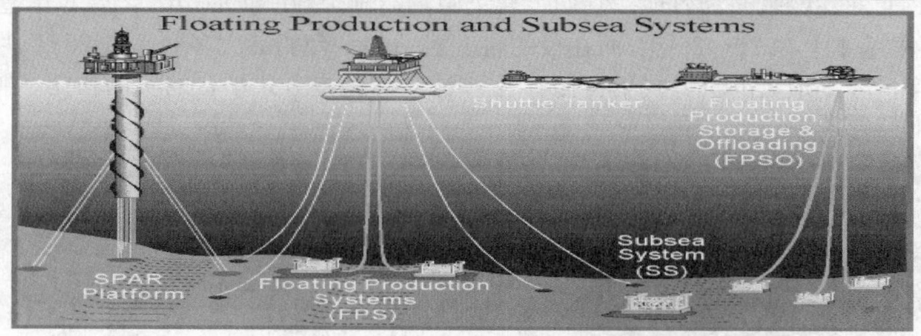

图 7-13　现代深水海洋平台与基础形式

随着人类对油气资源需求的急剧增加，油气的开采逐渐从陆地走向近海，进而再到深海。海洋约占地球表面的71%，蕴藏着丰富的能源资源，海洋石油资源量约占全球石油资源总量的34%。在20世纪50年代，世界上只有6个国家在极其有限的海域进行勘探活动，而目前已有100多个国家或地区在除了南极洲以外的全球范围内所有大陆架上，进行海洋油气资源的勘探和开发。

据2002年在巴西召开的世界石油大会报导，油气勘探开发通常按水深加以区别：水深400 m以内为常规水深，400～1 500 m为深水，超过1 500 m为超深水。随着勘探程度的不断提高，近二十年来，在世界陆区和浅海区发现新油气资源的难度越来越大，全球深海油气勘探规模正在不断扩大，在100多个海上油气勘探的国家中，有60多个国家正在对深海进行勘探。近年来，全球近1/2的油气重大发现均在深海地区。

要开发海洋油气资源，需要建造海洋钻探、开采平台，有必要对平台的安全性、经济性和实用性进行研究，而平台基础的设计是其中最重要的组成部分。海上油气开采需要建造能适应各种恶劣海洋环境的海上石油钻探、开采平台，随着海洋资源的开发，越来越多的海洋平台投入使用。自升式平台、重力式平台和导管架平台是浅海中普遍使用的海洋平台形式。而到了深海地区，海洋平台逐渐由固定式平台向浮式平台转变，例如张力腿平台、立柱式平台和浮式生产储存卸货装置等，浮式平台通常采用锚链系统定位于海中。

一、自升式平台及桩腿基础

自升式钻井平台(Jack-up Drilling Rig)的定义是：使用平台自身的升降机构将桩腿插入海底泥面以下的设计深度，平台升离海平面一定高度钻井作业的可移动装置。自升式平台由平台、桩腿和升降机构组成，平台能沿桩腿升降，一般无自航能力。这种平台对水深适应性强，工作稳定性良好，发展较快，约占移动式钻井装置总数的1/2。自升式平台工作时桩腿下放插入海底，平台被抬起到离开海面的安全工作高度，并对桩腿进行预压，以保证平台遇到风暴时桩腿不致下陷。完井后平台降到海面，拔出桩腿并全部提起，整个平台浮于海面，由拖轮拖到新的井位。

美国人 Samuel Lewis 早在 1869 年最先申请了自升式钻井平台专利。直到 1954 年，世界上第 1 座自升式钻井平台“德隆 1 号”才问世。它有 10 条桩腿，每条桩腿直径 1.8 m，长 48.8 m。在“德隆 1 号”建成后 6 个月，由美国 Bethlehem 公司设计的第 1 座沉垫支撑自升式钻井平台“嘎斯 1 号”建造完毕。1956 年，美国发明家 Le Tourneau 设计的第 1 座三腿自升式钻井平台“天蝎号”建成交付使用。截至 2008 年，全球共有自升式钻井平台 446 座，分布在南美、北美、亚洲、非洲、欧洲、澳洲各地。它们主要集中建造于 1980—1983 年，之后的建造数量特别少，使用年限基本上在 20～30 年，而在役的自升式钻井平台船龄大多数超过 25 年。美国和新加坡是当今世界上最大的自升式平台拥有者。图 7-14 为自升式平台的实例和模型照片。

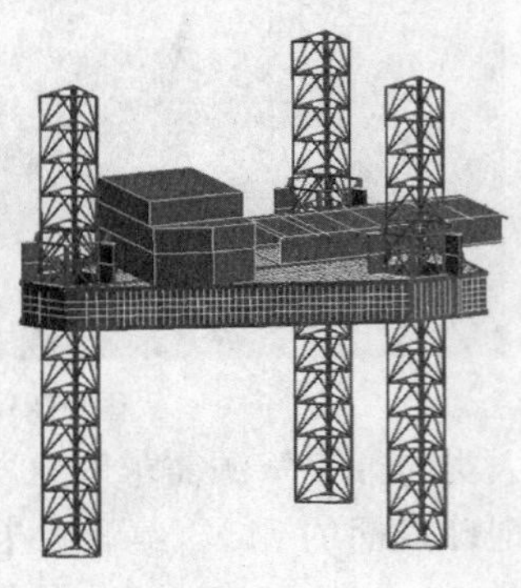

图 7-14 自升式平台

20 世纪 60 年代，中国船舶与海洋工程设计院为中国海洋石油总公司研究设计了国内第 1 座自升式钻井平台“渤海 1 号”，由大连造船厂于 1971 年建造完毕。2006 年 5 月 31 日，国内首座 122 m 水深自升式钻井平台，总投资逾 10 亿元人民币的“海洋石油 9410”在大连船舶重工集团有限公司建成交付中海油使用。2006 年 6 月 26 日，“海洋石油 9410”在拖船的拖带下驶向南海北部湾进行钻井作业。

自升式平台的安装流程一般是：拖航至安装地点—桩腿就位—往船体压力仓注水—预压—排水—把船体上升到工作高度。安装时，处于漂浮状态的自升式平台被拖到井位，在拖航过程中桩腿露出水面，到达施工地点后把桩腿下降至海床，在升降机构（液压驱动或者电驱动）的作用下，桩腿承受充分的承载力向下运动把桩腿基础压入土体，使竖向荷载大于预计的平台工作状态最大荷载后卸荷。然后，升降机构继续运动使船体抬起，直至抬到船体涌浪打不到的工作高度。钻井完毕，下降船体，拔桩升腿，拖航到新井位。自升式平台安装过程示意图见图 7-15。

(a) 拖航状态

(b) 安装和预压

(c) 工作状态

图 7-15 自升式平台安装过程示意图

自升式平台由于所需钢材少、造价低、可移性强,既可用于钻井,也可用于采油,在各种海况下几乎都具有持续工作、作业稳定、效率高等优点,因而广泛地作业在水深 15～120 m 的海域(属近海海域)中。

自升式平台采用的基础称为桩腿或桩靴(spudcan 基础),是一个倒置的锥形基础,基础直径一般在 15～20 m,平台自身的重力和环境荷载通过桁架桩腿传递给下部的桩腿基础,如图 7-16 所示。

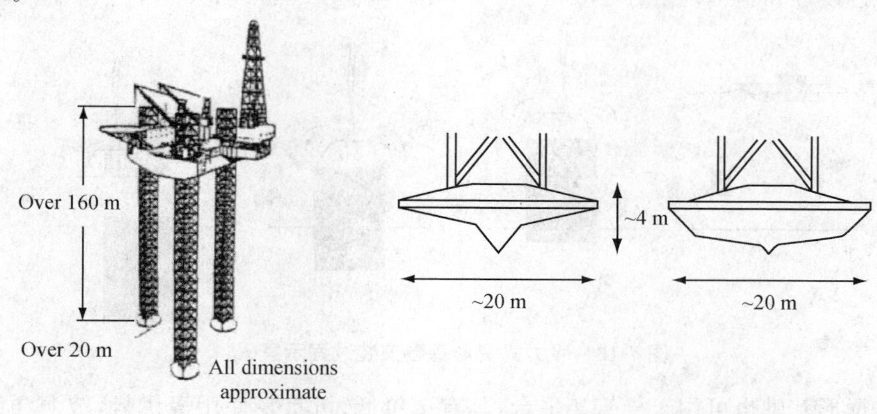

图 7-16　自升式平台及其桩腿基础

二、张力腿平台及吸力式桶形基础

张力腿平台是目前应用最广泛的深海石油平台型式。张力腿平台一般由平台主体、张力腿系统和基础 3 部分组成,其中基础部分是设计的关键。桩基础是张力腿平台的传统基础型式,但随着水深度的增加,桩基础的施工难度和造价都大大增加。1992 年,挪威土工研究所(Norwegian Geotechnical Institute)在欧洲北海成功建造了以吸力式桶形基础(Suction Bucket Foundation)为锚固基础的张力腿平台。随后,作为一种新型海洋基础型式,吸力式桶形基础得到了发展。与传统的重力式基础、钢管桩基础相比,吸力式桶形基础具有适用于深水和更广土质范围、运输与安装方便、工期短、造价低、可重复使用等优点。

吸力式桶形基础由带有裙板的重力式基础发展而来,长径比通常为 1～2,具有片筏基础和桩基础的共同特点。其外形像倒置的钢质大桶,顶板实为带一定倾斜度的顶盘,该盘周线下有一定深度的桶裙,桶裙尖端敞开,如图 7-17 所示。

图 7-17　桶形基础

安装就位时,桶形基础被吊放在海底并依靠桶体的自重使桶体下缘嵌入土中,在形成桶内水体的封闭状态后,借助设置在顶端桶盖上的潜水泵向外抽水,并使同一时间内抽出的水量超过自底部渗入的水量,造成桶内部压力降低。当由桶内外压差的作用使桶盖上垂直向下的压力超过海底泥土对桶体的阻力时,桶体即可不断被压入土中,直到桶盖底面与海底接触时沉桶终止。此时潜水泵可以卸去,桶内外的压力差逐渐消失，桶内压力恢复到周围环境压力，如图 7-18 所示。吸力式桶形基础能否安装就位、正常运作，需要明确沉贯阻力、负压等因素之间的关系。由于负压沉贯作用，吸力式桶形基础桶体内外产生水压力差，导致土体产生渗流，过大的渗流会造成桶内土体失稳，轻者土体可产生渗流变形，形成土塞，阻碍桶基下沉，从而增大了桶体下沉阻力；重者使桶内发生流土，破坏桶基密封条件，无法形成负压，致使沉贯失败。因此，研究桶形基础负压沉贯渗流场的变化规律对于桶形基础平台设计和施工是十分必要的。

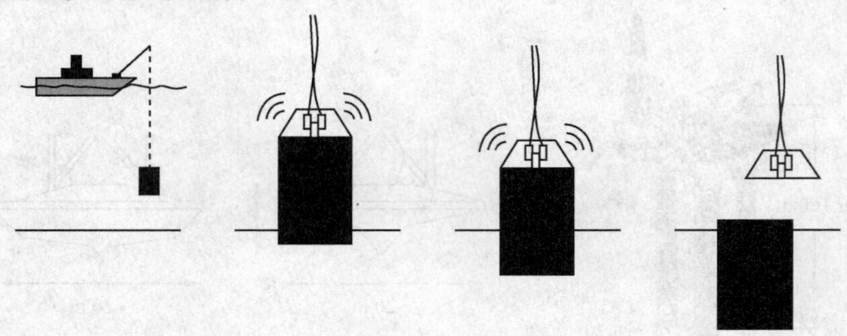

图 7-18 吸力式桶形基础安装过程示意图

吸力式桶形基础也可用于导管架平台，具有造价低、可重复使用等优势，被海洋工程专家誉为“导管架平台基础工程技术新时代的曙光”。1994 年 7 月，挪威国家石油公司在北海水深 70 m 的地方成功安装了 Europipe 16/11-E 桶形基础平台，如图 7-19 所示，所用桶基的直径为 12 m，贯入深度 6 m，这是世界上第 1 座吸力式桶形基础导管架平台。我国对桶形基础的使用和研究都比较晚。1997 年，胜利油田的桶形基础平台研制列入中国石油总公司重大装备计划。1998 年，通过由“海洋探察和资源开发技术(820)”主题办公室组织的可行性论证，正式纳入国家“八六三”计划。在大量实验和研究的基础上，我国首座桶形基础采油平台于 1999 年 10 月在胜利油田煌北 CB20B 井组顺利安装成功，该平台设计工作水深 8.9 m，基础部分由 4 个高 4.4 m，直径 4 m 的桶组成，这标志着我国桶形基础平台在浅海进入实用阶段。

图 7-19 Europipe 16/11-E 平台示意图

目前对吸力式桶形基础的研究主要集中在静力稳定性，以及对负压沉贯、托航等施工过程的模拟方面。针对桶形基础静力稳定性方面的研究，主要包括桶形基础在竖向及水平静荷载作用下的失稳破坏模式和极限承载力，以及沉降速率、长径比、土性参数、桶—土相互作用等对承载力的影响。关于水平动荷载(波浪荷载、地震荷载、冰荷载等)作用下，桶形基础的动力稳定性和地基液化问题的研究逐渐受到重视。土工离心机等大型模型试验平台逐渐应用于桶形基础承载力和稳定性研究。

三、浮式生产储存卸货装置及吸力锚基础

浮式生产储存卸货装置(FPSO)可对原油进行初步加工并储存,被称为"海上石油工厂"。它集生产处理、储存外输及生活、动力供应于一体,油气生产装置系统复杂程度和价格远远高出同吨位油船,FPSO装置作为海洋油气开发系统的组成部分,一般与水下采油装置和穿梭油船组成一套完整的生产系统,是目前海洋工程船舶中的高技术产品。同时它还具有高投资、高风险、高回报的海洋工程特点。FPSO主要由系泊系统、载体系统、生产工艺系统及外输系统组成。FPSO通常与钻油平台或海底采油系统组成一个完整的采油、原油处理、储油和卸油系统,其作业原理是:通过海底输油管线接收从海底油井中采出的原油,并在船上进行处理,然后储存在货油舱内,最后通过卸载系统输往穿梭油船(Shuttle Tanker)。FPSO具有抗风浪能力强、适应水深范围广、储/卸油能力大及可以转移、重复使用等优点,广泛适合于远离海岸的深海油气田的开发,如图7-20所示。

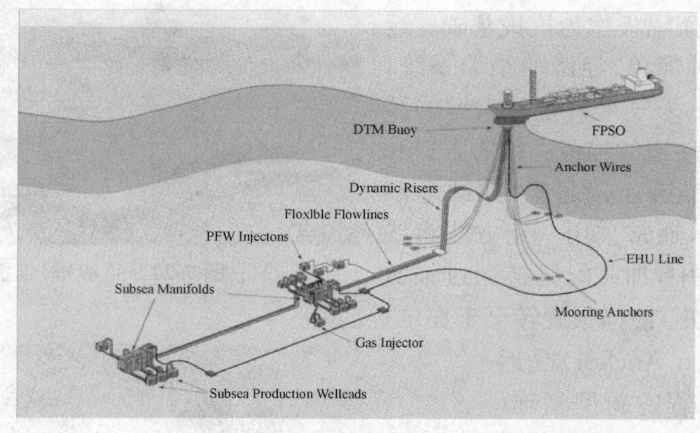

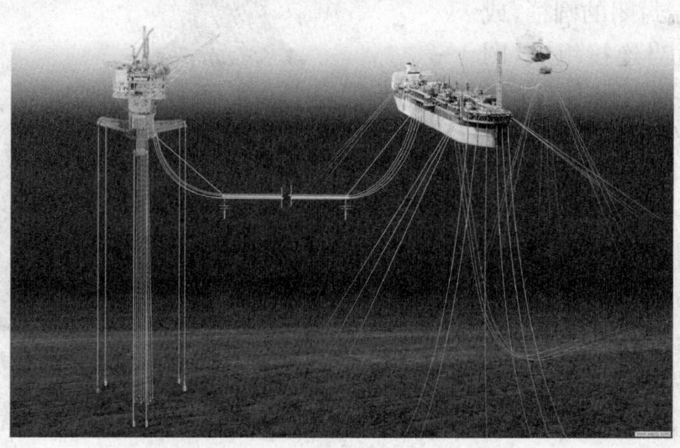

图7-20　FPSO示意图

与浅海海洋平台相比,深海平台的系锚荷载显著增加,其主要荷载不再是压载,而变为上拔荷载和水平荷载。FPSO常见的锚固基础类型有:拖拉式锚板、吸力式锚板、法向承力锚和

吸力锚(吸力式沉箱)。常见的锚泊系统如图 7-21 所示。

1—拖拉式锚板;2—吸力锚;3—重力锚;4—桩锚

图 7-21　FPSO 的常用锚泊系统

拖拉式锚板仅能在水平方向上很好地提供承载力,而在竖直方向上承载效率很低。重力锚承载效率较低,成本高,在当前的海洋油气开发工程中已经很少使用。桩锚的稳定性和水下锤击贯入桩的造价,是其在深水区域应用面临的主要障碍。

平板锚(也称锚板)作为一种提供竖向和水平向抗拔力的基础形式,一直以来在岩土工程中有着广泛的应用,比如桅杆、输电线杆塔和挡土墙普遍采用锚板作为抗拔基础。近年来,锚板作为一种简单、经济的锚泊系统,应用到了海洋采油、采气平台这种大型的浮式结构。目前通常使用的锚板一般为方形和矩形,通过锚腿与锚链连接起来,如图 7-22 所示。锚板安装时,通常采用一定方法将锚板竖直插入到土体中,加载时锚链通过锚腿对锚板产生一定弯矩,使锚板旋转至工作位置。

图 7-22　平板锚(锚板)基础

吸力锚(Suction Anchor)是近年来应用于海洋工程的新型基础,它由底端敞开、上端封闭的圆桶,或者多个圆桶通过适当连接组成,圆桶上端封闭且开有抽气孔。为了增加整体刚度,有时在竖向和环向设置加强肋。吸力锚基础首先在重力作用下沉至海底,然后用潜水泵通过抽气孔抽出桶中的气、水和土,桶中形成负压将吸力锚压入土中,直至圆桶空腔被土填满,吸力锚因这一特殊的安装方式得名。图 7-23 为实际工程中使用的吸力锚,这种基础可以在 24 h 内安装完毕。吸力锚可以重复使用,不受水深的限制,费用经济,不需要预拉,方便施工,在深海工程得到广泛应用,目前已经在2 000 m 深水中采用了这种基础形式。

图 7-23　实际工程中使用的吸力锚基础

1981 年,吸力锚首先成功应用于欧洲北海丹麦 GORM 油田。1994 年 9 月,在渤海

CFD16-11 油田延长测试系统中，吸力锚在我国浅海首次运用并取得成功。1999 年，挪威土工研究所在墨西哥湾 1 500 m 水深的 DIANA 工程中使用了直径 6.5 m，长 30 m 的吸力锚，设计单锚静极限拉力达 1 500 t。目前，吸力锚在国际深水系泊系统中应用广泛，其长大多为 5～30 m，长径比为 3～6 之间，在砂土、黏土或分层土海床中都具有良好的适用性。

吸力锚所受环境荷载主要可分为永久静态荷载、低频荷载和高频循环荷载。吸力锚作为张力腿平台的基础时，所受荷载主要为准竖向。当其用于 FPSO，锚链为悬链线状时，吸力锚所受荷载近似为水平向。

由于吸力锚在海洋工程领域有着明显优于其他锚或其他基础形式的经济技术特性，这一项技术自问世以来就得到了广泛的重视。如今，吸力锚技术已经被广泛应用于各种海上结构设施，如船只系泊、浮桶定位、存储设施、灯塔、导管架和海洋平台等。随着吸力式基础在海洋工程领域的广泛应用，其必将成为与桩基础等传统基础类型同等重要的基础类型，而且在很多方面还有取而代之的趋势。随着我国海洋工程事业的不断发展壮大，吸力锚基础在海洋工程建设中具有广阔的应用前景。

第六节　海底管道（海底管线）

海底管道（海底管线）是海洋油气开发工程的重要组成部分，按其使用目的可分为外输管线、油田内部转运管线、平台与外输管的连接管线、水或化学品运输管线等类别。海底管道的铺设状态包括平铺在海床上的管道、挖沟不埋管道和挖沟浅埋管道等 3 种形式。海底管道的运行状态除包括上述的铺设状态外，还包括因地形或波浪、海流的淘蚀和冲刷作用导致的悬空状态。在位稳定性是海底管道设计的关键问题之一。海底管道的运行状态表明，海床作为支持管线的地基必须提供足够的支撑作用，才能保证管线的稳定性。因土体引起海底管道失稳的原因主要包括 4 种，即因海床滑坡或沉降导致管道失稳、因土体液化导致管道失稳、因管道覆盖层厚度不足引起管道隆起、因波浪和海流的作用引起管道横向变形。

下面主要对海底管道（海底管线）的铺设和稳定性进行介绍。

一、海底管道（海底管线）的铺设

随着海洋资源开发步伐的加快，所需进行的海洋工程逐渐增多，其中，铺设海底管道是一项重要内容。海底管道（海底管线）的运输、安装和铺设如图 7-24～图 7-32 所示。

图 7-24　管道的运输和准备

图 7-25　管道下水，开始铺设

图 7-26 管道铺设的末端

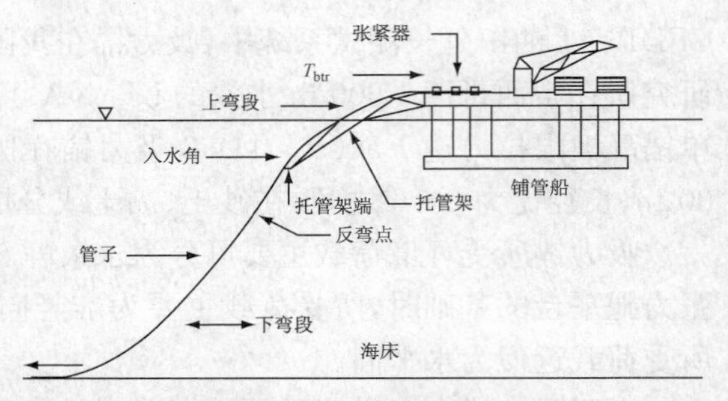

图 7-27 管道的铺设示意图

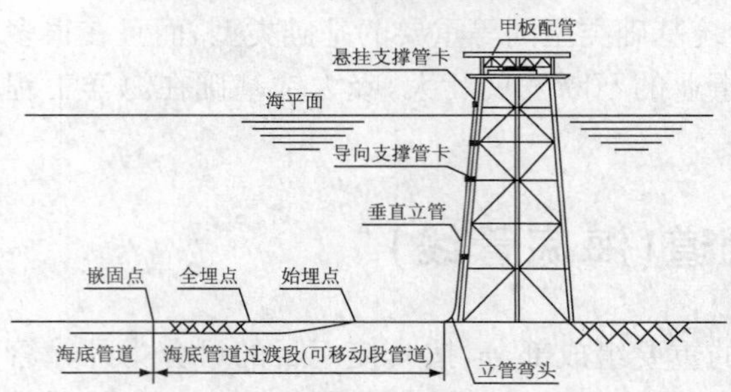

图 7-28 海底管道与平台的连接

图 7-29 管道弯管的下水和安装

图 7-30 管道弯管下水前的准备

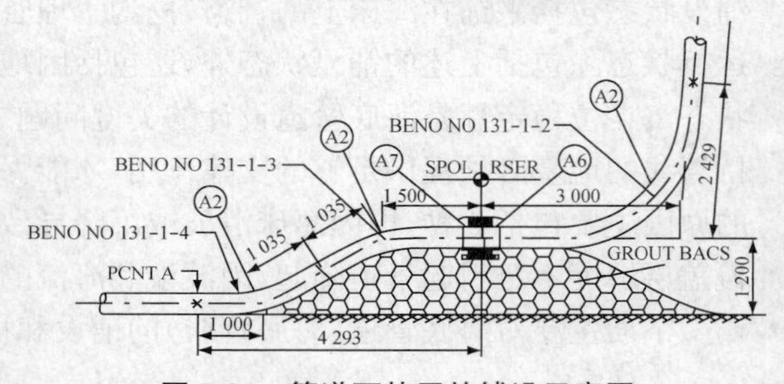

图 7-31 管道下垫层的铺设示意图

二、海底管道(海底管线)稳定性及其影响因素

海底管线可分为输油管线、输气管线和注水管线等,它是连接海上石油平台与陆地的重要通道。维持管线的稳定性是铺设海底管线的一个基本要求。

图 7-32 混凝土垫层的安装

铺设在海底海床上的输油管道一般采用钢管外涂防腐涂层和混凝土配重的结构形式。一方面受到流体升力及推力的作用，另一方面受到流体的质量力、土体的摩擦力、海床的支撑力及自身的重力作用。可建立受力模型如图 7-33 所示。

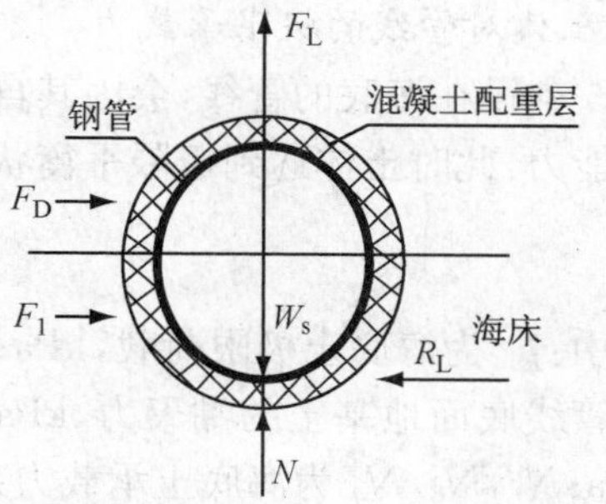

根据《海底管道稳定性设计》(SY/T 10007—1996)，座底稳定性分析的校核公式为

$$(W_s - F_L) \times \mu \geqslant (F_D + F_1) \times S \qquad (7\text{-}14)$$

图 7-33　海底管道的受力状态模型

式中：W_s 为管道自身的重力作用；F_L 为管道受到的流体升力；F_D 为管道受到的流体推力；F_1 为管道受到的流体作用的惯性力；μ 为土体与管道之间的横向摩擦系数；S 为安全系数。

管道座底稳定性分析(图 7-34)，应考虑一年一遇的环境荷载，并考虑管道在此期间是充满气体的。通过对管线所受到的由浪、流引起的水动力与土壤对管线移动的抵抗力的比较，判断管线在设计环境条件下是否会被移动。

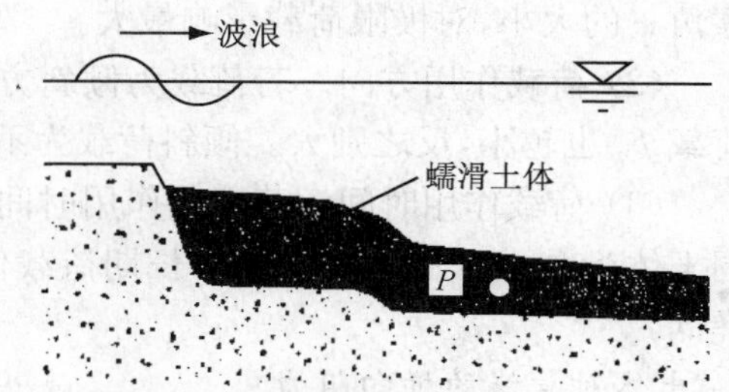

图 7-34　蠕滑海床对管线作用力示意图

如果管道在施工期的稳定性不满足要求，则需在管道上涂敷混凝土配重层，从而加大管道的水下重量，达到稳定性的要求。

一旦管线由于侵蚀悬空、受力不均以及横向位移等因素发生破裂甚至折断，国家财产将蒙受重大损失并对海洋环境造成巨大破坏。影响海底管线稳定性的因素很多，这里主要从海流、波浪、管线周围土体性质以及承重土体是否有液化发生等方面分析其对海底管线稳定性的影响。

(一) 海流作用对海底管线稳定性的影响

海流对管线稳定性的影响主要是通过其对海底沉积物的作用。尤其是当管线周围土体主要是非黏性土时，海流作用将会导致土体被冲蚀，进而影响管线稳定。

(二) 波浪作用对海底管线稳定性的影响

管线周围发生绕流，流场相对集中，表明管线周围土体受波浪应力较为集中，加速了土体的侵蚀，从而影响了管线稳定性。另外，重力波的存在将会增加直接作用在管线和沉积物上的水力荷载，进而影响海底土的抗压和抗剪能力。

(三) 管线周围土体性质及液化发生对管线稳定性的影响

管线下部的土体作为持力层，需能承受管线自重，并且对管线的横向移动产生阻力，因此周围土体的力学性质对管线的稳定性影响较大。尤其是海底表层土多为砂土，在受到波浪海流的振动荷载作用下，可能会发生液化，自身承载力丧失，导致管线下沉或横向移动。如果土体受波浪、海流侵蚀严重，甚至会导致管线悬空(图 7-35)，对其稳定性构成严重威胁。

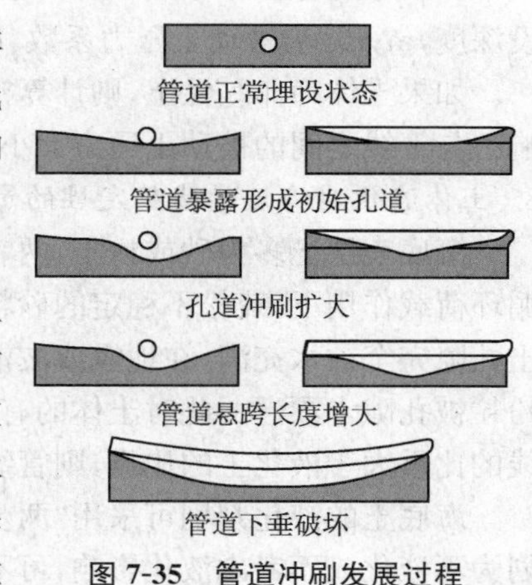

图 7-35　管道冲刷发展过程

1. 土体对管线的极限承载力

铺设在海底的管线，会因其自重作用而部分沉入土中，直至承重土体对管线产生足够的支撑能力，此时土体达到极限平衡状态。海底土的极限荷载的一般公式为

$$p_u = \frac{1}{2} rbN_r + cN_c + qN_q \tag{7-15}$$

式中：p_u 为海底土极限荷载，kPa；r 为管线下海底土的天然重度，kN/m^3；b 为管线直径，m；c 为管线底面地基土的黏聚力，kPa；q 为管线的旁侧荷载，其值为管线埋深范围土的自重压力，kPa；N_r，N_c，N_q 为海底土承载力系数，为内摩擦角 φ 的函数，可查有关图表确定。

影响土体极限荷载的因素很多，主要包括：

（1）土的物理力学指标。土的物理力学指标很多，与土体极限荷载有关的主要是土的强度指标 φ，c 和密度指标 r。凡土体的 φ，c，r 越大，则极限荷载 p_u 相应也越大。其中土的内摩擦角 φ 的大小，对极限荷载影响最大。

（2）荷载作用方向。若荷载为倾斜方向，倾斜角越大，则相应的倾斜系数越小，因而极限荷载 p_u 也越小，反之则大。倾斜荷载为不利因素。

（3）荷载作用时间。若荷载作用时间很短，如地震荷载，则可使极限荷载提高；如管线周围土体为黏土，可塑性较高，在长期荷载作用下，可使土产生蠕变降低土的强度，即极限荷载降低。

2. 土体对管线的横向阻力

放置在海底表面的管线受波、流等横向荷载作用，会对管线的稳定性带来影响。为保持管线稳定，土体需要产生足够的阻力来抵消波、流产生的横向荷载。土对管线的横向阻力一般认为由两部分组成：一部分是土与管线界面的摩阻力；另一部分是土在管线横向挤压作用下产生的被动土压力。管线与土体之间的摩阻力大小主要取决于两者之间的摩擦系数，摩擦系数大小随土体类型变化而不同，一般砂土的摩擦系数为 0.4～0.7，粉质黏土的摩擦系数可取 0.25～0.55，对于黏土一般取 0.25～0.60。土体与管线之间的被动土压力的计算一般依据如下公式：

$$P_p = rzK_p + 2c\sqrt{K_p} \tag{7-16}$$

式中：P_p 为被动土压力，kPa；r 为土体的天然重度，在水下需要浮重度，kN/m^3；z 为管线的埋设深度，m；K_p 为被动土压力系数，$K_p = \tan(45° + \varphi/2)$；$c$ 为土的黏聚力，kPa。

如果土体为非黏性土，则计算被动土压力式(7-16)仅取第一项即可。由式(7-16)可见，影响土与管线之间的被动土压力大小的因素主要为埋设深度与土的强度指标和密度指标。

3. 土体液化对海底管线稳定性的影响

海底表层土多为砂或粉土，两者主要是单粒结构，处于不稳定状态。在地震或波浪海流的循环荷载作用下，疏松不稳定的砂粒与粉粒移动到更稳定的位置，海底表层土多为饱和状态，土孔隙完全被水充满，在地震或波浪的循环荷载作用下，土中的孔隙水无法快速排出，砂粒与粉粒被孔隙水漂浮。此时土体的有效应力为零，丧失承载力。当海底土体发生液化时，如果管线的比重大于液化土的比重，则管线会下沉，否则管线会悬空，有发生断裂的危险。

海底土的液化判别可采用“两步判别”，即初步判别和标准贯入试验判别。凡经初步判别划为不液化或不考虑液化影响，可不进行第二步判别，以减少勘察工作量。当海底土满足以下条件之一时，可初步判别为不液化或不考虑液化的影响。

(1) 地质年代为第四纪晚更新世及其以前时,可判为不液化土;

(2) 粉土的黏粒（粒径小于 0.005 mm 的颗粒）含量百分率,在地震烈度 7,8,9 度分别不小于 10,13,16 时,可判为不液化土。

当初步判别认为需进一步进行液化判别时,应采用标准贯入试验判别法。在海底以下 15 m深度范围内的液化土应符合下式要求:

$$N_{63.5} < N_{cr} \tag{7-17}$$

$$N_{cr} = N_o[0.9 + 0.1(d_s - d_w)]\sqrt{3/\rho_c} \tag{7-18}$$

式中:$N_{63.5}$为饱和土标准贯入锤击数实测值(未经杆长修正),地震烈度为 7,8,9 度时分别取 6,10,16;N_{cr}为液化判别标准贯入锤击数临界值;N_o 为海底表面附近砂土液化临界击数;d_s 为饱和土标准贯入点深度,m;d_w 为地下水位深度,m;ρ_c 为黏粒含量百分率,当小于 3 或为砂土时均应采用 3。

如计算结果符合式(7-17)的要求,则认为砂土或粉土不液化;反之则认为其可能发生液化。

(四) 地貌形态对海底管线稳定性影响

正在演化的海底地基的地貌形态,不仅取决于局部的地质背景和底质特性,还受到上覆水体动力学因素的强烈影响。水下环境的动力条件是改造海底地貌非常重要的因素,因为在水动力条件作用下,海底会产生沉积物的侵蚀、搬运和沉积等过程。这些海底地貌形态的演化过程对管线稳定性具有重大影响。

引起海底地貌变化,从而对管线稳定性形成潜在危害的主要沉积过程和地貌特征可归结为三类:斜坡崩塌、底形加积与迁移、海底侵蚀。

为了将地貌形态对海底管线稳定性影响的潜在危险降到最低程度,首先要在调查中识别出环境灾害,然后采取相应措施来保护管线不受这些灾害的危害。保护方法有在管线之下的海底进行挖壕掩埋、锚固管线、加厚混凝土护壁、安装管线支撑、安装负荷垫/保护垫、倾放砾石、加固管线等。

目前国际上处理管线裸露问题的常用方法有以下几种(包括处理悬空管线的方法):

(1) 沙袋。可以使用沙袋支撑悬空的管线。在 50 m 以内的水深范围内,沙袋法是最简单、最经济的方法。但通过北海油田使用的经验表明,传统的沙袋对于预防管线机械损伤,其保护效果有限。而在海湾沿海地区使用沙和水泥的混合物来代替沙,取得了很好的效果。

(2) 灌浆（支撑）。此方法要由潜水员来完成。用可变形的聚丙烯材料制成一个个分隔的袋子,潜水员将之固定在管线下方,从海面的工作船上通过连接管向袋子内注入水泥浆,使袋子涨大,直到抵达管线,从而起到支撑作用。

(3) 自升式支架（机械支撑、支撑桩法）。一种动态支撑方法,可以降低管线悬空段的长度。利用可伸缩的支腿,可使该系统适合高低不平的海底。系统具有液压起重器和压缩空气圆桶,达到支持管线的目的,使管线具有最佳结构和应力状态。

(4) 支撑桩法。为了防止管道悬空段在水流作用下产生共振,在悬空管段处设置水下支撑桩并固定管段,以减小横向和纵向振动幅度。沿管道两侧交叉布置水下支撑桩,在每一支撑桩靠近管道位置设置悬臂梁,将悬空管段固定,减小悬空长度。该方法的优点是管道不停产便可以实施,可靠性较高。由于桩打入冲刷泥面以下一定深度,所以即使冲刷深度进一步加大,钢管桩仍是稳定的。缺点是保护的范围小,每根水下支撑桩只能对单一海底管道的一定距离进行保护。用此种方法在埕岛海域已处理了22条悬空管道,起到了永久减小悬空长度的作用,效果最佳。

(5) 抛放砾石(回填)。广泛应用于处理管线悬空问题。可以沿全部悬空段抛放,也可以在管线悬空段选择几个点抛放砾石,形成砾石堆以保护管线。砾石回填也可以与管线钢质支架联合使用。工程上回填的一个重要因素是确定正确的混合物和回填材料的粒度,必须保证在可能出现的各种海况条件下,回填材料不会发生位移。

(6) 灌浆(保护)。用于灌浆支持的纤维袋也可以制作成鞍囊,将其放在管线之上,达到保护管线的目的。

(7) 沥青沉床。在较深的水中,更适合用沥青沉床来保护管线暴露段。如果悬空段较长而悬空高度较低,则在管线可承受的应力范围内,利用沥青沉床给管线加压力,使之贴近海底。沥青沉床也可以与其他方法一起使用。

(8) 混凝土沉床。大量钢筋混凝土柱通过聚丙烯材料连接起来,构成混凝土沉床。这种方法特别适用于管线的补救性处理(修复加重护壁、机械保护、管线加固等)和预防侵蚀。

(9) 混凝土鞍。可代替沉床给管线提供重力护壁,并保护管线免受局部机械损伤。这些混凝土鞍适于修复加重护壁和防止局部侵蚀。混凝土鞍方法可给管线提供良好的机械保护;潜水员或遥控设备可以很容易地进行安装。

(10) 锚固系统。在管线的关键地区,例如登陆点附近或靠近平台处,有必要将管线锚固于海底,以消除管线的横向和纵向移动。

(11) 人工海草垫。该方法用于克服抛放砾石和使用沉床这2种最常用的侵蚀保护技术的不足之处。抛放砾石,在一定条件下,因石头发生沉降而需要进一步的维护和控制;水下沉床边缘处仍会发生侵蚀,并造成缓慢沉降,从而要潜水员或遥控设备进行处理。该方法的依据是,借助海草,可以将沙丘和流沙固定下来。按照此原理,在海底发生移动的地方,将人造海草缝合到沉床之上,这样可降低管线附近局部流速和湍流强度,从而不但减弱了侵蚀,也使得沙在人工海草间沉积下来,最终可形成一条管线的保护堤。

习题七

1. 重力式建筑物基础有哪些特点?
2. 抛石基床有哪些作用?
3. 抛石基床有哪几种形式?抛石基床的宽度和厚度如何确定?
4. 大直径圆筒的结构形式有哪些?
5. 以浅埋式为例,简述大直径圆筒筒内和筒外土压力的分布形式,并绘图表示。
6. 何为沉箱的浮游稳定性?实际工程中如何保证沉箱的浮游稳定性?
7. 海洋采油平台的基础都有哪些类型?
8. 何谓“吸力式桶形基础”?试述吸力式桶形基础的沉贯过程。
9. 海底管道稳定性的影响因素主要有哪些?
10. 海床土体液化对海底管线稳定性有何影响?

第八章　基坑工程

第一节　概述

一、基坑工程概念及特点

基坑是指为各类建(构)筑物基础的施工所开挖的地面以下的空间，见图 8-1。基坑周围一般为垂直的挡土结构。基坑工程是为保护基坑施工、地下结构的安全和周边环境不受损害而采取的支护、基坑土体加固、地下水控制、开挖等工程的总称，包括勘察、设计、施工、监测、试验等。基坑工程是基础和地下工程施工中一个古老的传统课题，同时又是一个综合性的岩土工程难题，既涉及土力学中典型强度与稳定问题，又包含了变形问题，同时还涉及土与支护结构的共同作用。

(a) 陆地上的基坑(上海市某基坑)

(b) 水中的基坑(长江中基坑)

(c) 基坑的垮塌

图 8-1　基坑

我国基坑工程具有下述特点：

(1) 很强的区域性。岩土工程区域性强，岩土工程中的基坑工程区域性更强。如黄土地基、砂土地基、软黏土地基等工程地质和水文地质条件不同的地基中，基坑工程差异性很大。

即使是同一城市，不同区域也有差异。正是由于岩土性质千变万化，地质埋藏条件和水文地质条件的复杂性、不均匀性，往往造成勘察所得到的数据离散性很大，难以代表土层的总体情况，且精确度很低。因此，基坑开挖要因地制宜，根据本地具体情况，具体问题具体分析，而不能简单地完全照搬外地的经验。

(2) 很强的个性。基坑工程不仅与当地的工程地质条件和水文地质条件有关，还与基坑相邻建筑物、构筑物及市政地下管网的位置、抵御变形的能力、重要性以及周围场地条件有关。因此，对基坑工程进行分类，对支护结构允许变形规定统一的标准是比较困难的，应结合地区具体情况具体运用。

(3) 很强的综合性。基坑工程涉及土力学中强度、变形、渗流、稳定等4个基本课题，四者融溶一起需要综合处理。有的基坑工程土压力引起支护结构的稳定性问题是主要矛盾，有的土中渗流引起土破坏是主要矛盾，有的基坑周围地面变形是主要矛盾。基坑工程的区域性和个性强也表现在这一方面。同时，基坑工程是岩土工程、结构工程及施工技术相互交叉的学科，是多种复杂因素相互影响的系统工程，是理论上尚待发展的综合技术学科。

(4) 较强的时空效应。基坑的深度和平面形状，对基坑的稳定性和变形有较大影响。在基坑设计中，要注意基坑工程的空间效应。土体是蠕变体，特别是软黏土，具有较强的蠕变性。作用在支护结构上的土压力随时间变化，蠕变将使土体强度降低，使土坡稳定性减小，故基坑开挖时应注意其时空效应。

(5) 较强的环境效应。基坑工程的开挖，必将引起周围地基中地下水位变化和应力场的改变，导致周围地基土体的变形，对相邻建筑物、构筑物及市政地下管网产生影响。影响严重的将危及相邻建筑物、构筑物及市政地下管网的安全与正常使用。大量土方运输也对交通产生影响，所以应注意其环境效应。

(6) 较大工程量及较紧工期。由于基坑开挖深度一般较大，工程量比浅基础增加很多。抓紧施工工期，不仅是施工管理上的要求，它对减小基坑变形、减小基坑周围环境的变形也具有特别的意义。

(7) 很高的质量要求。由于基坑开挖的区域也就是将来地下结构施工的区域，有时甚至基坑的支护结构还是地下永久结构的一部分，而地下结构的好坏又将直接影响到上部结构，所以，必须保证基坑工程的质量，才能保证地下结构和上部结构的工程质量，创造一个良好的前提条件，进而保证整幢建筑物的工程质量。另外，由于基坑工程中的挖方量大，土体中原有天然应力的释放也大，这就使基坑周围环境的不均匀沉降加大，使基坑周围的建筑物出现不利的拉应力，地下管线的某些部位出现应力集中等，故基坑工程的质量要求高。

(8) 较大的风险性。基坑工程是个临时工程，安全储备相对较小，因此风险性较大。由于基坑工程技术复杂，涉及范围广，事故频繁，因此在施工过程中应进行监测，并采取应急措施。基坑工程造价较高，又是临时性工程，一般不愿投入较多资金，但一旦出现事故，造成的经济损失和社会影响往往十分严重。

(9) 较高的事故率。基坑工程施工周期长，从开挖到完成地面以下的全部隐蔽工程，常常经历多次降雨、周边堆载、振动等许多不利条件，安全度的随机性较大，事故的发生往往具有突发性。

二、基坑工程常用支护型式及特点

(一) 基坑工程常用的围护型式

基坑工程常用的围护型式很多，主要有放坡开挖及简易支护、悬臂式围护结构、重力式围护结构、内撑式围护结构、拉锚式围护结构、土钉墙围护结构及其他类型围护结构。

1. 放坡开挖及简易支护

放坡开挖适用于地基土质较好、开挖深度不深，以及施工现场有足够放坡场所的工程（见图 8-2）。简易支护的示意图如图 8-3 所示。

图 8-2　放坡开挖现场图

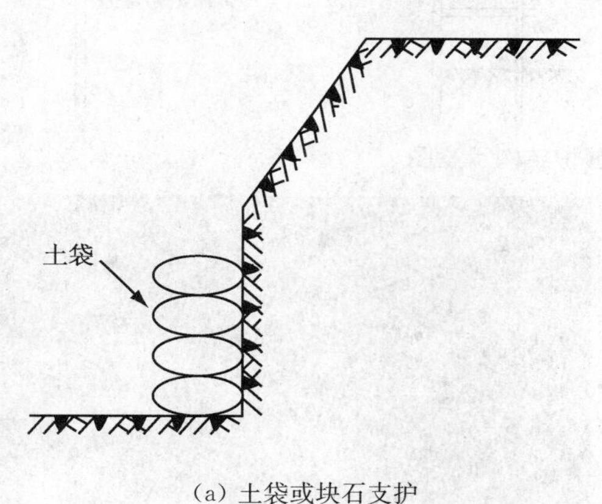

(a) 土袋或块石支护

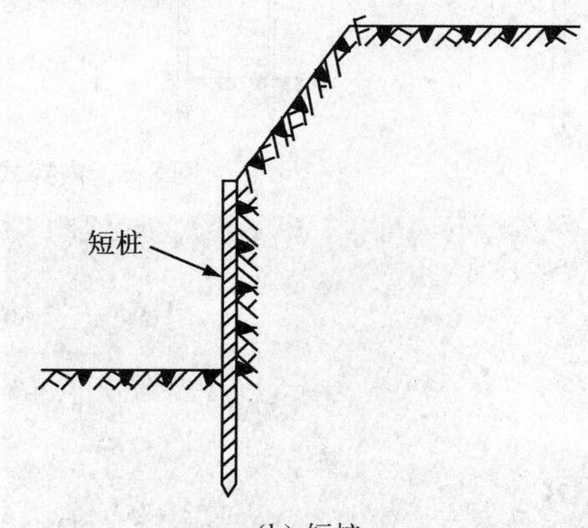

(b) 短桩

图 8-3　简单支护

需要进行边坡稳定性验算的情况有以下几种：①坡顶有堆载；②边坡高度与坡度超出《建筑基坑工程技术规范》(YB 9258—1997)的规定；③存在软弱结构面的倾斜地层；④岩层和主要结构层面的倾斜方向与边坡的开挖面倾斜方向一致，且两者走向的夹角小于 45°。

2. 悬臂式围护结构

悬臂式围护结构的结构特征为无支撑的悬臂围护结构；支撑材料有钢筋混凝土排桩、钢板桩、木板桩、钢筋混凝土板桩、地下连续墙、SMW 工法桩等；其受力特征主要是利用支撑入土的嵌固作用及结构自身的抗弯刚度挡土及控制变形；适用条件一般为土质较好、开挖深度较小的基坑。

3. 重力式围护结构

重力式围护结构的结构特征为常用水泥土桩构成重力式挡土构造；支撑材料为水泥搅拌桩、注浆；其受力特征是利用墙体或结构自身的稳定挡土与止水；适用条件为宽度较大，开挖较浅，周围场地较宽，对变形要求不高的基坑(见图 8-4)。

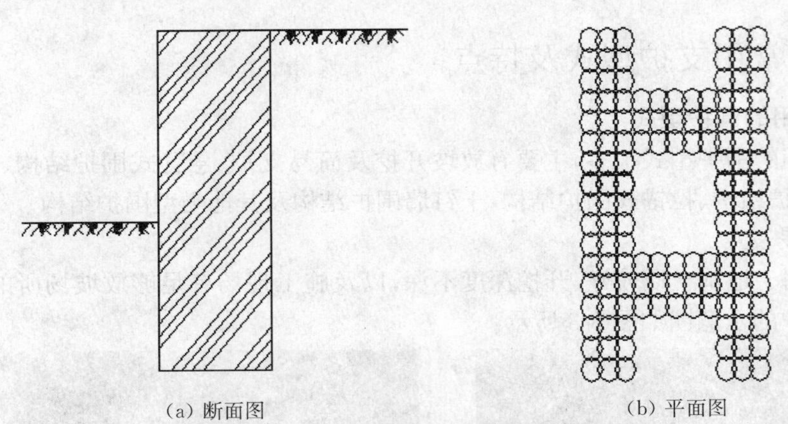

(a) 断面图　　(b) 平面图

图 8-4　重力式围护结构示意图

4. 内撑式围护结构

内撑式围护结构的示意图和现场图分别如图 8-5 和图 8-6 所示。

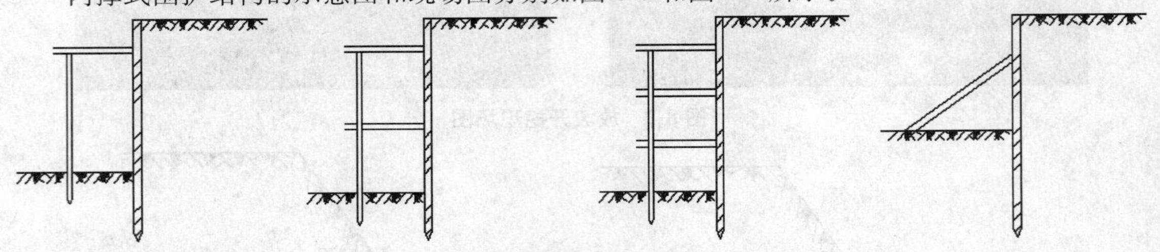

图 8-5　内撑式围护结构示意图

图 8-6　内撑式围护结构现场图

5．拉锚式围护结构

拉锚式围护结构的结构特征为由挡土结构与锚固系统2部分组成；支撑材料除可采用与内撑式结构相同的材料外，还可以采用钢板桩等；其受力特征为由挡土结构与锚固系统共同承担土压力；适用于砂土或黏性土地基。拉锚式围护结构示意图和现场图分别见图8-7和图8-8。

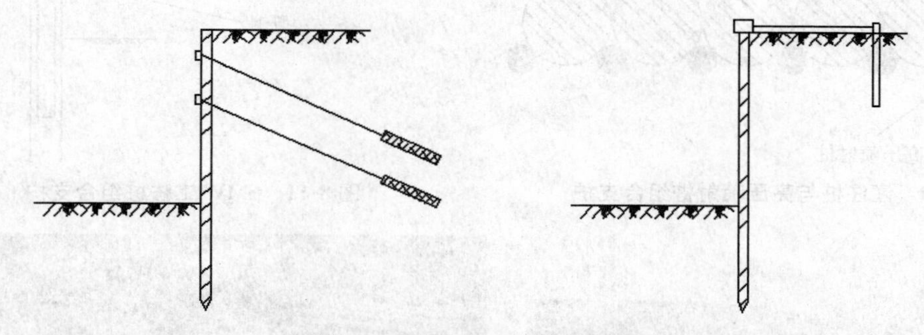

图8-7　拉锚式围护结构示意图

图8-8　拉锚式围护结构现场图

6．土钉墙围护结构

土钉墙围护结构的结构特征为由土钉与喷锚混凝土面板2部分组成；由土钉及钢筋混凝土面板构成支撑；其受力特征是，由土钉构成支撑体系，喷锚混凝土面板构成挡土体系；适用于地下水位以上或降水后的黏土、粉土、杂填土及非松散砂土、碎石土。

7．其他类型围护结构

其他类型的围护结构有组合支护和钢板桩支护等（见图8-9～图8-12）。

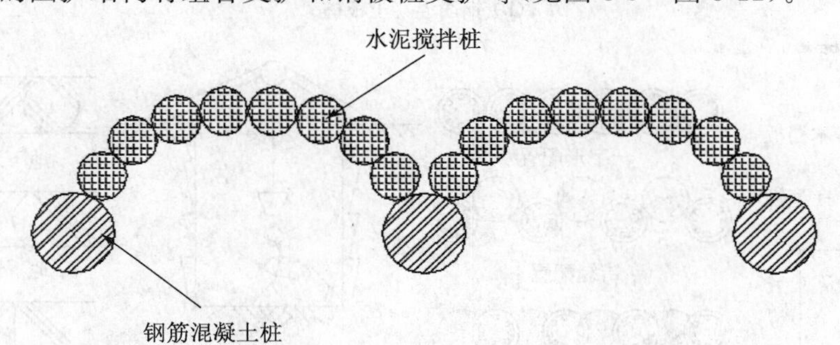

图8-9　连拱式支护结构平面图

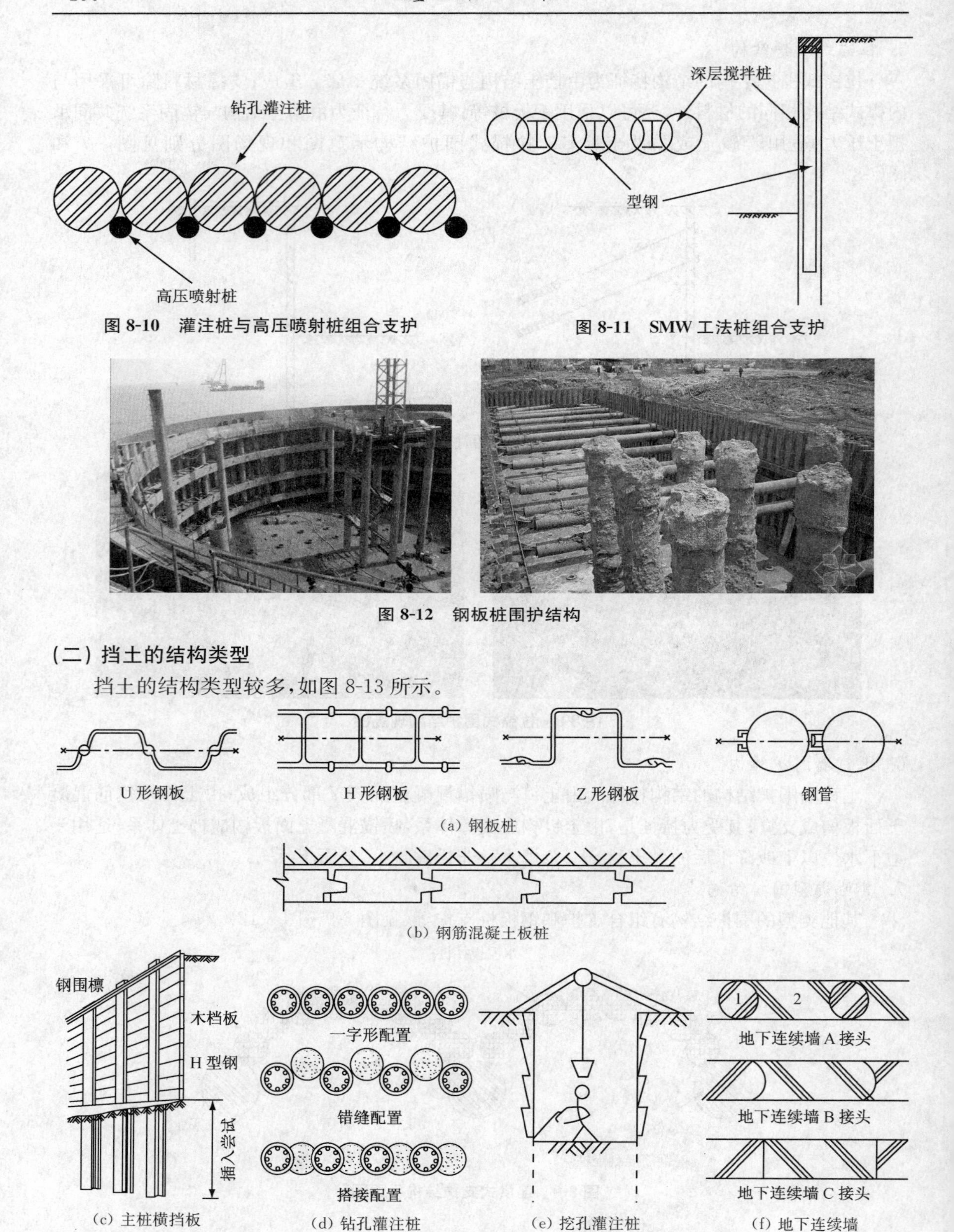

图 8-10 灌注桩与高压喷射桩组合支护

图 8-11 SMW 工法桩组合支护

图 8-12 钢板桩围护结构

(二) 挡土的结构类型

挡土的结构类型较多,如图 8-13 所示。

(a) 钢板桩

(b) 钢筋混凝土板桩

(c) 主桩横挡板　(d) 钻孔灌注桩　(e) 挖孔灌注桩　(f) 地下连续墙

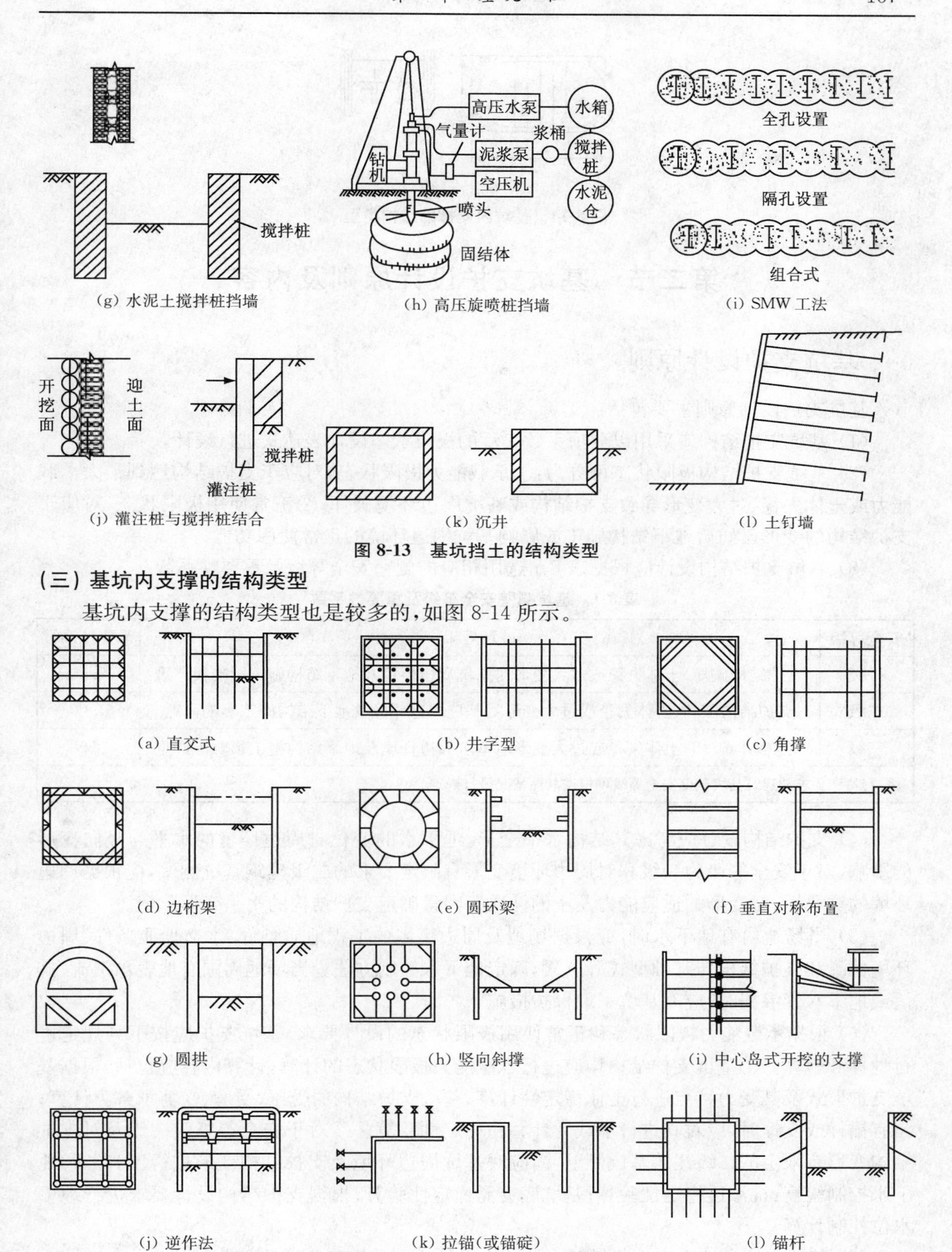

图 8-13　基坑挡土的结构类型

(三) 基坑内支撑的结构类型

基坑内支撑的结构类型也是较多的,如图 8-14 所示。

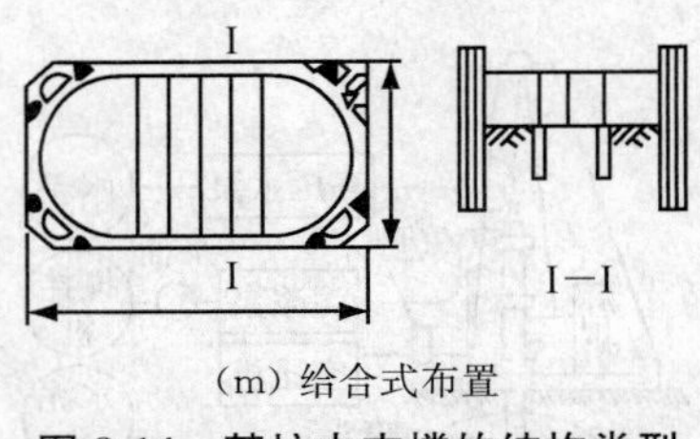

(m) 给合式布置

图 8-14 基坑内支撑的结构类型

第二节 基坑支护设计原则及内容

一、基坑支护设计原则

基坑支护设计原则主要包括：

(1) 基坑支护结构应采用以分项系数表示的极限状态设计表达式进行设计。

(2) 基坑支护结构极限状态可分为：①承载能力极限状态，对应于支护结构达到最大承载能力或土体失稳、过大变形导致支护结构或基坑周边环境破坏；②正常使用极限状态，对应于支护结构的变形已妨碍地下结构施工或影响基坑周边环境的正常使用功能。

(3) 基坑支护结构设计应根据表 8-1 选用相应的侧壁安全等级及重要性系数。

表 8-1 基坑侧壁安全等级及重要性系数

安全等级	破坏后果	重要性系数
一级	支护结构破坏、土体失稳或过大变形对基坑周边环境及地下结构施工影响很严重	1.00
二级	支护结构破坏、土体失稳或过大变形对基坑周边环境及地下结构施工影响一般	1.00
三级	支护结构破坏、土体失稳或过大变形对基坑周边环境及地下结构施工影响不严重	0.90
注：有特殊要求的建筑基坑侧壁安全等级可根据具体情况另行确定。		

(4) 支护结构设计应考虑其结构水平变形、地下水的变化对周边环境的水平与竖向变形的影响，对于安全等级为一级和对周边环境变形有限定要求的二级建筑基坑侧壁，应根据周边环境的重要性、对变形的适应能力及土的性质等因素确定支护结构的水平变形限值。

(5) 当场地内有地下水时，应根据场地及周边区域的工程地质条件、水文地质条件、周边环境情况和支护结构与基础型式等因素，确定地下水控制方法。当场地周围有地表水汇流、排泻或地下水管渗漏时，应对基坑采取保护措施。

(6) 根据承载能力极限状态和正常使用极限状态的设计要求，基坑支护应按下列规定进行计算和验算。①基坑支护结构均应进行承载能力极限状态的计算，计算内容应包括：根据基坑支护形式及其受力特点进行土体稳定性计算；基坑支护结构的受压、受弯、受剪承载力计算；当有锚杆或支撑时，应对其进行承载力计算和稳定性验算。②对于安全等级为一级及对支护结构变形有限定的二级建筑基坑侧壁，尚应对基坑周边环境及支护结构变形进行验算。③地下水控制验算：抗渗透稳定性验算；基坑底突涌稳定性验算；根据支护结构设计要求进行地下水位控制计算。

(7) 基坑支护设计内容应包括对支护结构质量检测及施工监控的要求。

(8) 当有条件时，基坑应采用局部或全部放坡开挖，放坡坡度应满足坡稳定性要求。

二、基坑支护设计内容

基坑支护结构的设计内容包括：①支护体系方案的技术经济比较和选型及地下水控制方式；②支护结构的强度和变形计算；③基坑内外土体稳定性计算；④基坑降水和止水帷幕设计以及支护墙的抗渗设计；⑤基坑开挖施工方案和施工检测设计；⑥基坑施工监测设计及应急措施的制定；⑦施工期可能出现的不利工况验算。

第三节　基坑工程计算

基坑工程的计算包括 3 个部分的内容，即稳定性验算、结构内力计算和变形计算。

(1) 稳定性验算是指分析土体或土体与围护结构一起保持稳定性的能力，包括整体稳定性、重力式挡墙的抗倾覆稳定及抗滑移稳定、坑底抗隆起稳定和抗渗流稳定等，基坑工程设计必须同时满足这几个方面的稳定性。

(2) 结构内力计算为结构设计提供内力值，包括弯矩、剪力等，不同体系的围护结构，其内力计算的方法是不同的；由于围护结构常常是多次超静定的，计算内力时需要对具体围护结构进行简化，不同的简化方法得到的内力不会相同，需要根据工程经验加以判断。

(3) 变形计算目的是为了减少对环境的影响，控制环境质量，变形计算内容包括围护结构的侧向位移、坑外地面的沉降和坑底隆起等项目。

一、稳定性验算

基坑稳定性验算一般包括整体稳定性计算、边坡稳定性计算、重力式围护结构的整体稳定性计算、锚杆支护体系的整体稳定性计算、土钉墙的稳定性分析、抗倾覆抗滑动稳定性计算、抗倾覆稳定性计算、抗水平滑动稳定性计算、土钉墙的浅层破坏、抗隆起稳定性验算、地基承载力验算、踢脚稳定性验算、剪力平衡验算、抗渗透破坏稳定性验算、抗渗流稳定性验算、承压水冲溃坑底(亦称为突涌)的验算等。

(一) 边坡稳定性验算

假定滑动面为圆弧，用条分法进行计算，不考虑土条间的作用力，最小安全系数为最危险滑动面(见图 8-15)。

$$F_s = \frac{M_{抗滑}}{M_{滑动}} = \frac{\sum c_i \dfrac{b_i}{\cos\alpha_i} + \sum (q_i b_i + w_i)\cos\alpha_i \tan\varphi_i}{\sum (q_i b_i + w_i)\sin\alpha_i} \tag{8-1}$$

式中：F_s 为安全系数；$M_{抗滑}$ 为抗滑力矩，kN·m；$M_{滑动}$ 为滑动力矩，kN·m；c_i 为第 i 土条黏聚力，kPa；φ_i 为第 i 土条内摩擦角，(°)；q_i 为第 i 土条土压力，kPa；b_i 为第 i 土条宽度，m；w_i 为第 i 土条的重力，kN；α_i 为第 i 土条对应的角度，(°)。

当坡面内有如图 8-15 所示的渗流时，边坡稳定性验算需要考虑动水力作用对维持边坡稳定带来的不利影响。动水力的计算可以采用流网分析法或平均水力坡降法。采用平均水力坡降法计算时，a，b 两点为浸润线与滑动面的交点，平均水力坡降就是 ab 线的斜率，作用在浸润线以下滑动土体上的总动水力 T 为

$$T = i\gamma_w A, \quad F_s = \frac{M_{抗滑}}{M_{滑动} + Te} \tag{8-2}$$

式中：T 为总动水力，kN；i 为水力坡降；$M_{抗滑}$ 为抗滑力矩，kN·m；$M_{滑动}$ 为滑动力矩，kN·m；γ_w 为水的重度，kN/m^3；A 为作用面积，m^2；F_s 为安全系数；e 为总动水力的作用矩，m。

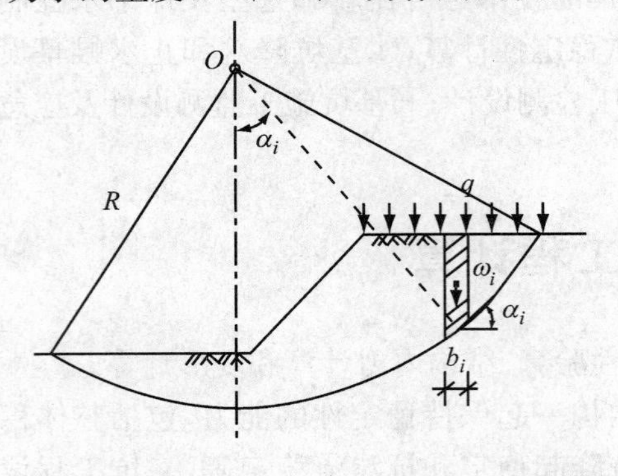

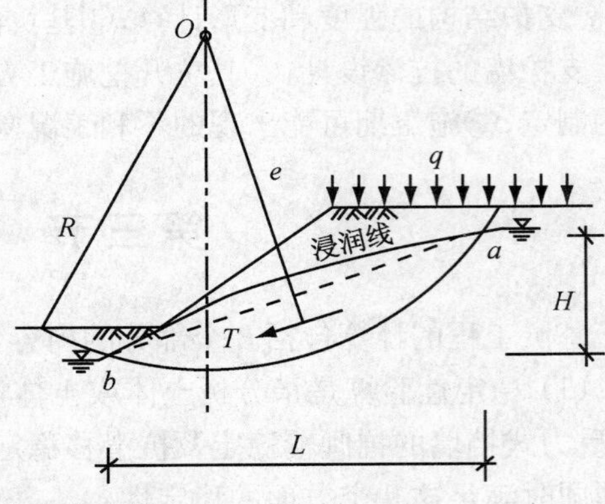

图 8-15 边坡稳定性分析示意图

（二）重力式围护结构的整体稳定性计算

重力式围护结构的整体稳定性计算应考虑两种破坏模式：一种是如图 8-16 所示的滑动面通过挡墙的底部；另一种考虑圆弧切墙的整体稳定性，验算时需计算切墙阻力所产生的抗滑作用，即墙的抗剪强度所产生的抗滑力矩。

重力式围护结构可以看作是直立岸坡，滑动面通过重力式挡墙的后趾，其整体稳定性验算一般借鉴边坡稳定性计算方法，当采用简单条分法时可按式(8-1)验算整体稳定性。

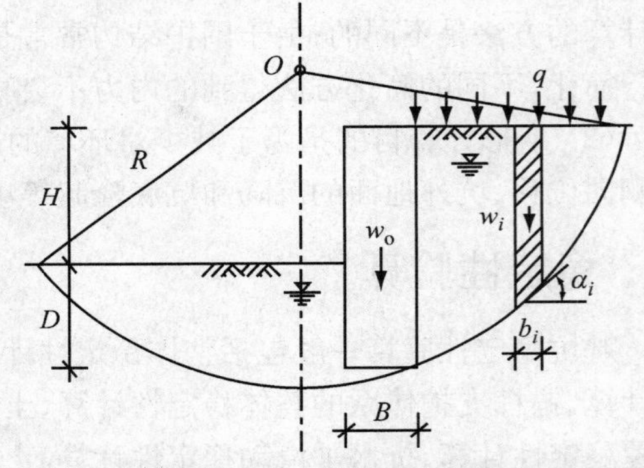

图 8-16 重力式围护结构的整体稳定性分析示意图

《上海市标准基坑工程设计规程》(DBJ 08—61—1997)规定，验算切墙滑弧安全系数时，可取墙体强度指标内摩擦角为零，黏聚力 $c=(1/15\sim1/10)q_u$。当水泥搅拌桩墙体的无侧限抗压强度 $q_u>1$ MPa 时，可不考虑切墙破坏的模式。

（三）锚杆支护体系的整体稳定性

有两种不同的假定，一种是指锚杆支护体系连同体系内的土体共同沿着土体的某一深层滑裂面向下滑动，造成整体失稳，如图 8-17(a)所示；对于这一种失稳破坏，可采取上述土坡整体稳定的验算方法计算，按验算结果要求锚杆长度必须超过最危险滑动面，安全系数不小于 1.50。另一种是指由于锚杆支护体系的共同作用超出了土的承载能力，从而在围护结构底部向其拉结方向形成一条深层滑裂面，造成倾覆破坏，如图 8-17(b)所示。经常使用的验算方法是德国学者 Kranz 提出的“代替墙法”。

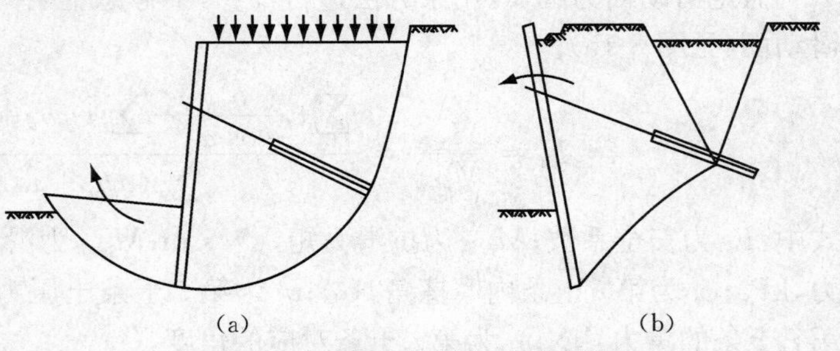

图 8-17 锚杆支护体系分析示意图

以单锚支护体系为例，代替墙法假定深层滑裂面是由直线 bc 段和 cd 段组成的，其中 b 点取在围护墙底部，c 点取在锚固段的中点，cd 段是由 c 点向上作垂线与地面交于 d 点得到的。利用 $abcd$ 范围内力的平衡关系可以求解锚杆的极限抗力，安全系数定义为锚杆极限抗力的水平分力 T_h 与锚杆设计水平分力的比值，要求不小于 1.5（见图 8-18）。

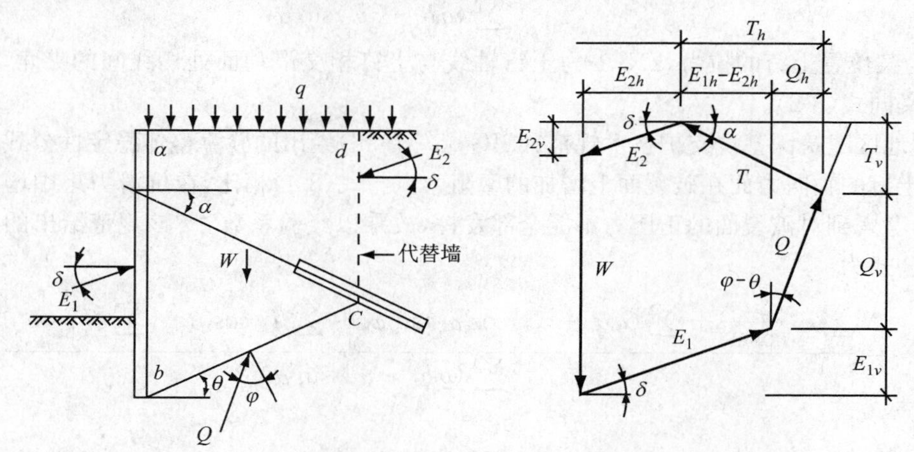

图 8-18　锚杆支护体系计算图

$$T_h = E_{1h} - E_{2h} + Q_h,\quad T_h = \frac{E_{1h} - E_{2h} + [W - (E_{1h} - E_{2h})\tan\delta]\tan(\varphi - \theta)}{1 + \tan\alpha\tan(\varphi - \theta)} \tag{8-3}$$

式中：$E_{1h}=E_1\cos\delta$，E_1 为作用在围护结构 ab 面上的主动土压力，kN；$E_{2h}=E_2\cos\delta$，E_2 为作用在代替墙 cd 面上的主动土压力，kN；$Q_h=(W+E_{2h}\tan\delta-E_{1h}\tan\delta)\tan(\varphi-\theta)-T_h\tan\alpha\tan(\varphi-\theta)$；$\delta$ 为墙面摩擦角，(°)；φ 为土的内摩擦角，(°)；θ 为代替墙 bc 面与水平面的夹角，(°)；α 为锚杆的倾斜角，(°)；W 为土体 $abcd$ 的重量，kN。

显然，代替墙法适用于锚固段在围护墙底部以上的情况，如图 8-19 所示：图(a)中的全部锚杆都需要验算；图(b)中有 2 道锚杆需要验算；而图(c)中所有锚杆都深入围护墙底部以下，不需要进行此项验算。

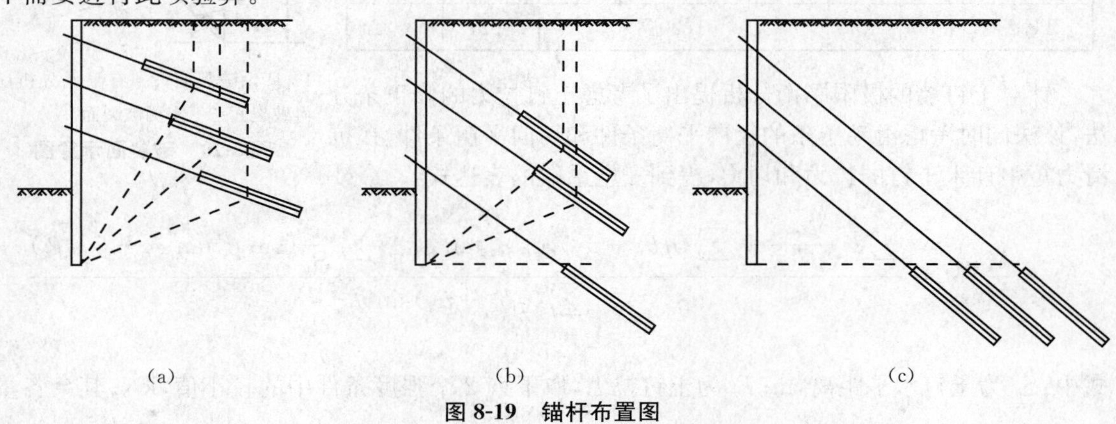

图 8-19　锚杆布置图

(四) 土钉墙的稳定性分析

基本原理可分为极限平衡法和有限元法，但实用的大多为极限平衡法。极限平衡法的关键是如何确定破裂面的形状，有些方法建立在圆弧滑动的假定基础上考虑土钉的抗力，其安全系数的计算公式与边坡稳定的计算公式类似，只是加上土钉力的作用。

$$F_s=\frac{M_{抗滑}}{M_{滑动}}=\frac{\sum c_i\dfrac{b_i}{\cos\alpha_i}+\sum(q_ib_i+w_i)\cos\alpha_i\tan\varphi_i+\sum T_i\cos\beta_i}{\sum(q_ib_i+w_i)\sin\alpha_i} \tag{8-4}$$

式中：T_i 为某位置土钉的拉力，kN；β_i 为土钉轴线与土钉相交滑动面处切线间的夹角，(°)；其余各量意义同式(8-2)。

《深圳地区建筑深基坑支护技术规范》(SJG 05—1996)给出的验算整体稳定性公式中还考虑了由于土钉的轴向力而在破裂面上增加的摩阻力。与式(8-4)相比，在抗滑力矩中增加了这项摩阻力，考虑到对破裂面的正压力不能全部发挥，故乘以经验系数 ξ。该规范给出的整体稳定性验算公式为

$$F_s=\frac{M_{抗滑}}{M_{滑动}}=\frac{\sum c_i\dfrac{b_i}{\cos\alpha_i}+\sum(q_ib_i+w_i)\cos\alpha_i\tan\varphi_i+\sum T_i\cos\beta_i+\sum\xi T_i\sin\beta_i\tan\varphi_i}{\sum(q_ib_i+w_i)\sin\alpha_i} \tag{8-5}$$

式中：各量意义同式(8-2)。

表 8-2 给出了 4 个土钉墙工程破裂面的实测数据，并将工程实测数据与按对数螺旋线破裂面假定的有限元计算结果进行了对比。图 8-20 为工程实测破裂面与有限元分析所得破裂面示意图。

表 8-2 土钉墙破裂面实测资料

工程编号	坡高 H/m	坡角 α/(°)	破裂面与坡顶交点至坡脚处垂直线的距离 b/m	b/H	
				实测值	计算值
YS-1	5.33	87	1.54	0.29	0.33
JL-2	10.20	80	3.05	0.30	0.28
GY-1	8.20	78	2.58	0.31	0.27
TE-2	4.50	87	1.20	0.27	0.32

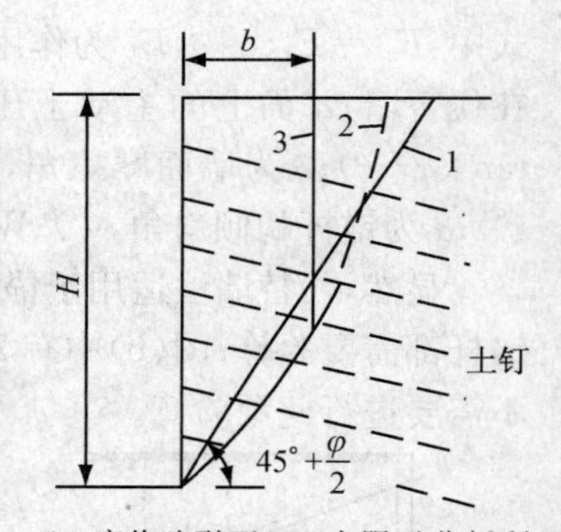

1—库伦破裂面；2—有限元分析所得破裂面；3—实测破裂面

图 8-20 破裂面示意图

针对土钉墙的极限平衡分析提出了考虑土钉拉力的修正条分法，该法同时考虑滑动土条的径向平衡条件和切向平衡条件，在抗滑力矩中计入土钉的拉力和切力，得到安全系数的表达式：

$$F_s=\frac{M_{抗滑}}{M_{滑动}}=\frac{\sum c_i\dfrac{b_i}{\cos\alpha_i}+\sum(q_ib_i+w_i)\cos\alpha_i\tan\varphi_i+\sum\dfrac{T_i}{S_h}(\sin\beta_i\tan\varphi_i+\cos\beta_i)}{\sum(q_ib_i+w_i)\sin\alpha_i} \tag{8-6}$$

式中：S_h 为土钉水平距离，m；T_i 为土钉拉力，取下列 2 个强度条件中的较小值，kN；其余各量意义同式(8-2)。按土钉拔出强度条件为 $T=\pi DL_a\tau$，按土钉拉断强度条件为 $T=\frac{\pi d^2}{4}f_y$。

(五) 抗倾覆、抗滑动稳定性计算

验算围护结构抗倾覆稳定性的前提是需要确知围护结构的转点位置，在工程设计时为了

简化通常假定围护结构绕其前趾转动(图 8-21)，得到

$$K_Q = \frac{F_P l_P + (W_0 B)/2}{F_a l_a} \quad (8\text{-}7)$$

式中：K_Q 为安全系数；F_a 为主动土压力，kN；F_P 为被动土压力，kN；l_a 为主动土压力作用点离底面的高度，m；l_P 为被动土压力作用点离底面的高度，m；W_0 为围护结构的重力，kN；B 为围护结构的厚度，m。

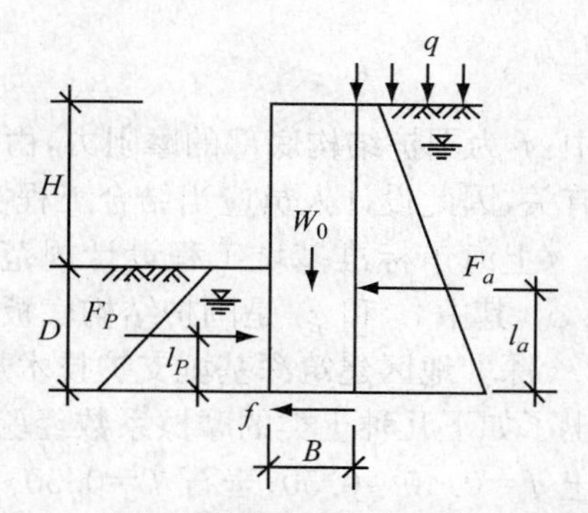

图 8-21　围护结构抗倾覆稳定性分析示意图

在土层地质条件比较好的情况下基本上是合理、适用的，但对于相反的情况(如在软弱土地质条件下)有可能会得出围护结构的插入比(D/H)越大、计算得到的安全系数越低的结论，显然这是不符合常规的经验判断的，其问题实质就在于转点位置选择的正确与否。

挡墙倾覆失稳可能有 3 种情况。第 1 种是绕前趾转动，当地基很坚硬且具有足够的抗滑力时可能出现这种情况；第 2 种是绕后踵转动，当地基很软且具有高压缩性时可能出现这种情况；第 3 种情况是绕墙底某一点转动，而且转动中心可能逐渐朝墙背方向移动，最终造成倾覆破坏。

根据对上述第 3 种情况的分析，通过墙底中部的转动点作一垂线将挡墙分为 2 个部分，如图 8-22 所示，左边的部分形成倾覆力矩，右边的部分形成稳定力矩，同时由于转动点左边挡墙底部的下压，在挡墙底面必然作用着形成稳定力矩的反力，反力的最大值是地基的极限承载力。此时，安全系数的计算公式为

$$K = \frac{\frac{1}{3} P_u a^2 + E_P l_P + W_2 l_2}{E_a d + W_1 l_1} \quad (8\text{-}8)$$

式中：W_1，W_2 分别为转动中心点垂线两边的挡墙重，$W_1 + W_2 = W_0$，kN；l_1，l_2 分别为 W_1 和 W_2 对转动中心的力臂，m，$l_1 + l_2 = B$；P_u 为由抗剪强度指标计算的地基极限承载力，kPa；a 为挡墙壁至转动中心的水平距离，m；d 为主动土压力合力作用线对转动中心的作用矩，m；E_a 为墙背主动土压力合力，kN；E_P 为坑底墙上被动土压力合力，kN。

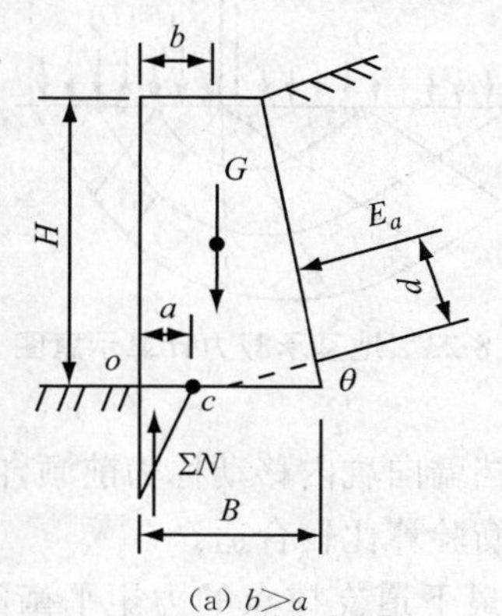

(a) $b>a$

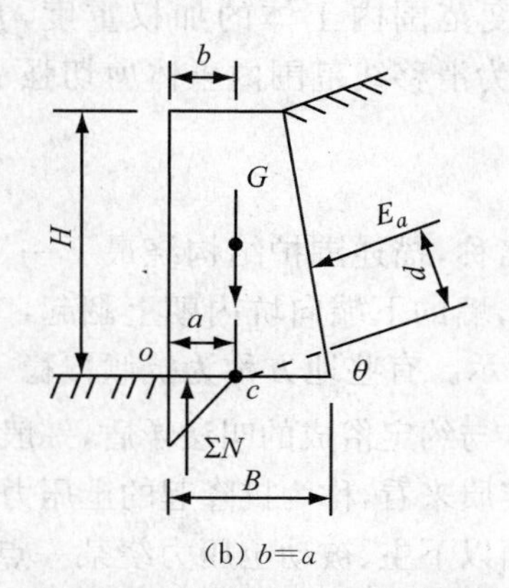

(b) $b=a$

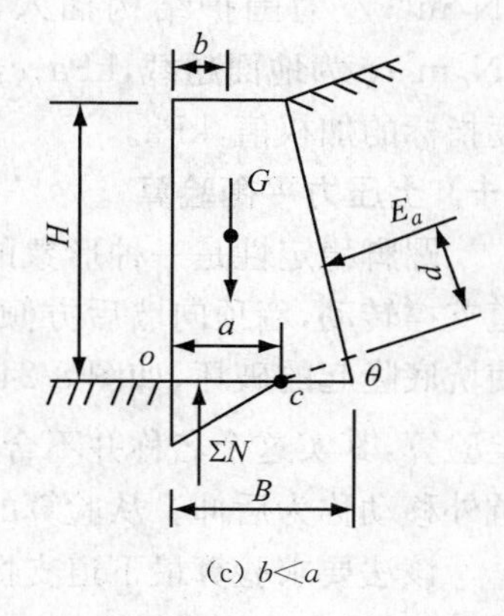

(c) $b<a$

图 8-22　绕墙基点内点转动倾覆

(六) 抗水平滑动稳定性计算

抗水平滑动稳定性计算时，同样可用图 8-21 进行分析。抗水平滑动安全系数 K_H 的计算公式为

$$K_H = \frac{F_P + f}{F_a} \tag{8-9}$$

式中：f 为围护结构底部的摩阻力，由于摩擦系数的取值与围护结构的材料及土的工程性质直接有关，因此设计人员应当结合工程实际选取合理的值。

《上海市标准基坑工程设计规范》(DBJ 08—61—1997)规定 f 的计算式为 $f = Bc_0 + W_0 \tan\varphi_0$，其中 c_0 和 φ_0 是围护结构底板所在土层的抗剪强度指标。

《深圳地区建筑深基坑支护技术规范》(SJG 05—1996)和《武汉地区深基坑工程技术指南》给出了如下几种土类的摩擦系数经验值：淤泥质土 f＝0.20～0.25；黏性土 f＝0.25～0.40；砂土 f＝0.40～0.50；岩石 f＝0.50～0.70。

(七) 土钉墙的浅层破坏

在土钉墙不发生整体失稳的条件下，尚需验算土钉墙向坑内的倾覆破坏，即浅层破坏。提出了土钉墙内部失稳极限平衡分析方法，认为支护面层上部位移大，土钉墙发生近似绕墙趾转动的位移。当达到临界开挖深度时，土体强度已全部发挥出来，很大部分荷载由土—土钉界面转移至土钉体上，若此时土钉破坏或被拔出，土钉墙主动区将绕墙趾向内侧转动而失稳，属浅层破坏。

(八) 抗隆起稳定性验算

抗隆起稳定性的验算是基坑设计的一个主要内容，如果坑底发生过大的隆起，将会导致墙后地面下沉，影响环境安全。但抗隆起稳定性验算的方法很多，基本假定和思路不完全一样，计算的结果也就相差比较大。一般常用的方法有：地基承载力验算、踢脚稳定性验算、剪力平衡验算等。

(九) 地基承载力验算

地基承载力计算示意图(见图 8-23)和验算公式如下：

$$K_{S1} = \frac{\gamma_2 D N_q + c N_c}{\gamma_1 (H + D) + q} \tag{8-10}$$

式中：H 为基坑的开挖深度，m；D 为围护结构的插入深度，m；γ_1 为围护结构深度范围内(即 $H+D$)土体的加权重度，kN/m³；γ_2 为围护结构插入深度范围内土体的加权重度，kN/m³；q 为地面超载，kPa；c，φ 为滑移线范围内土体剪切强度指标的加权值，kPa。

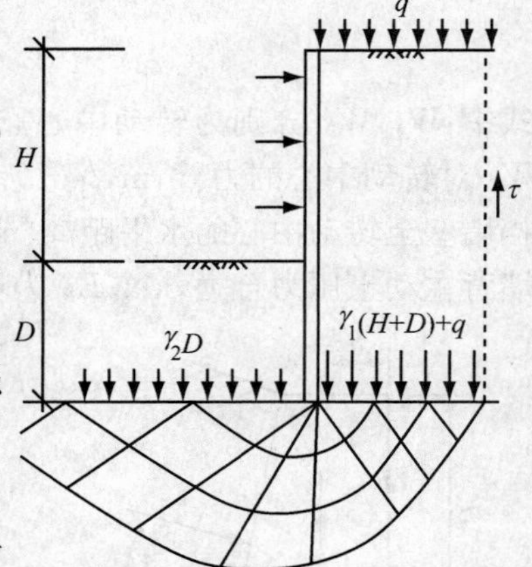

图 8-23 地基承载力计算示意图

(十) 土压力平衡验算

踢脚稳定性是一种形象的名称，描述围护结构绕最下一道支撑转动，墙顶向墙后方倾倒，墙的下端向坑内朝上翻起，使坑底隆起的破坏，如图 8-24 所示。有些地方称为抗倾覆稳定验算，其实这个名称并不合适，与约定俗成的叫法矛盾，一般将挡墙向坑内移动称为前倾，向坑外移动称为后仰。从验算的实质来看，称为抗隆起的土压力平衡验算比较合适。

该法要求验算最下道支撑面以下主、被动土压力绕某一点即最下道支撑点的力矩平衡问题，安全系数定义为 $K_{S2} = \dfrac{F_P l_P}{F_a l_a}$。

(十一) 剪力平衡验算

假定在土体 1-2-3-4 区域内的自重及超载作用下，其下的软土地基将沿圆柱面 4-5-6 发生

剪切破坏而产生滑动(见图 8-25),滑动力矩为

$$M_S=\frac{(\gamma H+q)D^2}{2} \tag{8-11}$$

式中:M_S 为滑动力矩,kN·m;γ 为土重度,kN/m³;H 为基坑深度,m;D 为围护结构底到坑底的距离,m;q 为地面荷载,kPa。

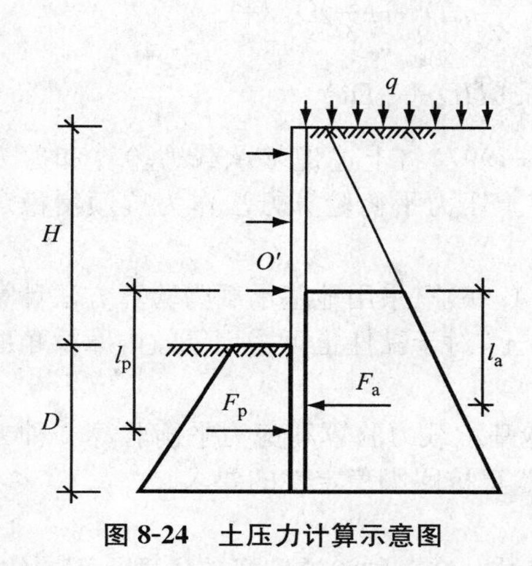

图 8-24　土压力计算示意图

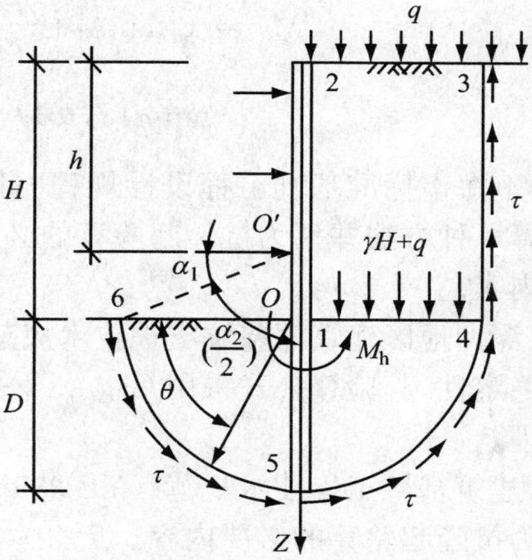

图 8-25　剪力平衡计算示意图

而抗滑力矩则以滑动面 3-4-5-6 上地基土的剪切强度对 O' 点取矩,为

$$M_R=D\int_{\widehat{654}}\tau(D\mathrm{d}\theta)+D\int_{\overline{43}}\tau\mathrm{d}H \tag{8-12}$$

式中:M_R 为抗滑力矩,kN·m;D 为围护结构底端至坑底的高度,即插入深度,m;H 为基坑深度,m;τ 为滑带上的剪切力,kPa。

安全系数为

$$K_{S3}=\frac{M_R}{M_S} \tag{8-13}$$

式中:K_{S3} 为安全系数;M_R 为抗滑力矩,kN·m;M_S 为滑动力矩,kN·m。

原则上抗滑力矩宜根据场地条件通过采用合理的土工试验进行确定,但是,由于滑动面上各点的应力状态及排水条件等各不相同且加之试验条件、经费等的局限,完全依赖试验在多数情况下是不现实的,因此,实用上设计人员不得不寻求简化方法。抗滑力矩的取值方法大致经历了 2 个阶段。

起初,对于均质土假定滑动面上各点的抗剪强度相等,即

$$M_R=\pi\tau D^2+\tau HD \tag{8-14}$$

把 τ 定义为地基土的不排水剪切强度或在饱和软土中取 $\tau=c_u$。显然,若按照地基土的不排水剪切强度或在饱和软土中取 $\tau=c_u$ 进行验算,在软弱土地区很难达到验算要求,而这样的验算结果往往也不符合实际的经验判断。

因此,在 20 世纪 80 年代初,根据上海软土的实际工程性质,提出滑动面上土体的剪切强度应按 $\tau=\sigma\tan\varphi+c$ 计算,其中法向应力的选用原则为:在 3-4 面上近似取 $\sigma=\gamma zk_a$,k_a 为主动土压力系数;在 4-5 面上法向应力 σ 由 2 部分组成,即土体自重在滑动面法向上的分力加上该处主动土压力在滑动面法向上的分力;在 5-6 面上法向应力 σ 的计算原则与 4-5 面相同。

3-4 面:$\tau_1=(\gamma z+q)k_a\tan\varphi+c$

4-5 面：$\tau_2 = (q_f + \gamma D\sin\theta)\sin^2\theta\tan\varphi + (q_f + \gamma D\sin\theta)\sin\theta\cos\theta k_a\tan\varphi + c$

5-6 面：$\tau_3 = \gamma D\sin^3\theta\tan\varphi + \gamma D\sin^2\theta\cos\theta k_a\tan\varphi + c$

由此可得抗滑动力矩为

$$M_R = D\int_{\overline{34}}\tau_1\,\mathrm{d}z + D\int_{\overline{45}}\tau_2\,\mathrm{d}s + D\int_{\overline{56}}\tau_3\,\mathrm{d}s \tag{8-15}$$

$$M_R = k_a\tan\varphi\left[\left(\frac{\gamma H^2}{2} + qH\right)D + \frac{1}{2}q_fD^2 + \frac{2}{3}\gamma D^2\right] + \tan\varphi\left(\frac{\pi}{4}q_fD^2 + \frac{4}{3}\gamma D^3\right) + c(HD + \pi D^2) \tag{8-16}$$

《上海市标准基坑工程设计规程》(DBJ 08—61—1997)将上述地基承载力验算和剪力平衡验算 2 种方法并列为抗隆起验算的必要内容，而将土压力平衡验算方法作为抗倾覆稳定验算的内容。

《深圳地区建筑深基坑支护技术规范》(SJG 05—1996)只采用地基承载力验算方法计算抗隆起稳定性，其验算公式采用 Caguot 公式，适用于砂土，对于黏性土可采用等效内摩擦角的办法处理。

《建筑基坑工程技术规范》(YB 9258—1997)将地基承载力验算和剪力平衡验算 2 种方法并列为抗隆起验算的必要内容。后 2 本标准都没有验算抗踢脚稳定性的要求。

(十二) 抗渗透破坏稳定性验算

渗透破坏主要表现为管涌、流土(俗称流砂)和突涌。这 3 种渗透破坏的机理是不同的，但在一些书籍中，将流土的验算叫作管涌验算，混淆了概念。

管涌是指在渗透水流作用下，土中细粒在粗粒所形成的孔隙通道中移动，细颗粒不断流失，土的孔隙不断扩大，渗流量也随之加大，最终导致土体内形成贯通的渗流通道，土体发生破坏的现象。而流土则是指在向上的渗流水流作用下，表层局部范围的土体和土颗粒同时发生悬浮、移动的现象。

管涌是一个渐进破坏的过程，可以发生在任何方向渗流的逸出处，这时常见混水流出，或水中带出细粒；也可以发生在土体内部。在一定级配的(特别是级配不连续的)砂土中常有发生，其水力坡降 $i=0.1\sim0.4$，对于不均匀系数 $C_u<10$ 的均匀砂土，更多的是发生流土。

管涌和流土是 2 个不同的概念，发生的土质条件和水力条件不同，破坏的现象也不相同。有些规范中规定验算的条件实际上是验算流土是否发生的水力条件，而不是管涌发生的条件。在基坑工程中，有时也会发生管涌，主要取决于土质条件，只要级配条件满足，在水力坡降较小的条件下也会产生管涌。

要避免基坑发生流土破坏，需要在渗流出口处保证满足 $\gamma'\geqslant i\gamma_w$，计算水力坡降时，渗流路径可近似地取最短的路径即紧贴围护结构位置的路线，以求得最大水力坡降值(见图 8-26)，即 $i=h/(h+2t)$。抗流土安全系数为 $K=\gamma'/i\gamma_w=\gamma'(h+2t)/\gamma_w h$。

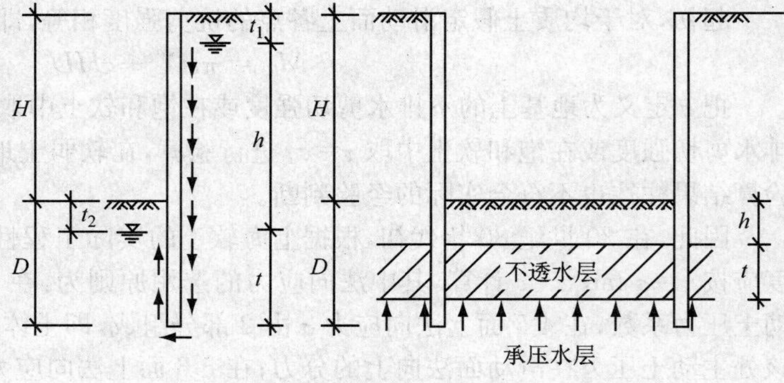

图 8-26　抗渗流稳定性验算示意图

抗渗流稳定安全系数 K 的取值带有很大的地区经验性。如

《深圳地区建筑深基坑支护技术规范》(SJG 05—1996)规定,对于一、二、三级支护工程,分别取3.00,2.75,2.50;《上海市标准基坑工程设计规程》规定,当墙底土为砂土、砂质粉土或有明显的砂性土夹层时取3.0,其他土层取2.0。

二、围护结构内力计算

计算围护结构内力主要是为了确定结构截面尺寸和配筋。围护结构内力的计算是一个比较复杂的问题,墙体的内力与支锚条件密切相关,也是与土体相互作用的结果,现行的计算方法都作了各种简化,是近似的解答。工程技术人员主要依据结构力学的概念,采用结构力学的方法处理问题,虽然不太严格,但由于具备基本的合理性和适于手工运算的特点现在仍被广泛使用。

(一) 重力式围护结构

重力式围护结构的截面尺寸通过稳定性验算确定后,尚需对结构体的强度进行校验。

$$\sigma=\frac{W_0'}{A}\leqslant\frac{q_u}{K},\quad \tau=\frac{F_a'}{A}\leqslant\frac{s}{K} \tag{8-17}$$

式中:W_0',F_a' 分别为结构体验算截面上的自重和侧向土压力合力,kN;A 为所验算截面的面积,m²;K 为结构体强度安全系数,一般取1.50;q_u 为结构体的抗压强度,kPa,$q_u=\left(\frac{1}{3}\sim\frac{1}{2}\right)f_{cu,k}$,$f_{cu,k}=\frac{f_{cu,7}}{0.3}$,$f_{cu,k}=\frac{f_{cu,28}}{0.6}$,其中 $f_{cu,k}$ 为与桩身水泥土配方相同的室内水泥土试块在标准养护条件下,90天龄期的单轴极限抗拉强度平均值,kPa;s 为结构体的抗剪强度,kPa,$s=q_u/3$。

(二) 板式围护结构

板式围护结构又称为板墙式或板桩式围护结构,包括分离式排桩、密排式排桩、板桩和地下连续墙等围护结构型式。这些围护结构在计算结构内力时其假定和方法基本上是相同或相似的,可以作为一类问题进行讨论。内容包括悬臂式、撑锚式2大类,从计算方法可分为极限平衡法和有限元法两种,有限元法又可分为杆件系统有限元法和连续介质有限元法。

极限平衡法假定作用在围护结构前后墙上的土压力分布达到被动土压力和主动土压力,在此基础上再进行力学简化,将超静定问题作为静定问题求解。等值梁法和静力平衡法等都属于这一类。极限平衡法在力学上的缺陷比较明显,没有反映施工过程中墙体受力的连续性,只是一种近似。支撑层数越多、土层越软、墙体刚度越大,则计算结果与实际的差别越大。使用极限平衡法时,需要结合工程经验对土压力和计算结果进行修正。

(三) 悬臂式围护结构的受力情况

悬臂式围护结构是最简单的一种板式围护结构,其受力特点是主要依靠土的嵌固作用保持围护结构的平衡。由于在土体中插入深度不同,围护结构在土中部分的变形性质也不一样,从而得出不同的土压力分布图式(见图8-27),求得的结果也不相同。

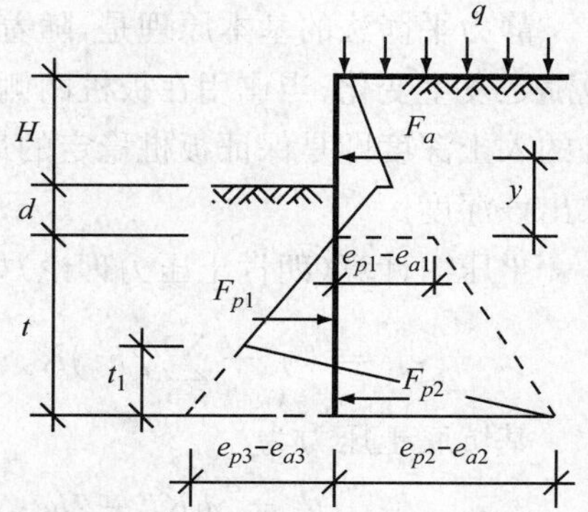

图 8-27 悬臂式围护结构分析示意图

如嵌固条件足够,围护结构的下端可以保持不移动;从围护结构端部的变形和墙的受力平衡来看,墙的端部必然产生向坑外的土压力，其值等于坑外在端部深度处的被动土压力与坑内该点主动土压力之差。如图 8-27 所示，依据作用在围护结构上水平力平衡和各水平力对围护结构底端力矩平衡的条件建立联立方程，可以求解插入深度。

$$t^4 + a_1 t^3 - a_2 t^2 - a_3 t - a_4 = 0 \tag{8-18}$$

式中：$a_1 = (e_{p1} - e_{a1})/a_5$，$a_2 = 8F_a/a_5$，$a_3 = 6F_a(2ya_5 + e_{p1} - e_{a1})/(a_5)^2$，$a_4 = [6yF_a(e_{p1} - e_{a1}) + 4F_a^2]/(a_5)^2$，$a_5 = \gamma(K_b - K_a)$；$K_a$，$K_b$ 分别为主动、被动土压力系数；t 为竖向距离，m，具体见图 8-27。

插入深度 D 的计算式为：

$$D = d + 1.2t \tag{8-19}$$

插入深度 D 确定后，自上而下通过计算寻找到剪力零点位置（此处弯矩为最大），从而计算出围护结构的最大弯矩。在强度验算时，还要考虑悬臂式围护结构变形控制的要求，安全系数 K 一般取 2.0，即

$$[\sigma] \geqslant K\left(\frac{M_{\max}}{W}\right) \tag{8-20}$$

下面具体分析维护桩为排桩和板桩的悬臂式围护结构的内力分析，计算简图（均质土）如图 8-28 所示。

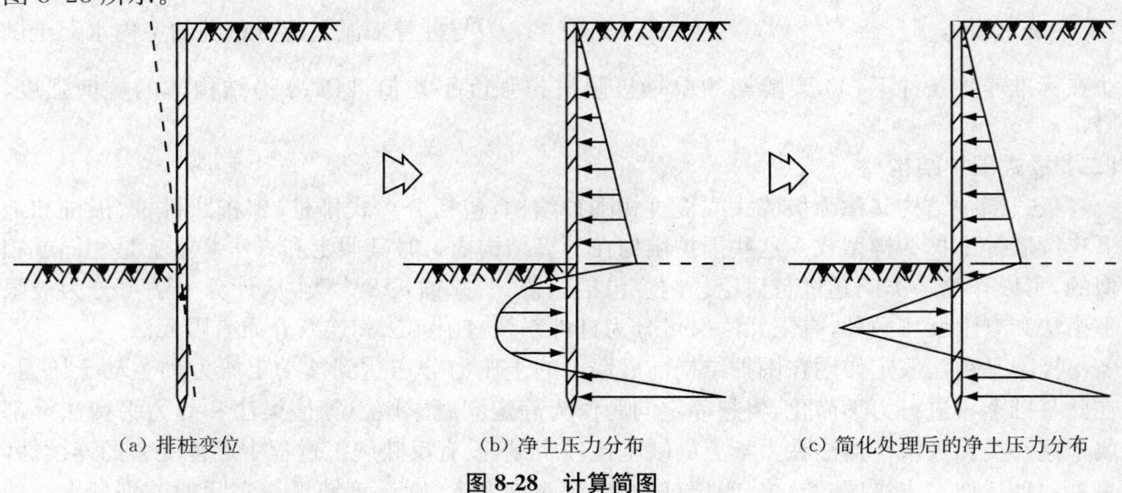

图 8-28 计算简图

静力平衡法的基本原理是，随着板桩的入土深度的变化，作用在板桩两侧的净土压力分布也随之发生变化；当作用在板桩两侧的净土压力相等时，板桩处于平衡状态，此时所对应的板桩的入土深度即是保证板桩稳定的最小入土深度 t（图 8-29）。根据板桩的静力平衡条件可以求出该深度。

土压力计算（朗肯土压力理论）如下（见图 8-30）：

$$e_{an} = (q_n + \sum_{i=1}^{n} \gamma_i h_i)K_a - 2c\sqrt{K_a},\ e_{pn} = (q_n + \sum_{i=1}^{n} \gamma_i h_i)K_p + 2c\sqrt{K_p} \tag{8-21}$$

基坑底土压力为

$$p_a^h = \gamma h K_a - 2hc\sqrt{K_a} \quad 或 \quad p_a^h = (\gamma h + q_0)K_a - 2c\sqrt{K_a} \tag{8-22}$$

式中：q_0 为地面超载，kPa。

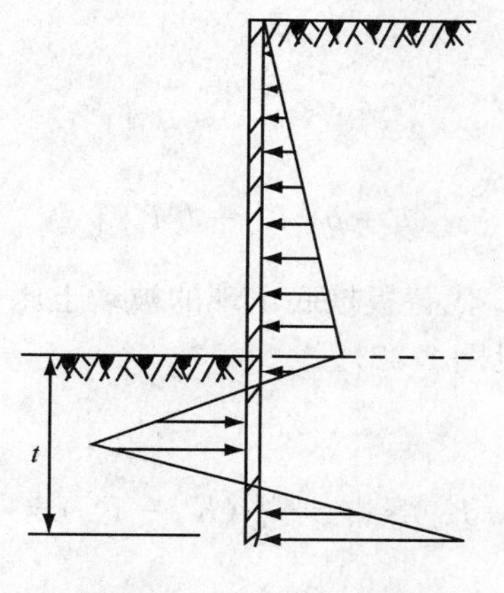

图 8-29　土压力分布图

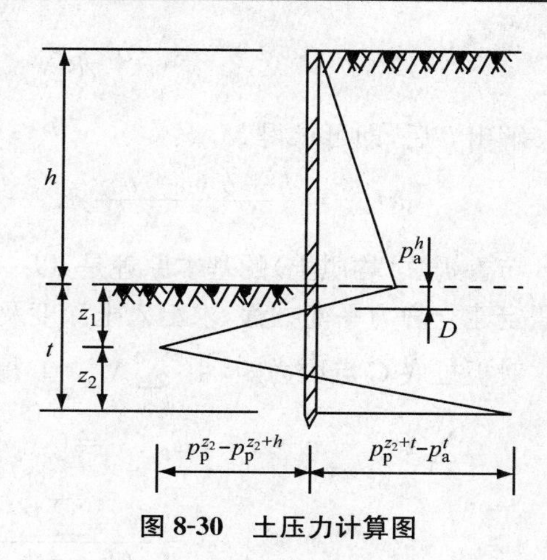

图 8-30　土压力计算图

确定净土压力 $p=0$ 的深度 D：

$$\gamma DK_p=\gamma hK_a+\gamma DK_a,\quad D=\frac{hK_a}{K_p-K_a}\quad (c=0,\quad q_0=0) \tag{8-23}$$

$$\gamma DK_p+2c\sqrt{K_p}=\gamma hK_a-2c\sqrt{K_a}+\gamma DK_a \tag{8-24}$$

$$D=\frac{\gamma hK_a-2c(\sqrt{K_p}+\sqrt{K_a})}{\gamma(K_p-K_a)}\quad (c\neq 0,\quad q_0=0) \tag{8-25}$$

$$\gamma DK_p+2c\sqrt{K_p}=(\gamma h+q_0)K_a-2c\sqrt{K_a}+\gamma DK_a \tag{8-26}$$

$$D=\frac{(\gamma h+q_0)K_a-2c(\sqrt{K_p}+\sqrt{K_a})}{\gamma(K_p-K_a)}\quad (c\neq 0,\quad q_0\neq 0) \tag{8-27}$$

确定深度 $h+z_1$ 及 $h+t$ 处的净土压力：

$$p_p^{z_1}-p_a^{z_1+h}=\gamma K_p z_1+2c\sqrt{K_p}-[\gamma(z_1+h)K_a-2c\sqrt{K_a}] \tag{8-28}$$

$$p_p^{h+t}-p_a^t=\gamma(h+t)K_p+2c\sqrt{K_p}-(\gamma tK_a-2c\sqrt{K_a})\quad (c\neq 0,\quad q_0=0) \tag{8-29}$$

$$p_p^{z_1}-p_a^{z_1+h}=\gamma z_1K_p+2c\sqrt{K_p}-\left[\gamma\left(z_1+h+\frac{q_0}{\gamma}\right)K_a-2c\sqrt{K_a}\right] \tag{8-30}$$

$$p_p^{h+t}-p_a^t=\gamma\left(h+t+\frac{q_0}{\gamma}\right)K_p+2c\sqrt{K_p}-(\gamma tK_a-2c\sqrt{K_a})\quad (c\neq 0,\ q_0\neq 0) \tag{8-31}$$

当板桩入土深度达到最小入土深度 t 时，应满足作用在板桩上的水平力之和等于 0，各力距任一点力矩之和等于 0 的静力平衡条件，建立静力平衡方程，可以求得未知量 z_2 及板桩最小入土深度 t：

$$z_2=\sqrt{\frac{\gamma K_a(h+t)^3-\gamma K_p t^3}{\gamma(K_p-K_a)(h+2t)}},\quad \gamma K_a(h+t)^2-\gamma K_p t^2+\gamma z_2(K_p-K_a)(h+2t)=0 \tag{8-32}$$

为安全起见，计算得到的 t 值还需乘以 1.1 的安全系数作为设计入土深度，即实际的入土深度为 $1.1t$。

下面进行板桩内力的计算。计算板桩最大弯矩时，根据在板桩最大弯矩作用点剪力等于 0 的原理，可以确定发生最大弯矩的位置及最大弯矩值。对于均质无黏性土（$c=0,q_0=0$），根据图示关系，当剪力为 0 的点位于基坑底面以下深度 b 时（见图 8-31），则有

$$\frac{b^2}{2}\gamma K_p - \frac{(h+b)^2}{2}\gamma K_a = 0 \tag{8-33}$$

解出 b 后，即可求得 $M_{\max}$：

$$M_{\max} = \frac{h+b}{3}\frac{(h+b)^2}{2}\gamma K_a - \frac{b}{3}\frac{b^2}{2}\gamma K_p = \frac{\gamma}{6}[(h+b)^3 K_a - b^3 K_p] \tag{8-34}$$

布鲁姆法(均质土)的基本原理是，以一个集中力 E_p' 代替板桩底出现的被动土压力，根据该假定建立静力平衡方程，求出入土深度及板桩内力(见图 8-32)。

对板桩底 C 点取力矩，由 $\sum M_c = 0$ 得到：

$$\sum P(l+x-a) - E_p \frac{x}{3} = 0,\quad E_p = \gamma(K_p - K_a)x\frac{x}{2} = \frac{\gamma}{2}(K_p - K_a)x^2 \tag{8-35}$$

$$x^3 - \frac{6\sum P}{\gamma(K_p - K_a)}x - \frac{6\sum P(l-a)}{\gamma(K_p - K_a)} = 0 \tag{8-36}$$

在均质土条件下，净土压力为 0 的 O 点深度可根据墙前与墙后土压力强度相等的条件算出(不考虑地下水及顶面均布荷载的影响，$c=0, q_0=0$)：

$$uK_p = (u+h)K_a \rightarrow u = \frac{K_a h}{(K_p - K_a)} \rightarrow l = h + u \tag{8-37}$$

将式(8-37)代入式(8-36)，求解方程后可求得未知量 x，板桩的入土深度为 $t=u+1.2x$。

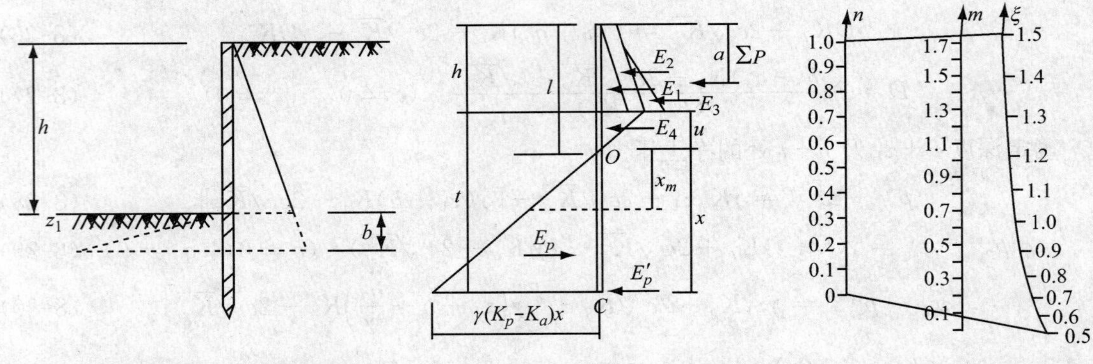

图 8-31　深度 b 分布图　　图 8-32　板桩分析图　　图 8-33　m,n,ξ 的关系图

为便于计算，建立了一套图表(见图 8-33)，利用该图表，可用图解法确定未知量 x 值，其顺序如下：

令中间变量

$$\xi^3 = \frac{6\sum P}{\gamma l^2(K_p - K_a)}(\xi+1) - \frac{6a\sum P}{\gamma l^3(K_p - K_a)} \tag{8-38}$$

再令

$$m = \frac{6\sum P}{\gamma l^2(K_p - K_a)},\quad n = \frac{6a\sum P}{\gamma l^3(K_p - K_a)} \tag{8-39}$$

$$\xi^3 = m(\xi+1) - n \tag{8-40}$$

根据求出的 m,n 值，查图表确定中间变量 ξ，从而求得

$$x = \xi l,\quad t = u + 1.2x \tag{8-41}$$

最大弯矩发生在剪力 Q=0 处，如图 8-32 中设 O 点以下 x_m 处的剪力 $Q=0$，则有

$$\sum P-\frac{\gamma}{2}(K_p-K_a)x_m^2=0,\quad x_m=\sqrt{\frac{2\sum P}{\gamma(K_p-K_a)}} \tag{8-42}$$

最大弯矩

$$M_{\max}=\sum P(l+x_m-a)-\frac{\gamma}{6}(K_p-K_a)x_m^3 \tag{8-43}$$

例 8-1　某悬臂板桩围护结构如图 8-34 所示，试用布鲁姆法计算板桩长度及板桩内力。

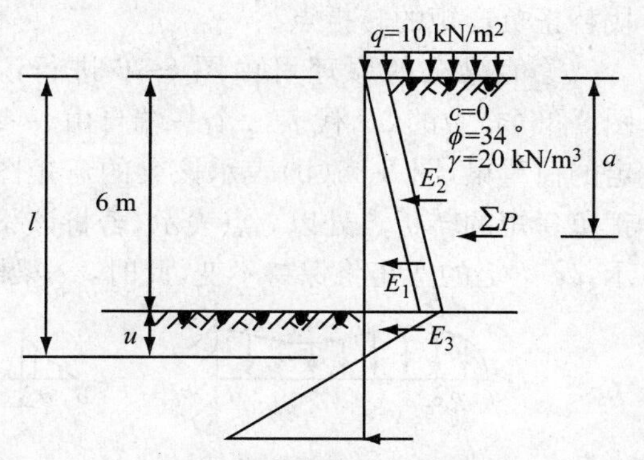

图 8-34　悬臂板桩围护结构

解:① 计算板桩长度

$K_a=\tan^2(45-\phi/2)=0.283$

$K_b=\tan^2(45+\phi/2)=3.537$

$e_{a1}=qK_a=10\times0.283=2.83\ \text{kPa}$

$e_{a2}=(q+\gamma h)K_a=(10+20\times6)\times0.283=36.79\ \text{kPa}$

$$\gamma uK_b=(\gamma h+q+\gamma u)K_a\rightarrow u=\frac{(h+q/\gamma)K_a}{(K_b-K_a)}=\frac{(6+10/20)\times0.283}{3.537-0.283}=0.57\ \text{m}$$

$$\sum P=E_1+E_2+E_3=2.83\times6+0.5\times(36.79-2.83)\times6+0.5\times36.79\times0.57=129.35\ \text{kN/m}$$

$$a=\frac{2.83\times6\times3+0.5\times(36.79+2.83)\times6\times2/3\times6+0.5\times36.79\times0.57\times(6+1/3\times0.57)}{129.35}=4.08\ \text{m}$$

$$m=\frac{6\sum P}{\gamma l^2(K_b-K_a)}=\frac{6\times129.35}{20\times6.57^2\times(3.537-0.283)}=0.28$$

$$n=\frac{6a\sum P}{\gamma l^3(K_b-K_a)}=\frac{6\times4.08\times129.35}{20\times6.57^3\times(3.537-0.283)}=0.17$$

查图 8-33，得 $\xi=0.67$，$x=\xi l=0.67\times6.57=4.4\ \text{m}$，$t=1.2x+u=1.2\times4.4+0.57=5.85\ \text{m}$

板桩长=6+5.85=11.85 m，取 12 m。

② 计算最大弯矩

$$x_m=\sqrt{\frac{2\sum P}{\gamma(K_b-K_a)}}=\sqrt{\frac{2\times129.35}{20\times(3.537-0.283)}}=1.99\ \text{m}$$

$$M_{\max}=\sum P(l+x_m-a)-\frac{\gamma(K_b-K_a)}{6}x_m^3=129.35\times(6.57+1.99-4.08)-\frac{20\times(3.537-0.283)}{6}\times(1.99)^3=484\ \text{kN}\cdot\text{m/m}$$

(四) 有撑(锚)式围护结构

以单撑(锚)支护结构为例，如图 8-35 所示，应用等值梁计算支护结构的内力时，需要得知正负弯矩的转折点位置，由于该转折点位置与开挖面下的土压力强度零点很接近，故实用上就取开挖面下的土压力合力强度零点 C 来代替正负弯矩的转折点。

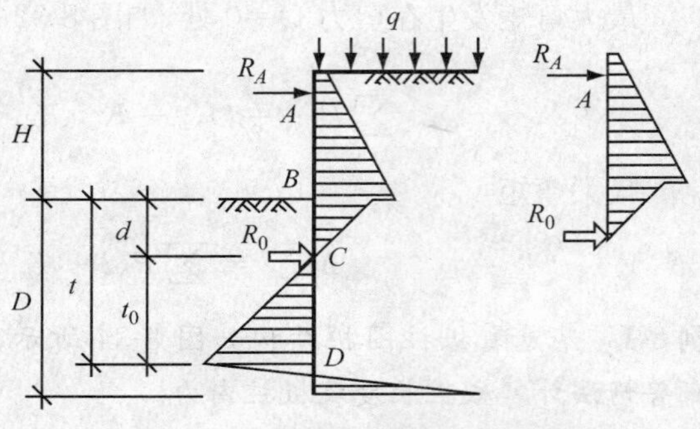

图 8-35 单撑(锚)支护结构

等值梁法的原理可由图 8-36 进行说明。图 8-36(a)中的 ad 代表一个一端自由、一端固定的荷重梁，图 8-36(b)表示该梁的弯矩图，在正负弯矩的转折点处以 c 点表示，若将该梁在 c 点截断并设置一个自由支点，如图 8-36(c)所示，ac 梁上的弯矩将保持不变，此时，ac 梁即为 ad 梁的等值梁。

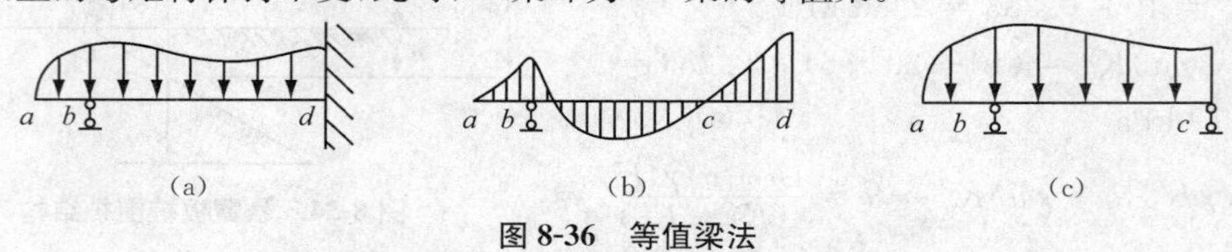

图 8-36 等值梁法

具体的计算有以下几点：①计算围护结构两侧主动土压力和被动土压力叠加以后的净土压力分布，求出 C；②计算 C 点以上土压力的合力 E_a；③计算 C 点以上土压力合力对 C 点的力矩 M_a，根据静定梁的解就可以很容易地计算出反力 R_A 和 R_0；④计算支撑或锚杆的反力 $R_A=\frac{M_a}{AC}$；⑤计算 C 点的反力 $R_0=E_a-R_a$；⑥墙在土压力零点以下的插入深度 t_0 根据坑内侧 t_0 区间上净被动土压力和 R_0 对围护结构底端 D 点的力矩相等的原则进行确定。

$$t_0=\sqrt{\frac{6R_0}{\gamma(K_P-K_a)}} \tag{8-44}$$

1. *内力计算方法(均质土)*

下面具体分析围护桩为排桩和板桩的单支点围护结构的内力。顶端支撑的排桩结构，有支撑的支撑点相当于不能移动的简支点。埋入地中的部分，则根据入土深度，浅时为简支，深时为嵌固。在确定板桩的入土深度时，太浅则跨中弯矩比较大，较深时则不经济。比较合理的入土深度为图 8-37(c)所示的第 3 种状态所处的入土深度，一般按该种状态确定板桩的入土深度 t。

内力计算方法(均质土)采用静力平衡法(埋深较浅，下端铰支，如图 8-37(a)所示)。如图 8-38 所示的静力平衡体系，根据 A 点的力矩平衡方程及水平方向的力平衡方程，可以得到

$$M_{Ea}-M_{Ep}=0,\quad R=E_a-E_p \tag{8-45}$$

根据式(8-45)求解出板桩的入土深度 t 及反力 R。

式(8-45)中，E_a 和 E_p 为

$$E_a=\frac{1}{2}g(h+t)^2K_a,\quad E_p=\frac{1}{2}gt^2K_p \tag{8-46}$$

对支撑 A 点取力矩平衡方程，可求出板桩最小入土深度 $t_{\min}$：

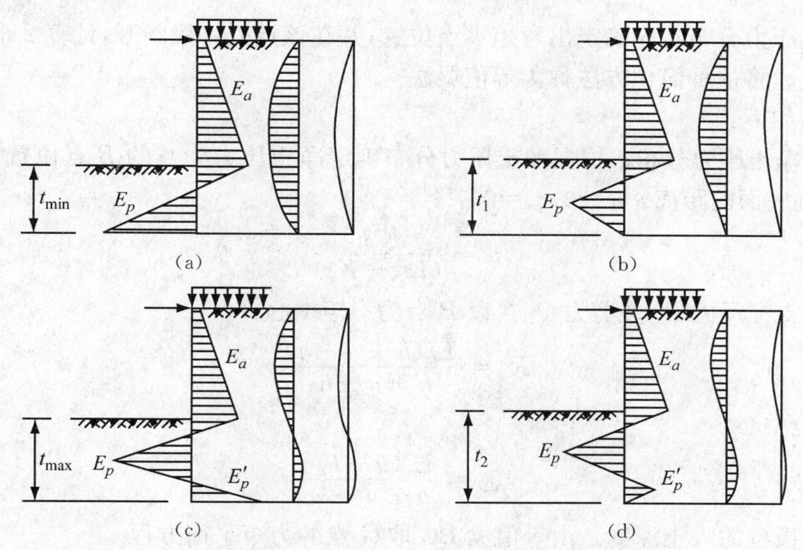

图 8-37　几种状态下桩的入土深度 t

$$E_a\left[\frac{2}{3}(h+t)-d\right]=E_p\left(h-d+\frac{2}{3}t\right) \tag{8-47}$$

由水平方向的静力平衡方程：

$$R=E_a-E_p \tag{8-48}$$

根据剪力为 0 的条件，可以求得最大弯矩的位置：

$$R=\frac{1}{2}gx^2K_a \rightarrow x=\sqrt{\frac{2R}{gK_a}} \tag{8-49}$$

板桩截面最大弯矩为

$$M_{max}=R(x-d)-\frac{1}{2}gx^2K_a\frac{1}{3}x=R(x-d)-\frac{1}{6}gx^3K_a \tag{8-50}$$

2. 等值梁法

等值梁法的基本原理是，将板桩看成是一端嵌固、另一端简支的梁，单支撑挡墙下端为弹性嵌固时，其弯矩分布如图 8-39 所示，如果在弯矩零点位置将梁断开，以简支梁计算梁的内力，则其弯矩与整梁是一致的。将此断梁称为整梁该段的等值梁。

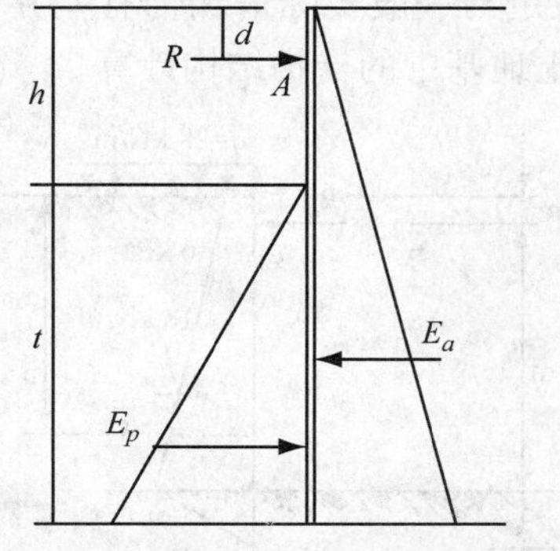

图 8-38　桩的入土深度 t 及反力 R

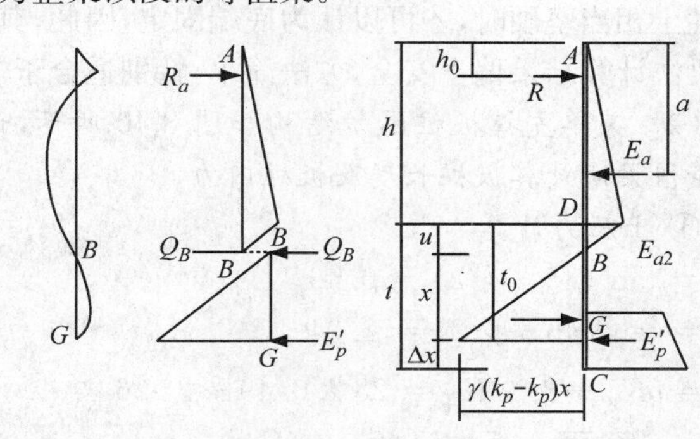

图 8-39　单支撑挡墙下端为弹性嵌圆时的变矩分布

对于下端为弹性支撑的单支撑挡墙，弯矩零点位置与净土压力零点位置很接近，在计算时可以根据净土压力分布首先确定出弯矩零点位置，并在该点处将梁断开，计算 2 个相连的等值简支梁的弯矩。将这种简化方法称为等值梁法。

计算步骤如下：

(1) 计算净土压力分布。根据净土压力分布确定净土压力为 0 的 B 点位置，利用下式算出 B 点距基坑底面的距离 $u(c=0,q_0=0)$：

$$u=\frac{K_a h}{(K_p-K_a)} \tag{8-51}$$

(2) 计算支撑反力 R_a 及剪力 Q_B。以 B 点为力矩中心：

$$R_a=\frac{E_a(h+u-a)}{h+u-h_0} \tag{8-52}$$

以 A 点为力矩中心：

$$Q_B=\frac{E_a(a-h_0)}{h+u-h_0} \tag{8-53}$$

(3) 计算板桩的入土深度。由等值梁 BG 取 G 点的力矩平衡方程

$$Q_B x=\frac{1}{6}[K_p g(u+x)-K_a g(h+u+x)]x^2 \tag{8-54}$$

可以求得

$$x=\sqrt{\frac{6Q_B}{g(K_p-K_a)}} \tag{8-55}$$

板桩的最小入土深度为 $t_0=u+x$，考虑一定的余量，可以取 $t=(1.1\sim1.2)t_0$。

(4) 求出等值梁的最大弯矩。根据最大弯矩处剪力为 0 的原理，求出等值梁上剪力为 0 的位置，并求出最大弯矩 $M_{\max}$。工程实践中，可按式(8-56)粗略确定正负弯矩转折点 B 的位置(即 u 的深度)。设基坑深度为 h，地面均布荷载为 q，基坑底面以下土体的内摩擦角为 ϕ，等效基坑深度为 $h'=h+q/\gamma$。

$$\left.\begin{aligned}\phi=30^\circ,\quad u=0.08h'\\ \phi=35^\circ,\quad u=0.03h'\\ \phi=40^\circ,\quad u=0\end{aligned}\right\} \tag{8-56}$$

单支撑板桩的计算，是以板桩下端为固定的假设进行的。对于埋入黏性土中的板桩，只有黏性土相当坚硬时，才可以认为底端固定，因此，其计算假定与一般实际情况仍有差异。但等值梁法计算结果偏于安全，方法简单，特别适合于非黏性土地基中的支护结构计算。

例 8-2 某单支撑板桩围护结构如图 8-40 所示，试用等值梁法计算板桩长度及板桩内力。

解：① 土压力计算

$K_a=\tan^2(45-\phi/2)=0.49$

$K_b=\tan^2(45+\phi/2)=2.04$

$e_{a1}=qK_a-2c\sqrt{K_a}=28\times0.49-2\times6\times\sqrt{0.49}=5.32\ \text{kPa}$

$e_{a2}=(q+\gamma h)K_a-2c\sqrt{K_a}=(28+18\times10)\times0.49-2\times6\times\sqrt{0.49}=93.52\ \text{kPa}$

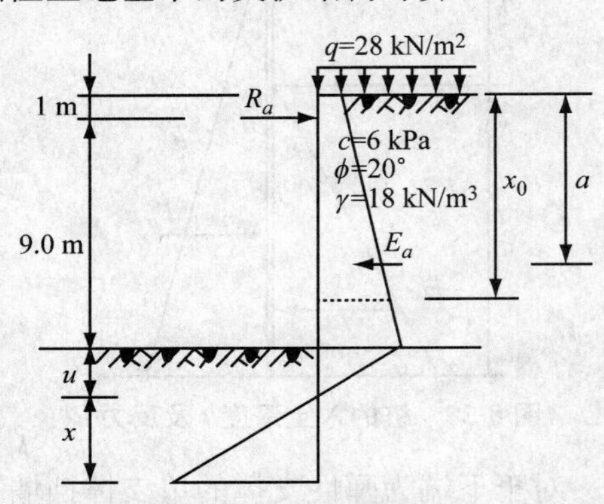

图 8-40 单支撑板桩围护结构

② u 的计算

$$\gamma u K_b + 2c\sqrt{K_b} = (\gamma h + q)K_a + \gamma u K_a - 2c\sqrt{K_a}$$

$$u = \frac{(\gamma h + q)K_a - 2c(\sqrt{K_a} + \sqrt{K_b})}{\gamma(\sqrt{K_b} - \sqrt{K_a})} = \frac{e_{a2} - 2c\sqrt{K_b}}{\gamma(\sqrt{K_b} - \sqrt{K_a})} = \frac{93.52 - 2\times 6\times\sqrt{2.04}}{18\times(2.04 - 0.49)} = 2.74\ \text{m}$$

③ R_a，Q_B 的计算

$$E_a = 5.32\times 10 + 0.5\times(93.52 - 5.32)\times 10 + 0.5\times 93.52\times 2.74 = 53.2 + 441 + 128.12 = 622.32\ \text{kN/m}$$

$$a = \frac{53.2\times 5 + 441\times 2/3\times 10 + 128.12\times(10 + 1/3\times 2.74)}{622.32} = 7.40\ \text{m}$$

$$R_a = \frac{E_a(h + u - a)}{h + u - h_0} = \frac{622.32\times(10 + 2.74 - 7.4)}{10 + 2.74 - 1.0} = 283.07\ \text{kN/m}$$

$$Q_B = \frac{E_a(a - h_0)}{h + u - h_0} = \frac{622.32\times(7.4 - 1.0)}{10 + 2.74 - 1.0} = 339.25\ \text{kN/m}$$

④ 入土深度 t 的计算

$$x = \sqrt{\frac{6Q_B}{g(K_b - K_a)}} = \sqrt{\frac{6\times 339.25}{18\times(2.04 - 0.49)}} = 8.54\ \text{m}$$

$$t = (1.1 \sim 1.2)t_0 = (1.1 \sim 1.2)(x + u) = (1.1 \sim 1.2)\times 11.28 = 12.41 \sim 13.54\ \text{m}$$

取 $t=13.0$ m，板桩长$=10+13=23$ m

⑤ 内力计算

求 $Q=0$ 的位置 x_0

$$R_a - 5.32x_0 - \frac{1}{2}x_0\frac{x_0}{10}(93.52 - 5.32) = 0$$

$$283.07 - 5.32x_0 - 4.41x_0^2 = 0 \rightarrow x_0 = 7.43\ \text{m}$$

$$M_{\max} = R_a(x_0 - h_0) - e_{a1}\cdot\frac{x_0^2}{2} - \frac{1}{2}\cdot\frac{x_0}{10}(e_{a2} - e_{a1})\cdot x_0\cdot\frac{x_0}{3} =$$

$$R_a(x_0 - h_0) - \frac{1}{2}e_{a1}\cdot x_0^2 - \frac{1}{6}x_0^3\frac{(e_{a2} - e_{a1})}{10} = 287.07\times(7.43 - 1.0) -$$

$$\frac{1}{2}\times 5.32\times 7.43^2 - \frac{7.43^3\times(93.52 - 5.32)}{60} = 1\,096.06\ \text{kN}\cdot\text{m/m}$$

以下是多支点围护结构计算方法。

连续梁法基本原理是，将排桩支护看成多支点支撑的连续梁。计算步骤（以 3 道支撑为例）如下：①设置第 1 道支撑 A 之前的开挖阶段，见图 8-41(a)，按下端嵌固在土中的悬臂桩墙计算；②设置第 2 道支撑 B 之前的开挖阶段，见图 8-41(b)，按板桩墙为 2 个支点的静定梁计算，2 个支点分别为 A 及土中净土压力为 0 的一点；③设置第 3 道支撑 C 之前的开挖阶段，见图 8-41(c)，按板桩墙为具有 3 个支点的连续梁计算，3 个支点分别为 A，B 及土中净土压力为 0 的一点；④浇筑底板以前的开挖阶段，按板桩墙为具有 4 个支点三跨的连续梁计算。

支撑荷载 1/2 分担法的基本原理是，墙后主动土压力分布采用太沙基-佩克假定，按 1/2 分担的概念计算支撑反力和排桩内力（见图 8-42）。

关于计算方法（经验方法），每道支撑所受的力是相邻 2 个半跨的土压力荷载值；若土压力强度为 q，按连续梁计算，最大支座弯矩（三跨以上）为 $M=ql^2/10$，最大跨中弯矩为 $M=ql^2/20$。

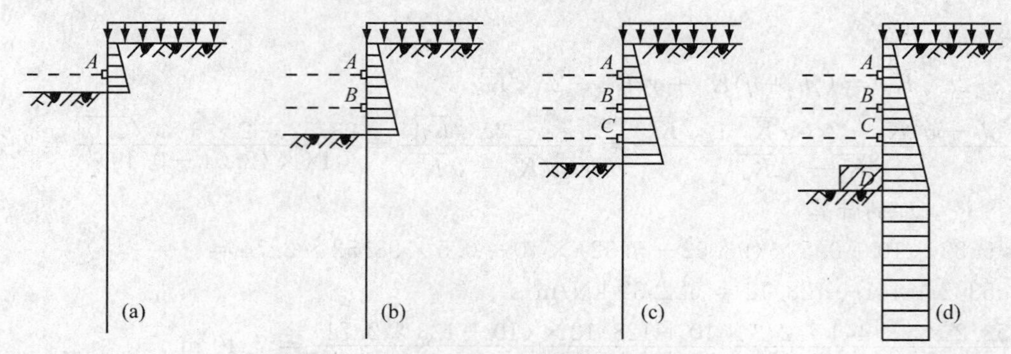

图 8-41 多支点围护结构

弹性抗力法(弹性支点法、地基反力法)的基本原理是,将桩墙看成竖直置于土中的弹性地基梁,基坑以下土体以连续分布的弹簧来模拟,基坑底面以下的土体反力与墙体的变形有关。

关于计算方法,墙后土压力分布直接按朗肯土压力理论计算、矩形分布的经验土压力模式(我国较多采用);对地基抗力分布,基坑开挖面以下的土抗力分布根据文克尔地基模型计算(见图8-43)。

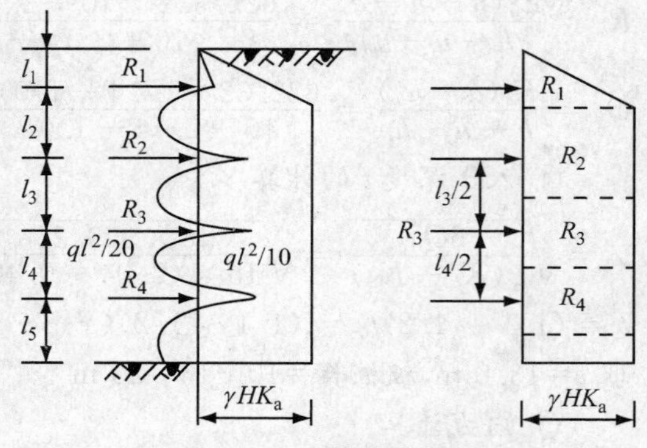

图 8-42 支撑荷载分析

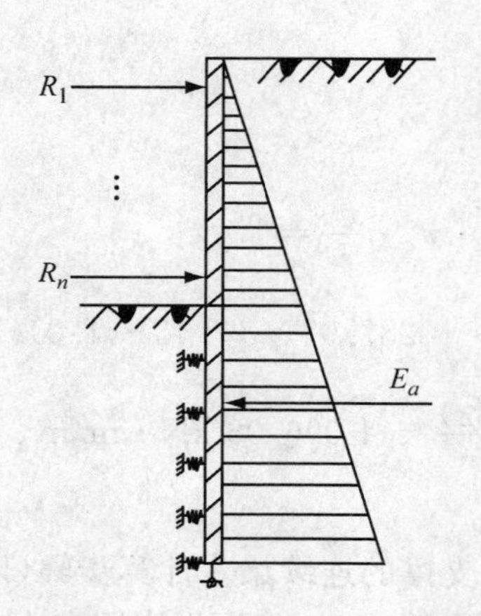

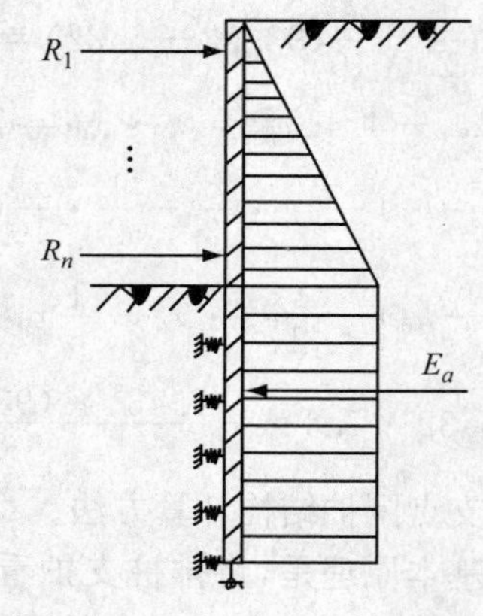

图 8-43 土压力分布

支点按刚度系数 k_z 的弹簧进行模拟,建立桩墙的基本挠曲微分方程,解方程可以得到支护结构的内力和变形。

(五) 内支撑内力计算

关于内支撑内力计算,主要包括以下内容:①支撑轴向力按围护结构沿长度方向分布的水平反力乘以支撑中心距,当围檩与支撑斜交时,水平反力取支撑长度方向的投影;②在垂直荷载作用下,支撑的内力和变形可近似按单跨或多跨梁分析,其计算跨度取相邻立柱中心距;③立柱的轴向力可取纵横向支撑的支座反力之和;④混凝土围檩在水平力作用下的内力和变形按多跨连续梁计算,计算跨度取相邻支撑点的中心距;⑤钢围檩的内力和变形宜按简支梁计算，计算跨度取相邻水平支撑的中心距；⑥当水平支撑与围檩斜交时，尚应考虑水平力在围檩长度方向产生的轴向力作用。

对于较为复杂的平面支撑体系，宜按空间杆系模型计算。通常将支撑结构视为平面框架，从支护结构体系中截离出来，在截离处加上相应的围护结构内力，以及作用在支撑上的其他荷载，用空间杆系模型进行分析。为了简化计算，加在截离处的内力只考虑由围护结构静力计算确定的沿围檩长度方向正交分布的水平力，对于其他的内力或变形则通过设置约束来代替。计算模型的边界可按下列原则确定：①在水平支撑与围檩或立柱交点处，以及围檩的转角处分别设置竖向铰支座或弹簧；②基坑四周与围檩长度方向正交的水平荷载不是均匀分布或支撑结构布置不对称时，可在适当位置上设置防止模型整体平移或转动的水平约束。

三、基坑变形估算

对环境的影响主要是基坑的变形，围护结构的水平位移和坑底的隆起变形过大，会引发墙后地面的下陷、相邻建筑物和地下管线的变形或开裂。因此必须估算基坑的变形，将变形控制在允许的范围内。但围护结构的变形计算比承载能力计算更为复杂，通常需要作许多简化假定才能求得变形值。

（一）重力式围护结构水平位移计算

由水泥土搅拌桩、旋喷桩等构成的重力式围护结构，由于其自身刚度较大，因此可按刚性体分析变位规律。

公式适用于插入深度 $D=(0.8\sim1.2)H$，围护结构宽度 $B=(0.6\sim1.0)H$ 的围护结构。

$$\delta=\frac{\xi H^2L}{10DB} \tag{8-57}$$

式中：δ 为围护结构顶部水平位移估算值，cm；L 为基坑的最大边长，m；H 为基坑开挖深度，m；D 为围护结构的插入深度，m；B 为围护结构的宽度，m；ξ 为施工质量系数，根据经验取 0.8～1.5，质量越好，取值越小。

（二）悬臂支护桩桩顶位移计算

悬臂支护桩桩顶位移的计算比重力式搅拌桩复杂，由于悬臂支护桩是柔性桩，在外力作用下桩身产生变形，桩和土体之间的接触应力随桩身的变形而变化。

将坑底以上部分的桩身看作一根在坑底处嵌固的悬臂梁，在坑外水土压力作用下产生挠曲，其值可以求得；插入坑底以下部分的桩身可以用承受水平荷载桩的 m 法计算。

（三）地表沉陷量计算

图 8-44 所示的地表沉陷发生在围护结构的端部产生向基坑内的移动，由此引起的地面沉陷比较大，但最大值的位置靠近围护结构，主要的变形区分布在基坑附近，对于这种情况的地表沉降可采用下式计算：

$$\delta=10\alpha\xi H \tag{8-58}$$

式中：α 为地表沉降量与基坑开挖深度的比值，%；ξ 为考虑围护结构刚度及施工工艺的修正系数，地下连续墙 $\xi=0.3$，柱列式围护结构 $\xi=0.7$，板桩墙 $\xi=1.0$；根据 H 可以求得沉陷分布的范围和沉陷量。

图 8-44 所示的围护结构的端部基本没有产生位移，理论上，地表土体沉陷与围护结构的

侧向水平变形及坑底隆起有直接联系，由于围护结构的变形和坑底可能的隆起引起地面的下陷。

但由于目前还没有很好的方法计算坑底隆起的影响，只是考虑了围护结构的侧向水平变形与地表土体沉陷的关系，即通过：①在围护结构侧向水平变形曲线所包络的面积与地表沉陷曲线所包络的面积之间建立某种对应关系，②利用合理的数学模型拟合地表沉陷曲线，从而可以近似求解地表的最大沉陷量，其中围护结构侧向水平变形曲线可以通过杆系有限元方法进行求解。

估算地表沉陷的指数函数分布：

$$\delta_V(x)=\alpha\left[1-\exp\left(\frac{x+x_m}{x_0}-1\right)\right] \tag{8-59}$$

围护结构侧向水平变形曲线所包络的面积 S_h 与地表沉陷曲线所包络的面积 S_V 相等（图 8-45）。

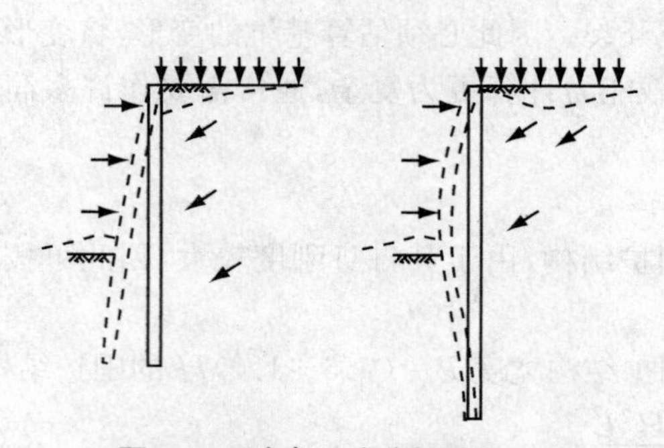

图 8-44 地表沉陷分析图

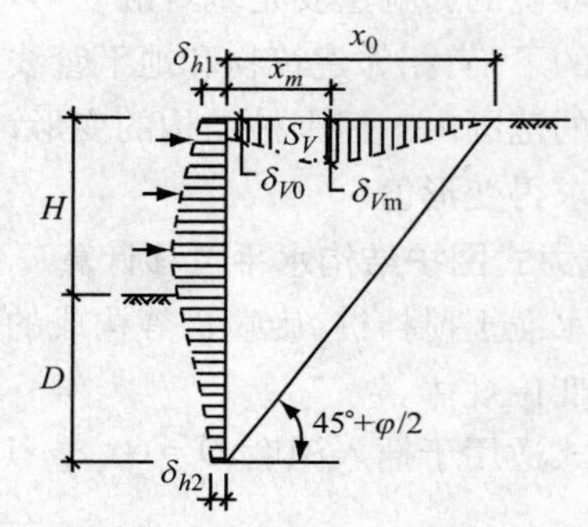

图 8-45 地表沉陷曲线

与围护结构顶部相邻的地表沉陷量：

$$\delta_{V0}=(\delta_{h1}+\delta_{h2})/2 \tag{8-60}$$

地表沉陷的影响区间：

$$x_0=(H+D)\tan(45^\circ-\varphi/2) \tag{8-61}$$

$$\alpha=\frac{\dfrac{4x_0^2\delta_{V0}}{e}+2mx_0\sqrt{\left(\dfrac{4x_0^2\delta_{V0}}{e}+2mx_0\right)^2+4m^2x_0^2\left(\dfrac{4}{e}-1\right)}}{2x_0^2\left(\dfrac{4}{e}-1\right)} \tag{8-62}$$

$$m=S_V-x_0\delta_{V0} \tag{8-63}$$

（四）坑底隆起变形计算

坑底隆起的变形计算包括 2 个方面的概念，一种是由于基坑开挖卸荷产生的回弹隆起变形，另一种是坑底塑流产生的隆起变形，这是 2 种不同的变形。工程实测的隆起或回弹变形实际上包括了这 2 部分变形分量，在土质较好的地区，卸荷回弹可能是主要的变形；在土质比较软弱的条件下，塑流可能是主要的。对于前一种变形，计算的机理比较清楚，主要是计算指标的试验和确定方法将会影响计算的结果；后一种变形很难用解析的方法计算，由于塑流引起的坑底隆起量可以采用有限元方法计算。

有关基坑开挖面回弹与再压缩的实测、计算值如表 8-3 和表 8-4 所示。

表 8-3　上海地区基坑开挖面回弹与再压缩的实测、计算值比较

工程名称	开挖深度/m	板桩入土深度/m	开挖面积/m^2	回弹 δ		再回弹 δ'		$(\delta/H)/\%$
				实测/mm	计算/mm	实测/mm	计算/mm	
四平大楼	5.2	12.0	11×51	−20	−42.1	35	40.5	0.40
康乐大楼	5.5	12.0	15×71	−34	−47.1	41	42.4	0.62
胸科大楼	5.6	12.0	15×58	−45	−47.6	45	46.2	0.80

表 8-4　实测回弹变形与开挖深度之比

工程名称	开挖深度/m	主要土质	$(\delta/H)/\%$	
			最大值	最小值
中国医院病房楼	5.70	粉质黏土	0.24	0.20
长城饭店	8.40～11.20	粉质黏土与砂质粉土	0.27	0.18
昆仑饭店	10.10～11.80	粉质黏土	0.30	0.25
前三门 604 工程	4.40	粉质黏土	0.17	0.13
西苑饭店	8.70～11.50	卵石与粉细砂	0.09	0.06

表中回弹的计算式如下：

$$\delta = -29.17 - 0.167\gamma H' + 12.5\left(\frac{D}{H}\right)^{-0.5} + 5.3\gamma c^{-0.04}(\tan\varphi)^{-0.54} \tag{8-64}$$

式中：δ 为坑底隆起变形估算值，cm；c 为土的黏聚力，kg/cm^2；φ 为内摩擦角，(°)；γ 为容重，t/m^3；q 为地表超载，t/m^2；H 和 D 分别为基坑开挖深度和围护结构的插入深度，m。

第四节　基坑工程设计

基坑工程设计包括基坑边坡设计、土钉墙设计、板式围护结构设计（包括板桩式围护结构、水泥搅拌桩围护结构、排桩式围护结构、地下连续墙和拱圈式围护结构）、内支撑设计、土层锚杆设计等设计内容。

一、基坑边坡设计

对于适宜于放坡的基坑，其坡度可参考同类土的稳定坡度确定；对于土质比较均匀的基坑边坡，也可按表 8-5 的要求确定开挖放坡坡度及坡高，以确保基坑的稳定性与安全。当采用分级放坡开挖时，应设置分级过渡平台。对于深度大于 5 m 的土质边坡，各级过渡平台的宽度宜取为 1.0～1.5 m；小于 5 m 坡高的土质边坡可不设过渡平台。

基坑边坡设计时，除了满足沿最危险圆弧滑裂面破坏的整体稳定性的要求外，一般在坡面还要进行保护性处理，以免施工活动对边坡土体的扰动及地表水和降水等因素对边坡的浸蚀和冲刷导致边坡破坏。保护处理的方法有水泥抹面、铺塑料布或土工布、挂网喷水泥浆、喷射混凝土护面等。

表 8-5 边坡允许坡度值

岩土类别	状态及风化程度	允许坡高/m	允许坡度
硬质岩石	微风化	12	1∶0.10～1∶0.20
	中等风化	10	1∶0.20～1∶0.35
	强风化	8	1∶0.35～1∶0.50
软质岩石	微风化	8	1∶0.35～1∶0.50
	中等风化	8	1∶0.50～1∶0.75
	强风化	8	1∶0.75～1∶1.00
砂土	中密以上	5	1∶1.00 基坑顶面无载重 1∶1.25 基坑顶面有静载 1∶1.50 基坑顶面有动载
粉土	稍湿	5	1∶0.75 基坑顶面无载重 1∶1.00 基坑顶面有静载 1∶1.25 基坑顶面有动载
粉质黏土	坚硬	5	1∶0.33 基坑顶面无载重 1∶0.50 基坑顶面有静载 1∶0.75 基坑顶面有动载
	硬塑	5	1∶1.00～1∶1.25 基坑顶面无载重
	可塑	4	1∶1.25～1∶1.50 基坑顶面无载重
黏土	坚硬	5	1∶0.33～1∶0.75
	硬塑	5	1∶1.00～1∶1.25
	可塑	4	1∶1.25～1∶1.50
杂填土	中密、密实的建筑垃圾土	5	1∶0.75～1∶1.00

对于较高坡面的下段，或坡脚下土层含有软弱下卧层或砂层时，可对土体采取加固措施，如土钉支护、螺旋锚、喷锚等；或采取适当的坡脚地基加固措施，如在坡脚堆砌草袋或土工布砂土袋以及切筑砖石砌体等，以免出现坡脚失稳或流砂。

二、土钉墙设计

随基坑逐层开挖，在边坡上以较密排列（上下左右）打入土钉（钢筋）以强化受力土体，并在土钉坡面铺设钢筋网分层喷射混凝土，从而实现挡土护坡的功能，这就是土钉支护，也称土钉墙。

土钉墙设计原则与构造要求主要有：①一般用于基坑开挖深度在 15 m 以内的边坡，坡角为 70°～90°；②土钉长度一般为开挖深度的 0.5～1.2 倍，其间距宜取 1～2 m，土钉与水平面夹角宜取 10°～20°；③为保证土钉与护坡面层的有效连接，常设有承压板和加强钢筋；④土钉一般采用Ⅱ级以上螺纹钢筋，钢筋直径为 ϕ16～ϕ32 mm，钻孔直径为 ϕ70～ϕ120 mm；⑤喷射混凝土面层厚度一般为 80～200 mm，钢筋网采用Ⅰ级钢筋 ϕ6～ϕ10 mm，间距为 150～300 mm，混凝土强度等级不宜低于C20;⑥注浆材料宜采用水泥净浆,强度不低于20 MPa。

土钉设计的内容主要包括:①边坡最危险滑动面计算,以确定最危险滑动面的位置,便于布置土钉,计算时可以允许安全系数小于1.0;②土钉抗拔验算,可按式(8-65)进行验算。

$$T_{ti}\cos\theta_i \geqslant K_t T_i \tag{8-65}$$

式中:K_t 为土钉抗拔安全系数,一般取1.50;T_i 为第 i 个土钉所受的土压力,kN;T_{ti} 为第 i 个土钉在滑裂面外的试验拉拔力,kN;θ_i 为第 i 个土钉与水平面夹角,(°)。

$$T_i = [(q+\gamma h_i)K_{ai} - 2c_i\sqrt{K_{ai}}]S_x S_y \tag{8-66}$$

式中:q 为坡顶超载,kPa;γ 为土的重度,kN/m^3;K_{ai} 为第 i 个土钉所在土层的Rankine主动土压力系数;c_i 为第 i 个土钉所在土层土的凝聚力,kPa;S_x,S_y 分别为土钉的水平和竖直距离,m。

$$T_{ti} = \pi d l_{bi} \tau_{fi} \tag{8-67}$$

式中:d 为针孔直径,m;l_{bi} 为第 i 个土钉伸入破裂面外稳定区的长度,m;τ_{fi} 为第 i 个土钉的锚体砂浆与土体间的黏结强度,kPa。

对式(8-67)中的 τ_{fi},如无试验资料,设计时也可以用式(8-68)计算。

$$\tau_{fi} = \sigma_i \tan\varphi_i + c_i \tag{8-68}$$

土钉长度的计算式为

$$l_i = l_{ai} + l_{bi} \tag{8-69}$$

式中:l_i 为第 i 个土钉的总长度,m;l_{ai} 为第 i 个土钉在滑裂面内的长度,m;l_{bi} 为第 i 个土钉在滑裂面外(稳定区内)的长度,m。

土钉直径的计算式为

$$A_i = K_A \frac{T_i}{f_{sk}} \tag{8-70}$$

式中:A_i 为第 i 个土钉钢筋的截面积,mm^2;f_{sk} 为土钉的钢筋抗拉强度标准值,N/mm^2;K_A 为安全系数,一般取1.50。

三、板式围护结构设计

(一) 水泥搅拌桩围护结构设计

水泥搅拌桩重力式围护结构的设计包括围护墙几何尺寸的确定、水泥搅拌桩体的布置及截面验算等。

1. 水泥搅拌桩墙体尺寸

水泥搅拌桩墙体的深度和宽度一般根据基坑的开挖深度、土质条件按经验规则选用:坑底以下的插入深度 $D=(0.8\sim1.2)H$,墙体宽度 $B=(0.6\sim1.0)H$。然后经基坑整体稳定性、坑底隆起稳定性、抗渗流稳定性验算确定基坑底面下的插入深度,由抗倾覆稳定性和抗滑移稳定性验算确定宽度。

2. 水泥搅拌桩体的布置形式

目前,施工单位基本上都是使用SJB-1型和仿SJB-1型双轴搅拌机,每轴直径700 mm,双轴中心距500 mm,形成了宽700 mm,长1 200 mm的"∞"形加固截面,因此水泥土围护结构断面就由众多"∞"形单元组成。用于基坑围护的水泥土加固体的断面主要采用了格栅式布置,常用的格栅式断面形式见图8-46。

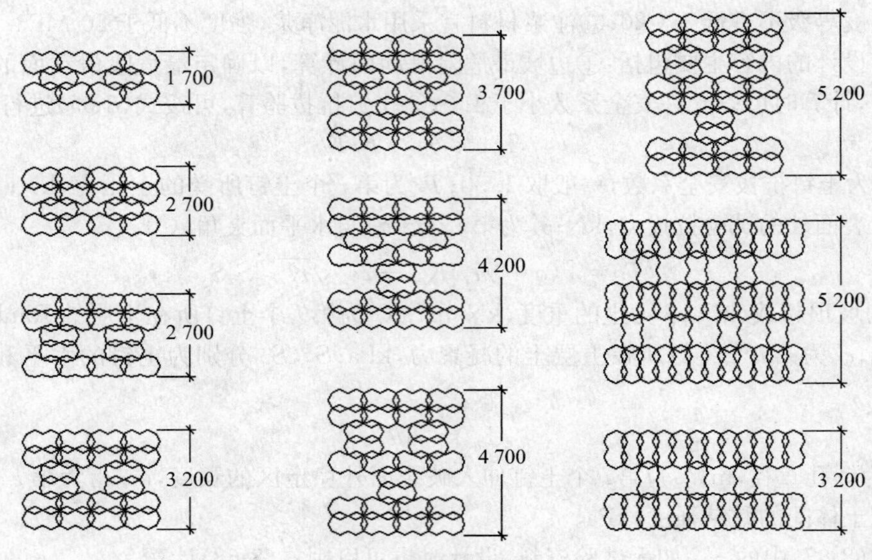

图 8-46 格栅式断面形式

3. 截面验算

《上海市标准基坑工程设计规程》(DBJ 08—61—1997)规定验算坑底标高处的应力,验算的要求是截面外侧的边缘应力大于零,即不允许出现拉应力。内侧的边缘应力应符合

$$\gamma H+q+\frac{6M}{\eta B^2}\leqslant\frac{q_u}{2K} \tag{8-71}$$

式中:γ 为水泥土的重度,kN/m^3;q 为围护结构顶上的超载,kPa;M 为墙后主动土压力对该截面的力矩,kN·m;η 为墙体截面水泥土置换率;q_u 为水泥土的无侧限抗压强度,kPa;安全系数 K 常取 2.0。

行业标准《建筑深基坑工程技术规范》则提出了任意断面的墙身应力验算要求,规定最小边缘应力必须大于零,即不允许出现拉应力。任意断面的最大边缘应力由下式计算:

$$\gamma z+q+\frac{M_y x}{I_y}\leqslant 0.3q_u \tag{8-72}$$

式中:z 为自墙顶算起的计算断面深度,m;M_y 为计算断面墙身力矩,kN·m/m;I_y 为计算断面的惯性矩,m^4;x 为由计算断面形心起算的最大水平矩,m。

4. 关于构造和材料的规定

为了增强水泥土搅拌桩墙体的整体性,搅拌桩之间的搭接不小于 200 mm。并通常在顶部设置钢筋混凝土的压顶圈梁,也称为压板。其厚度一般为 0.2 m,宽度至少与墙身的宽度一致,也可以与坑外的施工道路的路面连成整体。圈梁与水泥搅拌桩之间用插筋连接,插筋直径不小于 12 mm,插入搅拌桩顶的深度不小于 1.0 m,每根搅拌桩中部设置一根插筋,并与压板的水平筋绑扎。

水泥土中的水泥掺量不宜小于 15%,水泥标号不低于 425#。水泥土 28 天龄期的无侧限抗压强度不宜低于 1 MPa。

(二)板桩式围护结构设计

板桩是最早使用的围护结构,包括钢板桩和钢筋混凝土板桩。预制的板桩施工方便,工期短；材料质量可靠，在软弱土层中施工速度快，并具有较好的止水性、可以拔出回收多次重复使用、降低成本等优点。但因板桩的刚度比较小，围护结构的变形比较大，只适用于开挖深度不深的基坑，不适用于变形控制严格的基坑；钢板桩拔出时又会产生附加的变形，不利于环境保护。

钢板桩是带锁口的热轧型钢，钢板桩靠锁口或钳口相互连接咬合，形成连续的围护结构实现挡土止水功能(见图 8-47)。一些钢板桩的技术规格见表 8-6。

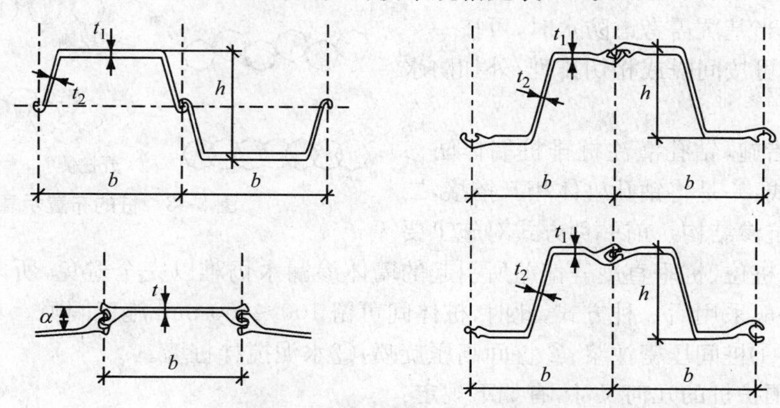

图 8-47 钢板桩的连接方式

表 8-6 一些钢板桩的技术规格

型号	截面尺寸 /mm				每延米面积/ ($cm^2 \cdot m^{-1}$)	每延米重量/ ($kg \cdot m^{-1}$)	每延米体积/ ($cm^3 \cdot m^{-1}$)
	b	h	t_1	t_2			
ⅢK-1	400	149	10	10	160	50	285
拉森Ⅲ	400	290	13	8.5	198	62	1 600
拉森Ⅳ	400	310	15.5	11	236	75	2 037
拉森Ⅴ	420	360	20.5	12	303	100	3 000
拉森Ⅵ	420	440	22	14	370	121.8	4 200
鞍Ⅳ	400	310	15.5	10.5	247	77	2 042

(三) 排桩式围护结构设计

排桩式围护结构主要指采用钻孔灌注桩或人工挖孔桩组成的墙体。与地下连续墙相比，其优点在于施工工艺简单，成本低，平面布置灵活；缺点是防渗和整体性较差。对于地下水位较高的地区，排桩式围护结构必须与止水帷幕相结合使用，在这种情况下，防水效果的好坏直接关系到基坑工程的成败，须认真对待。

排桩式围护结构设计是在肯定总体方案的前提下进行的。此时，挖土、围护型式、支撑布置、降水等问题都已确定，围护结构设计的目的是确定围护桩的长度、直径、排列以及截面配筋，对于坑内降水的基坑，还要设计止水帷幕。

关于围护桩的布置和材料，有如下要求：

1. 材料

钻孔灌注桩通常采用水下浇筑混凝土的施工工艺，混凝土强度等级不宜低于 C20(常取

C30)，所用水泥通常为425＃或525＃普通硅酸盐水泥，钢筋采用Ⅰ级圆钢和Ⅱ级螺纹钢。

2. 桩体布置

如图8-48所示，当基坑不考虑防水(或已采取了降水措施)时，桩体可按一字形间隔排列或相切排列，间隔排列的间距常取2.5～3.5倍的桩径。土质较好时，可利用桩侧“土拱”作用适当扩大桩距；当基坑需考虑防水时，可按一字形搭接排列，也可按间隔或相切排列，外加防水帷幕。

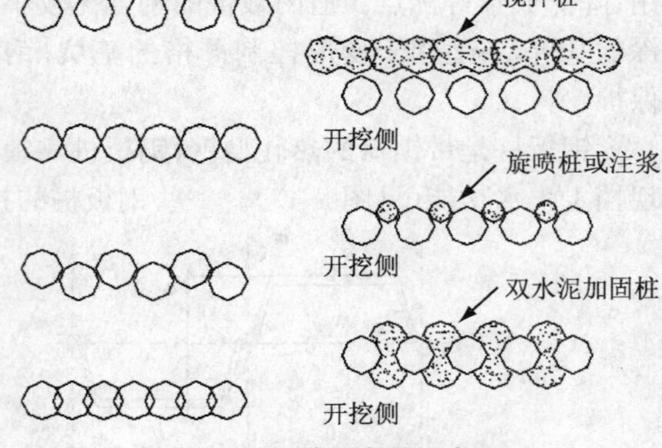

图8-48 桩的布置示意图

关于防渗措施，钻孔灌注桩排桩墙体防渗可采取两种方式：一是将钻孔桩体相互搭接，二是另增设防水抗渗结构。前一种方式对施工要求较高，且由于桩位、桩垂直度等偏差所引起的墙体渗漏水仍难以完全避免，所以在水位较高的软土地区，一般采用后一种方式，此时，桩体间可留100～150 mm施工间隙。具体的防渗止水方法主要有：①桩间压密注浆；②桩间高压旋喷；③水泥搅拌桩墙。

关于确定围护桩的几何尺寸，有如下规定：

1. 围护桩的长度

围护桩的长度由基坑底面以上部分和以下部分组成，基坑底面以下部分称为插入深度。插入深度取决于基坑开挖深度和土质条件，所确定的插入深度应满足基坑整体稳定、抗渗流稳定、抗隆起稳定以及围护墙静力平衡的要求。设计时，先按经验选用，然后进行各种验算。

2. 围护桩的直径

围护桩的直径也取决于开挖深度和土质条件，一般根据经验选用。在钻孔灌注桩合理使用的开挖深度范围内，桩径变化范围为800～1 100 mm。对于开挖深度在10 m以内的基坑，桩径一般不超过900 mm；开挖深度大于11 m的基坑，桩径一般不小于1 000 mm。

3. 排桩式围护结构的折算厚度

排桩式围护结构虽由单个桩体组成，但其受力形式与地下连续墙类似。分析时，可将桩体与壁式地下连续墙按抗弯刚度相等的原则等价为一定厚度的壁式地下墙进行内力计算，称之为等刚度法。折算厚度 h 的计算公式为

$$h = 0.838d\sqrt[3]{\frac{1}{1+\frac{t}{d}}} \qquad (8\text{-}73)$$

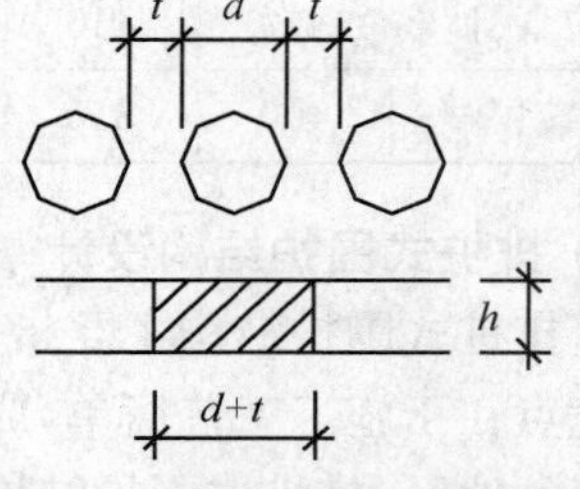

图8-49 折算厚度的计算示意图

式中：d 为桩的直径；t 为桩间距。如图8-49所示。

若采用一字相切排列，此时 $t \ll d$，则 $h=0.838d$。这样，即可按厚度为 h 的壁式地下墙计算出每延米墙之内力及位移。

对于桩身的构造与配筋，桩身纵向受力主筋一般要求沿圆截面周边均匀布置，最小配筋率为0.42%，且不少于6根，主筋保护层不应小于50 mm。箍筋宜采用 $\phi6$～$\phi8$ 螺旋箍筋，间距一般为200～300 mm，每隔1 500～2 000 mm应布置一根直径不小于12 mm的焊接加强箍筋，以增强钢筋笼的整体刚度，有利于钢筋笼吊放和水下浇灌混凝土。钢筋笼底端一般距离孔

底 200～500 mm。

桩身纵向钢筋应按基坑开挖各阶段与地下室施工期间各种工况下桩的弯矩包络图配筋，当地质条件或其他因素复杂时也可按最大弯矩通长配筋。

桩身作为一个构件，配筋应满足截面承载力的要求。桩身截面的内力主要由土压力产生，计算土压力的抗剪强度指标是标准值，因此求得的桩身内力也是标准值。但截面承载力是由混凝土规范所提供的混凝土和钢筋的强度设计值组成的，这就使得设计表达式两侧的设计变量的性质不一致，必须加以调整。

计算桩身内力时一般按平面问题处理，求得的是每延米围护墙的内力。但桩身截面配筋是按每根桩计算的，这里有一个内力数值的换算问题，即将每延米的内力换算为每根桩的内力，每根桩的内力等于每延米的内力乘以$(d+t)$，计算时$(d+t)$以 m 计。

当有可靠措施保证钢筋笼的正确方位时，可按弯矩方向采用沿圆周非均匀分布形式配筋；无可靠措施保证时，宜采用沿圆周均匀配筋以保证安全。

防渗帷幕设计时，帷幕的插入深度应满足防渗稳定性验算的要求，帷幕的插入深度可以与钻孔灌注桩的深度不同；当深层有不透水层或弱透水层时，防渗帷幕宜深入不透水层或弱透水层一定深度，以提高防渗效果。防渗帷幕的厚度不作计算，一般取单排搅拌桩。防渗帷幕的效果主要取决于施工的质量，包括搅拌的均匀程度和接头的搭接程度，在设计文件中应对施工提出要求。

四、内支撑设计

内支撑设计与一般的结构构件设计相比，主要差别在于其结构体系随基坑的形状、开挖深度及施工条件而异。其内力随围护结构的变形而变化，由基坑工程施工期间的最不利情况控制设计，在内力确定的情况下，支撑构件的截面验算与一般结构构件设计无异。

内支撑设计一般包括下列内容：①材料选择和结构体系的布置；②结构的内力和变形计算；③构件的强度和稳定验算；④构件的节点设计；⑤结构的安装与拆除设计。

关于支撑体系的布置与构造要求，支撑体系由围檩、支撑杆件或桁架、立柱及立柱桩等构件组成。

（一）围檩

围檩又称腰梁，是直接与围护结构相连，将作用在围护结构上的水土压力传递给支撑结构的传力构件。围檩的刚度对整个支撑结构的刚度影响很大，所以一般在设计中应十分注意围檩构件的设置与截面设计。围檩的材料可以是钢或钢筋混凝土。不同材料制成的围檩，其设计要求不完全相同。

钢围檩的截面宽度应大于 300 mm，可以采用 H 钢、工字钢或槽钢以及它们的组合截面。钢围檩的现场拼装点应尽量设置在支撑点附近，不应超过围檩计算跨度的三分点。钢围檩的分段预制长度不应小于支撑间距的 2 倍。由于围护墙的表面不平整，为了使围檩与围护墙结合紧密，防止围檩截面产生扭曲，钢围檩与混凝土围护墙之间应留设宽度不小于 60 mm 的水平通长空隙，其间用不低于 C30 的细石混凝土填嵌。钢围檩安装前应在围护墙上设置安装牛腿。可用角钢或直径不小于 25 mm 的钢筋与围护墙主筋后预埋件焊接组成钢筋牛腿，其间距不应大于 2 m，牛腿焊缝由计算确定。如支撑与围檩斜交，在围檩与围护墙之间应设置经过验算的剪力传递构造。混凝土围檩截面高度（水平向尺寸）不应小于其水平方向计算跨度的1/8；

围檩的截面宽度不应小于支撑的截面高度。围檩的纵向钢筋直径不宜小于 16 mm,沿截面四周纵向钢筋的最大间距应小于 200 mm。箍筋直径不应小于 8 mm,间距不大于 250 mm。支撑的纵向钢筋在围檩内的锚固长度不宜小于 30 倍的钢筋直径。

混凝土围檩与围护墙之间不留水平间隙。在竖向平面内,围檩可采用吊筋与围护墙连接,吊筋的间距一般不大于 1.5 m,直径应根据围檩尺寸及支撑的自重由计算确定。地下连续墙墙体与围檩之间需要传递剪力时,可在墙体上沿围檩长度方向预留按计算确定的剪力槽或受剪钢筋。基坑平面转角处的纵横向围檩应按刚节点处理。

(二) 支撑

支撑主要是受压构件,相对于受荷面来说,支撑有垂直于荷载面和倾斜于荷载面 2 种。对于斜支撑,要注意支撑和围檩连接节点的力的平衡,由于支撑还受到自重和施工荷载的作用,实际上是压弯杆件,这种力学上的非线性问题,在施工实践中常将它简化为线性问题来解决,但必须考虑到此种因素会使安全度降低。当支撑设计成桁架时,桁架的腹杆应该按其受力情况合理地选择断面尺寸和杆件材料,以求节省费用,方便施工。

支撑按材料分为钢支撑(钢管支撑、型钢支撑)、钢筋混凝土支撑以及钢支撑和钢筋混凝土共存的组合支撑;按平面布置形式分为水平框架式支撑,角撑、水平桁架式支撑,斜撑,大直径环梁与边桁架相结合的支撑及钢筋混凝土支撑与钢支撑并存的混合支撑等;按受力特点分为单跨压杆式支撑、多跨压杆式支撑和双向多跨压杆式支撑,如图 8-50 所示。

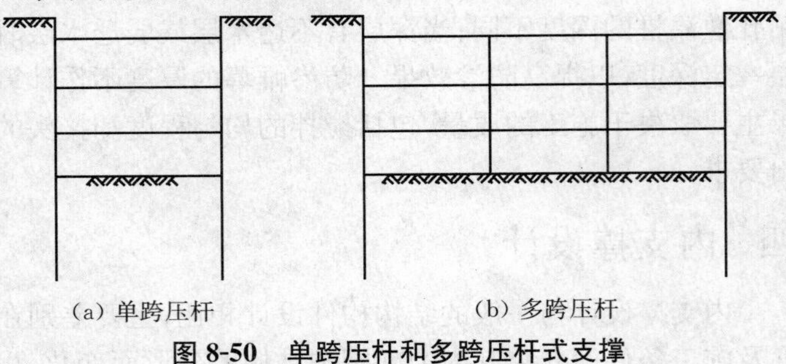
(a) 单跨压杆　　(b) 多跨压杆

图 8-50 单跨压杆和多跨压杆式支撑

这些支撑在实践中都有各自的特点和不足之处,以其材料种类分析,钢支撑便于安装和拆除,材料的消耗量小,可以施加预应力以合理地控制基坑变形,钢支撑施工速度较快,有利于缩短工期;但是钢支撑系统的整体刚度较弱,由于要在 2 个方向上施加预紧力,所以纵横杆件之间的连接始终处于铰接状态,无法形成整体刚接。

钢筋混凝土支撑结构整体刚度好,变形小,安全可靠;但施工制作时间长于钢支撑,拆除工作比较繁重,材料的回收利用率低。为保证内支撑的构件有足够的刚度,规范规定支撑构件的长细比应不大于 75,连系构件的长细比应不大于 120。

(1) 钢支撑　钢支撑的截面可以采用 H 钢、钢管、工字钢与槽钢,以及其组合截面;钢支撑的现场安装节点应尽量设置在纵横向支撑的交汇点附近。纵向和横向支撑的交汇点宜在同一标高上连接,当采用重叠连接时,其连接构造及连接件的强度应满足支撑在平面内的稳定要求。相邻横向(或纵向)水平支撑之间的纵向(或横向)支撑的安装节点数不宜多于 2 个。钢支撑与钢围檩可采用焊接或螺栓连接。节点处支撑与围檩的翼缘和腹板均应加焊加劲板,加劲板的厚度不小于 10 mm,焊缝高度不小于 6 mm。

(2) 钢筋混凝土支撑　钢筋混凝土支撑体系应在同一平面内整浇,支撑的截面高度(竖向尺寸)不应小于其竖向平面计算跨度的 1/20;支撑的纵向钢筋直径不宜小于 16 mm,沿截面四周纵向钢筋的最大间距应小于 200 mm。箍筋直径不应小于 8 mm,间距不大于 250 mm。支撑的纵向钢筋在围檩内的锚固长度不宜小于 30 倍的钢筋直径。立柱主要用来支承支撑的自重荷载和施工荷载，同时可减小支撑构件或桁架的长细比以提高其压弯稳定性；基坑开挖面以上的立柱宜采用格构式钢柱，也可以采用钢管或 H 型钢。格构式钢柱有利于底板中钢筋穿越，故通常采用这种型式的立柱。在这些钢立柱与钢筋混凝土底板及结构楼板的连接处需设置止水带。

基坑开挖面以下的立柱宜采用直径不小于 600 mm 的灌注桩，立柱桩主要将立柱荷载传递到地基中，它可以借用工程桩，也可以单独设计，立柱桩的入土深度由其所承受立柱荷载确定；在软土地区，立柱桩宜大于基坑开挖深度的 2 倍，并穿过淤泥或淤泥质土层。

钢柱插入灌注桩的深度不小于钢柱边长的 4 倍，并与桩内钢筋焊接。立柱与水平支撑的连接可采用铰接构造，但连接件在竖向和水平方向的连接强度应大于支撑轴向力的 1/50。当采用钢牛腿连接时，钢牛腿的强度和稳定性应由计算确定。

五、土层锚杆设计

土层锚杆的设计主要有以下方面的内容：①选择锚杆类型、确定锚杆布置和安设角度；②确定锚杆设计轴向拉力；③进行锚固体设计（长度、直径、形状等）；④锚头及腰梁设计；⑤必要时的稳定性验算。

锚杆的设置如图 8-51 所示。

(1) 围护结构　包括各种钢及钢筋混凝土预制板桩、灌注桩、地下连续墙等，以及近几年发展起来的喷锚网护壁。

(2) 腰梁及托架　可采用工字钢、槽钢或钢筋混凝土梁作为腰梁，腰梁放置在托架上，托架（用钢材或钢筋混凝土制作）与围护结构连续固定。采用腰梁的目的是将作用于围护结构上的土压力传递给锚杆，对于排桩式围护结构还能通过腰梁使各桩的应力得到均匀分配。

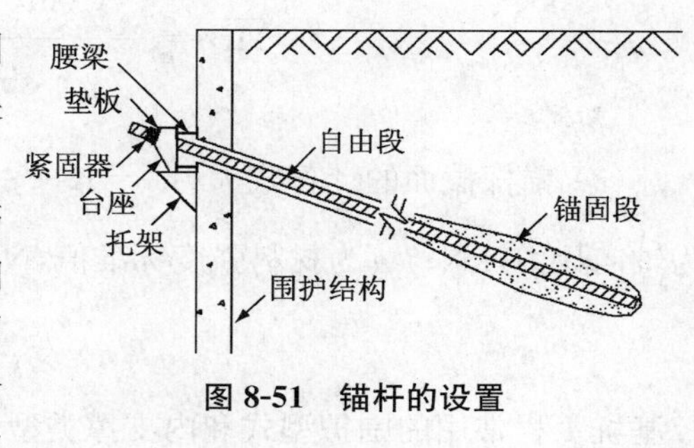

图 8-51　锚杆的设置

(3) 锚杆　锚杆是受拉杆件的总称，与围护结构共同作用。从力的传递机理看，锚杆是由锚杆头部、拉杆及锚固体 3 个基本部分组成的：锚杆头部是将拉杆与围护结构牢固地联结起来，使围护结构的推力可靠地传递到拉杆上去；拉杆是将来自锚杆端部的拉力传递给锚固体；锚固体是将来自拉杆的力通过摩阻抵抗力或支承抵抗力传递至地基。

锚杆布置原则主要包括锚杆层数、锚杆间距、倾角等。

(1) 锚杆层数　锚杆层数取决于土压力分布大小，除能取得合理的平衡以外，还应考虑构筑物允许的变形量和施工条件等综合因素。

(2) 锚杆间距　锚杆间距应根据土层地质情况、钢材截面所能承受的拉力等进行经济比较后确定。间距太大，将增加腰梁应力。需增加腰梁断面，缩小间距，可使腰梁尺寸减小，但锚杆又可能会发生相互干扰，产生所谓“群锚效应”。上下两排锚杆的间距不宜小于 2.5 m，锚杆的水平间距一般不宜大于 4.0 m，不小于 1.5 m，上覆土层的厚度一般也不宜小于 4.0 m。

(3) 倾角　一般采用水平向下 10°～45°为宜。如从有效利用锚杆抗拔力的观点，最好使锚杆与侧压力作用方向平行，但实际上，锚杆的设置方向与可锚固土层的位置、挡土结构的位置以及施工条件等有关。锚杆水平分力随着锚杆倾角的增大而减小，倾角太大将降低锚固的效果，而且作用于围护结构上的垂直分力增加，可能造成围护结构和周围地基的沉降。水平向下是为了有利于达到灌浆所要求的倾斜度。

锚固体设计主要包括锚固体长度、自由段长度、锚杆截面的计算等。

(1) 对于锚固体长度的计算，锚固体长度应按基本试验确定(见图 8-52)，对一般的灌浆锚杆(压力为 0.3～0.5 MPa)，锚固体初步设计长度可按式(8-74)计算。

$$L_m = K\frac{T_u}{\pi d\tau} \tag{8-74}$$

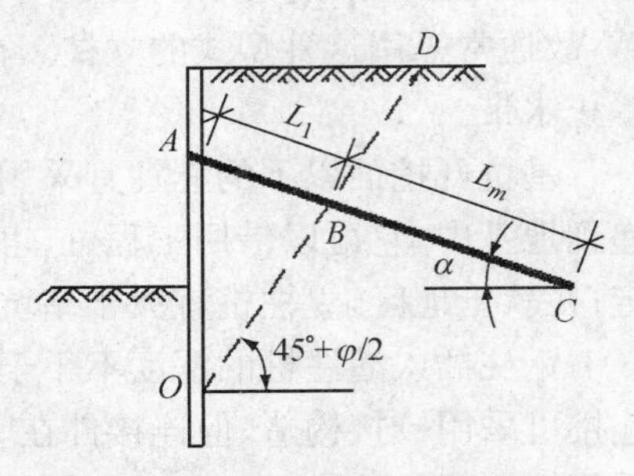

图 8-52 锚杆计算示意图

式中：T_u 为锚杆极限抗拔力，kN；d 为锚固体直径，m；L_m 为锚杆的有效锚固长度，m；τ 为锚固段周边土层与锚固体之间的摩阻强度(或称为黏结强度)，kPa。

(2) 关于自由段长度的计算，自由段的长度一般不小于 5 m，并应超过潜在滑动面 1 m；按滑动面位置计算时可采用如图 8-52 所示的方法，令 O 点为土压力零点，OD 为设想滑裂面，锚杆 AC 与水平线夹角为 α，自由段 AB 长度为

$$\overline{AB} = \frac{\overline{OA}\tan\left(45^\circ - \dfrac{\varphi}{2}\right)\sin\left(45^\circ + \dfrac{\varphi}{2}\right)}{\sin\left(135^\circ - \dfrac{\varphi}{2} - \alpha\right)} \tag{8-75}$$

(3) 锚杆截面的计算式为 $A_s = K\dfrac{N}{f_{yk}}$ 。式中：A_s 为锚杆截面积，mm^2；K 为安全系数；N 为轴向拉力，kN；f_{yk} 为材料强度标准值，N/mm^2。

习题八

1. 基坑工程常用的围护型式和内支撑类型有哪些？
2. 深基坑支护设计现有的设计计算方法有哪些？各有什么优缺点？
3. 简述基坑支护设计原则及内容。
4. 土钉墙设计的一般原则有哪些？
5. 试论述多支撑锚桩的优化设计步骤。
6. 按布鲁姆法计算确定图 8-53 所示悬臂式板桩支护的长度 h 及板桩的最大弯矩 $M_{\max}$。

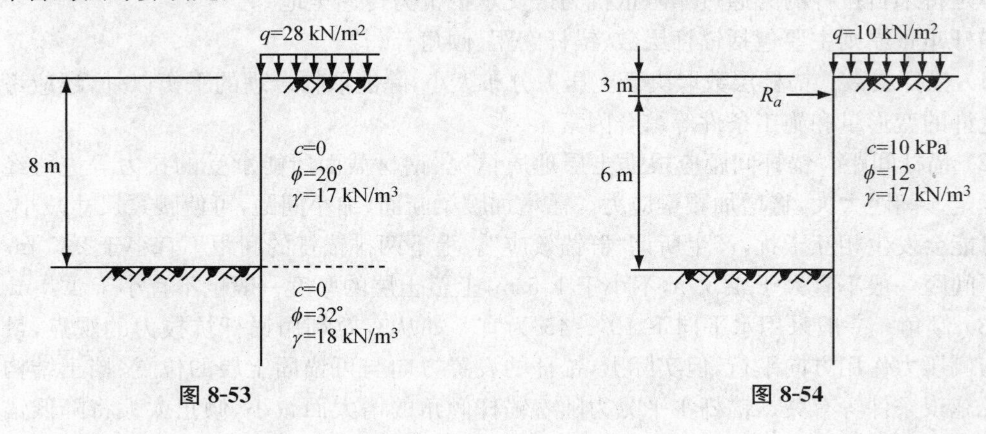

图 8-53　　图 8-54

7. 按等值梁法计算确定图 8-54 所示单支撑式板桩支护的长度 h 及板桩的最大弯矩 M_{max}。

8. 某建筑场地表以下土层依次为：①中砂，厚 2.0 m，天然重度为 20 kN/m^3，饱和重度为 21 kN/m^3，潜水面在地表下 1 m 处；②黏土隔水层厚 2.0 m，重度为 19 kN/m^3；③粗砂，含承压水，承压水位高出地表 2.0 m(取 $\gamma_w=9.80\ kN/m^3$)。问：基坑开挖深达 0.6 m 时，坑底有无隆起开裂的危险？若基础埋深 $d=1.5$ m，施工时除将中砂层内地下水面降到坑底外，还须设法将粗砂层中的承压水位至少降低几米才行？

9. 某基坑工程，周长 150 m，基坑深 12 m，最大放坡角 80°，地面均布荷 15 kPa，坡顶条形荷载 15 kPa，距坑边 2 m，埋深 2 m，地下水位埋深 15 m。地质情况如下：第 1 层底面埋深 $h_1=4$ m，$\gamma_1=18\ kN/m^3$，$c_1=15$ kPa，$\phi_1=20$ kPa；第 2 层底面埋深 $h_2=14$ m，$\gamma_2=18\ kN/m^3$，$c_2=18$ kPa，$\phi_2=27$ kPa；第 3 层底面埋深 $h_3=24$ m，$\gamma_3=19\ kN/m^3$，$c_3=20$ kPa，$\phi_3=25$ kPa。试选用经济合理的支护方式进行支护。

10. 某工程地下室，基坑深 10 m，地面均布荷 50 kPa，坡顶条形荷载 120 kPa，距坑边 4 m，埋深 2 m，宽度 2 m。地下水位埋深 2 m，地层情况如下：第 1 层粉质黏土，厚度 $h_1=4$ m，$\gamma_1=18\ kN/m^3$，$c_1=25$ kPa，$\phi_1=25$ kPa。第二层黏性土，厚度 $h_2=15$ m，$\gamma_2=21\ kN/m^3$，$c_2=20$ kPa，$\phi_2=28$ kPa。试分析选择一种合理的支护方式，并考虑地下水的处理方案，进行位移分析。

第九章　特殊土地基上的基础工程

第一节　概述

在我国不少地区，分布着一些与一般土性质有显著不同的特殊土。由于不同的地理环境、气候条件、地质成因以及次生变化等原因，使它们具有一些特殊的成分、结构和性质。当用以作为建筑物的地基时，如果不注意这些特点就会造成事故。通常把那些具有特殊工程性质的土类称为特殊土。特殊土种类很多，大部分都具有地区特点，故又有区域性特殊土之称。

我国主要的区域性特殊土包括湿陷性黄土、红黏土、膨胀土、软土、冻土、盐渍土和填土等(见表 9-1)。有关软土，第三章已作介绍，本章不赘述。下面将主要介绍湿陷性黄土、红黏土、膨胀土、冻土、盐渍土和填土的一些主要特征，对建筑物可能造成的危害以及用作地基时所应采取的工程措施。

表 9-1　我国常见特殊土的种类、分布、成土环境及工程地质特性

种类	分布	成土环境	工程特性
黄土	西北内陆地区，青海、甘肃、宁夏、陕西、山西、河南等	干旱、半干旱气候环境，降雨量少，蒸发量大，年降雨量小于 500 mm，风积	湿陷性
红黏土	华南地区，云南、四川、贵州、广西、鄂西、湘西等	碳酸盐岩系北纬 33°以南，温暖湿润气候，以残坡积为主。	裂隙发育，不均匀性
软土	东南沿海，天津、上海、宁波、福州等，此外内陆湖泊地区也有局部分布	滨海、三角洲沉积；湖泊沉积，地下水水位高，由水流搬运沉积而成	强度低，压缩性高，渗透性小
膨胀土	云南、贵州、广西、四川、安徽、河南等	温暖湿润，雨量充沛，年降雨量 700～1 700 mm，具有良好化学风化条件	遇水膨胀，失水收缩
盐渍土	新疆、青海、西藏、甘肃、宁夏、内蒙古等内陆地区，此外尚有滨海部分地区	荒漠、半荒漠地区，年降雨量小于 100 mm，蒸发量高达 3 000 mm 以上的地区，沿海受海水浸渍或海退的影响	盐胀性、溶陷性和腐蚀性
冻土	青藏高原和大小兴安岭，东西部一些高山顶部	高纬度寒冷地区	冻胀性、融陷性

特殊土在我国分布很广，比如黄土主要分布在我国的西北部，红黏土主要分布在南方，冻土主要分布在北方等，有很多建筑物修建在特殊土地基上。由于特殊土具有特殊的工程地质

性质，因此常给建筑物的安全和正常使用造成严重威胁。研究特殊土的形成条件、分布特征和工程地质特性具有十分重要的意义。

第二节　黄土地基基础

一、黄土的定义和分布

黄土是一种特殊的第四纪大陆疏松堆积物（见图 9-1）。黄土可分为典型黄土和黄土状土。典型黄土具有下列特征：颜色为黄褐色、灰黄色或淡黄色，以粉粒成分为主，结构均匀无层理，疏松并具大孔隙，垂直节理发育，富含碳酸盐，具湿陷性。

图 9-1　黄土露头

黄土状土与典型黄土类似，但有些特征不明显，与典型黄土的区别在于：层理明显，成分复杂，常常含有砂、砾石、黏土等夹层或包体。

我国黄土主要分布在西北、华北及东北地区，以黄河中游最为典型。各地区黄土厚度不等，一般来说陕甘高原最厚，厚度可达 100～200 m。

二、黄土的物质组成和结构特征

黄土在干燥时具有较高的强度，而遇水后表现出明显的湿陷性，这是由黄土的特殊成分和结构决定的。

（一）黄土的物质组成

黄土的粒度成分方面，粉粒成分占绝对优势，约占 60%以上；黏粒含量较少，一般只占 10%～25%。我国黄土的粒度成分明显表现为自西北向东南，由粗到细的变化规律。黄土的矿物成分方面，可分为 2 大类，碎屑矿物和黏土矿物，其中碎屑矿物占 75%以上，主要是石英、长石、碳酸盐矿物及云母，黏土矿物以伊利石和石英为主；黄土的化学成分方面，黄土中含量最多的是 SiO_2，Al_2O_3 和 CaO，这与黄土的主要矿物为石英、长石、云母的情况相一致。

（二）黄土的结构特征

黄土主要结构特征是明显的大孔性，结构疏松，孔隙度大，一般为 33%～64%，并常有虫孔、根孔。

三、黄土的物理力学性质

(一) 黄土的物理性质指标

黄土的物理性质指标主要有比重、天然容重、干容重、孔隙度、孔隙比、含水量、饱和度、液塑限等。①黄土的干容重(γ_d):干容重与土的孔隙度有关,土的孔隙度越大,干容重越小。我国黄土的干容重一般为1.31～1.60 g/cm^3。干容重是评价黄土湿陷性的一个综合性指标,通常认为干容重越大,其湿陷性越小。干容重大于1.50 g/cm^{3}时为非湿陷性黄土,小于1.50 g/cm^{3}时为湿陷性黄土。②黄土的孔隙比(e):黄土的孔隙比较大,平均为0.87～1.10。③黄土的天然含水量(ω):黄土的天然含水量低,一般为1%～38.6%,有些干燥区为1%～12%。天然含水量低的黄土常为湿陷性较强的黄土。

(二) 黄土的力学性质指标

黄土的力学性质指标主要有变形和强度方面的参数。①黄土的压缩性:黄土的压缩系数α一般为0.01～0.04,属中等压缩性土。②抗剪强度:黄土抗剪强度的c和φ值与黄土的湿度、结构关系密切,其内摩擦角φ为5°～31°,内聚力c为0～0.42×10^5 Pa。

黄土的压缩性及抗剪强度受黄土的成因、结构、组成及气候环境等因素的影响,所以不同地区的黄土其压缩性及抗剪强度有所差别。

四、黄土湿陷的原因

所谓黄土湿陷,就是天然黄土在一定压力作用下,当浸水后结构迅速破坏,而发生突然下沉的现象。具有这种特性的黄土称为湿陷性黄土,不具有这种特性的黄土称为非湿陷性黄土。湿陷性黄土又可分为自重湿陷性黄土和非自重湿陷性黄土。自重湿陷性黄土浸水后在土层自重压力下即可发生湿陷;非自重湿陷性黄土浸水后在土自重和建筑物荷载共同作用下才会发生湿陷。

由于管道(或水池)漏水、地面积水、生产和生活用水等渗入地下,或由于降水量较大,灌溉渠和水库的渗漏或回水使地下水位上升等原因而引起黄土湿陷。受水浸湿只是湿陷发生所必需的外界条件,而黄土的结构特征及其物质成分是产生湿陷性的内在原因。

黄土的湿陷性还与孔隙比、含水率以及所受压力的大小有关。关于黄土湿陷的原因,有以下几种假说。

(一) 毛管假说

Terzaghi指出,当潮湿砂土内的不连续水分积聚在颗粒接触点时,相邻颗粒孔隙中水和空气交界处的表面张力,使土粒拉在一起。水浸入土中后,表面张力消失,于是砂土溃散。有的学者曾用这种观点来解释黄土的湿陷,但遭到反对。Dudley认为毛细压力是黄土中形成细粉粒黏结和絮凝黏粒黏结的重要因素。黄土中的毛细作用是存在的,但将其作为湿陷的主要原因值得商榷。常宝琦曾用风干的扰动土样制成试件,虽然破坏了毛细管通道,消除了弯液面作用,仍然有很大的的湿陷性。

(二) 溶盐假说

黄土中存在大量的可溶盐。当黄土的含水量较少时,易溶盐处于微晶体状态,附着在颗粒表面,起着一定的胶结作用。这种胶结作用是黄土加固内聚力的一部分,受水浸湿后,易溶盐溶解,这部分强度就丧失了,因而产生湿陷。我国湿陷性黄土中的易溶盐含量都较少,不是组成加固内聚力的主要部分，难溶盐含量虽高，但其溶解很缓慢，因此，较多的观点认为易溶盐的溶解不是产生湿陷的主要原因。

(三) 胶体不足说

该假说认为黄土的湿陷性是含有小于 0.05 mm 颗粒且其质量分数小于 10%的土所固有的性质，这种土缺少胶体部分；如果有显著数量的胶体，则膨胀可防止湿陷的发生。朱海之认为当黏粒且其质量分数大于 15%～20%时黄土不具有湿陷性，但发现兰州西盆地北岸二级阶地上的黄土黏粒且其质量分数大于 30%，却湿陷性强烈。

(四) 水膜楔入说

低含水量黄土在细颗粒(主要是黏粒)表面上包裹着的结合水膜一般很薄，溶解在其中的阴、阳离子的静电引力较强，将表面带负电荷的黏粒连接起来，形成一定的凝聚强度。当水进入土中时，结合水膜变厚，像楔子一样将牢固连接的颗粒分开，使土粒表面产生膨胀，体积增大，引力减弱，凝聚强度降低，因而产生湿陷。水膜楔入说能较好地解释黄土在水一进入就会立即发生湿陷这一现象；但是，还不足以解释各种复杂湿陷现象(如湿陷性的强弱、自重湿陷与非自重湿陷等)的产生。

(五) 欠压密理论

黄土是在干旱或半干旱气候条件下形成的。风成黄土在沉积过程中，表面受大气降水的影响。在干燥少雨的条件下，大气降水浸湿带的厚度常少于蒸发影响带的厚度，在降水期的土层，土中含水量较高，处于最优压密条件，但由于土层薄，自重压力小，未能得到有效压密。随着黄土继续堆积，大气降水影响不到，但蒸发过程继续进行。由于水分减少，盐类析出，胶体凝结产生了加固内聚力。

虽然上覆土层压力增大，但不足以克服土中形成的加固内聚力，因而成为欠压密状态。如此循环往复，使得堆积的欠压密土层越来越厚，一旦水浸入较深，加固内聚力消失，就产生湿陷。当降水量少、干旱期长时，欠压密程度大，而且欠压密土层也较厚；反之，黄土欠压密程度就弱，形成的欠压密土层也较薄。欠压密论易于解释我国黄土湿陷性为什么西北部强、东南部弱这一规律。

五、黄土湿陷性评价

(一) 湿陷系数

1. 湿陷系数的确定

湿陷系数是判定黄土是否具有湿陷性，以及湿陷性的强弱程度的数值指标，以 δ_s 表示。该指标是通过室内试验中的浸水试验求出的，土样在某压力下的湿陷系数 δ_s 为

$$\delta_s = \frac{h_p - h_{p'}}{h_0} \tag{9-1}$$

式中：h_p 为保持天然的湿度和结构的土样，加压至一定压力时，下沉稳定后的高度，mm；$h_{p'}$ 为上述加压稳定后的土样，在浸水作用下，下沉稳定后的高度，mm；h_0 为土样的原始高度，mm。

根据试验得出的湿陷系数值可判定黄土的湿陷性。当 $\delta_s < 0.015$ 时，为非湿陷性黄土；当 $\delta_s \geqslant 0.015$ 时，为湿陷性黄土。

2. 湿陷程度的确定

湿陷性黄土的湿陷程度，可根据湿陷系数值的大小分为下列 3 种：①当 $0.015 \leqslant \delta_s \leqslant 0.03$

时，湿陷性轻微；②当 0.03＜δ_s≤0.07 时，湿陷性中等；③当 δ_s＞0.07 时，湿陷性强烈。

(二) 黄土自重湿陷性的判定

1. 自重湿陷系数 δ_{zs}

自重湿陷系数 δ_{zs} 值为

$$\delta_{zs} = \frac{h_z - h_{z'}}{h_0} \tag{9-2}$$

式中：h_z 为保持天然的湿度和结构的土样，加压至土的饱和自重压力时，下沉稳定后的高度，mm；$h_{z'}$ 为上述加压稳定后的土样，在浸水作用下，下沉稳定后的高度，mm；h_0 为土样的原始高度，mm。

2. 自重湿陷量 Δ_{zs}

自重湿陷量 Δ_{zs}(mm)为

$$\Delta_{zs} = \beta_0 \sum_{i=1}^{n} \delta_{zsi} h_i \tag{9-3}$$

式中：δ_{zsi} 为第 i 层土的自重湿陷系数；h_i 为第 i 层土的厚度，mm；β_0 为因地区土质而异的修正系数，对陇西地区可取 1.5，对陇东、陕北地区可取 1.2，对关中地区可取 0.9，对其他地区可取 0.5；n 为计算总厚度内土层数。

3. 湿陷性黄土的湿陷类型的判定

湿陷性黄土的湿陷类型，按自重湿陷量的实测值或计算值判定，应符合下列要求：①当自重湿陷量的实测值 Δ'_{zs} 或计算值 Δ_{zs}≤70 mm 时，应定为非自重湿陷性黄土场地；②当自重湿陷量的实测值 Δ'_{zs} 或计算值 Δ_{zs}＞70 mm 时，应定为自重湿陷性黄土场地；③当自重湿陷量的实测值 Δ'_{zs} 或计算值 Δ_{zs} 出现矛盾时，应按自重湿陷量的实测值判定。

(三) 黄土地基的湿陷等级的划分

1. 湿陷量 Δ_s

湿陷性黄土地基，受水浸湿饱和至下沉稳定为止的湿陷量 Δ_s(mm)为

$$\Delta_s = \sum_{i=1}^{n} \beta \delta_{si} h_i \tag{9-4}$$

式中：β 为考虑地基土的受水浸湿可能性和侧向挤出等因素的修正系数。在缺乏实测资料时，β 可按下列规定取值：基底下 0～5 m 深度内，取 $\beta=1.5$；基底下 5～10 m 深度内，取 $\beta=1$；基底下 10 m 以下至非湿陷性黄土层顶面，在自重湿陷性黄土场地，可取工程所在地区的 β_0 值，参见式(9-3)。

2. 湿陷性黄土地基的湿陷等级的确定

湿陷性黄土地基的湿陷等级应根据湿陷量的计算值和自重湿陷量的计算值来判定(见表 9-2)。

六、湿陷性黄土的岩土工程勘察

湿陷性黄土的岩土工程勘察首先应查明黄土的湿陷性，分出湿陷性系数 δ_s 大于和小于 0.015 的土类。当 δ_s＜0.015 时，按一般土岩土工程勘察进行；当 δ_s＞0.015 时，增补某些湿陷性指标的测试工作。

表 9-2　湿陷性黄土地基的湿陷等级

Δ_s/mm	非自重湿陷性场地	自重湿陷性场地	
	$\Delta_{zs}\leqslant 70$ mm	70 mm$<\Delta_{zs}\leqslant 350$ mm	$\Delta_{zs}>350$ mm
$\Delta_s\leqslant 300$	Ⅰ(轻微)	Ⅱ(中等)	—
$300<\Delta_s\leqslant 700$	Ⅱ(中等)	Ⅱ或Ⅲ	Ⅲ(严重)
$\Delta_s>700$	Ⅱ(中等)	Ⅲ(严重)	Ⅳ(很严重)

注:当湿陷量的计算值 $\Delta_s>600$ mm,自重湿陷量的计算值 $\Delta_{zs}>300$ mm 时,可判为Ⅲ级,其他情况可判为Ⅱ级。

(一) 湿陷性黄土测绘与调查工作

湿陷性黄土地基的测绘与调查工作的主要内容有:确定黄土的成因类型及分布规律;确定黄土的堆积时代及厚度;确定黄土的组成成分及结构特征。

(二) 湿陷性黄土的试验工作

湿陷性黄土的试验工作主要有:测定黄土的湿陷系数 δ_s,判定黄土的湿陷性;测定黄土的自重湿陷系数,或现场测定自重湿陷量,为设计部门提供资料;测定黄土的湿陷起始压力;采用现场原位测试方法,如载荷试验、轻便触探等方法测定黄土地基的承载力。

(三) 地基评价

湿陷性黄土地基的评价主要包括:根据对建筑场地的地形地貌及工程地质条件的勘察,根据黄土地基的稳定性作出评价;对地下水分布及变化幅度,对地基土工程地质特性的影响作出评价;按自重湿陷量划分出场地的湿陷类型,再根据湿陷量划分地基的湿陷等级,提出对湿陷性黄土地基的处理措施。

七、黄土地基的工程措施

湿陷性黄土地基的设计和施工,除了必须遵循一般的设计和施工原则外,还应针对湿陷性特点,采用适当的工程措施,包括以下 3 个方面:①地基处理,以消除产生湿陷性的内在原因;②防水和排水,以防止产生引起湿陷的边界条件;③采取结构措施,以改善建筑物对不均匀沉降的适应性和抵抗的能力。

(一) 地基处理

湿陷性黄土地基处理的目的是改善土的性质和结构,减少土的渗水性、压缩性,控制其湿陷性的发生,部分或全部消除它的湿陷性。在明确地基湿陷性黄土层的厚度、湿陷性类型、等级后,应结合建筑物的工程性质、施工条件和材料来源等,采取必要的措施,对地基进行处理,满足建筑物在安全、使用方面的要求。湿陷性黄土地基处理的原理,主要是破坏湿陷性黄土的大孔结构,以便全部或部分消除地基的湿陷性。

桥梁工程中,对较高的墩、台和超静定结构,应采用刚性扩大基础、桩基础或沉井等型式,并将基础底面设置到非湿陷性土层中。对一般结构的大中桥梁,重要的道路人工构造物,如属Ⅱ级非自重湿陷性地基或各级自重湿陷性黄土地基,应将基础置于非湿陷性黄土层或对全部湿陷性黄土层进行处理并加强结构措施;如属Ⅰ级非自重湿陷性黄土,应对全部湿陷性黄土层进行处理或加强结构措施。小桥涵及其附属工程和一般道路人工构造物视地基湿陷程度,可对全部湿陷性土层进行处理,也可消除地基的部分湿陷性或仅采取结构措施。

结构措施是指尽可能采用简支梁等对不均匀沉降不敏感的结构；加大基础刚度使受力较均匀；对长度较大且体形复杂的建筑物，采用沉降缝将其分为若干独立单元。

按处理厚度可分为全部湿陷性黄土层处理和部分湿陷性黄土层处理。前者对于非自重湿陷性黄土地基，应自基底处理至非湿陷性土层顶面（或压缩层下限），或者以土层的湿陷起始压力来控制处理厚度；对于自重湿陷性黄土地基是指全部湿陷性黄土层的厚度。后者指处理基础底面以下适当深度的土层，因为该部分土层的湿陷量一般占总湿陷量的大部分，这样处理后，虽发生少部分湿陷也不致影响建筑物的安全和使用。处理厚度视建筑物类别，土的湿陷等级、厚度，基底压力大小而定，一般对非自重湿陷性黄土地基为 1～3 m，自重湿陷性黄土地基为 2～5 m。

常用的处理湿陷性黄土地基的方法见表 9-3。

表 9-3 湿陷性黄土常用的地基处理方法

序号	处理方法	适用范围	处理厚度/m
1	垫层法	地下水位以上局部或整片处理	1～3
2	强夯法	S_r＜60％的湿陷性土	3～6
3	挤密法	地下水位以上局部或整块处理	5～15
4	桩基	基础荷载大，有可靠持力层	不限
5	预浸水法	湿陷程度很严重的自重湿陷性黄土	可消除地面以下 6 m 以内深部土的湿陷性，上部尚需采用垫层法处理
6	碱液加固法	一般用于加固地下水位以上的已有建筑物地基	≤10

1. 灰土或素土垫层

将基底以下湿陷性土层全部挖除或挖到预计深度，然后用灰土（三分石灰、七分土）或素土（就地挖出的黏性土）分层夯实回填，垫层厚度及尺寸计算方法同砂砾垫层，压力扩散角 θ 对灰土用 30°，对素土用 22°。垫层厚度一般为 1.0～3.0 m。它施工简易，效果显著，是一种常用的地基浅层湿陷性处理或部分处理的方法。

2. 重锤夯实及强夯法

重锤夯实法能消除浅层的湿陷性，如用 15～40 kN 的重锤，落高 2.5～4.5 m，在最佳含水量情况下，可消除 1.0～1.5 m 深度内土层的湿陷性。强夯法根据国内使用记录，锤重 100～200 kN，自由落下高度 10～20 m 锤击 2 遍，可消除 4～6 m 范围内土层的湿陷性。

2 种方法均应事先在现场进行夯击试验，以确定为达到预期处理效果（一定深度内湿陷性的消除情况）所必需的夯点、锤击数、夯沉量等，以指导施工，保证质量。

3. 石灰土或二灰（石灰与粉煤灰）挤密桩

用打入桩、冲钻或爆扩等方法在土中成孔，然后用石灰土或将石灰与粉煤灰混合分层夯填桩孔而成（少数也用素土），用挤密的方法破坏黄土地基的松散、大孔结构，以消除或减轻地基的湿陷性。此方法适用于消除 5～10 m 深度内地基土的湿陷性。

4. 预浸水处理

自重湿陷性黄土地基利用其自重湿陷的特性，可在建筑物修筑前，先将地基充分浸水，使其在自重作用下发生湿陷，然后再修筑。

除以上的地基处理方法外，对既有桥涵等建筑物地基的湿陷也可考虑采用硅化法等加固地基。

(二) 防水措施

防水措施包括以下 3 个方面：①场地防水措施。尽量选择具有排水畅通或利于场地排水的地形条件，避开洪水或水库等可能引起地下水位上升的地段，确保管道和储水构筑物不漏水，场地内应设排水沟等。②单体建筑物的防水措施。建筑物周围必须设置具有一定宽度的混凝土散水，以便排泄屋面水，确保建筑物地面严密不漏水，室内的给水、排水管道尽量明装，室外管道布置应尽量远离建筑物，检漏管沟应做好防水处理。③施工阶段的防水。施工场地应平整，做好临时防洪、排水措施；大型基坑开挖时应防止地面水流入，坑底应保持一定坡度便于集水和排水；尽量缩短基坑暴露时间。

(三) 结构措施

结构措施主要有：加强建筑物的整体性和空间刚度；选择适宜的结构和基础类型；加强砌体和构件的刚度。

在湿陷性黄土地基的设计中，应根据建筑物的类别和场地湿陷类型，结合当地的建筑经验、施工与维护管理等条件综合确定。

八、湿陷性黄土地基的容许承载力和沉降计算

湿陷性黄土地基容许承载力可根据地基载荷试验、规范提出的数据及当地经验数据确定。当地基土在水平方向物理力学性质较均匀，基础底面下 5 m 深度内土的压缩性变化不显著时，可根据我国《公桥基规》确定其容许承载力。经灰土垫层(或素土垫层)、重锤夯实处理后，地基土承载力应通过现场测试或根据当地建筑经验确定，其容许承载力一般不宜超过 250 kPa(素土垫层为 200 kPa)。垫层下如有软弱下卧层，也需验算其强度。对各种深层挤密桩、强夯等处理的地基，其承载力也应通过静载荷试验来确定。

沉降计算应结合地基的各种具体情况进行，除考虑土层的压缩变形外，对进行消除全部湿陷性处理的地基，可不再计算湿陷量(但仍应计算下卧层的压缩变形)；对进行消除部分湿陷性处理的地基，应计算地基在处理后的剩余湿陷量；对仅进行结构处理或防水处理的湿陷性黄土地基应计算其全部湿陷量。压缩沉降及湿陷量之和如超过沉降容许值时，必须采取减少沉降量、湿陷量的措施。

第三节　红黏土地基基础

一、红黏土的定义、形成条件及分布规律

(1)红黏土是指，碳酸盐岩系出露区的岩石，经红土化作用形成的棕红、褐黄等色的高塑性黏土。其液限一般大于 50%，上硬下软，具有明显的收缩性，并裂隙发育。次生红黏土是指，原生红黏土经搬运、沉积后仍保留其基本特征，且其液限大于 45%的黏土。

(2)红黏土的形成条件主要是气候和岩性。①气候条件：气候变化大，年降水量大于蒸发量，因而气候潮湿，有利于岩石的机械风化和化学风化。②岩性条件：主要是碳酸盐类岩石，石

灰岩、白云岩等，当岩层褶皱发育，岩石破碎，易于风化时，更易形成红黏土。

(3)红黏土的分布规律：红黏土主要为残积、坡积类型，因而其多分布在山区或丘陵地带，并且受气候影响，主要发育在南方潮湿的热带和亚热带地区的一种区域性特殊土，以贵州、云南、广西最为普遍，其次，江西、川东和两湖两广的部分地区也有分布。

二、红黏土的工程地质特征

(一) 红黏土的土层特征

(1)由硬变软的现象：红黏土从地表向下由硬变软，随深度的增加，红黏土的天然含水量、孔隙比有较大的增加，土的状态由坚硬、硬塑状态变为可塑、软塑状态。相应地，土的强度也逐渐降低，压缩性也逐渐增大。

(2)厚度变化大：红黏土在垂直方向分布变化很大，这与所处的地貌、基岩的岩性与岩溶的发育程度有关。分布在盆地或洼地中的红黏土，其厚度大体是边缘薄，中间厚；下覆基岩有溶沟、溶槽、石芽发育时，其上覆的红黏土的厚度变化极大。在其他因素相近的条件下，碳酸盐类岩体的岩性决定着岩溶发展程度的差异。石灰岩、白云岩易于溶化，岩体表面起伏剧烈，导致其上覆的红黏土厚度变化很大；泥灰岩、泥质灰岩的岩溶化较弱，岩体表面较平整，上覆红黏土层的厚度变化较小。

(3)红黏土的裂隙性：在坚硬和硬塑状态下的红黏土层由于胀缩作用形成了大量裂隙。裂隙发育深度一般为 3～4 m，裂隙面光滑，裂隙的发生和发展速度极快。在干旱气候条件下，新挖坡面数日内便可被收缩裂隙切割得支离破碎，使土层的结构破坏，透水性增大，土层强度降低，对浅埋基础或边坡的稳定性都有较大的影响。

(二) 红黏土的成分和结构特征

红黏土的矿物成分，主要为高岭石、伊利石和绿泥石等黏土矿物；碎屑矿物较少，主要为石英。由于长期淋滤的结果，水溶盐、有机质含量较低。

黏土矿物具有稳定的结晶格架、细粒组结成稳固的团粒结构，土体近于两项体，且土中水又多为结合水，这三者是构成红黏土良好力学性能的基本因素。红黏土层中也常有结核和土洞的存在，对地基产生不利的影响。

(三) 红黏土的物理力学性质

红黏土的物理力学性质主要包括：①高塑性和分散性。颗粒细而均匀，黏粒含量很高，一般在 50%～70%之间，所以，塑限、液限和塑性指数都很大，液限一般为 50%～80%，塑限一般为 30%～60%，塑性指数为 20%～50%。②高含水率，低密度。天然含水量一般为 30%～60%；饱和度在 85%以上；密实度低，大孔隙明显，孔隙比很大，一般都超过 1.0，但液性指数一般小于 0.4，多数处于坚硬或硬塑状态。③强度较高，压缩性较低。固结快剪 φ 值为 $8°$～$18°$，c 值可达 0.04～0.09 MPa；多属于中压缩性土或低压缩性土，压缩模量 E 为 5～15 MPa。④不具湿陷性，但有明显的收缩性。红黏土浸水后，多数有轻微膨胀性，膨胀率小于 2%，但失水收缩很强烈，原状土体收缩率可达 25%，扰动土可达 40%～50%。

三、红黏土地基的岩土工程勘察

由于红黏土主要分布在我国南方，并在以碳酸盐类岩石为主的地区分布，所以在调查红黏土的成因类型及分布规律时，应注意下卧基岩的岩性，如在可溶岩地区，应按岩溶勘探的有关规定进行。

(一) 红黏土地区的工程地质调查

红黏土地区的工程地质调查主要包括:①不同地貌单元红黏土的分布、厚度、物质组成、土性等特征及其差异;②下伏基岩岩性、岩溶发育特征及其与红黏土土性、厚度变化的关系;③地裂分布、发育特征及其成因,土体结构特征,土体中裂隙的密度、深度、延展方向及其发育规律;④地表水体和地下水的分布、动态及其与红黏土状态垂向分带的关系;⑤现有建筑物开裂原因分析,当地勘察、设计、施工经验等。

(二) 勘察工作中应注意的问题

(1)在红黏土地区,首先应分出饱和度 S_r 大于和小于 85%的土类。如饱和度 $S_r<85\%$ 的红黏土有整片分布的场地,则按一般地基的岩土工程勘察规定进行;$S_r>85\%$时,按红黏土规定进行。

(2)查明红黏土在垂直方向上的状态变化及分布特征,划分土层单元。红黏土的状态除按液性指数判定外,还可按表 9-4 判定。

(3)根据红黏土地基压缩层范围内的岩土组成,划分地基的均匀性。红黏土地基均匀性可按表 9-5 分类。

(4)查明红黏土裂隙发育特征、膨胀性及浸水软化特性。红黏土的结构可根据其裂隙发育特征按表 9-6 进行分类。红黏土的复浸水特性可按表 9-7 分类。

(5)红黏土地区勘探点的布置,应取较密的间距,查明红黏土厚度和状态的变化。详细勘察勘探点间距,对均匀地基宜取 12~24 m,对不均匀地基宜取 6~12 m,厚度和状态变化大的地段,勘探点间距还可加密。勘探孔深度对不均匀地基应达到基岩。

表 9-4 红黏土的状态分类

状态	含水比 a_w
坚硬	$a_w \leqslant 0.55$
硬塑	$0.55<a_w \leqslant 0.70$
可塑	$0.70<a_w \leqslant 0.85$
软塑	$0.85<a_w \leqslant 1.00$
流塑	$a_w>1.00$

注:$a_w=\omega/\omega_L$,ω 为红黏土的天然含水量,ω_L 为液限。

表 9-5 红黏土地基的均匀性分类

地基均匀性	地基压缩层范围内的岩土组成
均匀地基	全部由红黏土组成
不均匀地基	由红黏土和岩石组成

表 9-6 红黏土的结构分类

土体结构	裂隙发育特征
致密状的	偶见裂隙(<1 条/m)
巨块状的	较多裂隙(1~2 条/m)
碎块状的	富裂隙(>5 条/m)

(6)对于不均匀地基、有土洞发育或采用岩面承桩时,宜进行施工勘察。

表 9-7 红黏土的复浸水特性分类

类别	I_r 与 I'_r 的关系	复浸水特性
Ⅰ	$I_r \geqslant I'_r$	收缩后复浸水膨胀,能恢复到原位
Ⅱ	$I_r<I'_r$	收缩后复浸水膨胀,不能恢复到原位

注:$I_r=\omega_L/\omega_P$,$I'_r=1.4+0.0066\omega_L$,ω_P 为塑限。

(三) 红黏土的室内试验要求

对于红黏土的室内试验,除满足一般勘察所规定的室内试验外,还应加做:①对裂隙发育的红黏土应进行三轴剪切试验或无侧限抗压强度试验,必要时,可进行收缩试验和复浸水试验;②当需要评价边坡稳定性时,宜进行重复剪切试验。

(四) 红黏土的岩土工程评价

红黏土岩土工程评价的内容主要有:①建筑物应避免跨越地裂密集带或深长地裂地段;②轻型建筑物的基础埋深应大于大气影响急剧层的深度;炉窑等高温设备的基础应考虑地基土的不均匀收缩变形;开挖明渠时应考虑土体干湿循环的影响;在石芽出露的地段,应考虑地表水下渗形成的地面变形;③选择适宜的持力层和基础形式,在满足第②条要求的前提下,基础宜浅埋,利用浅部硬壳层,并进行下卧层承载力的验算;不能满足承载力和变形要求时,应建议进行地基处理或采用桩基础;④基坑开挖时宜采用保湿措施,边坡应及时维护,防止失水干缩。

四、红黏土地基评价

(一) 地基的不均匀及其处理

(1)红黏土地基不均匀主要表现在以下 2 方面:①母岩岩性和成土特性决定了红黏土厚度不大。尤其在高原山区,分布零星,由于石灰岩和白云岩岩溶化强烈,岩面起伏大,形成许多石笋石芽,导致红黏土厚度水平方向上变化大。常见水平相距 1 m,土层厚度可相差 5 m 或更多。②下伏碳酸盐岩系地层中的岩溶发育,在地表水和地下岩溶水的单独或联合作用下,由于水的冲蚀、吸蚀等作用,在红黏土地层中可形成洞穴,称为土洞。只要冲蚀、吸蚀作用不停止,土洞可迅速发展扩大。由于这些洞体埋藏浅,在自重或外荷作用下,可演变为地表塌陷。

(2)不均匀地基处理主要包括:①当下卧岩层单向倾斜较大时,可调整基础的深度、宽度或采用桩基等进行处理,也可将基础沿基岩的倾斜方向分段做成阶梯形,从而使地基变形趋于一致。②对于大块孤石石芽、石笋或局部岩层出露等情况,宜在基础与岩石接触的部位,将岩石露头削低,做厚度不小于 50 cm 的垫层,然后再根据土质情况,结合结构措施进行综合处理。

(二) 土中裂缝的问题

(1)土中裂缝的特征:自然状态下的红黏土呈致密状态,无层理,表面受大气影响呈坚硬或硬塑状态。当失水后土体发生收缩,土体中出现裂缝,接近地表的裂缝呈竖向开口状,往深处逐渐减弱,呈网状微裂隙且闭合。土中裂隙发育深度一般为 2～4 m,有些可达 7～8 m。由于裂隙的存在,土体整体性遭到破坏,总体强度大为减弱,此外,裂隙又促使深部失水,有些裂隙发展成为地裂。在这类地层内开挖,开挖面暴露后受气候的影响,裂隙的发生和发展迅速,可将开挖面切割得支离破碎,从而影响到边坡的稳定性。

(2)土中裂缝的处理:①土中出现的细微网状裂缝可使拉剪强度降低 50%以上,主要影响土体的稳定性,所以,当土体承受较大水平荷载或外侧地面倾斜、有临空面等情况时,应验算其稳定性。当仅受竖向荷载时,应适当折减地基承载力。②土中深长的地裂缝对工程危害极大,地裂缝可长达数千米,深可达 8～9 m,在其上的建筑物无一不损坏,这不是一般工程措施可治理的,所以原则上应避免地裂缝地区。

(三) 土的胀缩性问题

红黏土的收缩性能引起建筑物的损坏,特别是对一些低层建筑物影响较大,所以应采取有效的防水措施。

第四节　膨胀土地基基础

一、膨胀土的定义、分布、危害和影响因素

（一）定义

具有遇水膨胀，失水收缩的特征的土，称为膨胀土。

膨胀土的特点是土体中含有大量的亲水性黏土矿物成分，比如伊利石、蒙脱石，在环境湿度变化影响下可产生强烈的胀缩变形。

（二）分布

膨胀土在我国分布很广，云南、广西、贵州、河北邯郸、河南平顶山等地均有分布，山西、陕西、安徽、四川、山东等省也有不同程度的分布。国外也一样，如美国 50 个州中有膨胀土的占 40 个州，此外在印度、澳大利亚、南美洲、非洲和中东广大地区，膨胀土也都有不同程度的分布。目前膨胀土的工程问题，已成为世界性的研究课题。

（三）危害

膨胀土能使大量的轻型房屋发生开裂、倾斜，公路路基发生破坏，堤岸、路堑产生滑坡。在我国，据不完全统计，在膨胀土地区修建的各类工业与民用建筑物，因地基土胀缩变形而导致损坏或破坏的有 1 000 万 m^2。我国过去修建的公路一般等级较低，膨胀土引起的工程问题不太突出，所以尚未引起广泛关注。然而，近年来由于高等级公路的兴建，在膨胀土地区新建的高等级公路，也出现了严重的病害，已引起了公路交通部门的重视。

在膨胀土地区进行工程建设时，要通过勘察试验工作，对膨胀土作出判断和评价，以便采取相应的设计和施工措施，防止由于膨胀土的胀缩作用而使建筑破坏。

（四）影响膨胀土胀缩特性的主要因素

内在机制：主要是指矿物成分及微观结构 2 方面。实验证明，膨胀土含大量的活性黏土矿物，如蒙脱石和伊利石，尤其是蒙脱石，比表面积大，在低含水量时对水有巨大的吸力；土中蒙脱石含量的多少直接决定着土的胀缩性质的大小。除了矿物成分因素外，这些矿物成分在空间上的联结状态也影响其胀缩性质。经对大量不同地点的膨胀土扫描电镜分析得知，面—面连接的叠聚体是膨胀土的一种普遍的结构形式，这种结构比团粒结构具有更大的吸水膨胀和失水收缩的能力。

外界因素：是水对膨胀土的作用，或者更确切地说，水分的迁移是控制土胀、缩特性的关键外在因素。因为只有土中存在着可能产生水分迁移的梯度和进行水分迁移的途径，才有可能引起土的膨胀或收缩。

二、膨胀土的工程地质特征及分类

（一）膨胀土的胀缩性指标

1. 自由膨胀率 δ_{ef}

将人工制备的磨细烘干土样，经无颈漏斗注入量杯，量其体积，然后倒入盛水的量筒中，经充分吸水膨胀稳定后，再测其体积。增加的体积与原体积的比值 δ_{ef} 称为自由膨胀率。

$$\delta_{ef} = \frac{V_w - V_o}{V_o} \tag{9-5}$$

式中：V_o 为干土样原有体积，即量土杯体积，mL；V_w 为土样在水中膨胀稳定后的体积，由量筒刻度量出，mL。

2. 膨胀率 δ_{ep} 与膨胀力 P_e

膨胀率表示原状土在侧限压缩仪中，在一定压力下，浸水膨胀稳定后，土样增加的高度与原高度之比，表示为

$$\delta_{ep} = \frac{h_w - h_o}{h_o} \tag{9-6}$$

式中：h_w 为土样浸水膨胀稳定后的高度，mm；h_o 为土样的原始高度，mm。

以各级压力下的膨胀率 δ_{ep} 为纵坐标，压力 p 为横坐标，将试验结果绘制成 p-δ_{ep} 关系曲线，该曲线与横坐标的交点 P_e 称为试样的膨胀力，膨胀力表示原状土样在体积不变时，由于浸水膨胀产生的最大内应力。

3. 线缩率 δ_{sr} 与收缩系数 λ_s

膨胀土失水收缩，其收缩性可用线缩率与收缩系数表示。线缩率 δ_{sr} 是指土的竖向收缩变形与原状土样高度之比，表示为

$$\delta_{sri} = \frac{h_o - h_i}{h_o} \times 100\% \tag{9-7}$$

式中：h_i 为某含水量 w_i 时的土样高度，mm。

利用收缩曲线直线收缩段可求得收缩系数 λ_s，其定义为：原状土样在直线收缩阶段内，含水量每减少 1% 时所对应的线缩率的改变值，即

$$\lambda_s = \frac{\Delta\delta_{sr}}{\Delta w} \tag{9-8}$$

式中：Δw 为收缩过程中，直线变化阶段内，两点含水量之差，%；$\Delta\delta_{sr}$ 为两点含水量之差对应的竖向线缩率之差，%。

(二) 膨胀土的鉴定特征

膨胀土的鉴定特征（野外怎样识别膨胀土）主要有：①在自然条件下，土体多呈硬塑或坚硬状态，具黄、红、灰白等颜色，裂隙较发育，常见光滑面和擦痕；②多出露于二级及二级以上阶地、山前丘陵和盆地边缘地形较平缓的地区，其成因复杂，有残积、冲积、冲洪积、湖积、残坡积等；③具有吸水膨胀、失水收缩和反复胀缩变形的特点，在季节性干湿气候条件下，常可导致低层砖石结构的建筑物成群干裂损坏；④凡具有上述特征且自由膨胀率 $\delta_{ef} > 40\%$ 者，应判定为膨胀土。

(三) 膨胀土的物理性质特征

膨胀土的物理性质特征主要有：①黏粒质量分数高，一般超过 35%，且大部分为亲水性很强的蒙脱石和伊利石等矿物，由于蒙脱石和伊利石具有活动晶格，吸水膨胀明显，失水收缩强烈，因此决定了膨胀土具有较大的胀缩性。②液限一般大于 40%，塑限大于 20%，塑性指数大于 17。③天然容重和干容重大，孔隙比和含水量较小。说明膨胀土在天然状态下结构紧密，常处于硬塑或坚硬状态，强度较大，属中低压缩性土，因此常被误认为可作为良好地基，但遇水膨胀或失水收缩后，使土层的原有结构破坏，其强度迅速降低。④膨胀量的大小与黏土矿物成分及天然含水量的多少有关。一般来说，亲水性强的蒙脱石、水云母含量愈大，膨胀性和收缩

性愈大。

(四) 膨胀土的工程地质分类

目前,在我国按膨胀土的成因及特征将其分为3个基本类型:①为湖相沉积及其风化层,黏土矿物成分以蒙脱石为主,土的胀缩性极为显著;②为冲积、冲洪积、坡积物类型,主要分布在河流阶地上,黏土矿物以水云母为主,土的胀缩性也很显著;③碳酸盐类岩石的残积、坡积及洪积的红黏土,液限高,但自由膨胀率小于40%,因而常被判定为非膨胀土。

三、膨胀土的工程特性及对工程的影响

(一) 膨胀土的工程特性

(1)胀缩性:膨胀土吸水后体积膨胀,使其上的建筑物隆起,如果膨胀受阻即产生膨胀力;膨胀土失水体积收缩,造成土体开裂,并使其上的建筑物下沉。土中蒙脱石含量越多,其膨胀量和膨胀力也越大;土的初始含水率越低,其膨胀量与膨胀力也越大;击实膨胀土的膨胀性比原状膨胀土大,密实越高,膨胀性也越大。

(2)崩解性:膨胀土浸水后体积膨胀,发生崩解。强膨胀土浸水后几分钟即完全崩解;弱膨胀土则崩解缓慢且不完全。

(3)多裂隙性:膨胀土中的裂隙,主要可分垂直裂隙、水平裂隙和斜交裂隙3种类型。这些裂隙将土层分割成具有一定几何形状的块体,从而破坏了土体的完整性,容易造成边坡的塌滑。

(4)超固结性:膨胀土大多具有超固结性,天然孔隙比小,密实度大,初始结构强度高。

(5)风化特性:膨胀土受气候因素影响很敏感,极易产生风化破坏作用。基坑开挖后,在风化作用下,土体很快会产生破裂、剥落,从而造成土体结构破坏,强度降低。受大气风化作用影响的深度各地不完全一样,云南、四川、广西地区约至地表下3~5 m,其他地区则在地表下2 m左右。

(6)强度衰减性:膨胀土的抗剪强度为典型的变动强度,具有峰值强度极高而残余强度极低的特性。由于膨胀土的超固结性,初期强度极高,现场开挖很困难,然而随着胀缩效应和风化作用时间的增加,其抗剪强度又大幅度衰减。在风化带以内,湿胀干缩效应显著,经过多次湿胀干缩循环以后,特别是黏聚力c大幅度下降,而内摩擦角φ变化不大,一般反复循环2~3次以后趋于稳定。

(二) 对工程的影响

1. 对建筑物的影响

膨胀土地基上易遭受破坏的大多为埋置较浅的低层建筑物,一般是3层以下的民房。房屋损坏具有季节性和成群性2大特点,房屋墙面角端的裂缝常表现为在山墙上出现对称或不对称的倒八字形缝,外纵墙下部出现水平缝,墙体外侧有水平错动,由于土体的胀缩交替,还会使墙体出现交叉裂缝。

2. 对道路交通工程的影响

膨胀土地区的道路,由于路幅内土基含水率的不均匀变化,从而引起不均匀收缩,并产生幅度很大的横向波浪形变形。雨季路面渗水,路基受水浸软化,在行车荷载下形成泥浆,并沿路面的裂缝和伸缩缝溅浆冒泥。

3. 对边坡稳定的影响

膨胀土地区的边坡坡面最易受大气风化的作用。在干旱季节蒸发强烈，坡面剥落；雨季坡面冲蚀，冲蚀沟深一般为0.1～0.5 m，最大可达1.0 m，坡面变得支离破碎。土体吸水饱和，在重力与渗透压力作用下，沿坡面向下产生塑流状溜塌。当雨季雨量集中时还会形成泥流，堵塞涵洞，淹埋路面，甚至引发破坏性很大的滑坡。膨胀土地区的滑坡，一般呈浅层的牵引式滑坡，滑体厚度一般为1～3 m。滑坡与边坡的高度和坡度无明显关系，但坡度超过14°时，坡体就有蠕动现象。经验表明，建在坡度大于5°场地上的房屋，沉降量大，损坏也较严重。

四、膨胀土地基的岩土工程勘察

（一）膨胀土地基的工程地质调查

膨胀土地基的工程地质调查的主要内容有：①查明膨胀土的岩性、地质年代、成因、产状、分布以及颜色、节理、裂缝等外观特征；②划分地貌单元和场地类型，查明有无浅层滑坡、地裂、冲沟以及微地貌形态和植被情况；③调查地表水的排泄和积聚情况以及地下水类型、水位和变化规律；④搜集当地降水量、蒸发力、气温、地温、干湿季节、干旱持续时间等气象资料，查明大气影响深度；⑤调查当地建筑经验。

（二）膨胀土地基的勘察要求

膨胀土地基的勘察要求主要包括：①勘探点宜结合地貌单元和微地貌形态布置，其数量应比非膨胀岩土地区适当增加，其中采取试样的勘探点不应少于全部勘探点的1/2。②勘探孔的深度，除应满足基础埋深和附加应力的影响深度外，尚应超过大气影响深度；控制性勘探孔不应小于8 m，一般性勘探孔不应小于5 m。③在大气影响深度内，每个控制性勘探孔均应采取Ⅰ，Ⅱ级土试样，取样间距不应大于1.0 m，在大气影响深度以下，取样间距可为1.5～2.0 m；一般性勘探孔从地表下1 m开始至5 m深度内，可取Ⅲ级土试样，测定天然含水量。

（三）膨胀土的室内试验和现场测试

膨胀土的室内试验，除应满足一般勘察室内试验的要求外，尚应测定下列指标：①自由膨胀率；②一定压力下的膨胀率；③收缩系数；④膨胀力；⑤重要的和有特殊要求的工程场地，宜进行现场浸水载荷试验、剪切试验或旁压试验；⑥对各向异性的膨胀土，应测定其不同方向的膨胀率、膨胀力和收缩系数。

（四）膨胀土地基的岩土工程评价

膨胀土地基的岩土工程评价主要包括：

(1)膨胀土场地，按地形地貌条件可分为平坦场地和坡地场地。符合下列条件之一者应划为平坦场地：①地形坡度小于5°且同一建筑物范围内局部高差不超过1 m；②地形坡度大于5°且小于14°，与坡肩水平距离大于10 m的坡顶地带。不符合以上条件的应划为坡地场地。

(2)对建在膨胀土上的建筑物，其基础埋深、地基处理、桩基设计、总平面布置、建筑和结构措施、施工和维护，应符合现行国家标准《膨胀土地区建筑技术规范》(GBJ 112—1987)的规定。

(3)一级工程的地基承载力应采用浸水载荷试验方法确定；二级工程宜采用浸水载荷试验；三级工程可采用饱和状态下不固结不排水三轴剪切试验计算或根据已有经验确定。

(4)对边坡及位于边坡上的工程，应进行稳定性验算；验算时应考虑坡体内含水量变化的影响；均质土可采用圆弧滑动法，有软弱夹层及层状膨胀土应按最不利的滑动面验算；具有胀缩裂缝和地裂缝的膨胀土边坡，应进行沿裂缝滑动的验算。

五、膨胀土地基评价

《膨胀土规范》规定以 50 kPa 压力下测定的土的膨胀率，计算地基分级变形量，作为划分胀缩等级的标准，表 9-8 给出了膨胀土地基的胀缩等级。

表 9-8　膨胀土地基的胀缩等级

地基分级变形量 s_e/mm	级　别	破坏程度
$15 \leqslant s_e < 35$	Ⅰ	轻 微
$35 \leqslant s_e < 70$	Ⅱ	中 等
$s_e \geqslant 70$	Ⅲ	严 重

注：地基分级变形量 s_e 应按式(9-9)计算，式中膨胀率采用的压力应为 50 kPa。

六、膨胀土地基变形量计算

在不同条件下可表现为 3 种不同的变形形态，即上升型变形、下降型变形和升降型变形。因此，膨胀土地基变形量计算应根据实际情况，可按下列 3 种情况分别计算：①当离地表 1 m 处地基土的天然含水量等于或接近最小值时，或地面有覆盖且无蒸发可能时，以及建筑物在使用期间经常受水浸湿的地基，可按膨胀变形量计算；②当离地表 1 m 处地基土的天然含水量大于 1.2 倍塑限含水量时，或直接受高温作用的地基，可按收缩变形量计算；③其他情况下可按胀、缩变形量计算。

地基变形量的计算方法仍采用分层总和法，下面分别介绍上述 3 种变形量计算方法。

(一) 地基土的膨胀变形量 s_e

$$s_e = \psi_e \sum_{i=1}^{n} \delta_{epi} h_i \tag{9-9}$$

式中：ψ_e 为计算膨胀变形量的经验系数，宜根据当地经验确定，若无可依据经验时，3 层及 3 层以下建筑物可采用 0.6；δ_{epi} 为基础底面下第 i 层土在该层土的平均自重应力与平均附加应力之和作用下的膨胀率，由室内试验确定，%；h_i 为第 i 层土的计算厚度，mm；n 为自基础底面至计算深度 z_n 内所划分的土层数，计算深度应根据大气影响深度确定，有浸水可能时，可按浸水影响深度确定。

(二) 地基土的收缩变形量 s_s

$$s_s = \psi_s \sum_{i=1}^{n} \lambda_{si} \Delta w_i h_i \tag{9-10}$$

式中：ψ_s 为计算收缩变形量的经验系数，宜根据当地经验确定，若无可依据经验时，3 层及 3 层以下建筑物可采用 0.8；λ_{si} 为第 i 层土的收缩系数，应由室内试验确定；Δw_i 为地基土收缩过程中，第 i 层土可能发生的含水量变化的平均值(以小数表示)。

计算深度可取大气影响深度，当有热源影响时，应按热源影响深度确定。在计算深度时，各土层的含水量变化值 Δw_i 应按下式计算：

$$\Delta w_i = \Delta w_1 - (\Delta w_1 - 0.01)\frac{z_{i-1}}{z_{n-1}} \tag{9-11}$$

$$\Delta w_1 = w_1 - w_w w_p \tag{9-12}$$

式中：w_1，w_p 分别为表下 1 m 处土的天然含水量和塑限含水量(以小数表示)；w_w 为土的湿度系数；z_i 为第 i 层土的深度，m；z_n 为计算深度，可取大气影响深度，m。

(三) 地基土的胀缩变形量 s

$$s = \psi \sum_{i=1}^{n} (\delta_{epi} + \lambda_{si} \Delta w_i) h_i \tag{9-13}$$

式中：ψ 为计算胀缩变形量的经验系数，可取 0.7。

七、膨胀土地基承载力

关于膨胀土地基的承载力与一般地基土的承载力的区别：一是膨胀土在自然环境或人为因素等影响下，将产生显著的胀缩变形；二是膨胀土的强度具有显著的衰减性，地基承载力实际上是随若干因素而变动的，尤其是地基膨胀土的湿度状态的变化，将明显地影响土的压缩性和承载力的改变。

膨胀土基本承载力有以下特点：

(1)各个地区及不同成因类型膨胀土的基本承载力是不同的，而且差异性比较显著。

(2)与膨胀土强度衰减关系最密切的含水量因素，同样明显地影响着地基承载力的变化。其规律是：对同一地区的同类膨胀土而言，膨胀土的含水量愈低，地基承载力愈大；相反，膨胀土的含水量愈高，地基承载力愈小。

(3)不同地区膨胀土的基本承载力与含水量的变化关系，在不同地区无论是变化数值或变化范围都不一样。

综上所述，在确定膨胀土地基承载力时，应综合考虑以上诸多规律及其影响因素，通过现场膨胀土的原位测试资料，结合桥涵地基的工作环境综合确定。在一般条件不具备的情况下，也可参考现有研究成果，初步选择合适的基本承载力，再进行必要的修正。

八、膨胀土地基基础的处理措施

在膨胀土地区进行建筑时，除对建筑物的设计、布局和施工等方面采取必要的措施之外，还应对膨胀土地基进行处理，以减少其胀缩量。

(一) 基础埋置深度的选择

根据采取的基础形式、处理方法及上部结构对地基不均匀沉降的敏感程度，并考虑膨胀土的膨胀性、膨胀土的埋藏深度及大气的影响深度确定基础的埋置深度。平坦场地上的砖混结构房屋，以基础埋深为主要防治措施且基础埋深设在大气影响急剧层深度(为大气影响深度的 0.45 倍)以下时，可不再采取其他处理措施。

基础不宜设置在季节性干湿变化剧烈的土层内。当膨胀土埋深大于 3 m 或地下水位较高时，基础可以浅埋。

(二) 基础设计方案的选择

应充分利用地基土的容许承载力，并采用缩小地基的基底面积、合理选择基底形式等措施，以增大基底压力，减少地基膨胀变形量。当膨胀土埋藏浅且厚度薄时，用换土垫层法处理，将地基中的膨胀土全部或部分挖除(用砂、碎石、煤渣、灰土等材料作垫层，且必须有足够的厚度)。采用垫层作为主要设计措施时，垫层宽度应大于基础宽度，两侧回填相同的材料。如采用深基础，宜选用穿透膨胀土层的桩基。

(三) 地基的防水保护措施

加强对建筑物周围的湿度控制，减小气候和人为活动对地基土含水量的影响，从而控制膨胀土的胀缩变形。这类保护措施主要包括以下几方面：①在建筑物周围设置散水坡，并设水平及垂直隔水层，以防止地表水直接浸入和土层中水分的蒸发。②管理好排水系统，加强上、下水管和有水地段的防漏设施。③合理绿化。植被对建筑物的影响与气候、树种、土性等因素有关，为防止植被对房屋造成危害，场地植被绿化规划应由勘察设计单位决定。在植被维护工作中，不得任意更换树种。为防止枝叶茂盛加大蒸腾量，树枝应定期修剪。④加强施工用水的管理。

下面以桥涵基础为例，膨胀土地基上基础工程设计与施工应采取的措施主要有：

1. 换土垫层

在较强或强膨胀性土层出露较浅的建筑场地，可采用非膨胀性的黏性土、砂石、灰土等置换膨胀土，以减少可膨胀的土层，达到减少地基胀缩变形量的目的。

2. 合理选择基础埋置深度

桥涵基础埋置深度应根据膨胀土地区的气候特征，大气风化作用的影响深度，并结合膨胀土的胀缩特性确定。一般情况下，基础应埋置在大气风化作用影响深度以下。当以基础埋深为主要防治措施时，基础埋深还可适当增大。

3. 石灰灌浆加固

在膨胀土中掺入一定量的石灰能有效提高土的强度，增加土中湿度的稳定性，减少膨胀势。工程上可采用压力灌浆的办法将石灰浆液灌注入膨胀土的裂隙中起加固作用。

4. 合理选用基础类型

桥涵设计应合理选择有利于克服膨胀土胀缩变形的基础类型。当大气影响深度较深，膨胀土层厚，选用地基加固或墩式基础施工有困难或不经济时，可选用桩基。这种情况下，桩尖应锚固在非膨胀土层或伸入大气影响急剧层以下的土层中。具体桩基设计应满足《膨胀土规范》的要求。

5. 合理选择施工方法

在膨胀土地基上进行基础施工时，宜采用分段快速作业法，特别应防止基坑暴晒开裂与基坑浸水膨胀软化。因此，雨季应采取防水措施，最好在旱季施工，基坑随挖随砌基础，同时做好地表排水等。

第五节　盐渍土地基基础

一、盐渍土的定义、形成条件及分布

(一) 定义

岩土中易溶盐质量分数大于0.3%，并且有溶陷、盐胀、腐蚀等工程特性时，应判定为盐渍土。

(二) 盐渍土的形成条件

盐渍土的形成及其所含盐类的成分和数量与当地的地形地貌、气候条件、地下水的埋藏深度和矿化度、土壤性质以及人类活动有关。盐渍土的形成条件主要有:①干旱、半干旱地区,年降水量小于蒸发量的地区,容易形成盐渍土。因降雨量小,毛细作用强,有利于盐分在地表的聚集。②内陆盆地因地势低洼,周围封闭,排水不畅,地下水位高,有利于水分蒸发盐类聚集。③农田洗盐、压盐、灌溉退水、渠道渗漏等进入某水层也会促使土壤盐渍化。

(三) 盐渍土的分布

盐渍土的形成由于受上述条件的限制,因此其分布一般在地势比较低而且地下水位较高的地段,如内陆洼地、盐湖和河流两岸的漫滩、低阶地、牛轭湖以及三角洲洼地、山间洼地等地段。盐渍土按地理分布可分为滨海盐渍土、冲积平原盐渍土和内陆盐渍土等类型。我国盐渍土分布很广,主要分布在江苏、北京、渤海沿岸、松辽平原西部和北部、河南省的北部和东部、陕西、山西、甘肃、青海、新疆等。

二、盐渍土的类型及其工程特征

盐渍土的性质与所含盐的成分和含盐量有关。按土中含盐类型可分为氯盐、硫酸盐和碳酸盐3类盐渍土。

(一) 氯盐渍土

土中含有 $NaCl$,KCl,$CaCl_2$,$MgCl_2$ 等盐类。这类盐具有很大的溶解度,吸湿性强,能从空气中吸收水分,例如 $CaCl_2$ 晶体可以从空气中吸收超过本身重量4~5倍的水分,并有保持一定水分的能力。氯盐结晶时体积不膨胀,因此,氯盐渍土在干燥时强度较高,且容易压实;但在潮湿时因氯盐很容易溶解,使土变软,强度大大降低,从而具有很大的塑性和压缩性。所以氯盐渍土的最大特点是工程地质性质变化大。

(二) 硫酸盐渍土

土中主要含有 Na_2SO_4 和 $MgSO_4$ 等盐类,也具有很大的溶解度(110~350 g/L)。硫酸盐结晶时具有结合水分子的能力,因此体积大大膨胀;失水时,晶体变为无水状态,体积相应缩小。这种胀缩现象经常是随着温度的变化而变化的。当湿度降低时,硫酸盐溶液达到饱和状态,盐分从溶液中析出,体积增加;温度升高时又溶解于溶液中,体积缩小。所以,硫酸盐渍土有时由于昼夜温差变化而产生胀缩现象,尤其在干旱地区,这种现象更为明显。这类土干旱时松散,潮湿时土层湿软,承载能力极低。

(三) 碳酸盐渍土

土中主要含有 $NaHCO_3$ 和 Na_2CO_3 等盐类,也具有较大的溶解度,其水溶液有较大的碱性反应。由于这类土中含有较多的钠离子,吸附作用强,遇水时黏土胶粒得到很多的水分,使土体膨胀。碳酸盐渍土具有明显的碱性反应,故又称为“碱土”。此类土在干燥时紧密坚硬,强度较高;潮湿时具有很强的亲水性、塑性、膨胀性和压缩性,稳定性很低,不宜排水,很难干燥。

三、盐渍土地基的危害及其预防措施

(一) 盐渍土地基的危害

(1)盐渍土地基的强度变化大,并随着季节和气候的改变而变化。如氯盐渍土,在干燥时土中盐分呈结晶体,地基的强度较高;但浸水后晶体溶解,引起土的性质发生变化,强度降低,压缩性增大。含盐量愈多,土的液限、塑限愈低,即使土中含水量不大,也可能接近液限,使土处在液性状态，此时土的抗剪强度接近于零，失去强度。

(2)硫酸盐渍土地基的胀缩性使地基土的结构破坏，强度降低，并形成松胀盐土。由于碳酸盐渍土有很强的吸附作用，使黏土颗粒吸附大量水分，也能引起体积膨胀，并使土粒间的内聚力减小，强度降低。

(3)由于盐类遇水溶解，使地基土容易产生溶蚀现象，降低了地基的稳定性。

(4)含盐量的增大，降低了盐渍土的夯实效果。当含盐量超过一定限度时，就不易达到标准密度，若用含盐量较高的土作为路堤填料，则需要加大夯实能量。

(5)盐渍土对金属管道一般具有腐蚀性。

(二) 预防措施

盐渍土地基虽然具有上述危害，但由于其厚度不大，易于处理。通常是防止盐渍土不被水浸湿使盐类溶解，或形成再盐渍化。其预防措施有：①整理地表排水系统，防止上下水管漏水，不使地基及其附近受水浸湿；②降低地下水位，增大临界深度，不宜用盲沟排水来降低地下水位，因盲沟易被盐分沉淀淤塞而失效；③设置毛细水上升的隔断层；④当基础埋置在盐渍土以下时，为了防止基础周围盐渍土对基础的影响，可设置防护层，一般不宜用盐渍土本身作防护层或垫层。

四、盐渍土地基的岩土工程勘察

(1)盐渍土地区的调查工作，应包括下列内容：盐渍土的成因、分布和特点；含盐化学成分、含盐量及其在岩土中的分布；溶蚀洞穴发育程度和分布；搜集气象和水文资料；地下水的类型、埋藏条件、水质、水位及其季节变化；植物生长状况；调查当地工程经验。

(2)盐渍岩土的勘探测试应符合下列规定：①除按一般勘察要求外，勘探点布置尚应满足查明盐渍岩土分布特征的要求；②采取岩土试样宜在干旱季节进行，对用于测定含盐离子的扰动土取样，宜按表 9-9 的规定进行；③工程需要时，应测定有害毛细水上升的高度；④应根据盐渍土的岩性特征，选用载荷试验等适宜的原位测试方法，对于溶陷性盐渍土尚应进行浸水载荷试验确定其溶陷性；⑤对盐胀性盐渍土宜现场测定有效盐胀厚度和总盐胀量，当土中硫酸钠含量不超过 1%时，可不考虑盐胀性；⑥除进行常规室内试验外，尚应进行溶陷性试验和化学成分分析，必要时可对岩土的结构进行显微结构鉴定；⑦溶陷性指标的测定可按湿陷性土的湿陷试验方法进行。

表 9-9　盐渍土扰动土样要求

勘察阶段	深度范围/m	取土试样间距/m	取样孔占勘探孔总数的百分数/%
初步勘察	＜5	1.0	100
	5～10	2.0	50
	＞10	3.0～5.0	20
详细勘察	＜5	0.5	100
	5～10	1.0	50
	＞10	2.0～3.0	30
注：浅基取样深度到 10 m 即可。			

(3)盐渍土的岩土工程评价包括的内容有：岩土中含盐类型、含盐量及主要含盐矿物对岩土工程特性的影响；岩土的溶陷性、盐胀性、腐蚀性和场地工程建设的适宜性；盐渍土地基的承载力宜采用载荷试验确定，当采用其他原位测试方法时，应与载荷试验结果进行对比。

第六节　冻土地基基础

一、冻土的定义、基本特征和分类

(一) 定义

温度等于或低于 0 ℃，含有冰且与土颗粒呈胶结状态的土称为冻土。

(二) 冻土的基本特征

冻土的基本特征是土中有冰。冰在土中使土颗粒冻结在一起，形成了一种特殊的连结形式，所以冻土中的冰是冻土存在的基本条件和主要组成部分，它对冻土的工程地质性质有很大影响。

当温度升高时，土中的冰融化为水，这种融化了的土称为融土。冻土的强度较高，压缩性很低。由冻土变为融土后，强度急剧降低，压缩性则大大增强。冻结时，土中水分结冰膨胀，土体积随之增大，地基隆起；融化时，土中冰融化为液体，土体积缩小，地基沉降。土的冻结和融化，使土体膨胀和缩小，常给建筑物带来不利的影响，严重时将造成建筑物的破坏。

(三) 冻土的分类

按冻结时间可分为季节性冻土和多年冻土。

1. 季节性冻土

受季节性影响，冬季冻结，夏季全部融化，呈周期性冻结、融化的土为季节性冻土。

此类土分布在我国的华北、西北和东北地区。由于气候条件不同，冻结的深度也不同，如沈阳、北京、太原、兰州以北地区，冻结深度都超过 1 m；黑龙江北部、青藏高原等地区冻结深度超过 2 m。

2. 多年冻土

由于气候寒冷，冬季冻结时间长，夏季融化时间短，冻融现象只发生在表层一定深度范围内，下面土层的温度终年低于 0 ℃而不融化，这种冻结状态持续 2 年以上或长期不融的土称为多年冻土。现行勘察规范规定：含有固态水，并且冻结状态持续 2 年或 2 年以上的土，应判定为多年冻土。

多年冻土在世界上分布很广，约占地球陆地面积的 24%。在我国，多年冻土主要分布在 2 个地区：一是东北的黑龙江省和内蒙古的呼伦贝尔草原；二是青藏高原冻土区，主要为高原多年冻土，分布在海拔 4 300～4 900 m 以上的地区。这些地区年平均气温低于 0 ℃，冻土厚度为 1～20 m 或更大。

多年冻土在垂直方向上分为衔接的多年冻土和不衔接的多年冻土。衔接的多年冻土是指多年冻土层的上限与季节性冻结层下限衔接，中间没有不冻结层。不衔接的多年冻土是指多年冻土层上限与季节性冻结层下限不衔接，中间有一层常年不冻层。

二、冻土的主要组成部分

冻土是一种复杂的多成分体系。按其组成物的状态特征可分为：固体部分，包括冻土骨架（矿物或有机物质）和负温矿物（冰、冰盐合晶和负温下结晶的结晶水化物）；液体部分；气体部分。

（1）固体部分：固体部分的冻土骨架，一般多是矿物，极少情况下是有机质。骨架的比表面积、表面活动性、化学和矿物成分，特别是其胶体部分，对冻土的性质和冻土中所产生的胀缩作用具有重要影响。

（2）液体部分：土在任何温度下，都含有一些不冻的水，主要是强结合水和弱结合水。水的数量和成分很大程度上决定着冻土物理化学作用的方向、强度及物理力学性质，特别在接近0 ℃时的负温地区。冻土中液相水的数量、成分和性质不是固定不变的，它随着本体系状态参数（主要是温度）的变化而变化。冻土中水的相态最剧烈的变化是在冻结过程的初期。而在相当大的负温下，相态变化是非常小的，实际应用中可忽略不计。

（3）气体部分：冻土中的气体可处于自由、吸附或密闭的状态中。自由气体的数量取决于土的孔隙度；吸附气体的数量与土骨架的数量、成分和土的孔隙度有关，当土中含有有机质时，吸附气体的数量显著增加。

三、冻土中的冰

冻土中的冰称为地下冰，它是冻土存在的基本条件。冰是冻土的重要组成部分之一。地下冰的形成和融化使冻土层的结构构造发生特殊的变化，使冻土具有特殊的物理力学性质。对地下冰的研究，是评价冻土工程地质条件的重要内容。

地下冰按产状及成因可分为组织冰、脉冰和埋藏冰。

（一）组织冰

这种冰是潮湿的土被冻结形成的，属冻土的造岩矿物，是分布最广、数量最多的地下冰。组织冰又分为分凝冰、胶结冰、侵入冰、裂隙冰等。

（1）分凝冰：含水较多的细粒土层冻结时，由于水分迁移产生聚冰作用，就形成分凝冰。分凝冰的晶体颗粒较大，可形成较厚的冰层，这种冰常引起热岩溶现象，易发生沉陷和热融滑塌。

（2）胶结冰：由土石孔隙内部或颗粒交接处的水在原地冻结而成，基本上没有水分迁移而造成的聚冰作用，肉眼看不到冰粒，冰晶对土起胶结作用。这种冰产生在粗粒土层中。

（3）侵入冰：重力水在压力作用下迁移、冻结，形成侵入冰，多发生在多水的粗粒土层中。这种冰易形成不均匀冻胀，产生冰丘、冻胀丘等冻土地貌。

（4）裂隙冰：粗粒土或基岩裂隙风化破碎带中，水分冻结便形成裂隙冰，多呈脉状，分布较广。因这种冰埋藏较深，故对工程基础没有很大影响。

（二）脉冰

脉冰在形式上也是脉状的裂隙冰，不同的是，脉冰冻结的水不是土中原有的水分，而是由渗入冻土裂隙中水经冻结而成。它不是冻土的造岩矿物，而是一种次生物。冻土裂隙中的脉冰多呈楔状，常贯穿到多年冻土的深处。楔状脉冰对围岩的破坏作用，叫冰劈作用。

（三）埋藏冰

原来在地表形成的冰，如椎冰、河冰、湖冰、冰川冰等，后来被堆积物掩埋而形成埋藏冰。

这种冰的分布很有限。

四、冻土的结构特征

冻土的结构主要有以下4种类型：

(1)整体结构(块状结构)：由于温度骤然降低，冻结较快，土中水分来不及移动即冻结，冰粒散布于土颗粒中间，并与土颗粒形成一个整体，无冰异离体。融化后，土仍保持原骨架，土的孔隙度、强度等都变化不大，因此这种结构对建筑物影响较小。

(2)层状结构：冻土中含有相互平行的透镜状薄层冰的异离体。这是由于土中水分在冻结、融化、再冻结的过程中，造成冰与土颗粒离析现象，形成冰夹层。这种结构的冻土融化后骨架整体遭受破坏，呈可塑或流动状态，强度显著降低，对建筑物影响较大。一般饱和的黏性土和粉细砂土容易形成这种结构。

(3)网状结构：在冻土中分布有不同形状和方向的冰异离体的网纹状的结构形式。这种结构的形成，是由于地表不平，冻结时土中水分除向低温处移动外，还受地形影响，向不同方向转移，从而形成网状分布的冰异离体。这种结构形式的冻土一般含水量、含冰量都较大，融化后土呈软塑或流塑状态，强度剧烈降低，对建筑物的危害较大。

(4)扁豆体和楔形冰结构：由于季节性的冻结和融化，土中水分向表层低温处移动，往往在冰层上限冻结成扁豆体状冰层，当冻土层向深部发展，扁豆体状冰层即夹于冻土层之中；当岩层或土层具有裂隙时，水在裂隙中冻结，形成冰楔体。此类结构的冻土，承受上部建筑物荷载时易沿冰体方向发生滑动。

冻土的结构形式对其融陷性有很大的影响：整体结构的冻土，融陷性不大；层状结构和网状结构的冻土，在融化时将产生很大的融陷；扁豆体和楔形冰结构则与冰异离体的空间分布情况有关，在冰异离体部位融陷性显著。

五、冻土的物理力学性质

(一) 冻土的物理性质

1. 总含水率

冻土的总含水率 ω_n 是指冻土中所有冰的质量与土骨架质量之比和未冻水的质量与土骨架质量之比的和。

$$\omega_n = \omega_i + \omega'_w \tag{9-14}$$

式中：ω_i 为土中冰的质量与土骨架质量之比，%；ω'_w 为土中未冻水的质量与土骨架质量之比，%。

2. 冻土的含冰量

因为冻土中含有未冰冻水，所以冻土的含冰量不等于冻土融化时的含水率。衡量冻土中含冰量的指标有相对含冰量、质量含冰量和体积含冰量3种。

(1)相对含冰量(i_0)是冻土中冰的质量 g_i 与全部水的质量 g_w(包括冰和未冰冻水)之比：

$$i_0 = \frac{g_i}{g_w} \times 100\% = \frac{g_i}{g_i + g'_w} \times 100\% \tag{9-15}$$

(2)质量含冰量(i_g)是冻土中冰的质量 g_i 与冻土中土骨架质量 g_s 之比：

$$i_g = \frac{g_i}{g_s} \times 100\% \tag{9-16}$$

(3)体积含冰量(i_v)是冻土中冰的体积 V_i 与冻土总体积 V 之比：

$$i_v = \frac{V_i}{V} \times 100\% \tag{9-17}$$

(二) 冻土的力学性质

土的冻胀作用常以冻胀量、冻胀强度、冻胀力和冻结力等指标来衡量。

1. 冻胀量

天然地基的冻胀量有 2 种情况：无地下水源和有地下水源补给。对于无地下水源补给的，冻胀量等于在冻结深度 H 范围内的自由水($\omega - \omega_p$)在冻结时的体积，冻胀量 h_n 可按下式计算：

$$h_n = 1.09 \frac{\rho_s}{\rho_w}(\omega - \omega_p)H \tag{9-18}$$

式中：ω，ω_p 分别为土的含水率和土的塑限，%；ρ_s，ρ_w 分别为土和水的密度，g/cm^3。对于有地下水源补给的情况，冻胀量与冻胀时间有关，应该根据现场测试确定。

2. 冻胀强度(冻胀率)

单位冻结深度的冻胀量称为冻胀强度或冻胀率 η：

$$\eta = \frac{h_n}{H} \times 100\% \tag{9-19}$$

3. 冻胀力

土在冻结时由于体积膨胀对基础产生的作用力称为土的冻胀力。冻胀力按其作用方向可分为在基础底面的法向冻胀力和作用在侧面的切向冻胀力。在无水源补给的封闭系统，冻胀力一般不大；当有水源补给的敞开系统，冻胀力就可能成倍地增加。

法向冻胀力一般都很大，非建筑物自重能克服的，所以一般要求基础埋置在冻结深度以下，或采取消除的措施。切向冻胀力可在建筑物使用条件下通过现场或室内试验求得。

4. 冻结力

冻土与基础表面通过冰晶胶结在一起，这种胶结力称为冻结力。冻结力的作用方向总是与外荷的总作用方向相反，在冻土的融化层回冻期间，冻结力起着抗冻胀的锚固作用；而当季节融化层融化时，位于多年冻土中的基础侧面则相应产生方向向上的冻结力，它又起到了抗基础下沉的承载作用。影响冻结力的因素很多，除了温度与含水率外，还与基础材料表面的粗糙度有关。基础表面粗糙度越高，冻结力也越高，所以在多年冻土地基设计中，应考虑冻结力 S_d 的作用，其数值可查表 9-10 确定。则基础侧面总的长期冻结力 Q_d 按下式计算：

$$Q_d = \sum_{i=1}^{n} S_{di} F_{di} \tag{9-20}$$

式中：Q_d 为基础侧面总的长期冻结力，kN；F_{di} 为第 i 层冻土与基础侧面的接触面积，m^2；n 为冻土与基础侧面接触的土层数。

六、冻土地基的岩土工程勘察

冻土地基的工程地质勘察主要内容如下：

(1)确定冻土类型、冻土层厚度、受季节性影响的冻结层深度和垂向衔接情况。

(2)确定冻结层深度与大气温度的变化，一般需进行不同深度的地温观测(最好进行多年观测)，根据气温、地温和不同类型土的冻结温度来确定冻结层深度间的关系。

表 9-10 冻土与混凝土、木质基础表面的长期冻结力 S_d kPa

土的名称	土的平均温度/℃						
	−0.5	−1.0	−1.5	−2.0	−2.5	−3.0	−4.0
黏性土及粉土	60	90	120	150	180	210	280
砂土	80	130	170	210	250	290	380
碎石土	70	110	150	190	230	270	350

(3)确定冻结土地区的地下水类型。冻土地区地下水可分为:①冻结层上水:埋藏在季节性冻结层之内的地下水,多为潜水或上层滞水,随季节性冻结、融化。②冻结层间水:分布在不衔接的多年冻土层的不冻层内(活动层),有时具有承压性质。③冻结层下水:埋藏在冻结层之下,多为承压水。

(4)查明冻土地区的不良地质现象。由于冻土的冻胀、土中水的转移、地下水承压水头的上涌以及山坡泉水、地表水流等,在冻土区常分布有冰锥、冰丘等不良地质现象;冻土融化时产生热融塌陷、土溜等不良地质现象。对这些现象,应查明其产生原因和分布情况。

七、冻害及其防治措施

(一) 土的冻胀性及其危害

土在冻结过程中,造成土体不均匀的冻胀,使地基隆起和边坡变形,这是建筑物破坏的主要原因。

(二) 冻土的融沉性及其危害

与冻胀性相反,冻土融化后由于冰融化为水时体积缩小,使土体产生不均匀热融沉陷,造成建筑物的开裂和破坏。对于季节性冻土,冻胀作用的危害是主要的;对于多年冻土,热融作用的危害是主要的。冻胀和热融的关系是很密切的,一般是冻胀严重,热融也严重。

(三) 冻土地基的防治措施

(1)选择地质条件较好的地段。根据地质、水文地质条件选择下列地段布置建筑物:①干燥而较平缓的高级阶地上。该地段一般地下水位低,土层比较干燥,冻融时土的工程性质变化小。②粗颗粒地层分布地段。③避开地下冰发育地段、有地面水流或地形低洼易积水地段。

(2)保持原有冻结状态。建筑物应有通风的地下室,减少热量由建筑物传入地基,因而基础常用导热性低的材料构成。

(3)消除原有热动态,其方法有:①将基础穿越受季节性影响的冻层,而置于多年冻土层或非冻土层上。②将基础置于融化后不会产生不均匀沉陷的土层上。

(4)采用集中荷载的扩大柱基,以抵制冻胀和融沉所产生的不均匀变形;或设置大面积基础板,以及增强结构刚度,以抵制不均匀变形。

(5)排水防水。水是使冻土在冬季冻胀、夏季融沉的主要原因,因此地基应有较好的排水、防水措施。对有冰锥、冰丘分布地段,更应采取有力的地面水或地下水的排水措施。

八、多年冻土地基设计

将多年冻土用作建筑物地基时,可采用下列三种状态之一进行设计。①冻结状态:在建筑物施工和使用期间，地基土始终保持冻结状态。②逐渐融化状态：在建筑物施工和使用期间，地基土处于逐渐融化状态。③预先融化状态：在建筑物施工前，使多年冻土融化至计算深度或全部融化。

对一栋整体建筑物应采同一种设计状态；对同一建筑场地宜采用同一种设计状态。对建筑场地应设置排水设施，建筑物的散水坡宜设计成装配式，对按冻结状态设计的地基，冬季应及时清除积雪；供热与给水管道应采取隔热措施。

(一) 保持冻结状态地基的设计

(1)对下列各种地基宜采用保持冻结状态进行设计：①多年冻土的年平均地温低于－1.0℃的场地；②持力层范围内的土层处于坚硬冻结状态的地基；③地基最大融化深度范围内，存在融沉、强融沉、融陷性土及其夹层的地基；④非采暖建筑或采暖温度偏低，占地面积不大的建筑物地基。

(2)当采用保持地基土冻结状态进行设计时，可采取下列基础形式和措施：①架空通风基础；②填土通风管基础；③用粗颗粒土垫高的地基；④桩基础、热桩基础；⑤保温隔热地板；⑥基础底面延伸至计算的最大融化深度之下；⑦人工制冷降低土温的措施。

(3)对现行国家标准《建筑地基基础设计规范》(GB 50007—2011)规定的地基基础设计等级为一级的建筑物可采用热桩基础。在季节融化层范围内应采取措施保持桩身材料的耐久性。

(4)对于采用保持冻结状态设计的建筑物地基，在施工和使用期间，应对周围环境采取防止破坏温度自然平衡状态的措施。

(二) 逐渐融化状态地基的设计

(1)对下列各种地基宜采用逐渐融化状态进行设计：①多年冻土的年平均地温为－1.0～－0.5 ℃的场地；②持力层范围内的土层处于塑性冻结状态的地基；③在最大融化深度范围内为不融沉和弱融沉性土的地基；④室温较高、占地面积较大的建筑，或热载体管道及给排水系统对冻层产生热影响的地基。

(2)采用逐渐融化状态进行设计时，应采取下列措施减少地基的变形：①在建筑物使用过程中，不得人为加大地基土的融化深度；②应加大基础埋深，或选择低压缩性土作为持力层；③应采用保温隔热地板，并架空热管道及给排水系统；④应设置地面排水系统。

(3)当地基土逐渐融化可能产生不均匀变形时，应对建筑物的结构和地基采取下列措施：①应加强结构的整体性与空间刚度，建筑物的平面布置应力求简单，可增设沉降缝，沉降缝处应布置双墙，应设置钢筋混凝土圈梁，纵横墙连接处应设置拉筋；②应采用能适应不均匀沉降的柔性结构。

(4)建筑物下地基土逐渐融化的最大深度，可按《冻土地区建筑地基基础设计规范》(JGJ 118—1998)附录B的规定计算。

九、冻土地基上的基础工程

(一) 季节冻土地基上的基础工程

(1)对冻胀性地基土，在符合地基稳定及变形要求的前提下，应验算在冻胀力作用下基础的稳定性。

(2)对弱冻胀和冻胀性地基土，基础底面可埋置在设计冻深范围之内，冬季基础底面下在设计埋深至最大冻深线之间可存在一定厚度的冻土层，但应按《冻土地区建筑地基基础设计规范》(JGJ 118—1998)附录 C 的规定进行冻胀力作用下基础的稳定性验算。冻胀力作用下基础的稳定性验算应包括施工期间、越冬工程以及竣工之后的使用阶段。设计冻深 z_d 为

$$z_d = z_0 \psi_{zs} \psi_{zw} \psi_{zc} \psi_{zt0} \tag{9-21}$$

式中：z_0 为标准冻深，无当地实测资料时，除山区外，应按《冻土地区建筑地基基础设计规范》(JGJ 118—1998)附图 5.1.2 全国季节冻土标准冻深线图查取；ψ_{zs} 为土质（岩性）对冻深的影响系数；ψ_{zw} 为湿度（冻胀性）对冻深的影响系数；ψ_{zc} 为周围环境对冻深的影响系数；ψ_{zt0} 为地形对冻深的影响系数。

(3)基槽开挖完成后，底部不宜留有冻土层（包括开槽前已形成的和开槽后新冻结的）；当土质较均匀，且通过计算确认地基土融化、压缩的下沉总值在允许范围之内，或当地有成熟经验时，可在基底下存留一定厚度的冻土层。

(4)基础的稳定性应按《冻土地区建筑地基基础设计规范》(JGJ 118—1998)附录 C 的规定进行验算，且冻胀力的设计值超过结构自重的标准值（包括地基中的锚固力）时，应重新调整基础的尺寸和埋置深度。

(二) 多年冻土地基上的基础工程

(1)多年冻土地区的基础下应设置由粗颗粒非冻胀性砂砾料构成的垫层。垫层厚度应根据多年冻土地基所采用的设计状态确定，且不应小于 300 mm。独立基础下垫层的宽度和长度应按下列公式计算：

$$b' = b + 2d \cdot \tan 30° \tag{9-22}$$

$$l' = l + 2d \cdot \tan 30° \tag{9-23}$$

式中：b'，b 分别为垫层和基础底面的宽度，m；l'，l 分别为垫层和基础底面的长度，m；d 为垫层厚度，m。垫层应分层夯实。当按允许地基土逐渐融化和预先融化状态设计时，应符合垫层下冻土融化后的承载力要求。

(2)对不衔接和衔接的多年冻土地基，有如下要求：

①对不衔接的多年冻土地基，当房屋热影响的稳定深度范围内地基土的稳定和变形都能满足要求时，应按季节冻土地基计算基础的埋深。

②对衔接的多年冻土，当按“保持冻结状态”原则利用多年冻土作地基时，基础埋置深度可通过热工计算确定，但不得小于建筑物地基多年冻土的稳定人为上限埋深以下 0.5 m。在无建筑物稳定人为上限资料时，对于架空通风基础，其最小埋置深度可根据土的设计融深 Z_d^m 确定，并应符合表 9-11 的规定。

融深设计值应按式(9-24)计算，当采用架空通风基础、填土通风管基础、热棒以及其他保持地基冻结状态的方案不经济时，也可将基础延伸到稳定融化盘最大深度以下 1 m 处。

表 9-11　基础最小埋置深度 d_{min}

地基基础设计等级	基础类型	基础最小埋深
甲、乙级	浅基础	Z_d^m+1
丙级	浅基础	Z_d^m

$$Z_d^m = Z_0^m \psi_s^m \psi_w^m \psi_c^m \psi_{t0}^m \tag{9-24}$$

式中：Z_0^m 为建筑地段的标准融深，采用当地气象台站 10 年以上地表融化深度观测值的最大值；ψ_s^m 为土质（岩性）对融深的影响系数；ψ_w^m 为含水率影响系数；ψ_{t0}^m 为场地地形影响系数；

ψ_c^m 为地表覆盖影响系数。

(3)多年冻土地基按保持地基土冻结状态设计、基础采用混凝土等材料时，应考虑混凝土硬化过程中的放热效应对冻土环境的影响，宜采用低水化热的水泥或掺加适当的外加剂配制；当基础材料的导热系数大于表层土体时，在满足承载能力的条件下，基础顶部外露与大气层直接接触的面积不宜过大或采取适当的构造及遮挡措施，避免形成传热通道，导致多年冻土地基融化层的加大。

(4)对冻土地基上的浅基础，有如下要求：

①多年冻土地基上的扩展基础可用于按保持地基土冻结状态设计的各种地基土；当按逐渐融化状态设计时，地基土应为不融沉或弱融沉土；对其他融沉等级的地基土，应按保持地基土处于冻结状态设计；施工时，应结合环境条件采取必要的措施，使地基土体的状态与所采用的设计状态相适应。

②当多年冻土地基上的浅基础按保持地基土处于冻结状态设计时，基底不宜置于季节冻融土层上，并不得直接与冻土接触；基础下应设置砾砂、碎石垫层或隔温层，垫层的铺筑宽度应从基础外缘起加宽 1 m。当不能采取架空散热措施时，宜适当增大建筑物的室内、外高差，建筑物周边阳光直射处 1.5 倍基础埋深范围内宜覆土保温。

(5)对冻土地基上的桩基础，有如下要求：

①多年冻土中桩基础的埋深，应根据桩径、桩基承载力、地基多年冻土工程地质条件和桩基抗冻胀稳定要求，经计算确定。

②多年冻土地区采用的钻孔打入桩、钻孔插入桩、钻孔灌注桩应分别符合下列规定：a)钻孔打入桩宜用于不含大块碎石的塑性冻土地带。施工时，成孔直径应比钢筋混凝土预制桩直径或边长小 50 mm，钻孔深度应比桩的入土深度大 300 mm。b)钻孔插入桩宜用于桩长范围内平均温度低于−0.5 ℃的坚硬冻土地区。施工时成孔直径应大于 100 mm，将预制桩插入钻孔内后，应以泥浆或其他填料充填。当桩周充填的泥浆全部回冻后，方可施加荷载。c)钻孔灌注桩宜用于大片连续多年冻土及岛状融区地区。成孔后应用负温早强混凝土灌注，混凝土灌注温度宜为 5 ℃。

③在多年冻土地区，桩基础宜按地基土保持冻结状态进行设计。此时，应设置架空通风空间及保温地面；在低桩承台及基础梁下，应留有一定高度的空隙或用松软的保温材料填充。

④桩基础的构造应符合下列规定：a)钢筋混凝土预制桩的混凝土强度等级不应低于 C30，灌注桩混凝土强度等级不应低于 C25；b)最小桩距宜为 3 倍桩径，插入桩和钻孔打入桩桩端下应设置 300 mm 厚的砂层；c)当钻孔灌注桩桩端持力层含冰量大时，应在冻土与混凝土之间设置厚度为 300～500 mm 的砂砾石垫层。

第七节　填土地基基础

一、填土的定义及分类

由于人类活动所堆积的土，称为人工填土，简称为填土。由于填土的堆填时间不同，组成物质复杂，所以填土的工程地质性质相差甚大。作为建筑物地基来说，对其研究方法和处理方法亦不同于一般土，故将填土划分为特殊类土。

根据填土的成因和物质组成的不同，又可分为素填土、杂填土、冲填土和压实填土等类型。

二、素填土的工程地质特征

（一）定义

素填土是指天然结构被破坏后又重新堆填在一起的土，其成分主要为黏性土、砂土或碎石土，夹有少量的碎砖、瓦片等杂物，有机质质量分数不超过10%。

（二）分类

按土的类别可分为黏性素填土、砂性素填土和碎石素填土；按堆积年限分为新素填土和老素填土2类。

（三）工程地质特征

（1）老素填土由于堆积时间较长，土质紧密、孔隙比较小，特别是颗粒较粗的老填土仍可作为较好的地基土。当堆填年限不易确定时可根据其孔隙比判定新、老素填土的类别。黏性老素填土：堆积年限在10年以上或孔隙比<1.10。非黏性老素填土：堆积年限在5年以上或孔隙比<1.00。

（2）新素填土：堆积年限少于上述规定者或孔隙比指标不满足上列数值的为新素填土。

（3）素填土的承载力取决于它的均匀性和密实度。一般来讲，物质组成愈均匀、颗粒愈粗、堆积时间愈长，土的密实度愈好，作为良好地基的可能性愈大。

三、杂填土的工程地质特征

（一）定义

杂填土是指含有大量建筑垃圾、工业废料或生活垃圾等杂物的填土。

（二）分类

按物质组成和特征可分为：①建筑垃圾土：主要为碎砖、瓦砾、朽木等杂物混合组成，有机物含量较少。②工业废料土：因为工业生产活动所形成的矿渣、煤渣、电石渣以及其他工业废料等杂物混合组成的土。③生活垃圾土：主要由炉灰、菜皮、陶瓷片等杂物组成，其内含有机质和未分解的腐殖质较多。

（三）工程地质特征

（1）性质不均，厚度变化大。由于杂填土的堆积条件、堆积时间，特别是物质来源和组成成分等的复杂性，造成杂填土的性质很不均匀，分布范围及厚度的变化均缺乏规律性。

（2）变形大并具有湿陷性。就其变形特性而言，杂填土是一种欠压密土，具有较高的压缩性。新的杂填土，除正常荷载作用下的沉降外，还有自重压力下的沉降及湿陷变形的特点。

（3）压缩性大，强度低。杂填土的物质成分异常复杂，直接影响土的性质。建筑垃圾土和工业废料土比生活垃圾土的强度高。因生活垃圾土物质成分杂乱，含大量有机质和未分解的植物，具有较大的压缩性。

四、冲填土的工程地质特征

（一）定义

冲填土是由水力冲填泥沙形成的填土。上海的黄浦江、天津的塘沽、广州的珠江两岸及郑州附近的黄河南岸都不同程度地分布有冲填土。

(二) 工程地质特征

这类填土的含水量较大,土层多呈透镜体,压缩性较大,具有软土性质。这种土的工程地质性质主要取决于土的颗粒组成、均匀性和排水固结情况。当冲填土的颗粒较粗,排水条件较好,其工程地质性质就好些。当土颗粒较细,透水性差,排水困难,土体经常处于软塑或流塑状态,压缩性大,承载力低,一般不能满足地基设计要求。

五、压实填土的质量控制

(一) 定义

经分层压实的填土称为压实填土。压实填土的压实质量可以人工控制,主要是从填土物质、填土含水量、压实方法等方面进行控制。

(二) 压实填土的质量控制

压实填土的质量控制主要包括:①填土物质应选用性质较好的土,不能使用淤泥、耕土、膨胀土和有机物质量分数大于 8%的土。②填土的含水量应控制在最适于压实的最优含水量。③填土的干容重是作为检验填土压实质量的指标,同一种土压实后干容重愈大,压实质量愈高。④填土的压实系数是检验填土压实质量的指标,其值为控制的干容重与土的最大干容重之比。

在工地现场要判别土料是否在最优含水量附近时,可按下述方法进行:用手抓起一把土,握紧后松开,如土成团一点都不散开,说明土太潮湿;如土完全散开,说明土太干燥;如土部分散开,中间部分成团,说明土料含水量在最优含水量附近。

六、填土地基的岩土工程勘察

(1)填土勘察应包括下列内容:①搜集资料,调查地形和地物的变迁,填土的来源、堆积年限和堆积方式。②查明填土的分布、厚度、物质成分、颗粒级配、均匀性、密实性、压缩性和湿陷性。③判定地下水对建筑材料的腐蚀性。④填土勘察应在满足一般勘察的基础上加密勘探点,确定暗埋的塘、浜、坑的范围。勘探孔的深度应穿透填土层,勘探方法应根据填土性质确定。对由粉土或黏性土组成的素填土,可采用钻探取样、轻型钻具与原位测试相结合的方法;对含较多粗粒成分的素填土和杂填土,宜采用动力触探、钻探,并应有一定数量的探井。

(2)填土的工程特性指标宜采用下列测试方法确定:①填土的均匀性和密实度宜采用触探法,并辅以室内试验;②填土的压缩性、湿陷性宜采用室内固结试验或现场载荷试验;③杂填土的密度试验宜采用大容积法;④对压实填土,在压实前应测定填料的最优含水量和最大干密度,压实后应测定其干密度,计算压实系数。

(3)填土的岩土工程评价应符合下列要求:①阐明填土的成分、分布和堆积年代,判定地基的均匀性、压缩性和密实度;必要时应按厚度、强度和变形特性分层或分区评价。②对堆积年限较长的素填土、冲填土和由建筑垃圾或性能稳定的工业废料组成的杂填土,当较均匀和较密实时可作为天然地基;由有机质含量较高的生活垃圾和对基础有腐蚀性的工业废料组成的杂填土,不宜作为天然地基。③当填土底面的天然坡度大于 20%时,应验算其稳定性。④填土地基基坑开挖后应进行施工验槽。处理后的填土地基应进行质量检验;对复合地基,宜进行大面积载荷试验。

习题九

1. 简述各类特殊土地基的变形性状。
2. 简述膨胀土地基不良工程特性及处理措施。
3. 简述湿陷性黄土地基的处理措施。
4. 什么是填土？简述填土的工程分类及工程特性。
5. 简述红黏土的不良工程性质。
6. 简述冻土的物理力学性质、工程性质、指标含义及冻土地区地基防冻害措施。
7. 黄土的成因特征主要是(　)。

   (A)水流搬运沉积　(B)风力搬运堆积　(C)岩层表面残积

8. 黄土的湿陷系数是指(　)。

   (A)由浸水引起的试样湿陷性变形量与试样开始高度之比

   (B)由浸水引起的试样湿陷性变形量与试样湿陷前的高度之比

   (C)由浸水引起的试样湿陷性变形量加上压缩变形量与试样开始高度之比

9. 黄土地基湿陷程度是根据下述(　)指标进行评价的。

   (A)湿陷系数和总湿陷量　(B)湿陷系数和计算自重湿陷量

   (C)总湿陷量和计算自重湿陷量

10. 膨胀土特性指标之一的膨胀率是(　)。

    (A)人工制备的烘干土，在水中增加的体积与原体积之比

    (B)在一定压力下，浸水膨胀稳定后，试样增加的高度与原高度之比

    (C)原状土在直线收缩阶段，含水量减少1%的竖向线缩率

    (D)在一定压力下，烘干后减少高度与原有高度之比

11. 某膨胀土的自由膨胀率为75，其膨胀潜势为(　)。

    (A)弱　(B)中　(C)强　(D)极强

12. 膨胀土宜采用的地基处理方法是(　)。

    (A)换土或砂石垫层　(B)振冲法　(C)深层搅拌法　(D)注浆法

13. 某湿陷性土地基总湿陷量为18 cm，湿陷性土厚度为4 m，其湿陷等级为(　)。

    (A)1级　(B)2级　(C)3级　(D)4级

14. 黄土的湿陷性应采用室内湿陷试验确定，湿陷系数(　)属于湿陷性黄土。

    (A)0.01　(B)≥0.015　(C)≥0.02　(D)≤0.015

15. 建筑场地湿陷性类型可分为自重湿陷性黄土场地和非自重湿陷性黄土场地。实测或计算的自重湿陷量大于(　)cm，应定为自重湿陷性黄土场地，否则应定为非自重湿陷性黄土场地。

    (A)5.0　(B)6.0　(C)7.0　(D)8.0

第十章　地基基础抗震

第一节　概述

地震是地球内部缓慢积累的能量突然释放引起的地球表层的振动。当地球内部在运动中积累的能量对地壳产生的巨大压力超过岩层所能承受的强度限度时，岩层便会突然发生断裂或错位，使积累的能量急剧地释放出来，并以地震波的形式向四面八方传播，就形成了地震。一次强烈地震过后往往伴随着一系列较小的余震。

绝大多数的地震是由地壳运动引起的，即构造地震。当然，别的原因也会引起地震，如火山爆发可引起火山地震，地下溶洞或地下采空区的塌陷会引起陷落地震，强烈的爆破、山崩、陨石坠落等地震。但这些地震一般规模小，影响范围也小。本章介绍的地震主要是指构造地震。

一般地，构造地震容易发生在活动性大的断裂带两端和拐弯部位、两条断裂的交汇处以及运动变化强烈的大型隆起和凹陷的转换地带。原因在于这些地方的地应力比较集中、岩层构造也相对比较脆弱。

地震的发源处称为震源，震源在地表面的垂直投影点称为震中，震中附近的地区称为震中区域，震中与某观测点间的水平距离称为震中距，震源到震中的距离称为震源深度。震源深度一般为几千米至 300 km 不等，最大深度可达 720 km。地震震源深度小于 70 km 时称为浅源地震，70～300 km 之间称为中源地震，大于 300 km 时称为深源地震。全世界有记录的地震中约有 75%是浅源地震。

目前衡量地震规模的标准主要有震级和烈度 2 种。

地震震级是对地震中释放能量大小的度量。地震中震源释放的能量越大，震级也就越高。地震震级的确定，目前国际上一般采用美国地震学家查尔斯·弗朗西斯·芮希特和宾诺·古腾堡于 1935 年共同提出的震级划分法，即现在通常所说的里氏地震规模。里氏规模是地震波最大振幅以 10 为底的对数，并选择距震中 100 km 的距离为标准。里氏规模每增强 1 级，释放的能量约增加 32 倍，相隔 2 级的震级其能量相差约 1 000 倍。一般来说，小于 2.5 级的地震，人们感觉不到；5 级以上的地震开始引起不同程度的破坏，称为破坏性地震或强震；7 级以上的地震称为大震。

地震烈度是指发生地震时地面及建筑物遭受破坏的程度。同样大小的地震，造成的破坏不一定是相同的；同一次地震，在不同的地方造成的破坏也不一样。距震中越近，烈度越高；距震中越远，烈度越低。为了衡量地震的破坏程度，科学家又“制作”了另一把“尺子”——地震烈度。在中国地震烈度表上，对人的感觉、一般房屋震害程度和其他现象作了描述，可以作为确定烈度的基本依据。根据地面建筑物受破坏和受影响的程度，地震烈度划分为 12 度。影响烈度的因素有震级、震源深度、距震源的远近、地面状况和地层构造等。

震级和烈度虽然都是衡量地震强烈程度的指标，但烈度直接反映了地面建筑物受破坏的程度，因而与工程设计有着更密切的关系。工程中涉及的烈度概念有以下几种：

基本烈度是指在今后一定时期内，某一地区在一般场地条件下可能遭受的最大地震烈度。

基本烈度所指的地区，是一个较大的区域范围。因此，又称为区域烈度。

场地烈度是指区域内一个具体场地的烈度。通常在烈度高的区域内可能包含烈度较低的场地，而在烈度低的区域内也可能包含烈度较高的场地。这主要是因为局部场地的地质构造、地基条件、地形变化等因素与整个区域有所不同，这些局部性控制因素称为小区域因素或场地条件。一般在场地选址时，应进行专门的工程地质和水文地质调查工作，查明场地条件，确定场地烈度，据此避重就轻，选择对抗震有利的地段布置工程。

设防烈度是指按国家规定的权限批准的作为一个地区抗震设防依据的地震烈度。设防烈度是针对一个地区而不是针对某一建筑物确定的，也不随建筑物的重要程度提高或降低。我国现行《建筑抗震设计规范》(GB 50011—2010)(以下简称《抗震规范》)将设防烈度分为 3 个水准。根据对地震资料的统计分析，50 年内超越概率约为 63%的地震烈度定为第一水准，其比基本烈度约低一度半；50 年内超越概率为 10%的烈度定为第二水准；50 年内超越概率为 2%～3%的烈度作为罕遇地震的概率水准，定为第三水准。

地震历史资料及近代地震学研究表明，地震的地理分布受一定的地质条件控制，具有一定的规律。地震大多分布在地壳不稳定的部位，特别是板块之间的消亡边界，形成地震活动活跃的地震带。全世界主要有 3 个地震带(见图 10-1)：一是环太平洋地震带，包括南、北美洲太平洋沿岸，阿留申群岛，千岛群岛、日本列岛，经中国台湾再到菲律宾转向东南直至新西兰，是地球上地震最活跃的地区，集中了全世界 80%以上的地震。本带是在太平洋板块和美洲板块、亚欧板块、印度洋板块的消亡边界，南极洲板块和美洲板块的消亡边界上。二是欧亚地震带，大致从印度尼西亚西部，缅甸经中国横断山脉，喜马拉雅山脉，越过帕米尔高原，经中亚细亚到达地中海及其沿岸。本带是在亚欧板块和非洲板块、印度洋板块的消亡边界上。三是中洋脊地震带，包含延绵世界三大洋(即太平洋、大西洋和印度洋)和北极海的中洋脊。中洋脊地震带仅含全球约 5%的地震，此地震带的地震几乎都是浅层地震。

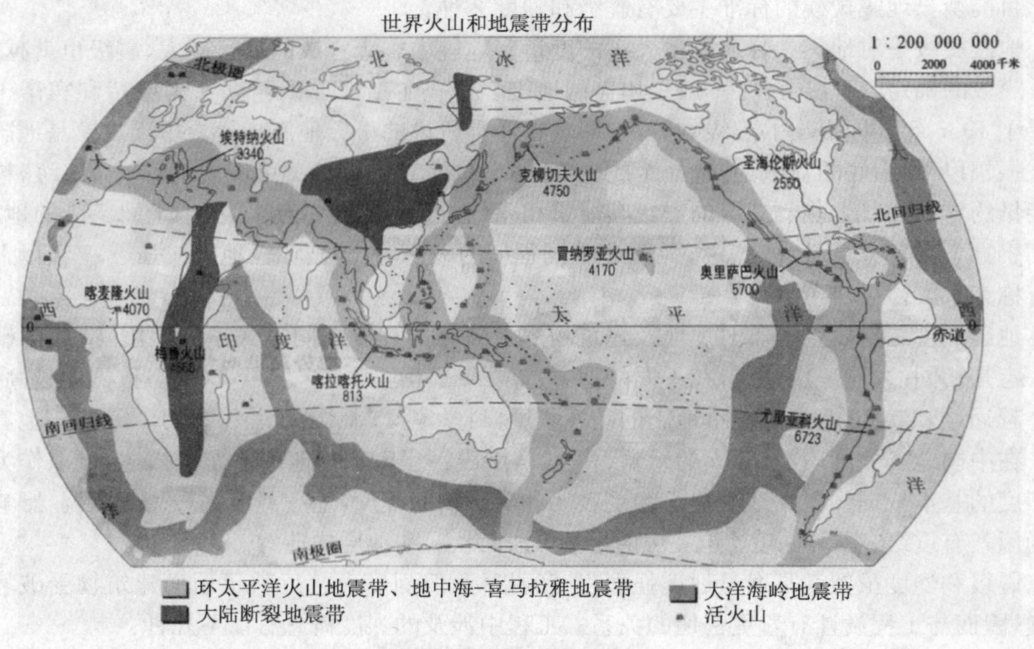

图 10-1 世界地震分布区

我国正处在两大地震带的中间，属于多地震活动的国家，其中台湾地震最多，新疆、四川、西藏地区次之(见图 10-2)。总的来说，我国的地震活动主要分布在 5 个地区的 23 条地震带上，具体是：①台湾省及其附近海域；②西南地区，主要是西藏、四川西部和云南中西部；③西北地区，主要在甘肃河西走廊、青海、宁夏、天山南北麓；④华北地区，主要在太行山两侧、汾渭河谷、阴山—燕山一带、山东中部和渤海湾；⑤东南沿海的广东、福建等地。

图 10-2　中国地震分布区

第二节　地基基础的震害现象

构造地震活动频繁，影响范围大，破坏性强，对人类生存造成巨大的危害。全球每年约发生 500 万次地震，其中绝大多数属于微震，有感地震约 5 万次，造成严重破坏的地震约十几次。表 10-1 列举全球 2004—2011 年发生的主要地震。

我国自古以来有记载的地震达 8 000 多次，7 级以上地震就有 100 多次。由此可见我国地震灾害之深重。2008 年 5 月 12 日发生的汶川大地震震级达里氏 8.0 级，震中位于中国四川省阿坝藏族羌族自治州汶川县境内、四川省省会成都市西北偏西方向 90 km 处，其破坏地区超过 10 万 km^2。地震烈度可能达到 11 度，地震波及大半个中国及多个亚洲国家，是中华人民共和国自建国以来影响最大的一次地震。

众所周知，平原地区的地基基础震害以液化和软土震陷为主，丘陵和山区地带以不均匀地基和液化为主。建国以来的多次强震，如邢台地震、海城地震和唐山地震等，均发生了广泛的液化与软土震陷。在我国大陆周围和墨西哥等地，均发生了几次引发严重地基基础震害的强震。

1985 年墨西哥首都墨西哥城地震，是软土场地与地基震害的典型事例。一是共振问题，软土场地的卓越周期与十几层高楼的自振周期相近，均为 2 s 左右。出现建筑物与场地的共振现象，使数百栋十余层高的建筑严重破坏或倒塌。另一突出问题是软土上桩的破坏，由于墨

表 10-1 世界近年来发生的大地震一览表

时间	地点	震级	伤亡状况
2011 年 3 月 11 日	日本宫城县东北部	里氏 9.0 级地震	日本警察厅 3 月 15 日数据，地震灾害共造成日本全国 15 741 人死亡，4 467 人失踪。
2011 年 3 月 10 日	云南省德宏傣族景颇族自治州盈江县	里氏 5.8 级地震	造成 25 人死亡，250 人受伤。
2011 年 2 月 22 日	新西兰克莱斯特彻奇市	里氏 6.3 级地震	166 人遇难，另有逾 200 人失踪，其中有 24 名中国公民在震后失踪。
2010 年 10 月 25 日	印尼苏门答腊岛海底	里氏 7.2 级地震	引发海啸，509 人死亡，21 人失踪。
2010 年 9 月 4 日	新西兰克莱斯特彻奇市附近	里氏 7.1 级地震	无人伤亡。
2010 年 4 月 14 日	中国青海省玉树藏族自治州玉树县	里氏 7.1 级地震	2 698 人遇难，270 人失踪。
2010 年 2 月 27 日	智利中南部	里氏 8.8 级地震	引发海啸，802 人死亡，近 200 万人受灾，经济损失达 300 亿美元。
2010 年 1 月 12 日	海地	里氏 7.3 级地震	遇难者人数超过 31.6 万。据联合国统计，有 48 万多人流离失所，370 多万人受灾。
2009 年 9 月 30 日	印尼苏门答腊岛南部	里氏 7.7 级地震	1 000 多人遇难。
2009 年 9 月 29 日	太平洋萨摩亚群岛	里氏 8.0 级地震	引发海啸，逾 190 人死亡。
2009 年 9 月 2 日	印尼西爪哇省附近印度洋海域	里氏 7.3 级地震	造成至少 79 人死亡，超过 900 人受伤，32 人失踪。
2009 年 5 月 28 日	洪都拉斯北部海域	里氏 7.1 级地震	8 人死亡，数千房屋倒塌，近万人受灾，直接经济损失 1 亿美元。
2009 年 4 月 6 日	意大利罗马以东拉奎拉	里氏 5.8 级地震	近 300 人死亡，约 6 万人无家可归，财产损失严重。
2008 年 10 月 29 日	巴基斯坦西南部俾路支省首府奎达市附近	里氏 5.0 级/里氏 6.5 级	连续发生 2 次地震，第 1 次里氏 5.0 级，第 2 次为里氏 6.5 级。共造成至少 300 人死亡，3.56 万人受伤，另有约 4 万人无家可归。
2008 年 10 月 5 日	吉尔吉斯斯坦南部吉中边境地区	里氏 6.8 级地震	造成至少 72 人死亡。

续表 10-1

时间	地点	震级	伤亡状况
2008 年 5 月 12 日	中国四川省汶川县	里氏 8.0 级地震	造成重大人员伤亡和经济损失。截至 2008 年 9 月 25 日，汶川地震已确认 69 227 人遇难，374 643 人受伤，失踪 17 923 人。
2007 年 7 月 16 日	日本中部地区	里氏 6.9 级地震	造成新潟、长野、富山 3 县 9 人死亡，1 000 多人受伤。
2007 年 4 月 2 日	所罗门群岛	里氏 8.0 级地震	引发海啸，造成至少 2 个村落严重受灾，近 20 人死亡，多人失踪。
2007 年 3 月 25 日	日本石川县能登半岛附近海域	里氏 7.1 级地震	造成至少 110 人受伤。
2006 年 7 月 17 日	印尼爪哇岛	里氏 7.7 级地震	引发海啸，至少 654 人死亡。
2006 年 5 月 27 日	印尼日惹和中爪哇地区	里氏 5.9 级地震	造成至少 6 000 人死亡，约 2 万人受伤，20 万人无家可归。
2005 年 3 月 28 日	印尼苏门答腊岛海底	里氏 8.5 级地震	造成 900 多人死亡。
2004 年 12 月 26 日	印尼苏门答腊岛海域	里氏 8.9 级地震	引发强烈海啸，至少 28 万人死亡，包括至少 600 名华人。
2004 年 2 月 24 日	摩洛哥北部山区	里氏 6.5 级地震	至少 564 人死亡。

西哥城有很厚的含水量极高的火山灰沉积，是有名的土质特差的超大城市，因此，多数 5～15 层的建筑都采用摩擦桩。地震中不少桩基产生突然的震陷与倾斜。有一办公楼，支承在 28 m 长的摩擦桩上，震前有 250 mm 的均匀沉降，地震使它又产生了 0.5 m 左右的不均匀沉降和 3.3%的倾斜，致使框架结构严重破坏；某 9 层楼房，支承在 22 m 长的桩上，重力荷载与桩基平面形心间有 1.4 m 的偏心距，地震使该楼倾覆；一幢 14 层高的高层建筑，支承在桩基上，地震时，因竖向荷载的增大与桩周的摩阻力下降，产生了 3～4 m 的震陷。

1990 年菲律宾 Dagupan 地震，震级 7.8 级（与我国唐山大地震的震级相近），产生大范围液化，全毁与部分毁坏的建筑达 7 465 座（多为 2～5 层建筑）。房屋破坏的主要原因为土层液化，液化深度约为 10 m，建筑物的液化震陷达到 0.5～1.5 m 者为数不少。

1995 年日本阪神大地震，使神户市海岸填土及 2 个人工岛广泛液化。液化土为砂砾填土，液化深度达到 15～19 m，地下水位一般为－3～－2 m。液化使大量港口、码头、建筑物遭到破坏。此次地震液化的特点：一是液化侧向扩展现象突出，使港口护岸、建筑物等产生可观的水平位移与不均匀沉降；二是出现了较明显的砾石液化事例；三是桩基受液化侧向扩展之害者甚多。

1999 年 8 月土耳其地震，Adapazari 市中心的最主要震害为震陷、建筑物倾斜与周围地面隆起等地基震害。某 4 层建筑，位于液化区边界附近，筏基，地基上为砂砾，地震使建筑整体倾斜达 60°；另一幢 5 层钢筋混凝土框架房屋，在地震中因液化失效，导致房屋沉降与倾斜，四周地面隆起，第 1 层柱顶严重破坏；Golcuk 市一采用桩基的体育馆，因地裂缝穿过体育馆一角，地面产生水平与竖向错位，使桩顶剪坏，并露出地面。

1999 年 9 月我国台湾发生了 7.3 级地震，台北、台中等地多处地基下陷，建筑倒塌。据报导，台北有一幢大型建筑，4 楼以下陷入地下，多人受困；云林县一幢 15 层楼塌陷，1～3 层陷入地下；台中巴黎大厦 12 幢楼群中有 2 幢倾斜；丰原圆环东路向阳路大楼倾斜。

从上述的实例可看出，地震对地基基础的损害是明显的。总结地基震害和基础震害的类型如下。

一、地基的震害

由于地区特点和地形地质条件的复杂性，强烈地震造成的地面和建筑物的破坏类型多种多样。典型的地基震害有震陷、地基土液化、地震滑坡和地裂几种。

(一) 震陷

震陷是指地基土由于地震作用而产生的明显的竖向永久变形。在发生强烈地震时，如果地基由软弱黏性土和松散砂土构成，其结构受到扰动和破坏，强度严重降低，在重力和基础荷载的作用下会产生附加的沉陷(见表 10-2)。在我国沿海地区及较大河流的下游软土地区，震陷往往也是主要的地基震害。当地基土的级配较差、含水量较高、孔隙比较大时，震陷也大。砂土的液化也往往引起地表较大范围的震陷。此外，溶洞发育和地下存在大面积采空区的地区，在强烈地震的作用下也容易诱发震陷。

(二) 地基土液化

在地震的作用下，饱和砂土的颗粒之间发生相互错动而重新排列，其结构趋于密实。如果砂土为颗粒细小的粉细砂，则因透水性较弱而导致孔隙水压力加大，同时颗粒间的有效应力减小，当地震作用大到使有效应力减小到零时，将使砂土颗粒处于悬浮状态，即出现砂土的液化现象。

砂土液化时其性质类似于液体，抗剪强度完全丧失，使作用于其上的建筑物产生大量的沉降、倾斜和水平位移，可引起建筑物开裂、破坏甚至倒塌。在国内外的大地震中，砂土液化现象相当普遍，是造成地震灾害的重要原因。

影响砂土液化的主要因素有：地震烈度、振动的持续时间、土层埋深、密实程度、土的组分、饱和度、土中黏粒含量等。

(三) 地震滑坡

在山区和陡峭的河谷区域，强烈地震可能引起诸如山崩、滑坡、泥石流等大规模的岩土体运动，从而直接导致地基、基础和建筑物的破坏。此外，岩土体的堆积也会给建筑物和人类的安全造成危害。

(四) 地裂

地震导致岩面和地面的突然破裂和位移会引起位于附近的或跨断层的建筑物的变形和破坏。如唐山大地震时，地面出现一条长 10 km，水平错动 1.25 m，垂直错动 0.6 m 的大地裂，错动带宽约 2.5 m，致使在该断裂带附近的房屋、道路、地下管道等遭到极其严重的破坏，民用建筑几乎全部倒塌。

表 10-2 地基震陷实例(唐山大地震)

序号	建筑物名称	结构情况	烈度	场地类别	震害现象
1	天津轴承厂钢球车间	单层厂房,混凝土结构	7~8	Ⅲ	外墙与中柱可能有不均匀沉降,[R]=100 kPa,6 m以下为淤泥。
2	塘沽海洋研究所办公楼	4层,筏基	8	Ⅲ	震后均匀沉降约为30 cm,[R]=60 kPa。
3	塘沽天津化工建设公司主楼	3层	8	Ⅲ	最大沉降量超过20 cm。
4	塘沽天津碱厂压缩机房	单层	8	Ⅲ	最大沉降量超过26 cm。
5	汉沽天津化工厂炭极车间	单层	9	Ⅲ	地基不均匀沉降,使墙产生7 cm宽的裂缝。
6	汉沽天津化工厂办公楼	3层砖房	9	Ⅲ	房屋沉降30 cm左右。
7	汉沽天津化工厂DDT车间	2层,筏基	9	Ⅲ	与打桩部分基础的沉降差达407 cm。
8	塘沽盐厂第一化工厂某楼	多层,筏基	9	Ⅲ	震后均匀沉降607 cm,上部结构完好。

二、建筑基础的震害

(一) 沉降、不均匀沉降和倾斜

观测资料表明,一般地基上的建筑物由地震产生的沉降量通常不大;而软土地基则可产生10~20 cm的沉降,也有达30 cm以上者;如地基的主要受力层为液化土或含有厚度较大的液化土层,强震时则可能产生甚至1 m以上的沉降,造成建筑物的倾斜和倒塌。

(二) 水平位移

常见于边坡或河岸边的建筑物,其常见原因是土坡失稳和岸边地下液化土层的侧向扩展等。

(三) 受拉、受剪破坏

地震时,受力矩作用较大的桩基础的外排桩受到过大的拉力时,桩与承台的连接处会产生破坏。1985年9月19日墨西哥地震中,墨西哥城中心区的所有9~12层建筑物中约有13.5%(大部分为摩擦桩基础)遭到严重损害。1995年日本阪神地震后,对180个建筑基础(其中桩基占78%)进行的调查表明,由地震力引起的桩基破坏,损坏部位主要在桩头和承台连接处及承台下的桩身上部,由压、拉、剪压等导致破坏。1999年8月17日土耳其地震中位于Golcuk市Kavakli区的一座桩基础的体育馆的震害,地裂从体育馆一角穿过,引起地面水平和垂直错动，在建筑物与地面之间形成缝隙，暴露出桩基础桩基在桩头处剪切破坏。

杆、塔等高耸结构物的拉锚装置也可能因地震产生的拉力过大而破坏。如唐山地震时开滦煤矿井架的斜架或斜撑普遍遭到破坏，地脚螺栓上拔 10～130 mm，斜架基础底板位移 10～160 mm。

地震作用是通过地基和基础传递给上部结构的，因此，地震时首先是场地和地基受到考验，继而产生建筑物和构筑物振动，并由此引发地震灾害。

第三节 地基基础抗震设计

一、抗震设计的目标和方法

(一) 抗震设计的目标

《抗震规范》将建筑物的抗震设防目标确定为“三个水准”，其具体表述为：一般情况下，遭遇第一水准烈度(众值烈度)的地震时，建筑物处于正常使用状态，从结构抗震分析的角度看，可将结构视为弹性体系，采用弹性反应谱进行弹性分析；遭遇第二水准烈度(基本烈度)的地震时，结构进入非弹性工作阶段，但非弹性变形或结构体系的损坏控制在可修复的范围；遭遇第三水准烈度地震(预估的罕遇地震)时，结构有较大的非弹性变形，但应控制在规定的范围内，以免倒塌。工程中通常将上述抗震设计的三个水准简要地概括为“小震不坏，中震可修，大震不倒”。

为保证实现上述抗震设防目标，抗震设计规范规定在具体的设计工作中采用两阶段设计步骤。第一阶段的设计是承载力验算，取第一水准的地震动参数计算结构的弹性地震作用标准值和相应的地震作用效应，采用《建筑结构可靠度设计统一标准》(GB 50068—2001)规定的分项系数设计表达式进行结构构件的承载力验算，其可实现第一、二水准的设计目标。大多数结构可仅进行第一阶段设计，而通过概念设计和抗震构造措施来满足第三水准的设计要求。第二阶段设计是弹塑性变形验算，对特殊要求的建筑，地震时易倒塌的结构以及有明显薄弱层的不规则结构，除进行第一阶段设计外，还要进行结构薄弱部位的弹塑性层间变形验算并采取相应的抗震构造措施，以实现第三水准的设防要求。

上述设防原则和设计方法可简短地表述为“三水准设防，两阶段设计”。

地基基础一般只进行第一阶段设计。对于地基承载力和基础结构，只要满足了第一水准对于强度的要求，同时也就满足了第二水准的设防目标。对于地基液化验算则直接采用第二水准烈度，对判明存在液化土层的地基，采取相应的抗液化措施。地基基础相应于第三水准的设防要通过概念设计和构造措施来满足。

(二) 地基基础的概念性设计

结构的抗震设计包括计算设计和概念设计 2 个方面。计算设计是指确定合理的计算简图和分析方法，对地震作用效应作定量计算及对结构抗震进行验算。概念设计是指从宏观上对建筑结构作合理的选型、规划和布置，选用合格的材料，采取有效的构造措施等。20 世纪 70 年代以来，人们在总结大地震灾害的经验中发现：对结构抗震设计来说，概念设计比计算设计更为重要。由于地震动的不确定性、结构在地震作用下的响应和破坏机理的复杂性，计算设计很难全面有效地保证结构的抗震性能，因而必须强调良好的概念设计。地震作用对地基基础影响的研究，目前还很不足，因此地基基础的抗震设计更应重视概念设计。如前所述，场地条件对结构物的震害和结构的地震反应都有很大影响，因此，场地的选择、处理，地基与上部结构动力相互作用的考虑以及地基基础类型的选择等都是概念设计的重要方面。

二、场地选择

任何一个建筑物都坐落和嵌固在建设场地特定的岩土地基上，地震对建筑物的破坏作用是通过场地、地基和基础传递给上部结构的；同时，场地与地基在地震时又支承着上部结构。因此，选择适宜的建筑场地对于建筑物的抗震设计至关重要。

为了有效地减轻地震的破坏作用，《抗震规范》采取场地选择和地基处理的措施来减轻场地破坏效应。

（一）场地类别划分

场地分类的目的是为了便于采取合理的设计参数和有关的抗震构造措施。从各国规范中场地分类的总趋势看，分类的标准应当反映影响场地运动特征的主要因素，但现有的强震资料还难以用更细的尺度与之对应，所以场地分类一般至多分为 3 类或 4 类，划分指标尤以土层软硬描述为最多，它虽然只是一种定性描述，由于其精度能与场地分类要求相适应，似乎已为各国规范所认同。作为定量指标的履盖层厚度亦已被许多规范所接受，采用剪切波速作为土层软硬描述的指标近年来逐渐增多。我国近年来修订的规范都采用了这类指标进行场地分类。此外，为避免场地分类所引入的设计反应谱跳跃式变化，我国的构筑物抗震设计规范、公路工程抗震设计规范还采用了连续场地指数对应连续反应谱的处理方式。

《抗震规范》中采用以等效剪切波速和覆盖层厚度双指标分类方法来确定场地类别。为了在保障安全的条件下尽可能减少设防投资，在保持技术上合理的前提下适当扩大了 II 类场地的范围，具体划分如表 10-3 所示。

表 10-3　建筑场地的覆盖层厚度　m

等效剪切波速 $v_{se}/(m \cdot s^{-1})$	场地类别			
	I	II	III	IV
$v_{se}>500$	0			
$250<v_{se}\leqslant 500$	<5	≥5		
$140<v_{se}\leqslant 250$	<3	3～50	>50	
$v_{se}\leqslant 140$	<3	3～15	15～80	>80

场地覆盖层厚度的确定方法为：①在一般情况下，应按地面至剪切波速大于 500 m/s 的坚硬土层或岩层顶面的距离确定；②当地面 5 m 以下存在剪切波速大于相邻上层土剪切波速 2.5 倍的下卧土层，且其下卧岩土层的剪切波速均不小于 400 m/s 时，可按地面至该下卧层顶面的距离确定；③剪切波速大于 500m/s 的孤石和硬土透镜体视同周围土层一样；④土层中的火山岩硬夹层当做绝对刚体看待，其厚度从覆盖土层中扣除。

对土层剪切波速的测量，在大面积的初勘阶段，测量的钻孔应为控制性钻孔的 1/5～1/3，且不少于 3 个。在详勘阶段，单幢建筑不少于 2 个，密集的高层建筑群每幢建筑不少于 1 个。

对于丁类建筑及层数不超过 10 层且高度不超过 30 m 的丙类建筑，当无实测剪切波速时，可根据岩土名称和性状，按表 10-4 划分土的类型，再利用当地经验在表 10-3 的剪切波速范围内估计各土层剪切波速。

表 10-4 土的类型划分和剪切波速范围

土的类型	岩土名称和形状	土层剪切波速 v_s/(m·s^{-1})
坚硬土或岩石	稳定岩石，密实的碎石土	$v_s>500$
中硬土	中密、稍密的碎石土，密实、中密的砾、粗、中砂，$f_{ak}>200$ 的黏性土和粉土、坚硬黄土	$250<v_s\leqslant 500$
中软土	稍密的砾、粗、中砂，除松散外的细、粉砂，$f_{ak}\leqslant 200$ 的黏性土和粉土，$f_{ak}>130$ 的填土，可塑黄土	$140<v_s\leqslant 250$
软弱土	淤泥和淤泥质土，松散的砂，新近沉寂的黏性土和粉土，$f_{ak}<130$ 的填土，流塑黄土	$v_s\leqslant 140$
注：f_{ak} 为由载荷试验方法得到的地基承载力特征值，kPa。		

场地土层的等效剪切波速按下列公式计算：

$$v_{se}=d_0/t \tag{10-1}$$

$$t=\sum_{i=1}^{n}(d_i/v_{si}) \tag{10-2}$$

式中：d_0 为计算深度，取覆盖层厚度和 20 m 二者的较小值，m；t 为剪切波在地面至计算深度间的传播时间，s；d_i 为计算深度范围内第 i 土层的厚度，m；v_{si} 为计算深度范围内第 i 土层的剪切波速，m/s；n 为计算深度范围内土层的分层数。

(二) 场地选择

通常，场地的工程地质条件不同，建筑物在地震中的破坏程度也明显不同（见表 10-5）。因此，在工程建设中适当选取建筑场地，将大大减轻地震灾害。此外，由于建设用地受到地震以外众多因素的限制，除了极不利和有严重危险性的场地以外，往往是不能排除其作为建设场地的。故很有必要按照场地、地基对建筑物所受地震破坏作用的强弱和特征采取抗震措施，也即地震区场地分类与选择的目的。

表 10-5 有利、不利和危险地段的划分

地段类别	地质、地形、地貌
有利地段	稳定基岩，坚硬土，开阔、平坦、密实、均匀的中硬土等
不利地段	软弱土，液化土，条状突出的山嘴，高耸孤立的山丘，非岩质的陡坡，河岸和边坡的边缘，平面分布上明显不均匀的土层（如故河道、疏松的断层破碎带、暗埋的塘浜沟谷和半填半挖地基）等
危险地段	地震时可能发生滑坡、崩塌、地陷、地裂、泥石流等及发震断裂带上可能发生地表位错的部位

在选择建筑场地时，应根据工程需要，掌握地震活动情况和有关工程地质资料，作出综合评价，避开不利的地段，当无法避开时应采取有效的抗震措施；并不应在危险地段建造甲、乙、丙类建筑。

建筑场地为Ⅰ类时，甲、乙类建筑允许按本地区抗震设防烈度的要求采取抗震构造措施；丙类建筑允许按本地区抗震设防烈度降低1度的要求采取抗震构造措施，但抗震设防烈度为6度时应按本地区抗震设防烈度的要求采取抗震构造措施。建筑场地为Ⅲ和Ⅳ类时，对设计基本地震加速度为0.15g和0.30g的地区，除另有规定外，宜分别按抗震设防烈度8度(0.20g)和9度(0.40g)时各类建筑的要求采取抗震构造措施。此外，抗震设防烈度为10度地区或行业有特殊要求的建筑抗震设计，应按有关专门规定执行。

关于局部地形条件的影响，从国内几次大地震的宏观调查资料来看，岩质地形与非岩质地形有所不同。云南通海地震的大量宏观调查表明，非岩质地形对烈度的影响比岩质地形的影响更为明显。如通海和东川的许多岩石地基上很陡的山坡，震害也未见有明显的加重。因此对于岩石地基的陡坡、陡坎等，规范未将其列为不利地段。但对于岩石地基中高度达数十米的条状突出的山脊和高耸孤立的山丘，由于鞭梢效应明显，震动有所加大，烈度仍有增高的趋势。所谓局部突出地形主要是指山包、山梁、悬崖和陡坎等，情况比较复杂。从宏观震害经验和地震反应分析结果所反映的总趋势，大致可以归纳为以下几点：①高突地形距基准面的高度愈大，高处的反应愈强烈；②离陡坎和边坡顶部边缘的距离加大，反应逐步减小；③从岩土构成方面看，在同样的地形条件下，土质结构的反应比岩质结构大；④高突地形顶面愈开阔，远离边缘的中心部位的反应明显减小；⑤边坡愈陡，其顶部的放大效应愈明显。

当场地中存在发震断裂时，尚应对断裂的工程影响作出评价。在进行《抗震规范》的修订时，曾在离心机上做过断层错动时不同土性和覆盖层厚度情况的位错量试验，按试验结果分析，当最大断层错距为1.0～3.0 m和4.0～4.5 m时，断裂上覆盖层破裂的最大厚度为20 m和30 m。考虑3倍左右的安全富余，可将8度和9度时上覆盖层的安全厚度界限分别取为60 m和90 m。基于上述认识和工程经验，《抗震规范》在对发震断裂的评价和处理上提出以下要求：

对符合下列规定之一者，可忽略发震断裂错动对地面建筑的影响：①抗震设防烈度小于8度；②非全新世活动断裂；③抗震设防烈度为8度和9度时，前第四纪基岩隐伏断裂的土层覆盖厚度分别大于60 m和90 m。

对不符合上列规定者，应避开主断裂带，其避让距离应满足表10-6规定。

表10-6　发震断裂的最小避让距离　m

烈度	建筑抗震设防类别			
	甲	乙	丙	丁
8	专门研究	300	200	—
9	专门研究	500	300	—

进行场地选择时，还应考虑建筑物自振周期与场地卓越周期的相互关系，原则上应尽量避免两种周期过于相近，以防共振，尤其要避免将自振周期较长的柔性建筑置于松软深厚的地基土层上。若无法避免，例如我国上海、天津等沿海城市，地基软弱、土层深厚，又需兴建大量高层和超高层建筑，此时宜提高上部结构整体刚度和选用抗震性能较好的基础类型，如箱基或桩箱基础等。

三、地基基础方案选择

地基在地震作用下的稳定性对基础和上部结构内力分布的影响十分明显，因此确保地震时地基基础不发生过大变形和不均匀沉降是地基基础抗震设计的基本要求。

地基基础的抗震设计是通过选择合理的基础体系和抗震验算来保证其抗震能力的。对地基基础抗震设计的基本要求是:①同一结构单元不宜设置在性质截然不同的地基土层上,尤其不要放在半挖半填的地基上;②同一结构单元不宜部分采用天然地基而另外部分采用桩基;③地基有软弱黏性土、液化土、新近填土或严重不均匀土时,应估计地震时地基的不均匀沉降或其他不利影响,并采取相应措施。

一般地,在进行地基基础的抗震设计时,应根据具体情况,选择对抗震有利的基础类型,并在抗震验算时尽量考虑结构、基础和地基的相互作用影响,使之能反映地基基础在不同阶段的工作状态。在决定基础的类型和埋深时,还应考虑下列工程经验:

(1)同一结构单元的基础不宜采用不同的基础埋深。

(2)深基础通常比浅基础有利,因其可减少来自基底的振动能量输入。土中水平地震加速度一般在地表下 5 m 以内减少很多,四周土对基础振动能起阻抗作用,有利于将更多的振动能量耗散到周围土层中。

(3)纵横内墙较密的地下室、箱形基础和筏板基础的抗震性能较好。对软弱地基,宜优先考虑设置全地下室,采用箱形基础或筏板基础。

(4)地基较好、建筑物层数不多时,可采用单独基础,但最好用地基梁联成整体,或采用交叉条形基础。

(5)实践证明,桩基础和沉井基础的抗震性能较好,并可穿透液化土层或软弱土层,将建筑物荷载直接传到下部稳定土层中,是防止因地基液化或严重震陷而造成震害的有效方法。但要求桩尖和沉井底面埋入稳定土层不应小于 1～2 m,并进行必要的抗震验算。

(6)桩基宜采用低承台,可发挥承台周围土体的阻抗作用。桥梁墩台基础中普遍采用低承台桩基和沉井基础。

四、天然地基承载力验算

地基和基础的抗震验算,一般采用“拟静力法”。其假定地震作用如同静力,然后在该条件下验算地基和基础的承载力和稳定性。承载力的验算方法与静力状态下的验算方法相似,即计算的基底压力应不超过调整后的地基抗震承载力。因此,当需要验算天然地基承载力时,应采用地震作用效应标准组合。《抗震规范》规定,基础底面平均压力和边缘最大压力应符合下列各式要求:

$$p \leqslant f_{aE} \tag{10-3}$$

$$p_{max} \leqslant 1.2 f_{aE} \tag{10-4}$$

式中:p 为地震作用效应标准组合的基础底面平均压力,kPa;p_{max} 为地震作用效应标准组合的基础底面边缘最大压力,kPa;f_{aE} 为调整后的地基抗震承载力,kPa,按下式(10-5)计算。

高宽比大于 4 的高层建筑,在地震作用下基础底面不宜出现拉应力;其他建筑的基础底面与地基之间的零应力区面积不应超过基础底面面积的 15%。

目前大多数国家的抗震规范在验算地基土的抗震强度时,抗震承载力都采用在静承载力的基础上乘以一个系数的方法加以调整。考虑调整的出发点是:①地震是偶发事件,是特殊荷载,因而地基的可靠度允许有一定程度的降低;②地震是有限次数不等幅的随机荷载,其等效循环荷载不超过十几到几十次,而多数土在有限次数的动载下,强度较静载下稍高。

基于上述两方面原因,《抗震规范》采用抗震极限承载力与静力极限承载力的比值作为地基土的承载力调整系数,其值也可近似通过动静强度之比求得。因此,在进行天然地基的抗震

验算时，地基的抗震承载力为

$$f_{aE} = af_a \tag{10-5}$$

式中：a 为地基抗震承载力调整系数，按表 10-7 采用；f_a 为深宽修正后的地基承载力特征值，kPa，可按《建筑地基基础设计规范》(GB 50007—2011)采用。

表 10-7　地基土抗震承载力调整系数表

岩土名称和性状	a
岩石，密实的碎石土，密实的砾、粗、中砂，$f_{ak} \geqslant 300$ 的黏性土和粉土	1.5
中密、稍密的碎石土，中密和稍密的砾、粗、中砂，密实和中密的细、粉砂，$150 \leqslant f_{ak} < 300$ 的黏性土和粉土，坚硬黄土	1.3
稍密的细、粉砂，$100 \leqslant f_{ak} < 150$ 的黏性土和粉土，可塑黄土	1.1
淤泥，淤泥质土，松散的砂，杂填土，新近堆积黄土及流塑黄土	1.0
注：f_{ak} 指未经深宽修正的地基承载力特征值，按现行国家标准《建筑地基基础设计规范》确定。	

我国多次强地震中遭受破坏的建筑表明，只有少数房屋是因地基的原因而导致上部结构破坏的。而这类地基大多数是液化地基、易产生震陷的软土地基和严重不均匀的地基。而一般地基均具有较好的抗震性能，极少发现因地基承载力不够而产生震害。因此，通常对于量大面广的一般地基和基础可不做抗震验算，而对于容易产生地基基础震害的液化地基、软土地基和严重不均匀地基，则规定了相应的抗震措施，以避免或减轻震害。《抗震规范》规定下列建筑可以不进行天然地基及基础的抗震承载力验算：①砌体房屋；②地基主要受力层范围内不存在软弱黏性土层的一般单层厂房、单层空旷房屋和不超过 8 层且高度在 25 m 以下的一般民用框架房屋及与其基础荷载相当的多层框架厂房；③该规范规定可不进行上部结构抗震验算的建筑。

例 10-1　某厂房采用现浇柱下独立基础，基础埋深 3 m，基础底面为正方形，边长 4 m。由平板载荷试验得基底主要受力层的地基承载力特征值为 $f_{ak}=190$ kPa，地基土的其余参数如图 10-3 所示。考虑地震作用效应标准组合时计算得基底形心荷载为：$N=4\ 850$ kN，$M=920$ kN·m（单向偏心）。试按《抗震规范》验算地基的抗震承载力。

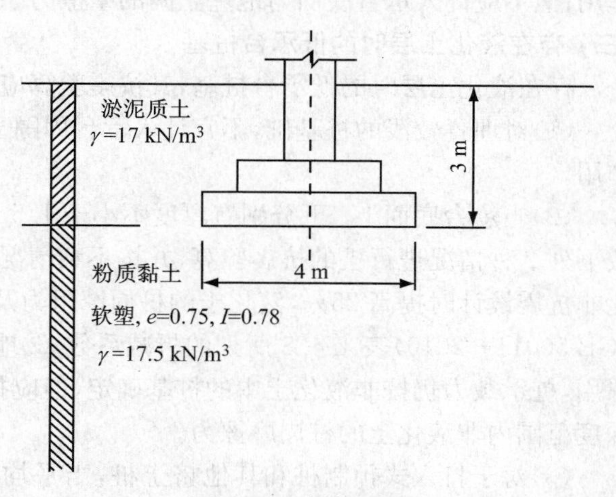

图 10-3　地基土参数

解：① 基底压力

基底平均压力为

$$p = N/A = 4850/(4 \times 4) = 303.1 \text{ kPa}$$

基底边缘压力为

$$p_{\min}^{\max} = \frac{N}{A} \pm \frac{M}{W} = 303.1 \pm \frac{920 \times 6}{4 \times 4^2} = (303.1 \pm 86.3) \text{ kPa}$$

② 地基抗震承载力

由《建筑地基基础设计规范》中表 5.2.4 查得：$\eta_b=0.3$，$\eta_d=1.6$，故有

$$f_a = f_{ak} + \eta_b \gamma (b-3) + \eta_d \gamma_m (d-3) =$$

$$190 + 0.3 \times 17.5 \times (4 - 3) + 1.6 \times 17 \times (3 - 0.5) = 263.2\ \text{kPa}$$

又由表 10-7 查得地基抗震承载力调整系数 $a=1.3$，故地基抗震承载力 f_{aE} 为

$$f_{aE} = af_a = 1.3 \times 263.2 = 342.2\ \text{kPa}$$

③ 验算

由于

$$p = 303.1\ \text{kPa} < f_{aE} = 342.2\ \text{kPa}$$

$$p_{max} = 389.4\ \text{kPa} < 1.2\ f_{aE} = 410.6\ \text{kPa}$$

$$p_{min} = 216.8\ \text{kPa} > 0$$

故地基承载力满足抗震要求。

五、桩基础验算

唐山地震的宏观经验表明，桩基础的抗震性能普遍优于其他类型基础，但桩端直接支承于液化土层和桩侧有较大地面堆载者除外。此外，当桩承受有较大水平荷载时仍会遭受较大的地震破坏作用。因此，《抗震规范》增加了桩基础的抗震验算和构造要求，以减轻桩基的震害。下面简要介绍《抗震规范》关于桩基础的抗震验算和构造的有关规定。

(一) 桩基可不进行承载力验算的范围

对于承受竖向荷载为主的低承台桩基，当地面下无液化土层，且桩承台周围无淤泥、淤泥质土和地基土承载力特征值不大于 100 kPa 的填土时，某些建筑可不进行桩基的抗震承载力验算。其具体规定与天然地基的不验算范围基本相同，区别是对于 7 度和 8 度时一般的单层厂房和单层空旷房屋、不超过 8 层且高度在 25 m 以下的一般民用框架房屋和基础荷载与前述民用框架房屋相当的多层框架厂房也可不验算。

(二) 非液化土中低承台桩基的抗震验算

对单桩的竖向和水平向抗震承载力特征值，均可比非抗震设计时提高 25%。考虑到一定条件下承台周围回填土有明显分担地震荷载的作用，故规定当承台周围回填土夯实至干密度不小于《建筑地基基础设计规范》对填土的要求时，可由承台正面填土与桩共同承担水平地震作用；但不应计入承台底面与地基土间的摩擦力。

(三) 存在液化土层时的低承台桩基

存在液化土层时的低承台桩基，其抗震验算应符合下列规定：

(1)对埋置较浅的桩基础，不宜计入承台周围土的抗力或刚性地坪对水平地震作用的分担作用。

(2)当承台底面上、下分别有厚度不小于 1.5 m，1.0 m 的非液化土层或非软弱土层时，可按下列 2 种情况进行桩的抗震验算，并按不利情况设计：①桩承受全部地震作用，桩的承载力比非抗震设计时提高 25%，液化土的桩周摩阻力及桩的水平抗力均乘以《建筑抗震设计规范》(GB 50011—2010)表 4.4.3 所列的折减系数；②地震作用按水平地震影响系数最大值的 10% 采用，桩承载力仍按非液化土中的桩基确定，但应扣除液化土层的全部摩阻力及桩承台下 2 m 深度范围内非液化土的桩周摩擦力。

(3)对于打入式预制桩和其他挤土桩，当平均桩距为 2.5～4 倍桩径且桩数不少于 5×5 时，可计入打桩对土的加密作用及桩身对液化土变形限制的有利影响。当打桩后桩间土的标准贯入锤击数值达到不液化的要求时，单桩承载力可不折减，但对桩尖持力层作强度校核时，

桩群外侧的应力扩散角应取为零。打桩后桩间土的标准贯入击数宜由试验确定，也可按下式计算：

$$N_1 = N_P + 100\rho(1 - e^{-0.3N_P}) \tag{10-6}$$

式中：N_1 为打桩后的标准贯入锤击数；ρ 为打入式预制桩的面积置换率；N_P 为打桩前的标准贯入锤击数。

上述液化土中桩的抗震验算原则和方法主要考虑了以下情况：

(1)不计承台旁土抗力或地坪的分担作用偏于安全，也就是将其作为安全储备，因目前对液化土中桩的地震作用与土中液化进程的关系尚未弄清。

(2)根据地震反应分析与振动台试验，地面加速度最大的时刻出现在液化土的孔压比小于1(常为0.5～0.6)时，此时土尚未充分液化，只是刚度比未液化时下降很多，故可仅对液化土的刚度作折减。折减系数的取值与构筑物抗震设计规范基本一致。

(3)液化土中孔隙水压力的消散往往需要较长的时间。地震后土中孔压不会很快消散完毕，往往于震后才出现喷砂冒水，这一过程通常持续几小时甚至一两天，其间常有沿桩与基础四周排水的现象，说明此时桩身摩阻力已大减，从而出现竖向承载力不足和缓慢的沉降，因此应按静力荷载组合校核桩身的强度与承载力。

除应按上述原则验算外，还应对桩基的构造予以加强。桩基理论分析表明，地震作用下桩基在软、硬土层交界面处最易受到剪、弯损害。阪神地震后许多桩基的实际考查也证实了这一点，但在采用 m 法的桩身内力计算方法中却无法反映。目前除考虑桩土相互作用的地震反应分析可以较好地反映桩身受力情况外，还没有简便实用的计算方法保证桩在地震作用下的安全，因此必须采取有效的构造措施。对液化土中的桩，应自桩顶至液化深度以下符合全部消除液化沉陷所要求的距离范围内配置钢筋，且纵向钢筋应与桩顶部位相同，箍筋应加密。

处于液化土中的桩基承台周围宜用非液化土填筑夯实，若用砂土或粉土，则应使土层的标准贯入锤击数不小于规定的液化判别标准贯入锤击数的临界值。

在有液化侧向扩展的地段的桩基，尚应考虑土流动时的侧向作用力，且承受侧向推力的面积应按边桩外缘间的宽度计算。常时水线宜按设计基准期内(河流或海水)的年平均最高水位采用，也可按近期的年最高水位采用。

第四节　液化判别与抗震措施

历次地震灾害调查表明，在地基失效破坏中，由砂土液化造成的结构破坏在数量上占有很大的比例，因此有关砂土液化的规定在各国抗震规范中均有所体现。处理与液化有关的地基失效问题，一般是从判别液化可能性和危害程度以及采取抗震对策2个方面来加以解决的。

液化判别和处理的一般原则是：

(1)对饱和砂土和饱和粉土(不含黄土)地基，除6度外，应进行液化判别。对6度区，一般情况下可不进行判别和处理，但对液化沉陷敏感的乙类建筑可按7度的要求进行判别和处理。

(2)存在液化土层的地基，应根据建筑的抗震设防类别、地基的液化等级，结合具体情况采取相应的措施。

一、液化判别和危害性估计方法

对于一般工程项目，砂土或粉土液化判别及危害程度估计可按以下步骤进行。

(一) 初判

初判即以地质年代、黏粒含量、地下水位及上覆非液化土层厚度等作为判断条件，其具体规定为：

(1)地质年代为第四纪晚更新世及以前，烈度为7度、8度时可判为不液化；

(2)当粉土的黏粒(粒径小于0.005 m的颗粒)含量百分率在7度、8度和9度时分别大于10,13和16时可判为不液化；

(3)采用天然地基的建筑，当上覆非液化土层厚度和地下水位深度符合下列条件之一时，可不考虑液化影响。

$$d_u > d_0 + d_b - 2 \tag{10-7}$$

$$d_w > d_0 + d_b - 3 \tag{10-8}$$

$$d_u + d_w > 1.5d_0 + 2d_b - 4.5 \tag{10-9}$$

式中：d_w 为地下水位深，宜按建筑使用期内年平均最高水位采用，也可按近期内年最高水位采用，m；d_u 为上覆非液化土层厚度，计算时宜将淤泥和淤泥质土层扣除，m；d_b 为基础埋置深度，不超过2 m时采用2 m，m；d_0 为液化土特征深度(指地震时一般能达到的液化深度)，m，可按表10-8采用。

(二) 细判

当初步判别认为需进一步进行液化判别时，应采用标准贯入试验判别地面下15 m深度范围内土层的液化可能性；当采用桩基或埋深大于5 m的深基础时，尚应判别15～20 m范围内土层的液化可能性。当饱和土的标准贯入锤击数(未经杆长修正)小于液化判别标准贯入锤击数临界值时，应判为液化土。当有成熟经验时，也可采用其他方法。

表10-8 液化土特征深度 m

饱和土类别	7度	8度	9度
粉土	6	7	8
砂土	7	8	9

在地面以下15 m深度范围内，液化判别标准贯入锤击数临界值为

$$N_{cr} = N_0[0.9 + 0.1(d_s - d_w)]\sqrt{3/\rho_c} \quad (d_s \leqslant 15) \tag{10-10}$$

在地面以下15～20 m深度范围内，液化判别标准贯入锤击数临界值为

$$N_{cr} = N_0(2.4 - 0.1d_s)\sqrt{3/\rho_c} \quad (15 \leqslant d_s \leqslant 20) \tag{10-11}$$

式中：N_{cr}为液化判别标准贯入锤击数临界值；N_0 为液化判别标准贯入锤击数基准值，按表10-9采用；d_s 为饱和土标准贯入试验点深度，m；ρ_c 为黏粒含量百分率，当小于3或是砂土时，均应取3。

使用表10-9时，抗震设防区的设计地震分组组别应由《抗震规范》附录A查取。

以上所述初判、细判都是针对土层柱状内一点而言的，在一个土层柱状内可能存在多个液化点，如何确定一个土层柱状(相应于地面上的一个点)总的液化水平是场地液化危害程度评价的关键，《抗震规范》提供采用液化指数 I_{lE} 来表述液化程度的简化方法。即先探明各液化土层的深度和厚度，再按公式(10-12)计算每个钻孔的液化指数：

表10-9 标准贯入锤击数基准值 N_0

设计地震分组	7度	8度	9度
第一组	6(8)	10(13)	16
第二、三组	8(10)	12(15)	18

注：括号内数值用于设计基本地震加速度为0.15g(7度)和0.30g(8度)的地区。

$$I_{lE}=\sum_{i=1}^{n}\left(1-\frac{N_i}{N_{cri}}\right)d_iW_i \tag{10-12}$$

式中：I_{lE}为地基的液化指数；n为判别深度内每一个钻孔的标准贯入试验总数；N_i，N_{cri}分别为i点标准贯入锤击数的实测值和临界值，当实测值大于临界值时取临界值的数值；d_i为第i点所代表的土层厚度，可采用与该标准贯入试验点相邻的上、下两标准贯入试验点深度差的1/2，但上界不高于地下水位深度，下界不深于液化深度，m；W_i为第i层土考虑单位土层厚度的层位影响权函数值，m^{-1}。若判别深度为15 m，当该层中点深度不大于5 m时W_i应取10，等于15 m时W_i应取零值，5～15 m时应按线性内插法取值；若判别深度为20 m，当该层中点深度不大于5 m时W_i应取10，等于20 m时W_i应取零值，5～20 m时应按线性内插法取值。

在计算出液化指数后，便可按表10-10综合划分地基的液化等级。

表10-10 液化指数与液化等级的对应关系

液化等级	轻微	中等	严重
判别深度为15 m时的液化指数	$0<I_{lE}\leqslant5$	$5<I_{lE}\leqslant15$	$I_{lE}>15$
判别深度为20 m时的液化指数	$0<I_{lE}\leqslant6$	$6<I_{lE}\leqslant18$	$I_{lE}>18$

例10-2 某场地的土层分布及各土层中点处标准贯入击数如图10-4所示。该地区抗震设防烈度为8度，由《抗震规范》附录A查得的设计地震分组组别为第一组。基础埋深按2.0 m考虑。试按《抗震规范》判别该场地土层的液化可能性以及场地的液化等级。

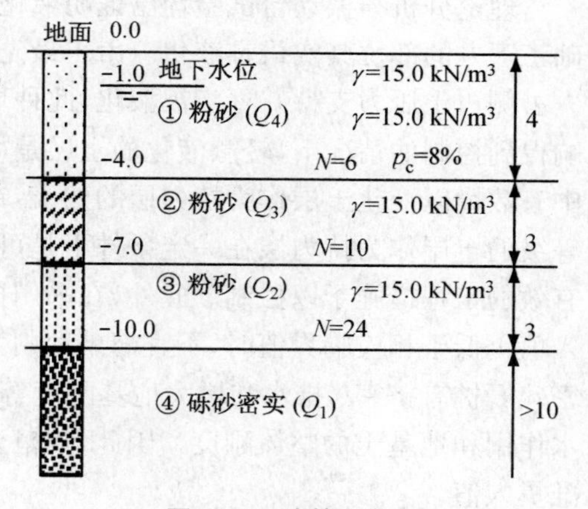

图10-4 地基土参数

解：(1) 初判

根据地质年代，土层④可判为不液化土层，对其他土层进行的判别如下：

由图可知$d_w=1.0$ m，$d_b=2.0$ m。

对土层①，$d_u=0$，由表10-8查得$d_0=8.0$ m，计算结果表明不能满足式(10-7)～式(10-9)的要求，故不能排除液化可能性。

对土层②，$d_u=0$，由表10-8查得$d_0=7.0$ m，计算结果不能排除液化可能性。

对土层③，$d_u=0$，由表10-8查得$d_0=8.0$ m，与土层①相同，不能排除液化可能性。

(2) 细判

对土层①，$d_w=1.0$ m，$d_s=2.0$ m，因土层为砂土，取$\rho_c=3$，另由表10-9查得$N_0=10$，故由式(10-10)算得标准贯入击数临界值N_{cr}为

$$N_{cr}=N_0[0.9+0.1(d_s-d_w)]\sqrt{3/\rho_c}=10\times[0.9+0.1(2-1)]\sqrt{3/3}=10$$

因$N=6<N_{cr}$，故土层①判为液化土。

对土层②，$d_w=1.0$ m，$d_s=5.5$ m，$\rho_c=8$，$N_0=10$，由式(10-10)算得N_{cr}为

$$N_{cr}=N_0[0.9+0.1(d_s-d_w)]\sqrt{3/\rho_c}=10\times[0.9+0.1(5.5-1)]\sqrt{3/8}=8.27$$

因$N=10>N_{cr}$，故土层②判为不液化土。

对土层③，$d_w=1.0\ m$，$d_s=8.5\ m$，$N_0=10$，因土层为砂土，取 $\rho_c=3$，算得 N_{cr} 为

$$N_{cr}=N_0[0.9+0.1(d_s-d_w)]\sqrt{3/\rho_c}=10\times[0.9+0.1(8.5-1)]\sqrt{3/3}=16.5$$

因 $N=24>N_{cr}$，故土层③判为不液化土。

(3) 场地的液化等级

由上面已经得出只有土层①为液化土，该土层中标准贯入点的代表厚度应取为该土层的水下部分厚度，即 $d=3.0\ m$，按式(10-12)的说明，取 $W=10$。代入式(10-12)，有

$$I_{lE}=\sum_{i=1}^{n}\left(1-\frac{N_i}{N_{cri}}\right)d_iW_i=(1-6/10)\times3\times10=12$$

由表 10-10 查得，该场地的地基液化等级为中等。

二、地基的抗液化措施及选择

液化是地震中造成地基失效的主要原因。要减轻这种危害，应根据地基液化等级和结构特点选择相应措施。目前常用的抗液化工程措施都是在总结大量震害经验的基础上提出的，即综合考虑建筑物的重要性和地基液化等级，再根据具体情况确定。

理论分析与振动台试验均已证明液化的主要危害来自基础外侧，液化土层范围内位于基础正下方的部位其实最难液化。由于最先液化区域对基础正下方未液化部分产生影响，使之失去侧边土压力支持并逐步被液化，此种现象称为液化侧向扩展。因此，在外侧易液化区的影响得到控制的情况下，轻微液化的土层是可以作为基础的持力层的。在海城及日本阪神地震中有数幢以液化土层作为持力层的建筑，在地震中未产生严重破坏。因此，将轻微和中等液化等级的土层作为持力层在一定条件下是可行的。但工程中应经过严密的论证，必要时应采取有效的工程措施予以控制。此外，在采用振冲加固或挤密碎石桩加固后桩间土的实测标准贯入值仍低于相应临界值时，不宜简单地判为液化。许多文献或工程实践均已指出振冲桩和挤密碎石桩有挤密、排水和增大地基刚度等多重作用，而实测的桩间土标准贯入值不能反映排水作用和地基土的整体刚度。因此，规范要求加固后的桩间土的标准贯入值不宜小于临界标准贯入值。

《抗震规范》对于地基抗液化措施及其选择具体规定如下：

(1)当液化土层较平坦且均匀时，宜按表 10-11 选用地基抗液化措施；还可计入上部结构重力荷载对液化危害的影响，根据对液化震陷量的估计适当调整抗液化措施。不宜将未处理的液化土层作为天然地基持力层。

(2)全部消除地基液化沉陷的措施应符合下列要求：①采用桩基时，桩端伸入液化深度以下稳定土层中的长度(不包括桩尖部分)应按计算确定，且对碎石土，砾、粗、中砂，坚硬黏土和密实粉土尚不应小于 0.5 m，对其他非岩石土尚不宜小于 1.5 m；②采用深基础时，基础底面应埋入液化深度以下的稳定土层中，其深度不应小于 0.5 m；③采用加密法(如振冲、振动加密、挤密碎石桩、强夯等)加固时，应处理至液化深度下界；振冲或挤密碎石桩加固后，桩间土标准贯入击数不宜小于前述液化判别标准贯入击数的临界值；④用非液化土替换全部液化土层；⑤采用加密法或换土法处理时，在基础边缘以外的处理宽度应超过基础地面以下处理深度的 1/2，且不小于基础宽度的 1/5。

(3)部分消除地基液化沉陷的措施应符合下列要求：①处理深度应使处理后的地基液化指

表 10-11　液化土层的抗液化措施

建筑抗震设防类别	地基的液化等级		
	轻微	中等	严重
乙类	部分消除液化沉陷，或对基础和上部结构处理	全部消除液化沉陷，或部分消除液化沉陷且对基础和上部结构处理	全部消除液化沉陷
丙类	基础和上部结构处理，亦可不采取措施	基础和上部结构处理，或更高要求的措施	全部消除液化沉陷，或部分消除液化沉陷且对基础和上部结构处理
丁类	可不采取措施	可不采取措施	基础和上部结构处理，或其他经济的措施

数减小，当判别深度为 15 m 时，其值不宜大于 4，判别深度为 20 m 时，其值不宜大于 5；对独立基础和条形基础尚不应小于基础底面下液化土的特征深度和基础宽度的较大值；②采用振冲或挤密碎石桩加固后，桩间土的标准贯入击数不宜小于前述液化判别标准贯入击数的临界值；③基础边缘以外的处理宽度应超过基础地面以下处理深度的 1/2，且不小于基础宽度的 1/5。

（4）减轻液化影响的基础和上部结构处理，可综合采用下列各项措施：①选择合适的基础埋置深度；②调整基础底面积，减少基础偏心；③加强基础的整体性和刚度，如采用箱基、筏基或钢筋混凝土交叉条形基础，加设基础圈梁等；④减轻荷载，增强上部结构的整体刚度和均匀对称性，合理设置沉降缝，避免采用对不均匀沉降敏感的结构形式等；⑤管道穿过建筑物处应预留足够尺寸或采用柔性接头等。

三、对于液化侧向扩展产生危害的考虑

为有效地避免和减轻液化侧向扩展引起的震害，《抗震规范》根据国内外的地震调查资料，提出对于液化等级为中等液化和严重液化的古河道、现代河滨和海滨地段，当存在液化扩展和流滑可能时，在距常时水线约 100 m 以内不宜修建永久性建筑，否则应进行抗滑验算（对桩基亦同），采取防土体滑动措施或结构抗裂措施。

（1）抗滑验算可按下列原则考虑：①非液化上覆土层施加于结构的侧压相当于被动土压力，破坏土楔的运动方向与被动土压发生时的运动方向一致；②液化层中的侧压相当于竖向总压的 1/3；③桩基承受侧压的面积相当于垂直于流动方向桩排的宽度。

（2）减小地裂对结构影响的措施包括：①将建筑的主轴沿平行于河流的方向设置；②使建筑的长高比小于 3；③采用筏基或箱基，基础板内应根据需要加配抗拉裂钢筋，筏基内的抗弯钢筋可兼作抗拉裂钢筋，抗拉裂钢筋可由中部向基础边缘逐段减少。当土体产生引张裂缝并流向河心或海岸线时，基础底面的极限摩阻力形成对基础的撕拉力，理论上，其最大值等于建筑物重力荷载之半乘以土与基础间的摩擦系数，实际上常因基础底面与土有部分脱离接触而减少。

地基主要受力层范围内存在软弱黏性土层与湿陷性黄土时，应结合具体情况综合考虑，采用桩基、地基加固处理等措施，也可根据对软土震陷量的估计采取相应措施。

习题十

1. 什么是地震的震级和烈度？两者有什么区别？并解释抗震设防烈度。
2. 地震过程中地基基础的震害有哪些表现？解释地基抗震能力的概念，并与静载情况下的地基承载力进行比较，为什么地基的抗震承载力大于地基的静承载力？
3. 影响地基土层液化的主要因素有哪些？怎样处理地基的抗液化问题？为减轻液化对基础和上部结构的影响，可综合考虑采用哪些措施？
4. 地基基础的抗震设计包含哪些内容？
5. 场地土层的固有周期和地震动的卓越周期有何区别和联系？
6. 什么样的场地对抗震有利？选择建筑场地时应该避开哪些不利的地质条件？
7. 在常用的基础结构形式中，哪些类型的基础结构抗震能力较强？
8. 某一场地土的覆盖层厚度为 80 m，场地土的等效剪切波速为 200 m/s，则该场地的场地土类别为____。
9. 粉土的黏粒含量百分率在 7 度和 8 度时分别不小于____和____时，可判别为不液化土。
10. 抗震规范》按场地上建筑物的震害轻重程度把建筑场地划分为对建筑抗震____和____的地段。
11. 图 10-5 为某场地地基剖面图，上覆非液化土层厚度 $d_u=5.5$ m，其下为砂土，地下水位深度为 $d_w=6.5$ m，基础埋深 $d_b=1.5$ m，该场地为 8 度区，液化土特征深度为 $d_0=8$ m。试判定是否考虑液化影响？

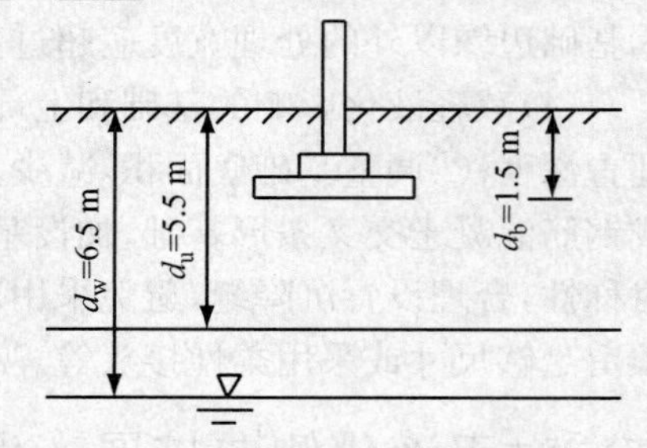

图 10-5 某场地地基剖面图

12. 已知某建筑场地的地质钻探资料如表 10-12 所示。试计算土层的等效剪切波速，并根据等效剪切波速判别地基土层的类型。

表 10-12 场地的地质钻探资料

层底深度/m	土层厚度/m	土的名称	剪切波速/(m·s^{-1})
9.5	9.5	砂	170
37.8	28.3	淤泥质黏土	135
43.6	5.8	砂	240
60.1	16.5	淤泥质黏土	200
63	2.9	细砂	310
69.5	6.5	砾石粗砂	520

参考文献

[1] 罗晓辉．基础工程设计原理[M]．武汉：华中科技大学出版社，2007.
[2] 杨进良．基础工程[M]．北京：人民交通出版社，2001.
[3] 周景星，李广信，虞石民，等．基础工程[M]．2版．北京：清华大学出版社，2007.
[4] 曾巧玲，崔江余，陈文化，等．基础工程[M]．北京：清华大学出版社，2007.
[5] 任文杰．基础工程[M]．北京：中国建筑工业出版社，2007.
[6] 陈国兴，樊良本．基础工程学[M]．北京：中国水利水电出版社，2002.
[7] 刘辉，赵晖．基础工程[M]．北京：人民交通出版社，2008.
[8] 赵明阶．土力学与地基基础[M]．北京：人民交通出版社，2010.
[9] 刘丽萍．基础工程[M]．北京：中国电力出版社，2007.
[10] 陈仲颐，周景星，王洪瑾．土力学[M]．北京：清华大学出版社，1994.
[11] 高大钊．土力学与基础工程[M]．北京：中国建筑工业出版社，1998.
[12] 陈仲颐，叶书麟．基础工程学[M]．北京：中国建筑工业出版社，1990.
[13] 高大钊．基坑工程讲座(二)[R]．2010.
[14] 高大钊．深基坑工程[M]．北京：机械工业出版社，2002.
[15] 吴兴序．基础工程[M]．成都：西南交通大学出版社，2007.
[16] 王晓鹏，张军强，潘明远．基础工程[M]．北京：中国电力工业出版社，2007.
[17] 闫富有，刘忠玉，刘起霞，等．基础工程[M]．北京：中国电力工业出版社，2009.
[18] 王晓谋．基础工程[M]．北京：人民交通出版社，2010.
[19] 韩理安．港口水工建筑物[M]．北京：人民交通出版社，2008.
[20] 孙更生，郑大同．软土地基与地下工程[M]．北京：中国建筑工业出版社，1984.
[21] 《地基处理手册》编写委员会．地基处理手册[M]．北京：中国建筑工业出版社，2000.
[22] 林宗元．岩土工程试验监测手册[M]．北京：中国建筑工业出版社，2005.
[23] 林宗元．国内外岩土工程实例和实录选编[M]．沈阳：辽宁科学技术出版社，1992.
[24] 中华人民共和国住房和城乡建设部．岩土工程勘察规范(2009年版)(GB 50021—2001)[S]．北京：中国建筑工业出版社，2009.
[25] 中华人民共和国住房和城乡建设部．建筑地基基础设计规范(GB 50007—2011)[S]．北京：中国建筑工业出版社，2011.
[26] 中华人民共和国原建设部．建筑地基处理技术规范(JGJ 79—2002)[S]．北京：中国建筑工业出版社，2002.
[27] 中华人民共和国原建设部．建筑桩基技术规范(JGJ 94—2008)[S]．北京：中国建筑工业出版社，2008.
[28] 中华人民共和国原建设部．港口工程桩基规范(JTJ 254—1998)[S]．北京：人民交通出版社，1998.
[29] 中华人民共和国交通运输部．港口工程地基规范(JTS 147—1—2010)[S]．北京：人民交通出版社，2010.
[30] 中华人民共和国交通运输部．港口工程荷载规范(JTS 144—1—2010)[S]．北京：人民

交通出版社，2010.
[31] 中华人民共和国交通运输部. 港口岩土工程勘察规范(JTS 133—1—2010)[S]. 北京：人民交通出版社，2010.
[32] 中华人民共和国交通运输部. 重力式码头设计与施工规范(JTS 167—2—2009)[S]. 北京：人民交通出版社，2009.
[33] 中华人民共和国交通运输部. 板桩码头设计与施工规范(JTS 167—3—2009)[S]. 北京：人民交通出版社，2009.
[34] 中华人民共和国交通运输部. 高桩码头设计与施工规范(JTS 167—1—2010)[S]. 北京：人民交通出版社，2010.
[35] 中华人民共和国国家发展与改革委员会. 水电水利工程土工试验规程(DL/T 5355—2006)[S]. 北京：中国电力出版社，2006.
[36] 王炳龙，杨龙才，宫全美，等. 真空联合堆载预压法加固软土地基的试验研究[J]. 同济大学学报，2006，34(4)：499-503.
[37] 史旦达，刘文白，水伟厚，等. 单、双向塑料土工格栅与不同填料界面作用特性对比试验研究[J]. 岩土力学，2009，30(8)：2237-2244.
[38] 列瓦切夫. 薄壳在水工建筑物中的应用[M]. 赵栩，译. 北京：人民交通出版社，1982.
[39] 刘文白，曹玉生，孟克特木尔. 风积沙地基扩展基础的抗拔机理与计算[J]. 工业建筑，1998，28(11)：35-39.
[40] 周在中，陈宝珠. 大直径圆筒挡墙模型实验与计算方法的研究[J]. 岩土工程师，1991，3(4)：7-14.
[41] 王元战. 无底筒仓内填料压力的一种计算方法[J]. 港工技术，1998(3)：47-52.
[42] 王元战. 大型连续圆筒上土压力计算的新公式[J]. 港口工程，1998(1)：1-5.
[43] 蒋建平，高广运. 地下连续墙竖向承载性能和承载力预测[J]. 北京工业大学学报，2011，37(11)：1699-1705.
[44] 李晓舟，吴相豪. 大直径圆筒结构墙前后土压力数值分析[J]. 计算机辅助工程，2008，17(1)：12-15.
[45] 范庆来，栾茂田，杨庆. 横观各向同性软基上深埋式大圆筒结构水平承载力分析[J]. 岩石力学与工程学报，2007，26(1)：94-101.
[46] 张震宇，姚文娟. 圆筒薄壳结构的研究进展[J]. 上海大学学报：自然科学版，2004，10(1)：82-90.
[47] 滕斌，李玉成，刘洪杰. 开孔沉箱与斜向波作用的理论研究和实验验证[J]. 海洋工程，2004，22(1)：37-45.
[48] 刘晓，唐小微，栾茂田. 地基液化导致沉箱码头破坏及地基加固方法的非线性数值分析[J]. 防灾减灾工程学报，2009，29(5)：518-523.
[49] 孔纲强，杨庆，年廷凯，等. 扩底楔形桩竖向抗压和负摩阻力特性研究[J]. 岩土力学，2011，32(2)：503-509.
[50] 韩理安，赵利平，韩时琳. 桩侧土抗力的群桩效率[J]. 长沙交通学院学报，1998，14(3)：74-78.
[51] 邓友生，龚维明，李卓球. 群桩效应基于应力叠加的群桩效应系数的研究[J]. 武汉理

工大学学报，2007，29(3)：108-110.

[52] 鲁晓兵，矫滨田，刘亮. 饱和砂土中桶形基础承载力的实验研究[J]. 岩土工程技术，2006，20(4)：170-174.

[53] 武科. 滩海吸力式桶形基础承载力特性研究[D]. 大连:大连理工大学，2007.

[54] 王胜永. 桶型基础平台在渤海边际油田开发中的应用研究[D]. 大连:大连理工大学，2008.

[55] 舒恒. 离岸工程地基基础承载力研究[D]. 杭州:浙江大学，2009.

[56] 国振. 吸力锚锚泊系统安装与服役性状研究[D]. 杭州:浙江大学，2011.

[57] 徐继祖，史庆增，宋安，等. 吸力锚在国内近海工程中的首次应用与设计[J]. 中国海洋平台，1995，10(1)：29-33.

[58] 苗文成. 埕岛海域海底管道隐患分析及治理[J]. 石油工程建设，2004，30(3)：48-50.

[59] 栾振东，范奉鑫，李成钢，等. 地貌形态对海底管线稳定性影响的研究[J]. 海洋科学，2007，31(12)：53-58.

[60] 宋玉鹏，孙永福，刘伟华. 海底管线稳定性影响因素分析[J]. 海岸工程，2003，22(2)：78-84.

[61] 王立忠，缪成章. 慢速滑动泥流对海底管道的作用力研究[J]. 岩土工程学报，2008，30(7)：982-987.

[62] 吴钰骅，金伟良，毛根海，等. 海底输油管道底砂床冲刷机理研究[J]. 海洋工程，2006，24(4)：43-48.

[63] 钟仕荣. 海底输油管道的稳定性分析[J]. 北京石油化工学院学报，2004，12(3)：58-61.

[64] 叶国良，郭述军，朱耀良. 超软土的工程性质分析[J]. 中国港湾建设，2010(5)：1-9.